OpenCV
计算机视觉项目实战
▶▶▶（Python版）◀◀◀

洪锦魁　著

清华大学出版社
北京

内 容 简 介

计算机视觉是在图像处理的基础上发展起来的新兴学科。OpenCV 是一个开源的计算机视觉库，可以实现图像处理、模式识别、三维重建、物体跟踪等算法。本书基于 Python，从图像基本原理说起，初步讲解计算机视觉所需的 OpenCV 知识。

本书可作为信息处理、计算机、机器人、人工智能、遥感图像处理、认知神经科学等相关专业的教学用书，也可供相关领域的研究工作者参考。

图书在版编目（CIP）数据

OpenCV 计算机视觉项目实战：Python 版 / 洪锦魁著 . —北京：清华大学出版社，2023.3
ISBN 978-7-302-62998-6

Ⅰ . ① O… Ⅱ . ①洪… Ⅲ . ①图像处理软件—程序设计 Ⅳ . ① TP391.413

中国国家版本馆 CIP 数据核字 (2023) 第 040062 号

责任编辑：杜　杨
封面设计：杨玉兰
责任校对：韩天竹
责任印制：宋　林

出版发行：清华大学出版社
　　　　网　　　址：http://www.tup.com.cn，http://www.wqbook.com
　　　　地　　　址：北京清华大学学研大厦 A 座　　　　**邮　　编：**100084
　　　　社 总 机：010-83470000　　　　**邮　　购：**010-62786544
　　　　投稿与读者服务：010-62776969，c-service@tup.tsinghua.edu.cn
　　　　质 量 反 馈：010-62772015，zhiliang@tup.tsinghua.edu.cn
印 装 者：北京博海升彩色印刷有限公司
经　　销：全国新华书店
开　　本：170mm×240mm　　　**印　张：**32.5　　　**字　　数：**568 千字
版　　次：2023 年 5 月第 1 版　　　**印　次：**2023 年 5 月第 1 次印刷
定　　价：149.00 元

产品编号：097934-01

前　　言

人工智能的兴起，除了机器学习与深度学习带领风潮，计算机视觉也是众多工程师钻研的主题。多次与教育界的朋友聊天，一致感觉目前国内缺乏这方面的书籍，这也是笔者撰写本书的动力。

其实要对一幅图像做分析，让计算机认知图像本质，牵涉许多复杂的数学运算，所幸OpenCV 已经将这些复杂的数学运算封装成一个个的函数，让整个学习变得简单许多。然而学习一个知识如果只是会调用函数，不了解函数内部数学原理，所设计的程序也只是空洞而没有灵魂的代码，为此笔者在撰写本书时除了采用当下热门的 Python 语言，还采用两步说明：

（1）函数数学原理解说。

（2）套用函数讲解图像创意与计算机视觉的实例。

在撰写本书时，笔者先从图像原理说起，逐一解说从图像到计算机视觉所需的完整知识。本书的主要内容如下：

- ❑　完整解说操作 OpenCV 需要的 Numpy 知识；
- ❑　图像读取、显示与存储；
- ❑　认识 BGR、RGB、HSV 色彩空间；
- ❑　建立静态与动态图像，打破 OpenCV 限制建立中文输出函数；
- ❑　图像计算与图像的位运算；
- ❑　重复曝光技术；
- ❑　图像加密与解密；
- ❑　阈值处理；
- ❑　隐藏在图像中的情报；
- ❑　数字水印；
- ❑　图像几何变换：翻转、仿射、透视、重映射；
- ❑　图像滤波器；
- ❑　认识卷积；
- ❑　认识与删除图像噪声；
- ❑　数学形态学：腐蚀、膨胀、开运算、闭运算、礼帽运算、黑帽运算；
- ❑　从图像梯度到内部图形的边缘检测；
- ❑　图像金字塔；
- ❑　图像轮廓特征与匹配；
- ❑　轮廓的拟合、凸包与几何测试；

- ❑ 霍夫变换与直线检测；
- ❑ 无人驾驶车道检测技术；
- ❑ 直方图、增强图像对比度、修复太亮或太黑图像、去雾处理；
- ❑ 模板匹配；
- ❑ 傅里叶变换的方法与意义、空间域与频率域的切换；
- ❑ 分水岭算法执行图像分割；
- ❑ 图像撷取；
- ❑ 图像修复：抢救《蒙娜丽莎的微笑》；
- ❑ 识别手写数字；
- ❑ OpenCV 的摄像功能、活用拍照与录像；
- ❑ 应用 OpenCV 内建的哈尔特征分类器；
- ❑ 检测人脸、身体、眼睛、猫脸、车牌；
- ❑ 人脸识别原理与应用；
- ❑ 建立哈尔特征分类器执行车牌识别。

　　笔者写过许多计算机图书，本书沿袭笔者著作的特色，程序实例丰富。相信读者只要遵循本书内容进行学习，必定可以快速精通 OpenCV，设计计算机视觉的应用程序。本书虽力求完美，但谬误难免，尚祈读者不吝指正。

　　读者可扫描下方二维码，获取相应学习资源。

附录 A

附录 B

程序实例素材
与代码

习题素材与解答

洪锦魁

2023.03

目　　录

第 1 章

图像的读取、显示与存储

OpenCV 的全称是 Open Source Computer Vision Library，本章将从 OpenCV 最基础的认识图像说起，讲解以下知识：

(1) 读取图像。

(2) 显示图像。

(3) 存储图像。

(4) 认识图像的属性。

1-1 建议阅读书籍

本书主要讲解使用 OpenCV 进行图像处理的计算机视觉知识。读本书时读者要有 Python 基础知识，同时 OpenCV 是使用 Numpy 模块的数组概念处理图像的文件，所以也建议读者要学习 Numpy 的基础知识，建议读者可以参考《Python 王者归来（增强版）》获得这些知识。

《Python 王者归来（增强版）》的第 1 版与第 2 版都曾经获得博客来网站销售排行榜的第 1 名。

1-2 程序导入 OpenCV 模块

在使用 OpenCV 前，需要安装 OpenCV，读者可以参考附录 A（本书前言最后扫码获取）。设计程序前需要使用下列代码导入 OpenCV 模块。

```
import cv2
```

1-3 读取图像文件

1-3-1 图像读取 imread( ) 函数的语法

OpenCV 使用 imread( ) 函数读取图像文件，此函数的语法如下：

```
image = cv2.imread(path, flag)          # 返回的 image 是图像对象
```

❑ 上述 imread( ) 函数有返回值 image，所返回的是读取到的对象。如果读取失败，则返回 None，常见的错误是图像对象名称或路径错误。

❑ 第 1 个参数 path 是指含图像文件的路径，如果省略路径就是指目前工作的文件夹。

❑ 第 2 个参数 flag 是可选参数，可以称为图像旗标，这是具名常数，主要是说明读取图像文件的类型。如果省略，表示依原图像格式读取。相关具名常数如下所示。

具名常数	值	说明
IMREAD_UNCHANGED	-1	依原图像读取图像，保留 Alpha 透明度通道
IMREAD_GRAYSCALE	0	将图像转为灰度再读取
IMREAD_COLOR	1	将图像转为三通道 BGR 彩色再读取
IMREAD_ANYDEPTH	2	当图像有 16 位或 32 位时，返回相对应深度的图像。否则，将图像转为 8 位
IMREAD_ANYCOLOR	4	以所有可能的颜色读取图像
IMREAD_LOAD_GDAL	8	使用 GDAL 驱动程序读取图像
IMREAD_REDUCED_GRAYSCALE_2	16	将图像转为灰度，同时缩小至原先的 1/2
IMREAD_REDUCED_COLOR_2	17	将图像转为三通道 BGR 彩色，同时缩小至原先的 1/2
IMREAD_REDUCED_GRAYSCALE_4	32	将图像转为灰度，同时缩小至原先的 1/4
IMREAD_REDUCED_COLOR_4	33	将图像转为三通道 BGR 彩色，同时缩小至原先的 1/4
IMREAD_REDUCED_GRAYSCALE_8	64	将图像转为灰度，同时缩小至原先的 1/8
IMREAD_REDUCED_COLOR_8	65	将图像转为三通道 BGR 彩色，同时缩小至原先的 1/8
IMREAD_IGNORE_ORIENTATION	128	不以 EXIF 方向旋转图像

注：引用上述常数时左边需要加上 cv2，可以参考 ch1_1.py 第 4 行。

程序实例 ch1_1.py：观察读取文件的返回值，由于 ch1 文件夹内没有 none.jpg，所以读取时返回值是 NoneType。

```
1   # ch1_1.py
2   import cv2
3
4   img1 = cv2.imread("jk.jpg")                    # 读取图像
5   print(f"成功读取 : {type(img1)}")
6   img2 = cv2.imread("none.jpg")                  # 读取图像
7   print(f"读取失败 : {type(img2)}")
```

执行结果

```
=================== RESTART: D:\OpenCV_Python\ch1\ch1_1.py ===================
成功读取 : <class 'numpy.ndarray'>
读取失败 : <class 'NoneType'>
```

1-3-2　可读取的图像格式

OpenCV 的 cv2.imread( ) 可以读取的常见图像格式有以下几种：

(1) Windows 的位图：*.bmp。

(2) JPEG 格式图：*.jpg、*.jpeg、*.jpe。

(3) TIFF 格式图：*.tiff、*.tif。

(4) PNG 格式图：*.png。

1-4 显示图像与关闭图像窗口

OpenCV 提供了几个与显示图像有关的函数，下面将一一解说。

1-4-1 使用 OpenCV 显示图像

OpenCV 可以使用 cv2.imshow( ) 将读取的图像对象显示在 OpenCV 窗口内，此函数的使用格式如下：

```
cv2.imshow(window_name, image)
```

❑ window_name：要显示的窗口标题名称。

❑ image：要显示的图像对象。

上述 imshow( ) 函数实际上是执行下列两个步骤：

(1) 建立标题是 window_name 的窗口，所建立的窗口无法更改大小。

(2) 将 image 图像对象在 window_name 窗口显示。

程序实例 ch1_2.py：显示图像。

```
1   # ch1_2.py
2   import cv2
3
4   img = cv2.imread("jk.jpg")              # 读取图像
5   cv2.imshow("MyPicture", img)            # 显示图像
```

执行结果

如果要关闭上述图像窗口，可以单击右上方的关闭按钮。

1-4-2 关闭 OpenCV 窗口

将图像显示在 OpenCV 窗口后，若想关闭窗口，除了单击"关闭"按钮，还可以使用下列函数。

```
cv2.destroyWindow(window_name)          # 删除单一所指定的窗口
cv2.destroyAllWindows()                 # 删除所有 OpenCV 的图像窗口
```

程序实例 ch1_3.py：图像闪一下随即关闭的应用。

```
1  # ch1_3.py
2  import cv2
3
4  img = cv2.imread("jk.jpg")           # 读取图像
5  cv2.imshow("MyPicture", img)         # 显示图像
6  cv2.destroyWindow("MyPicture")       # 关闭窗口
```

执行结果　图像闪一下随即关闭。

上述第 5 行代码显示图像，第 6 行代码关闭图像，所以造成图像闪一下随即关闭。

1-4-3　等待按键的事件

OpenCV 的 cv2.waitKey( ) 函数会等待按键事件，语法如下：

```
ret_key = cv2.waitKey(delay)
```

❑ ret_key：返回值，如果在指定时间内没有按下键盘的键，则返回值是 -1。如果按下键盘的键，则返回值是按键的 ASCII 码。常用于检测键盘按键，对应的 ASCII 码值如下：

```
Enter: 13        Esc: 27        Backspace: 8        Space: 32
```

❑ delay：单位是毫秒，每 1000 毫秒等于 1 秒。

使用 OpenCV 显示图像时可以使用 cv2.waitKey(delay) 设定图像显示的时间，或是在显示时间内按键盘上的任意键，也可以让 cv2.waitKey( ) 函数执行结束。delay=0 或省略，代表无限期等待。delay=1000 相当于等待 1 秒。

程序实例 ch1_4.py：让图像持续显示，直到按下键盘上任意键。

```
1  # ch1_4.py
2  import cv2
3
4  img = cv2.imread("jk.jpg")           # 读取图像
5  cv2.imshow("MyPicture", img)         # 显示图像
6  ret_value = cv2.waitKey(0)           # 无限等待
7  cv2.destroyWindow("MyPicture")       # 关闭窗口
```

执行结果　这个程序会持续显示 jk.jpg，直到按下键盘上任意键。

程序实例 ch1_5.py：让图像显示 5 秒或按键盘上任意键后列出 waitKey( ) 函数的返回值。

```
1  # ch1_5.py
2  import cv2
3
4  img = cv2.imread("jk.jpg")                    # 读取图像
5  cv2.imshow("MyPicture", img)                  # 显示图像
6  ret_value = cv2.waitKey(5000)                 # 等待 5 秒
7  cv2.destroyWindow("MyPicture")                # 关闭窗口
8  print(f"ret_value = {ret_value}")
```

执行结果　图像显示结果可以参考 ch1_2.py。下方左图是等待 5 秒且没有按键发生的 Python Shell 窗口结果，下方右图是直接按键盘 E 键的结果。

注：执行此程序时，需要设置系统为英文输入模式，如果输入是一般键盘键，可以使用 ret_value == ord(key) 判断是否按了特定的键盘字符。

程序实例 ch1_5_1.py：让图像持续显示，直到按下键盘的 Q 键。

```
1  # ch1_5_1.py
2  import cv2
3
4  img = cv2.imread("jk.jpg")                    # 读取图像
5  cv2.imshow("MyPicture", img)                  # 显示图像
6  ret_value = cv2.waitKey(0)                    # 无限等待
7  if ret_value == ord('Q') or ret_value == ord('q'):
8      cv2.destroyWindow("MyPicture")           # 关闭窗口
```

执行结果　这个程序会持续显示 jk.jpg，直到按下 Q 键。

1-4-4　建立 OpenCV 图像窗口

使用 OpenCV 的 imshow( ) 函数显示图像时，系统默认会建立一个图像窗口，所建立的图像窗口大小是固定的，无法更改。不过 OpenCV 也有提供 namedWindow( ) 函数建立未来要显示图像的窗口，它的语法如下：

```
cv2.namedWindow(window_name, flag)
```

❑ window_name：未来要显示的窗口名称。
❑ flag：窗口旗标参数，可能值如下。
　WINDOW_NORMAL：如果设定，用户可以自行调整窗口大小。
　WINDOW_AUTOSIZE：系统将依图像调整窗口大小，用户无法调整窗口大小。
　WINDOW_OPENGL：将以 OpenGL 支持方式打开窗口。

程序实例 ch1_6.py：以彩色和灰度显示图像，其中彩色的 OpenCV 窗口无法调整窗口大小，灰度的 OpenCV 窗口可以调整窗口大小。同时分别使用 1-4-2 节所述的 destroyWindow( ) 和

destroyAllWindows( ) 函数关闭窗口。

```
1   # ch1_6.py
2   import cv2
3   cv2.namedWindow("MyPicture1")                              # 使用默认
4   cv2.namedWindow("MyPicture2", cv2.WINDOW_NORMAL)           # 可以重设大小
5   img1 = cv2.imread("jk.jpg")                               # 彩色读取
6   img2 = cv2.imread("jk.jpg", cv2.IMREAD_GRAYSCALE)         # 灰度读取
7   cv2.imshow("MyPicture1", img1)                            # 显示图像img1
8   cv2.imshow("MyPicture2", img2)                            # 显示图像img2
9   cv2.waitKey(3000)                                        # 等待3秒
10  cv2.destroyWindow("MyPicture1")                          # 删除MyPicture1
11  cv2.waitKey(8000)                                        # 等待8秒
12  cv2.destroyAllWindows()                                  # 删除所有窗口
```

执行结果　下列右边窗口可以重设大小。

上述程序第 6 行，cv2.IMREAD_GRAYSCALE 也可以用 0 代替，读者可以参考 ch1_6_1.py，可以获得一样的结果。

```
6   img2 = cv2.imread("jk.jpg", 0)                            # 灰度读取
```

1-5　存储图像

OpenCV 可以使用 imwrite( ) 函数存储图像，使用语法如下：

```
ret = cv2.imwrite(path, image)
```

❑ 第 1 个参数 path 是存储结果的图像文件名，此名称含路径，如果省略路径就是指目前工作的文件夹。此外，除了可以使用相同的图像格式存储外，也可以使用不同的图像格式存储图像文件，例如：jpg、tiff、png，等等。

❑ 第 2 个参数 image 是要存储的图像对象。

如果存储图像成功会返回 True，否则返回 False。

程序实例 ch1_7.py：将 jk.jpg 存储成 out1_7_1.tiff 和 out1_7_2.png。

```
1   # ch1_7.py
2   import cv2
3   cv2.namedWindow("MyPicture")              # 使用默认
4   img = cv2.imread("jk.jpg")               # 彩色读取
5   cv2.imshow("MyPicture", img)             # 显示图像img
6   ret = cv2.imwrite("out1_7_1.tiff", img)  # 将文件写入out1_7_1.tiff
7   if ret:
8       print("存储文件成功")
9   else:
10      print("存储文件失败")
11  ret = cv2.imwrite("out1_7_2.png", img)   # 将文件写入out1_7_2.png
12  if ret:
13      print("存储文件成功")
14  else:
15      print("存储文件失败")
16  cv2.waitKey(3000)                        # 等待3秒
17  cv2.destroyAllWindows()                  # 删除所有窗口
```

执行结果　可以在 ch1 文件夹看到下列图像文件。

习题

分别以彩色和灰度读取图像，笔者使用 **jk.jpg** 在屏幕显示，同时以下列方式存储：

用 jk_color 文件名进行彩色存储。

用 jk_gray 文件名进行灰度存储。

第 2 章

认识图像表示方法

本章将介绍图像的表示方法，然后再介绍图像的属性。

2-1 位图表示法

下图是 12×12 的矩阵，所代表的是英文字母 H。

上图中的小方格称为像素，每个图像的像素是 0 或 1，如果像素是 0 表示此像素是黑色，如果像素是 1 表示此像素是白色。因此，可以用下图所示方式表示计算机存储英文字母 H 的方式。

0	0	0	0	0	0	0	0	0	0	0	0
0	1	1	1	1	0	0	1	1	1	1	0
0	0	1	1	0	0	0	0	1	1	0	0
0	0	1	1	0	0	0	0	1	1	0	0
0	0	1	1	0	0	0	0	1	1	0	0
0	0	1	1	1	1	1	1	1	1	0	0
0	0	1	1	0	0	0	0	1	1	0	0
0	0	1	1	0	0	0	0	1	1	0	0
0	0	1	1	0	0	0	0	1	1	0	0
0	0	1	1	0	0	0	0	1	1	0	0
0	1	1	1	1	0	0	1	1	1	1	0
0	0	0	0	0	0	0	0	0	0	0	0

因为每一个像素是 0 或 1，所以称上述方法为位图表示法。

2-2 GRAY 色彩空间

2-1 节使用位图表示图像，虽然很简单，但是无法很精致地表示整个图像。本节所要使用的是灰度图像表示法，在本书电子资源"程序实例素材与代码"中的 ch2 文件夹内有 jk_gray.jpg 灰度图像，如下图所示。

上图虽然也称黑白图像，但是在黑色与白色之间多了许多灰度色彩，因此整个图像相较于位图细腻了许多。在计算机科学中灰度图像有 256 个等级，使用 0~255 表示灰度色彩的等级，其中 0 表示纯黑色，255 表示纯白色。这 256 个灰度等级刚好可以使用 8 位 (Bit) 表示，相当于 1 字节 (Byte)，下图是十进制数值与对应的灰度色彩。

十进制值	灰度色彩实例
0	
32	
64	
96	
128	
160	
192	
224	
255	

若使用上述灰度色彩，可以使用一个二维数组代表一幅图像，这类色彩称为 GRAY 色彩空间。

了解计算机处理上述灰度色彩原理后，在 2-1 节所述位图表示法中，可以使用 0 代表黑色的像素，255 代表白色的像素。

2-3 RGB 色彩空间

在图像色彩概念中，最常用的是 RGB 色彩概念，也称为 RGB 色彩空间。在这个概念中所有色彩可以使用 R(Red) 红色、G(Green) 绿色和 B(Blue) 蓝色依照不同比例组成，一般也称这三种颜色为三原色，又将其称为 R 通道 (channel)、G 通道和 B 通道。这 3 个通道的值是 0~255。

注：channel 本书翻译为通道，也有文章翻译为色版。

R(Red)　　　　　　　G(Green)　　　　　　　B(Blue)

2-3-1 由色彩得知 RGB 通道值

有一个名为 materialui 的配色工具网站，读者进入该网站单击页面底部 RGB 选项后，可以任意单击一个色彩，窗口右上方可以看到此色彩的 R 通道、G 通道与 B 通道值，如下图所示。

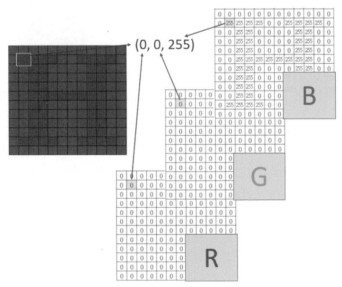

2-3-2　使用 RGB 通道值获得色彩区域

其实 Office 中就有功能可以输入 R、G、B 通道值，以获得色彩区域。在 Excel 窗口环境，选择任意单元格右击，选择"设置单元格格式"，出现单元格格式对话框，选择"图案"选项卡，单击选择其他颜色按钮进行自定义。

注：在 RGB 通道概念中，因为每个通道有 256(0～255) 种原色，有 3 个通道，所以可以得到 256×256×256=16777216 种颜色组合。

2-3-3　RGB 彩色像素的表示法

了解上述概念后，可以使用下列概念代表一个 RGB 彩色像素，即使用一个三维数组代表一幅图像。

2-4 BGR 色彩空间

在传统颜色通道的概念中，RGB 通道的顺序是 R → G → B，但是在 OpenCV 的颜色通道中顺序是 B → G → R，相当于下列顺序概念：

第 1 个颜色通道数据是 B。

第 2 个颜色通道数据是 G。

第 3 个颜色通道数据是 R。

该色彩概念称为 BGR 色彩空间，这也是 OpenCV 所使用的色彩空间，2-6 节会有 BGR 色彩空间颜色通道值的实例解说。

2-5 获得图像的属性

第 1 章介绍了使用 imread( ) 函数读取图像文件，在数据处理过程中必须了解图像的属性，常用的属性有以下几种：

shape 属性：如果是灰度图像可以由 shape 属性获得图像像素的行数 (rows)、列数 (columns)；如果是彩色图像可以由 shape 属性获得图像像素的行数 (rows)、列数 (columns) 和通道数 (channels)。

注：对于灰度色彩而言，颜色的通道数是 1，shape 属性则省略此部分。

size 属性：这个属性的值是"行数 × 列数 × 通道数"。

dtype 属性：这个属性是返回图像的数据类型。

程序实例 ch2_1.py：打印灰度图像的属性值。

```
1  # ch2_1.py
2  import cv2
3
4  img = cv2.imread("jk.jpg", cv2.IMREAD_GRAYSCALE)    # 灰度读取
5  print("打印灰度图像的属性")
6  print(f"shape = {img.shape}")
7  print(f"size  = {img.size}")
8  print(f"dtype = {img.dtype}")
```

执行结果

```
================== RESTART: D:\OpenCV_Python\ch2\ch2_1.py ==================
打印灰度图像的属性
shape = (345, 342)
size  = 117990
dtype = uint8
```

如果现在使用 Windows 的画图工具打开 jk.jpg 文件，可以看到下图所示结果。

在上述界面的状态行可以看到 342×345 像素，这是用坐标轴的概念 (x, y) 代表像素。但是 OpenCV 是使用 (y, x) 方式返回像素数据。

程序 ch2_1.py 执行结果，size 返回值是 117990，即 345×342。

程序 ch2_1.py 执行结果，dtype 返回的数据类型是 uint8，这是 Numpy 模块的数据类型，表示 8 位无符号整数，取值是 0 ~ 255。

程序实例 ch2_2.py：打印彩色图像的属性值。

```
1   # ch2_2.py
2   import cv2
3
4   img = cv2.imread("jk.jpg")                    # 彩色读取
5   print("打印彩色图像的属性")
6   print(f"shape = {img.shape}")
7   print(f"size  = {img.size}")
8   print(f"dtype = {img.dtype}")
```

执行结果

```
=================== RESTART: D:\OpenCV_Python\ch2\ch2_2.py ===================
打印彩色图像的属性
shape = (345, 342, 3)
size  = 353970
dtype = uint8
```

上述 size 的返回值是 353970，即 345×342×3。

2-6 像素的 BGR 值

鼠标光标在画图工具打开的图像上移动，左下角可以看到鼠标光标的坐标，如下图所示。

上图右下角可以看到图像大小是 342×345 像素，也就是说 x 轴大小是 342 像素，在 OpenCV 的坐标概念中，x 轴坐标是 0 ~ 341；y 轴大小是 345 像素，在 OpenCV 的坐标概念中，y 轴坐标是 0 ~ 344。

有了上述概念，这一节将介绍读取与修改特定像素坐标 BGR 值的方法。

2-6-1　读取特定灰度图像像素坐标的 BGR 值

参考 ch2_1.py 第 4 行，使用下列指令读取图像。

```
img = cv2.imread("jk.jpg", cv2.IMREAD_GRAYSCALE)
```

假设想获得 (169, 118) 的 BGR 值 (这是采用 OpenCV 坐标概念)，可以使用以下指令。

```
px = img[169, 118]
```

上述用灰度图像读取时，返回的是 Numpy 模块的 uint8 数据类型。

程序实例 ch2_3.py：列出灰度图像 OpenCV 坐标 (169, 118) 的 BGR 值和此值的数据类型。

```
1  # ch2_3.py
2  import cv2
3
4  pt_y = 169
5  pt_x = 118
6  img = cv2.imread("jk.jpg", cv2.IMREAD_GRAYSCALE)    # 灰度读取
7  px = img[pt_y, pt_x]                                 # 读px点
8  print(type(px))
9  print(f"BGR = {px}")
```

执行结果

```
=================== RESTART: D:/OpenCV_Python/ch2/ch2_3.py ===================
<class 'numpy.uint8'>
BGR = 128
```

2-6-2　读取特定彩色图像像素坐标的 BGR 值

参考 ch2_2.py 第 4 行，使用如下指令读取图像。

```
img = cv2.imread( "jk.jpg" )
```

假设想获得 (169, 118) 的 BGR 值 (这是采用 OpenCV 坐标概念)，可以使用如下指令。

```
px = img[169, 118]
```

上述用彩色图像读取时，返回的是 Numpy 模块的数组数据类型 (numpy.ndarray)。

程序实例 ch2_4.py：列出彩色图像 OpenCV 坐标 (169, 118) 的 BGR 值和此值的数据类型。

```
1  # ch2_4.py
2  import cv2
3
4  pt_y = 169
5  pt_x = 118
6  img = cv2.imread("jk.jpg")        # 彩色读取
7  px = img[pt_y, pt_x]              # 读px点
8  print(type(px))
9  print(f"BGR = {px}")
```

执行结果　　BGR 通道的值分别是 45、112、191。

```
==================== RESTART: D:\OpenCV_Python\ch2\ch2_4.py ====================
<class 'numpy.ndarray'>
BGR = [ 45 112 191]
```

除了上述方法，也可以一次获得一个通道的值，方法如下。

```
blue = img[pt_y, pt_x, 0]                          # B 通道值
green = img[pt_y, pt_x, 1]                          # G 通道值
red = img[pt_y, pt_x, 2]                            # R 通道值
```

程序实例 ch2_5.py：列出 OpenCV 坐标 (169, 118) 的 BGR 通道各个值。

```
1   # ch2_5.py
2   import cv2
3
4   pt_y = 169
5   pt_x = 118
6   img = cv2.imread("jk.jpg")        # 彩色读取
7   blue = img[pt_y, pt_x, 0]         # 读 B 通道值
8   green = img[pt_y, pt_x, 1]        # 读 G 通道值
9   red = img[pt_y, pt_x, 2]          # 读 R 通道值
10  print(f"BGR = {blue}, {green}, {red}")
```

执行结果

```
==================== RESTART: D:/OpenCV_Python/ch2/ch2_5.py ====================
BGR = 45, 112, 191
```

2-6-3　修改特定图像像素坐标的 BGR 值

前面所述实例可以使用下列方式获得指定图像像素的 BGR 值。

```
px = img[169, 118]
```

假设需要更改指定图像像素的值，可以使用如下指令设定此值。

```
px = [blue, green, red]
```

程序实例 ch2_6.py：将 OpenCV 坐标 (169, 118) 的 BGR 通道值设为 [255, 255, 255](白色效果)。

```
1   # ch2_6.py
2   import cv2
3
4   pt_y = 169
5   pt_x = 118
6   img = cv2.imread("jk.jpg")        # 彩色读取
7   px = img[pt_y, pt_x]              # 读取 px 点
8   print(f"更改前BGR = {px}")
9   px = [255, 255, 255]             # 修改 px 点
10  print(f"更改后BGR = {px}")
```

执行结果

```
================== RESTART: D:\OpenCV_Python\ch2\ch2_6.py ==================
更改前BGR = [ 45 112 191]
更改后BGR = [255, 255, 255]
```

上述实例只修改了单一像素，读者不容易看出来，下面实例笔者将修改一个区域，读者可以做一下比较。

程序实例 ch2_7.py：将 jk.jpg 图像右下方 50×50 像素区间设定为白色。

```
1   # ch2_7.py
2   import cv2
3
4   img = cv2.imread("jk.jpg")        # 彩色读取
5   cv2.imshow("Before the change", img)
6   for y in range(img.shape[0]-50, img.shape[0]):
7       for x in range(img.shape[1]-50, img.shape[1]):
8           img[y, x] = [255, 255, 255]
9   cv2.imshow("After the change", img)
10  cv2.waitKey(0)
11  cv2.destroyAllWindows()
```

执行结果

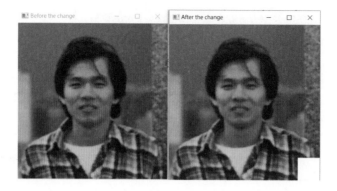

习题

请调整 ch2_7.py，改为下方显示黄色横条。

第 3 章
学习 OpenCV 需要的 Numpy 知识

Python 是一种应用范围很广的程序语言，虽然列表 (list) 和元组 (tuple) 可以执行一维数组 (one-dimension array) 或多维数组 (multi-dimension array) 运算。但是如果强调需要使用高速计算时，就会产生了一些缺点：

- ❑ 执行速度慢。
- ❑ 需要较多系统资源。

许多追求高速运算的模块因而诞生，在科学运算或人工智能领域最常见，如应对高速运算而产生的模块 Numpy，此名称所代表的是 Numerical Python。

图像在 OpenCV 中用二维数组或三维数组表示，数组内每一个值就是图像的像素值，为了应对图像转换时的高速运算，OpenCV 内部也使用 Numpy 模块当作数据格式的基础，这也是为何在安装 OpenCV 时需要安装 Numpy 的原因，本章将针对未来操作 OpenCV 需要的 Numpy 知识做完整的说明。

3-1　数组 ndarray

Numpy 模块所建立的数组数据类型称为 ndarray(n-dimension array)，n 代表维度，例如，一维数组、二维数组、……、n 维数组。ndarray 数组有以下几个特色：

- ❑ 数组大小是固定的。
- ❑ 数组元素内容的数据类型是相同的。

上述 Numpy 数组的特色使它运算时可以有较好的执行速度，但只需要较少的系统资源。

3-2　Numpy 的数据类型

Numpy 支持比 Python 更多的数据类型，以下是 Numpy 所定义的数据类型：

- ❑ bool_：和 Python 的 bool 兼容，以 1 字节存储 True 或 False。
- ❑ int_：默认的整数类型，与 C 语言的 long 相同，通常是 int32 或 int64。
- ❑ intc：与 C 语言的 int 相同，通常是 int32 或 int64。
- ❑ intp：用于索引的整数，与 C 语言的 size_t 相同，通常是 int32 或 int64。
- ❑ int8：8 位整数 (-128 ~ 127)。
- ❑ int16：16 位整数 (-32768 ~ 32767)。
- ❑ int32：32 位整数 (-2147483648 ~ 2147483647)。
- ❑ int64：64 位整数 (-9223372036854775808 ~ 9223372036854775807)。
- ❑ uint8：8 位无符号整数 (0 ~ 255)。
- ❑ uint16：16 位无符号整数 (0 ~ 65535)。
- ❑ uint32：32 位无符号整数 (0 ~ 4294967295)。
- ❑ uint64：64 位无符号整数 (0 ~ 18446744073709551615)。
- ❑ float_：与 Python 的 float 相同。
- ❑ float16：半精度浮点数，包括符号位、5 位指数、10 位尾数。

- ❑ float32：单精度浮点数，包括符号位、8 位指数、23 位尾数。
- ❑ float64：双倍精度浮点数，包括符号位、11 位指数、52 位尾数。
- ❑ complex_：复数，是 complex_128 的缩写。
- ❑ complex64：复数，由 2 个 32 位浮点数表示 (实部和虚部)。
- ❑ complex128：复数，由 2 个 64 位浮点数表示 (实部和虚部)。

3-3　建立一维或多维数组

3-3-1　认识 ndarray 的属性

当使用 Numpy 模块建立 ndarray 数据类型的数组后，可以获得 ndarray 的属性，以下是几个 ndarray 常用的属性。

ndarray.dtype：数组元素类型。

ndarray.itemsize：数组元素数据类型大小 (或称所占空间)，单位为字节。

ndarray.ndim：数组的维度。

ndarray.shape：数组维度元素个数的元组，也可以用于调整数组大小。

ndarray.size：数组元素个数。

3-3-2　使用 array( ) 函数建立一维数组

可以使用 array( ) 函数建立一维数组，array( ) 函数的调用指令如下：

```
numpy.array(object, dtype=None, copy=True, order='K', subok=False, ndmin)
```

上述参数意义如下。

- ❑ object：数组数据。
- ❑ dtype：数据类型，如果省略将使用可以容纳数据最省的类型。
- ❑ copy：布尔值，默认是 True，object 内容会被复制，3-4-4 节会有实例。
- ❑ order：用于设定内存存储数组的顺序，值可以是 'K'、'A'、'C'、'F'。如果 object 不是数组，新建立的数组将依照 'C' 排列，也就是依照行 (row) 排列。如果 object 是数组，则以下成立。

  'K'：元素在内存中的顺序。

  'A'：元素原先顺序。

  'C'：依行排列。

  'F'：依列排列。

- ❑ subok：布尔值，如果是 True，将传递子类别。默认是 False，返回的数组将被强制为基类。
- ❑ ndmin：设定数组应该具有的最小维度。

建立时在小括号内填上中括号，然后将数组数值放在中括号内，彼此用逗号隔开。

实例 1：建立一个一维数组，数组内容是 1, 2, 3，同时列出数组的数据类型。

```
>>> import numpy as np
>>> x = np.array([1, 2, 3])
>>> print(type(x))          ——————→ 打印 x 数据类型
<class 'numpy.ndarray'>
>>> print(x)                ——————→ 打印 x 数组内容
[1 2 3]
```

上述所建立的浮点数数组如下。

x[0]	1
x[1]	2
x[2]	3

数组建立好后，可以用索引方式取得或设定内容。

实例 2：列出数组元素内容。

```
>>> import numpy as np
>>> x = np.array([1, 2, 3])
>>> print(x[0])
1
>>> print(x[1])
2
>>> print(x[2])
3
```

实例 3：设定数组内容。

```
>>> import numpy as np
>>> x = np.array([1, 2, 3])
>>> x[1] = 10
>>> print(x)
[ 1 10  3]
```

实例 4：认识 ndarray 的属性。

```
>>> import numpy as np
>>> x = np.array([1, 2, 3])
>>> x.dtype          ——————→ 打印 x 数组元素类型
dtype('int32')
>>> x.itemsize       ——————→ 打印 x 数组元素大小
4
>>> x.ndim           ——————→ 打印 x 数组维度
1
>>> x.shape          ——————→ 打印 x 数组外形，3 是第一维元素个数
(3,)
>>> x.size           ——————→ 打印 x 数组元素个数
3
```

上述 x.dtype 获得 int32，表示是 32 位的整数。x.itemsize 是数组元素大小，其中以字节为单位，1 字节是 8 位，由于元素是 32 位整数，所以返回是 4。x.ndim 返回数组维度是 1，表示这是一维数组。x.shape 以元组方式返回第一维元素个数，此处是 3，后面对二维数组还会解说。x.size 则是返回元素个数。

实例 5：array( ) 函数也可以接受使用 dtype 参数设定元素的数据类型。

```
>>> import numpy as np
>>> x = np.array([2, 4, 6], dtype=np.int8)
>>> x.dtype
dtype('int8')
```

上述因为元素是 8 位整数，所以执行 x.itemsize，所得的结果是 1。

```
>>> x.itemsize
1
```

实例 6：浮点数数组的建立与打印。

```
>>> import numpy as np
>>> y = np.array([1.1, 2.3, 3.6])
>>> y.dtype
dtype('float64')
>>> y
array([1.1, 2.3, 3.6])
>>> print(y)
[1.1 2.3 3.6]
```

上述所建立的一维数组如下所示。

x[0]	1.1
x[1]	2.3
x[2]	3.6

3-3-3　使用 array( ) 函数建立多维数组

在使用 array( ) 建立数组时，通过设定参数 ndmin 就可以建立多维数组。

程序实例 ch3_1.py：建立二维数组。

```
1   # ch3_1.py
2   import numpy as np
3
4   row1 = [1, 2, 3]
5   arr1 = np.array(row1, ndmin=2)
6   print(f"数组维度 = {arr1.ndim}")
7   print(f"数组外形 = {arr1.shape}")
8   print(f"数组大小 = {arr1.size}")
9   print("数组内容")
10  print(arr1)
11  print("-"*70)
12  row2 = [4, 5, 6]
13  arr2 = np.array([row1,row2], ndmin=2)
14  print(f"数组维度 = {arr2.ndim}")
15  print(f"数组外形 = {arr2.shape}")
16  print(f"数组大小 = {arr2.size}")
17  print("数组内容")
18  print(arr2)
```

执行结果

```
=================== RESTART: D:\OpenCV_Python\ch3\ch3_1.py ===================
数组维度 = 2
数组外形 = (1, 3)
数组大小 = 3
数组内容
[[1 2 3]]
---------------------------------------------------------------------
数组维度 = 2
数组外形 = (2, 3)
数组大小 = 6
数组内容
[[1 2 3]
 [4 5 6]]
```

程序实例 ch3_2.py：以另一种设定二维数组的方式，重新设计 ch3_1.py。

```
1  # ch3_2.py
2  import numpy as np
3
4  x = np.array([[1, 2, 3], [4, 5, 6]])
5  print(f"数组维度 = {x.ndim}")
6  print(f"数组外形 = {x.shape}")
7  print(f"数组大小 = {x.size}")
8  print("数组内容")
9  print(x)
```

执行结果

```
=============== RESTART: D:\OpenCV_Python\ch3\ch3_2.py ===============
数组维度 = 2
数组外形 = (2, 3)
数组大小 = 6
数组内容
[[1 2 3]
 [4 5 6]]
```

上述所建立的二维数组，与二维数组索引的图形如下所示。

1	2	3
4	5	6

二维数组内容

x[0][0]	x[0][1]	x[0][2]
x[1][0]	x[1][1]	x[1][2]

二维数组索引

也可以用 x[0, 2] 代表 x[0][2]，可以参考以下实例。在实际应用中，x[0, 2] 的表达方式更常用。

程序实例 ch3_3.py：认识引用二维数组索引的方式。

```
1  # ch3_3.py
2  import numpy as np
3
4  x = np.array([[1, 2, 3], [4, 5, 6]])
5  print(x[0][2])
6  print(x[1][2])
7  # 或是
8  print(x[0, 2])
9  print(x[1, 2])
```

执行结果

```
=============== RESTART: D:/OpenCV_Python/ch3/ch3_3.py ===============
3
6
3
6
```

上述代码第 5 行与第 8 行意义相同，读者可以了解引用索引方式。

3-3-4　使用 zeros( ) 函数建立内容是 0 的多维数组

zeros( ) 函数可以建立内容是 0 的数组，语法如下：

```
np.zeros(shape, dtype=float)
```

上述参数意义如下：

❑ shape：数组外形。

❑ dtype：默认是浮点型数据类型，也可以用此参数设定数据类型。

程序实例 ch3_4.py：分别建立 1×3 一维和 2×3 二维外形的数组，一维数组元素数据类型是浮点型 (float)，二维数组元素数据类型是 8 位无符号整数 (unit8)。

```
1  # ch3_4.py
2  import numpy as np
3
4  x1 = np.zeros(3)
5  print(x1)
6  print("-"*70)
7  x2 = np.zeros((2, 3), dtype=np.uint8)
8  print(x2)
```

执行结果

```
==================== RESTART: D:/OpenCV_Python/ch3/ch3_4.py ====================
[0. 0. 0.]
--------------------------------------------------------------------
[[0 0 0]
 [0 0 0]]
```

在实际应用中，常用 zeros( ) 函数建立二维数组，也可以说是建立一个图像，因为所建立的内容是 0，相当于建立黑色图像，在本书第 5 章会有实例解说，如果读者想要先了解一下也可以参考本书所附的 ch3_4_1.py 程序实例。

3-3-5　使用 ones( ) 函数建立内容是 1 的多维数组

ones( ) 函数可以建立内容是 1 的数组，语法如下：

```
np.ones(shape, dtype=None)
```

上述参数意义如下：

❑ shape：数组外形。

❑ dtype：默认是 64 浮点型数据类型 (float64)，也可以用此参数设定数据类型。

程序实例 ch3_5.py：分别建立 1×3 一维和 2×3 二维外形的数组，一维数组元素数据类型是浮点型 (float)，二维数组元素数据类型是 8 位无符号整数 (unit8)。

```
1  # ch3_5.py
2  import numpy as np
3
4  x1 = np.ones(3)
5  print(x1)
6  print("-"*70)
7  x2 = np.ones((2, 3), dtype=np.uint8)
8  print(x2)
```

执行结果

```
==================== RESTART: D:/OpenCV_Python/ch3/ch3_5.py ====================
[1. 1. 1.]
----------------------------------------------------------------------
[[1 1 1]
 [1 1 1]]
```

在实际应用中，常用 ones( ) 函数建立二维数组，也可以说是建立一个图像。假设要建立白色图像，可以将结果乘以 255，在本书第 5 章会有实例解说，如果读者想要先了解一下也可以参考本书所附的 ch3_5_1.py 程序实例。

3-3-6　使用 empty( ) 函数建立未初始化的多维数组

empty( ) 函数可以建立指定形状与数据类型内容的数组，数组内容未初始化，语法如下：

```
np.empty(shape, dtype=float)
```

上述参数意义如下：

❑ shape：数组外形。

❑ dtype：默认是浮点型数据类型 (float)，也可以用此设定数据类型。

程序实例 ch3_6.py：分别建立 1×3 一维和 2×3 二维外形的未初始化数组，一维数组元素数据类型是浮点型 (float)，二维数组元素数据类型是 8 位无符号整数 (unit8)。

```
1  # ch3_6.py
2  import numpy as np
3
4  x1 = np.empty(3)
5  print(x1)
6  print("-"*70)
7  x2 = np.empty((2, 3), dtype=np.uint8)
8  print(x2)
```

执行结果

```
==================== RESTART: D:/OpenCV_Python/ch3/ch3_6.py ====================
[9.13599696e+242 6.01334515e-154 1.03474869e-028]
----------------------------------------------------------------------
[[101  49 100]
 [ 23 131   1]]
```

3-3-7　使用 random.randint( ) 函数建立随机数内容的多维数组

random.randint( ) 函数可以建立随机数内容的数组，语法如下：

```
np.random.randint(low, high=None, size=None, dtype=int)
```

上述参数意义如下：

❑ low：随机数的最小值 (含此值)。

❑ high：这是可选项，如果有此参数代表随机数的最大值 (不含此值)。如果不含此参数，则随机数是 0 ~ low。

❑ size：这是可选项，表示数组的维数。

❑ dtype：默认是整数数据类型 (int)，也可以用此设定数据类型。

程序实例 ch3_7.py：分别建立单一随机数、含 10 个元素数组的随机数、3×5 的二维数组的随机数。

```
1  # ch3_7.py
2  import numpy as np
3
4  x1 = np.random.randint(10, 20)
5  print("返回值是10(含)至20(不含)的单一随机数")
6  print(x1)
7  print("-"*70)
8  print("返回 一维数组10个元素，值是1(含)至5(不含)的随机数")
9  x2 = np.random.randint(1, 5, 10)
10 print(x2)
11 print("-"*70)
12 print("返回3*5数组，值是0(含)至10(不含)的随机数")
13 x3 = np.random.randint(10, size=(3, 5))
14 print(x3)
```

执行结果

```
==================== RESTART: D:\OpenCV_Python\ch3\ch3_7.py ====================
返回值是10(含)至20(不含)的单一随机数
12
----------------------------------------------------------------------
返回 一维数组10个元素，值是1(含)至5(不含)的随机数
[4 1 4 2 2 2 4 1 3 2]
----------------------------------------------------------------------
返回3*5数组，值是0(含)至10(不含)的随机数
[[8 7 5 7 3]
 [1 5 6 3 3]
 [3 4 2 9 2]]
```

3-3-8　使用 arange( ) 函数建立数组数据

arange( ) 函数可以建立数组数据，语法如下：

```
np.arange(start, stop, step)                    # start 和 step 可以省略
```

参数 start 是起始值，如果省略则默认值是 0；参数 stop 是结束值，但是所产生的数组不包含此值；参数 step 是数组相邻元素的间距，如果省略则默认值是 1。

程序实例 ch3_7_1.py：建立连续数值 0~15 的一维数组。

```
1  # ch3_7_1.py
2  import numpy as np
3
4  x = np.arange(16)
5  print(x)
```

执行结果

```
================= RESTART: D:/OpenCV_Python/ch3/ch3_7_1.py =================
[ 0  1  2  3  4  5  6  7  8  9 10 11 12 13 14 15]
```

3-3-9　使用 reshape( ) 函数更改数组形式

reshape( ) 函数可以更改数组形式，语法如下：

```
np.reshape(a, newshape)
```

参数 a 是要更改的数组；参数 newshape 是新数组的外形，可以是整数或元组。

程序实例 ch3_7_2.py：将 1×16 数组改为 2×8 数组。

```
1  # ch3_7_2.py
2  import numpy as np
3
4  x = np.arange(16)
5  print(x)
6  print(np.reshape(x,(2,8)))
```

执行结果

```
================= RESTART: D:/OpenCV_Python/ch3/ch3_7_2.py =================
[ 0  1  2  3  4  5  6  7  8  9 10 11 12 13 14 15]
[[ 0  1  2  3  4  5  6  7]
 [ 8  9 10 11 12 13 14 15]]
```

有时候 reshape( ) 函数的 newshape 元组的其中一个元素是 -1，这表示将依照另一个元素安排元素内容。

程序实例 ch3_7_3.py：重新设计 ch3_7_2.py，但是 newshape 元组的其中一个元素是 -1，整个 newshape 内容是 (4, -1)。

```
1  # ch3_7_3.py
2  import numpy as np
3
4  x = np.arange(16)
5  print(x)
6  print(np.reshape(x,(4,-1)))
```

执行结果

```
================ RESTART: D:/OpenCV_Python/ch3/ch3_7_3.py ================
[ 0  1  2  3  4  5  6  7  8  9 10 11 12 13 14 15]
[[ 0  1  2  3]
 [ 4  5  6  7]
 [ 8  9 10 11]
 [12 13 14 15]]
```

程序实例 ch3_7_4.py：重新设计 ch3_7_2.py，但是 newshape 元组的其中一个元素是 -1，整个 newshape 内容是 (-1, 8)。

```
1  # ch3_7_4.py
2  import numpy as np
3
4  x = np.arange(16)
5  print(x)
6  print(np.reshape(x,(-1,8)))
```

执行结果

```
================ RESTART: D:/OpenCV_Python/ch3/ch3_7_4.py ================
[ 0  1  2  3  4  5  6  7  8  9 10 11 12 13 14 15]
[[ 0  1  2  3  4  5  6  7]
 [ 8  9 10 11 12 13 14 15]]
```

3-4　一维数组的运算与切片

3-4-1　一维数组的四则运算

下面将 Python 中的数学运算符号 "+、-、*、/、//、%、**" 应用于 Numpy 数组。

实例 1：数组与整数的加法运算。

```
>>> import numpy as np
>>> x = np.array([1, 2, 3])
>>> y = x + 5
>>> print(y)
[6 7 8]
```

读者可以将上述概念应用于其他数学运算符号。

实例 2：数组加法运算。

```
>>> import numpy as np
>>> x = np.array([1, 2, 3])
>>> y = np.array([10, 20, 30])
>>> z = x + y
>>> print(z)
[11 22 33]
```

实例 3：数组乘法运算。

```
>>> import numpy as np
>>> x = np.array([1, 2, 3])
>>> y = np.array([10, 20, 30])
>>> z = x * y
>>> print(z)
[10 40 90]
```

实例 4：数组除法运算。

```
>>> import numpy as np
>>> x = np.array([1, 2, 3])
>>> y = np.array([10, 20, 30])
>>> z = x / y
>>> print(z)
[0.1 0.1 0.1]
>>> z = y / x
>>> print(z)
[10. 10. 10.]
```

3-4-2　一维数组的关系运算符及运算

Python 中的关系运算符如下表所示。

关系运算符	含义	实例	说明
>	大于	a > b	a 大于 b
>=	大于或等于	a >= b	a 大于或等于 b
<	小于	a < b	a 小于 b
<=	小于或等于	a <= b	a 小于或等于 b
==	等于	a == b	a 等于 b
!=	不等于	a != b	a 不等于 b

读者也可以将此运算符应用于数组运算。

实例：关系运算符应用于一维数组的运算。

```
>>> import numpy as np
>>> x = np.array([1, 2, 3])
>>> y = np.array([10, 20, 30])
>>> z = x > y
>>> print(z)
[False False False]
>>> z = x < y
>>> print(z)
[ True  True  True]
```

3-4-3　数组切片

Numpy 数组的切片与 Python 的列表切片相同，概念如下：

```
[start : end : step]
```

上述 start、end 是索引值，此索引值可以是正值也可以是负值，下列是正值或负值的索引说明图。

```
正值索引   0   1   2   3   4   5   6   7   8   9
数组内容 | 0 | 1 | 2 | 3 | 4 | 5 | 6 | 7 | 8 | 9 |
负值索引 -10  -9  -8  -7  -6  -5  -4  -3  -2  -1
```

切片的参数意义如下：

❑ start：起始索引，如果省略表示从 0 开始的所有元素。

❑ end：终止索引，如果省略表示到末端的所有元素，如果有索引则是不含此索引的元素。

❑ step：表示每隔多少区间再读取。

此切片语法的相关应用解说如下：

```
arr[start:end]          # 读取从索引 start 到 (end-1) 索引的列表元素
arr[:n]                 # 取得列表前 n 名
arr[:-n]                # 取得列表前面，不含最后 n 名
arr[n:]                 # 取得列表索引 n 到最后
arr[-n:]                # 取得列表后 n 名
arr[:]                  # 取得所有元素
```

程序实例 ch3_8.py：数组切片的应用。

```
1  # ch3_8.py
2  import numpy as np
3
4  x = np.array([0, 1, 2, 3, 4, 5, 6, 7, 8, 9])
5  print(f"数组元素如下 : {x} ")
6  print(f"x[2:]       = {x[2:]}")
7  print(f"x[:2]       = {x[:3]}")
8  print(f"x[0:3]      = {x[0:3]}")
9  print(f"x[1:4]      = {x[1:4]}")
10 print(f"x[0:9:2]    = {x[0:9:2]}")
11 print(f"x[-1]       = {x[-1]}")
12 print(f"x[::2]      = {x[::2]}")
13 print(f"x[2::3]     = {x[2::3]}")
14 print(f"x[:]        = {x[:]}")
15 print(f"x[::]       = {x[::]}")
16 print(f"x[-3:-7:-1] = {x[-3:-7:-1]}")
```

执行结果

```
================= RESTART: D:\OpenCV_Python\ch3\ch3_8.py =================
数组元素如下 : [0 1 2 3 4 5 6 7 8 9]
x[2:]       = [2 3 4 5 6 7 8 9]
x[:2]       = [0 1 2]
x[0:3]      = [0 1 2]
x[1:4]      = [1 2 3]
x[0:9:2]    = [0 2 4 6 8]
x[-1]       = 9
x[::2]      = [0 2 4 6 8]
x[2::3]     = [2 5 8]
x[:]        = [0 1 2 3 4 5 6 7 8 9]
x[::]       = [0 1 2 3 4 5 6 7 8 9]
x[-3:-7:-1] = [7 6 5 4]
```

3-4-4　使用参数 copy=True 复制数据

将 np.array( ) 函数的参数 copy 设为 True，即 copy=True，就可以复制数组。假设 x1 是 Numpy 的数组，可以使用下列方式复制数组。

```
x2 = np.array(x1, copy=True)
```

经过复制后，x2 是 x1 的副本，当内容修改时彼此不会互相影响。

程序实例 ch3_9.py：使用 np.array( ) 函数复制数组数据的实例。

```
1  # ch3_9.py
2  import numpy as np
3
4  x1 = np.array([0, 1, 2, 3, 4, 5])
5  x2 = np.array(x1, copy=True)
6  print(x1)
7  print(x2)
8  print('-'*70)
9  x2[0] = 9
10 print(x1)
11 print(x2)
```

执行结果

```
==================== RESTART: D:/OpenCV_Python/ch3/ch3_9.py ====================
[0 1 2 3 4 5]
[0 1 2 3 4 5]
----------------------------------------------------------------------
[0 1 2 3 4 5]
[9 1 2 3 4 5]
```

上述代码第 9 行，当更改 x2[0] 内容时，x1[0] 内容不会受影响。

3-4-5　使用 copy( ) 函数复制数组

另一种常用的复制数组的方式是使用 copy( ) 函数，假设 x1 是 Numpy 的数组，可以使用下列方式复制数组。

```
x2 = x1.copy( )
```

经过复制后，x2 是 x1 的副本，当内容修改时彼此不会互相影响。

程序实例 ch3_10.py：使用 copy( ) 函数重新设计 ch3_9.py。

```
1  # ch3_10.py
2  import numpy as np
3
4  x1 = np.array([0, 1, 2, 3, 4, 5])
5  x2 = x1.copy()
6  print(x1)
7  print(x2)
8  print('-'*70)
9  x2[0] = 9
10 print(x1)
11 print(x2)
```

执行结果　与 ch3_9.py 相同。

在实际中常常使用 copy( ) 函数复制一份图像，然后操作另一份图像，从而保留原始图像。

3-5　多维数组的索引与切片

在多维数组的应用中，基本概念图形如下图所示。

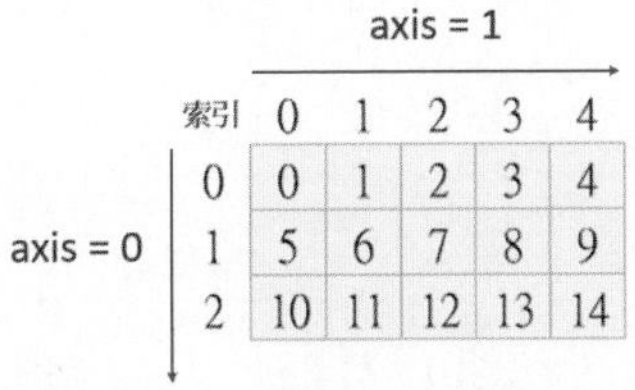

上述是 3×5 的数组，3 指的是行 (row)，5 则指的是列 (column)。对于二维数组而言轴数是 2，分别是 axis=0，axis=1，上述图形也说明了垂直线是轴 0 (axis=0)，水平线是轴 1 (axis=1)，更多轴的定义将在 3-5-1 节说明。

3-5-1　认识 axis 的定义

程序实例 ch3_11.py：建立 3×5 的二维数组同时打印结果。

```
1   # ch3_11.py
2   import numpy as np
3
4   x1 = [0, 1, 2, 3, 4]
5   x2 = [5, 6, 7, 8, 9]
6   x3 = [10, 11, 12, 13, 14]
7   x4 = np.array([x1, x2, x3])
8   print(x4)
```

执行结果　这个程序可以得到如下结果。

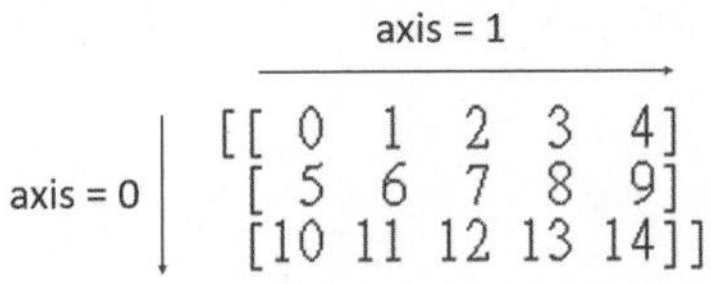

在轴 (axis) 的定义中，最小轴编号代表数组的最外层，所以上述最外层的轴编号是 0，相当于 axis=0，在此层有 3 个子数组，分别是 [0, 1, 2, 3, 4]、[5, 6, 7, 8, 9]、[10, 11, 12, 13, 14]。最大数值的轴代表最内层，此例是 axis=1，每个数组有 5 个元素。2 个二维数组，可以建立三维数组，参考如下实例。

程序实例 ch3_12.py：建立 2×3×5 的三维数组同时打印结果。

```
# ch3_12.py
import numpy as np

x1 = [0, 1, 2, 3, 4]
x2 = [5, 6, 7, 8, 9]
x3 = [10, 11, 12, 13, 14]
x4 = np.array([x1, x2, x3])
x5 = np.array([x4, x4])
print(x5)
```

执行结果 这个程序可以得到如下结果。

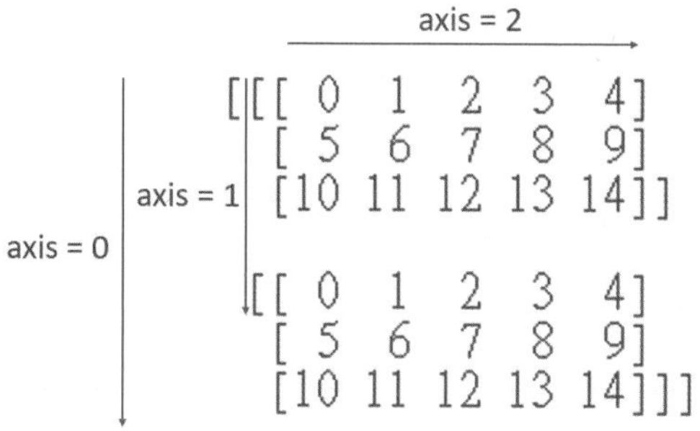

读者可能已发现轴编号是由最外层往最内层编号。

3-5-2 多维数组的索引

下图是二维数组内容与相对位置的索引图。

0	1	2	3	4
5	6	7	8	9
10	11	12	13	14

二维数组内容

(0,0)	(0,1)	(0,2)	(0,3)	(0,4)
(1,0)	(1,1)	(1,2)	(1,3)	(1,4)
(2,0)	(2,1)	(2,2)	(1,4)	(2,4)

二维数组索引

要索引二维数组内容须使用 2 个索引，分别是 axis=0 的索引编号与 axis=1 的索引编号，细节可以参考下列实例。

程序实例 ch3_13.py：列出二维数组特定索引的数组元素。

```
# ch3_13.py
import numpy as np

x1 = [0, 1, 2, 3, 4]
x2 = [5, 6, 7, 8, 9]
x3 = [10, 11, 12, 13, 14]
x4 = np.array([x1, x2, x3])
print(f"x4[2][1] = {x4[2][1]}")
print(f"x4[1][3] = {x4[1][3]}")
```

执行结果

```
================== RESTART: D:/OpenCV_Python/ch3/ch3_13.py ==================
x4[2][1] = 11
x4[1][3] = 8
```

注：上述第 8 行 "x4[2][1]"，也可以写成 "x4[2,1]"，读者可以参考 ch3_13_1.py，代码如下所示。

```
1  # ch3_13_1.py
2  import numpy as np
3
4  x1 = [0, 1, 2, 3, 4]
5  x2 = [5, 6, 7, 8, 9]
6  x3 = [10, 11, 12, 13, 14]
7  x4 = np.array([x1, x2, x3])
8  print(f"x4[2,1] = {x4[2,1]}")
9  print(f"x4[1,3] = {x4[1,3]}")
```

下图是三维数组内容与相对位置的索引图。

0	1	2	3	4
5	6	7	8	9
10	11	12	13	14

(0,0,0)	(0,0,1)	(0,0,2)	(0,0,3)	(0,0,4)
(0,1,0)	(0,1,1)	(0,1,2)	(0,1,3)	(0,1,4)
(0,2,0)	(0,2,1)	(0,2,2)	(0,1,4)	(0,2,4)

0	1	2	3	4
5	6	7	8	9
10	11	12	13	14

(1,0,0)	(1,0,1)	(1,0,2)	(1,0,3)	(1,0,4)
(1,1,0)	(1,1,1)	(1,1,2)	(1,1,3)	(1,1,4)
(1,2,0)	(1,2,1)	(1,2,2)	(1,1,4)	(1,2,4)

三维数组内容　　　　　　　　　　　　三维数组索引

要索引三维数组内容须使用 3 个索引，分别是 axis=0 的索引编号、axis=1 的索引编号与 axis=2 的索引编号，细节可以参考下列实例。

程序实例 ch3_14.py：列出三维数组特定索引的数组元素。

```
1   # ch3_14.py
2   import numpy as np
3
4   x1 = [0, 1, 2, 3, 4]
5   x2 = [5, 6, 7, 8, 9]
6   x3 = [10, 11, 12, 13, 14]
7   x4 = np.array([x1, x2, x3])
8   x5 = np.array([x4, x4])
9   print(f"x5[0][2][1] = {x5[0][2][1]}")
10  print(f"x5[0][1][3] = {x5[0][1][3]}")
11  print(f"x5[1][0][1] = {x5[1][0][1]}")
12  print(f"x5[1][1][4] = {x5[1][1][4]}")
```

执行结果

```
==================== RESTART: D:/OpenCV_Python/ch3/ch3_14.py ====================
x5[0][2][1] = 11
x5[0][1][3] = 8
x5[1][0][1] = 1
x5[1][1][4] = 9
```

上述第 9 行索引的引用方式也可以参考 ch3_14_1.py 实例，代码如下所示。

```python
1  # ch3_14_1.py
2  import numpy as np
3
4  x1 = [0, 1, 2, 3, 4]
5  x2 = [5, 6, 7, 8, 9]
6  x3 = [10, 11, 12, 13, 14]
7  x4 = np.array([x1, x2, x3])
8  x5 = np.array([x4, x4])
9  print(f"x5[0,2,1] = {x5[0,2,1]}")
10 print(f"x5[0,1,3] = {x5[0,1,3]}")
11 print(f"x5[1,0,1] = {x5[1,0,1]}")
12 print(f"x5[1,1,4] = {x5[1,1,4]}")
```

3-5-3　多维数组的切片

3-4-3 节数组切片的概念也可以应用于多维数组，因为切片可能造成降维，下列将直接以实例解说。

程序实例 ch3_15.py：二维数组切片的应用。

```python
1  # ch3_15.py
2  import numpy as np
3
4  x1 = [0, 1, 2, 3, 4]
5  x2 = [5, 6, 7, 8, 9]
6  x3 = [10, 11, 12, 13, 14]
7  x = np.array([x1, x2, x3])
8  print("x[:,:]    = 结果是二维数组")      # 结果是二维数组
9  print(x[:,:])
10 print("-"*70)
11 print("x[2,:4]   = 结果是一维数组")      # 结果是一维数组
12 print(x[2,:4])
13 print("-"*70)
14 print("x[:2,:1] = 结果是二维数组")       # 结果是二维数组
15 print(x[:2,:1])
16 print("-"*70)
17 print("x[:,4:]   = 结果是二维数组")      # 结果是二维数组
18 print(x[:,4:])
19 print("-"*70)
20 print("x[:,4]    = 结果是一维数组")      # 结果是一维数组
21 print(x[:,4])
```

执行结果

```
================== RESTART: D:\OpenCV_Python\ch3\ch3_15.py ==================
x[:,:]  = 结果是二维数组
[[ 0  1  2  3  4]
 [ 5  6  7  8  9]
 [10 11 12 13 14]]
------------------------------------------------------------------------
x[2,:4]  = 结果是一维数组
[10 11 12 13]
------------------------------------------------------------------------
x[:2,:1] = 结果是二维数组
[[0]
 [5]]
------------------------------------------------------------------------
x[:,4:]  = 结果是二维数组
[[ 4]
 [ 9]
 [14]]
------------------------------------------------------------------------
x[:,4]  = 结果是一维数组
[ 4  9 14]
```

上述切片可以使用下列图例解说，需要特别注意的是，红色虚线框的内容是使用切片降维成一维数组的结果。另外，x[:,4:] 和 x[:,4] 表面上结果是 4, 9, 14，但是 x[:,4] 第 2 个索引指明切片是第 4 列 (column)，所以得到的是降维结果，也就是从二维数据降成一维数据。

索引在使用上会偏向使用 [,] 处理维度之间的切片，而不是使用 [ ][ ]，如果使用 [ ][ ] 做切片有时候会造成错误。

程序实例 ch3_16.py：使用 [ ][ ] 切片造成错误的实例。

```
1   # ch3_16.py
2   import numpy as np
3
4   x1 = [0, 1, 2, 3, 4]
5   x2 = [5, 6, 7, 8, 9]
6   x3 = [10, 11, 12, 13, 14]
7   x = np.array([x1, x2, x3])
8   print("x[:2,4]  = 结果是一维数组")        # 结果是一维数组
9   print(x[:2,4])
10  print("-"*70)
11  print("x[:2][4] = 结果错误")             # 结果错误
12  print(x[:2][4])
```

执行结果

```
================= RESTART: D:\OpenCV_Python\ch3\ch3_16.py =================
x[:2,4]  = 结果是一维数组
[4 9]
-----------------------------------------------------------------------
x[:2][4] = 结果错误
Traceback (most recent call last):
  File "D:\OpenCV_Python\ch3\ch3_16.py", line 12, in <module>
    print(x[:2][4])
IndexError: index 4 is out of bounds for axis 0 with size 2
```

3-6 数组水平与垂直合并

3-6-1 使用 vstack( ) 函数垂直合并数组

vstack( ) 函数可以垂直合并数组，此函数的语法如下：

```
x = np.vstack(tup)
```

上述参数是 tup 元组，元组内容是要垂直合并的两个数组。

程序实例 ch3_17.py：垂直合并数组。

```
1  # ch3_17.py
2  import numpy as np
3
4  x1 = np.arange(4).reshape(2,2)
5  print(f"数组 1 \n{x1}")
6  x2 = np.arange(4,8).reshape(2,2)
7  print(f"数组 2 \n{x2}")
8  x = np.vstack((x1,x2))
9  print(f"合并结果 \n{x}")
```

执行结果

```
================= RESTART: D:\OpenCV_Python\ch3\ch3_17.py =================
数组 1
[[0 1]
 [2 3]]
数组 2
[[4 5]
 [6 7]]
合并结果
[[0 1]
 [2 3]
 [4 5]
 [6 7]]
```

图像就是以数组方式存储的，使用 vstack( ) 函数可以将两幅图像垂直合并。

3-6-2　使用 hstack( ) 函数水平合并数组

hstack( ) 函数可以水平合并数组，此函数的语法如下：

```
x = np.hstack(tup)
```

上述参数 tup 是元组，元组内容是要水平合并的两个数组。

程序实例 ch3_18.py：水平合并数组。

```
1  # ch3_18.py
2  import numpy as np
3
4  x1 = np.arange(4).reshape(2,2)
5  print(f"数组 1 \n{x1}")
6  x2 = np.arange(4,8).reshape(2,2)
7  print(f"数组 2 \n{x2}")
8  x = np.hstack((x1,x2))
9  print(f"合并结果 \n{x}")
```

执行结果

```
================== RESTART: D:\OpenCV_Python\ch3\ch3_18.py ==================
数组 1
[[0 1]
 [2 3]]
数组 2
[[4 5]
 [6 7]]
合并结果
[[0 1 4 5]
 [2 3 6 7]]
```

图像就是以数组方式存储的，使用 hstack( ) 函数可以将两幅图像水平合并。

习题

1. 请使用习题素材中的 huang.jpg 图像，将图像水平合并，最后列出合并结果。

2. 请使用习题素材中的 flower1.jpg 图像，将图像合并成 4 张结果。

第 4 章

认识色彩空间到艺术创作

4-1 BGR 与 RGB 色彩空间的转换

本书 2-3 节讲解了 RGB 色彩空间，2-4 节讲解了 BGR 色彩空间。这一节将讲解如何将 BGR 色彩空间的图像转换成 RGB 色彩空间，这个色彩的转换称为色彩空间类型转换，从第 2 章使用默认的 imread( ) 函数读取图像文件时，所获得的是 BGR 色彩空间图像。OpenCV 提供下列转换函数，可以将 BGR 图像转换成其他图像。

```
image = cv2.cvtColor(src, code)
```

上述函数的返回值 image 是一个转换结果的图像对象，也可以称为目标图像，其他参数说明如下：

- ❑ src：要转换的图像对象。
- ❑ code：色彩空间转换具名参数，下表所列是常见的具名参数。

具名参数	值	说明
COLOR_BGR2BGRA	0	图像从 BGR 色彩转换为 BGRA 色彩
COLOR_RGB2RGBA	=COLOR_BGR2BGRA	与上一项相同
COLOR_BGRA2BGR	1	图像从 BGRA 色彩转换为 BGR 色彩
COLOR_RBGA2RGB	=COLOR_BGRA2BGR	与上一项相同
COLOR_BGR2RGBA	2	图像从 BGR 色彩转换为 RGBA 色彩
COLOR_RGB2BGRA	=COLOR_BGR2RGBA	与上一项相同
COLOR_RGBA2BGR	3	图像从 RGBA 色彩转换为 BGR 色彩
COLOR_BGRA2RGB	=COLOR_RGBA2BGR	与上一项相同
COLOR_BGR2RGB	4	图像从 BGR 色彩转换为 RGB 色彩
COLOR_RGB2BGR	=COLOR_BGR2RGB	与上一项相同
COLOR_BGR2GRAY	6	图像从 BGR 色彩转换为 GRAY 色彩
COLOR_RGB2GRAY	7	图像从 RGB 色彩转换为 GRAY 色彩
COLOR_GRAY2BGR	8	图像从 GRAY 色彩转换为 BGR 色彩
COLOR_GRAY2RGB	= COLOR_GRAY2BGR	与上一项相同
COLOR_BGR2HSV	40	图像从 BGR 色彩转换为 HSV 色彩
COLOR_RGB2HSV	41	图像从 RGB 色彩转换为 HSV 色彩
COLOR_HSV2BGR	54	图像从 HSV 色彩转换为 BGR 色彩
COLOR_HSV2RGB	55	图像从 HSV 色彩转换为 RGB 色彩

注：理论上色彩空间转换是双向的，但是灰度 (GRAY) 色彩已经没有 Blue、Green 和 Red 颜色比例，所以灰度色彩转换成 BGR 色彩，结果颜色仍是灰度。不过对于 BGR 色彩的图像，其通道值将是含 3 个元素的一维数组，读者可以参考 ch4_2.py 的执行结果。

程序实例 ch4_1.py：读取彩色图像 view.jpg，然后将此图像转换成 RGB 图像。

```
1  # ch4_1.py
2  import cv2
3
4  img = cv2.imread("view.jpg")                        # BGR 读取
5  cv2.imshow("view.jpg", img)
6  img_rgb = cv2.cvtColor(img, cv2.COLOR_BGR2RGB)      # BGR 转 RGB
7  cv2.imshow("RGB Color Space", img_rgb)
8  cv2.waitKey(0)
9  cv2.destroyAllWindows()
```

执行结果

从上述执行结果可以看出，BGR 色彩可以得到原图像，RGB 色彩则呈现浅蓝色效果。BGR 图像与 RGB 图像可以互转，参考下列实例。

程序实例 ch4_2.py：继续 ch4_1.py 将 RGB 图像转换为 BGR 图像。

```
1   # ch4_2.py
2   import cv2
3
4   img = cv2.imread("view.jpg")                          # BGR读取
5   cv2.imshow("view.jpg", img)
6   img_rgb = cv2.cvtColor(img, cv2.COLOR_BGR2RGB)        # BGR转RGB
7   cv2.imshow("RGB Color Space", img_rgb)
8   img_bgr = cv2.cvtColor(img_rgb, cv2.COLOR_RGB2BGR)    # RGB转BGR
9   cv2.imshow("BGR Color Space", img_bgr)
10  cv2.waitKey(0)
11  cv2.destroyAllWindows()
```

执行结果

在色彩空间具名转换参数表可以看到 COLOR_RGB2BGR 列的域值是 =COLOR_BGR2RGB，可以使用 ch4_3.py 做试验测试。

程序实例 ch4_3.py：重新设计 ch4_2.py，将第 8 行的 "COLOR_RGB2BGR" 参数改为 "COLOR_BGR2RGB"。

```
1  # ch4_3.py
2  import cv2
3
4  img = cv2.imread("view.jpg")                        # BGR读取
5  cv2.imshow("view.jpg", img)
6  img_rgb = cv2.cvtColor(img, cv2.COLOR_BGR2RGB)      # BGR转RGB
7  cv2.imshow("RGB Color Space", img_rgb)
8  img_bgr = cv2.cvtColor(img_rgb, cv2.COLOR_BGR2RGB)  # BGR转RGB
9  cv2.imshow("BGR Color Space", img_bgr)
10 cv2.waitKey(0)
11 cv2.destroyAllWindows()
```

执行结果　与 ch4_2.py 相同。

4-2　BGR 色彩空间转换至 GRAY 色彩空间

4-2-1　使用 cvtColor( ) 函数

在 2-2 节讲解了 GRAY 色彩空间，在 2-3 节讲解了 RGB 色彩空间，2-4 节讲解了 BGR 色彩空间。这一节将讲解如何将 BGR 色彩空间的图像转换成 GRAY 色彩，这个色彩的转换称为色彩空间类型转换，可以参考下列实例。

程序实例 ch4_4.py：读取彩色图像 jk.jpg，然后将此图像转换成灰度图像。

```
1  # ch4_4.py
2  import cv2
3
4  img = cv2.imread("jk.jpg")                          # BGR读取
5  cv2.imshow("BGR Color Space", img)
6  img_gray = cv2.cvtColor(img, cv2.COLOR_BGR2GRAY)    # BGR转GRAY
7  cv2.imshow("GRAY Color Space", img_gray)
8  cv2.waitKey(0)
9  cv2.destroyAllWindows()
```

执行结果

程序实例ch4_5.py：读取彩色图像，将BGR色彩转换成GRAY色彩，然后显示特定像素点（在第4行和第5行设定）的GRAY色彩的通道值，也可称为像素值。然后将GRAY色彩转换为BGR色彩，最后显示BGR色彩的通道值，也可称为像素值。

```
1   # ch4_5.py
2   import cv2
3
4   pt_x = 169
5   pt_y = 118
6   img = cv2.imread("jk.jpg")                    # BGR读取
7   # BGR彩色转换成灰阶GRAY
8   img_gray = cv2.cvtColor(img, cv2.COLOR_BGR2GRAY)
9   cv2.imshow("GRAY Color Space", img_gray)
10  px = img_gray[pt_x, pt_y]
11  print(f"Gray Color 通道值 = {px}")
12
13  # 灰阶GRAY转换成BGR彩色
14  img_color = cv2.cvtColor(img_gray, cv2.COLOR_GRAY2BGR)
15  cv2.imshow("BGR Color Space", img_gray)
16  px = img_color[pt_x, pt_y]
17  print(f"BGR Color  通道值 = {px}")
18
19  cv2.waitKey(0)
20  cv2.destroyAllWindows()
```

执行结果　　下列是 Python Shell 窗口的执行结果。

```
==================== RESTART: D:\OpenCV_Python\ch4\ch4_5.py ====================
Gray Color 通道值 = 128
BGR Color 通道值 = [128 128 128]
```

4-2-2　OpenCV 内部转换公式

OpenCV 将 BGR 色彩转换为 GRAY 色彩的公式如下：

```
Gray = 0.2989×R + 0.5870×G + 0.1140×B
```

将 GRAY 色彩转换为 BGR 色彩的公式如下：

```
B = Gray
```

```
G = Gray
R = Gray
```

读者学习完 4-4 节和 4-5 节内容后，也可以用上述公式自行转换，不过对一般读者而言，建议直接使用 4-2-1 节的 cv2.cvtColor( ) 函数转换。

4-3 HSV 色彩空间

4-3-1 认识 HSV 色彩空间

HSV 色彩空间是由 Alvy Ray Smith(美国计算机科学家) 于 1978 年所创，由色调 H(Hue)、饱和度 S(Saturation) 和明度 V(Value) 组成。基本概念是使用圆柱坐标描述颜色，相当于颜色就是圆柱坐标上的一个点。

上图取材自网站：https://psychology.wikia.org/wiki/HSV_color_space?file=HueScale.svg。

绕着这个圆柱的角度就是色调 (H)，轴的距离是饱和度 (S)，高度则是明度 (V)。因为黑色点在圆心下面，白色点在圆心上面，所以又可以使用倒圆锥体表示这个 HSV 色彩空间，如下图所示。

上图取材自网站：https://psychology.wikia.org/wiki/HSV_color_space?file=HueScale.svg。

我们也可以使用环圈轮方式表达 HSV 色彩空间，如下图所示。

上图取材自网站：https://psychology.wikia.org/wiki/HSV_color_space?file=HueScale.svg。

- ❑ 色调 H(Hue)：指色彩的基本属性，也就是日常生活所说的红色、黄色、绿色、蓝色等。此值的范围是 0 ~ 360，如下图所示，不过 OpenCV 依公式处理成 0 ~ 180。

上图取材自网站：https://psychology.wikia.org/wiki/HSV_color_space?file=HueScale.svg。

- ❑ 饱和度 S(Saturation)：指色彩的纯度，数值越高则色彩纯度越高，数值越低则逐渐变灰。此值范围是 0 ~ 100%，不过 OpenCV 依公式处理成 0 ~ 255。下图左边是原图像，右边色彩饱和度是 0% 的图像。

- ❑ 明度 V(Value)：其实就是颜色的亮度，此值范围是 0 ~ 100%，不过 OpenCV 依公式处理成 0 ~ 255，当明度是 0 时图像呈现黑色。

4-3-2　将图像由 BGR 色彩空间转为 HSV 色彩空间

有关色彩转换公式可以参考 4-1 节的 cv2.cvtColor( ) 函数，如下所示，与转换有关的具名参数也可以参考该节。

```
image = cv2.cvtColor(src, code)
```

程序实例 ch4_6.py：将图像由 BGR 色彩空间转换为 HSV 色彩空间，然后分别显示原图像与 HSV 色彩空间图像。

```
1  # ch4_6.py
2  import cv2
3
4  img = cv2.imread("mountain.jpg")                    # BGR读取
5  cv2.imshow("BGR Color Space", img)
6  img_hsv = cv2.cvtColor(img, cv2.COLOR_BGR2HSV)      # BGR转HSV
7  cv2.imshow("HSV Color Space", img_hsv)
8  cv2.waitKey(0)
9  cv2.destroyAllWindows()
```

执行结果　下图右边是 HSV 色彩空间图像。

4-3-3　将 RGB 色彩转换成 HSV 色彩公式

假设 MAX 是 (R, G, B) 的最大值，MIN 是 (R, G, B) 的最小值，则 RGB 转换成 HSV 的公式如下：

$$H = \begin{cases} 没有定义, & 若\ MAX = MIN \\ 60 \times \frac{G-B}{MAX-MIN} + 0, & 若\ MAX = R \\ & 且\ G \geqslant B \\ 60 \times \frac{G-B}{MAX-MIN} + 360, & 若\ MAX = R \\ & 且\ G < B \\ 60 \times \frac{B-R}{MAX-MIN} + 120, & 若\ MAX = G \\ 60 \times \frac{R-G}{MAX-MIN} + 240, & 若\ MAX = B \end{cases}$$

$$S = \begin{cases} 0, & 若\ MAX = 0 \\ 1 - \frac{MIN}{MAX}, & 其他 \end{cases}$$

$$V = MAX$$

上述公式仅供参考，对一般读者而言，建议直接使用 cv2.cvtColor( ) 函数转换。

4-4　拆分色彩通道

4-4-1　拆分 BGR 图像的通道

OpenCV 提供的 split( ) 函数可以拆分 BGR 图像对象的色彩通道，成为 B 通道图像对象、G 通道图像对象和 R 通道图像对象，语法如下：

```
blue, green, red = cv2.split(bgr_image)
```

上述参数 bgr_image 是 BGR 图像对象，等号左边 blue, green, red 内容分别如下：
- ❑ blue：返回 B 通道图像对象。
- ❑ green：返回 G 通道图像对象。
- ❑ red：返回 R 通道图像对象。

程序实例 ch4_7.py：有一幅图像 colorbar.jpg，如下图所示，请分别显示此图像以及所拆分的通道图像。

```
1   # ch4_7.py
2   import cv2
3
4   image = cv2.imread('colorbar.jpg')
5   cv2.imshow('bgr', image)
6   blue, green, red = cv2.split(image)
7   cv2.imshow('blue', blue)
8   cv2.imshow('green', green)
9   cv2.imshow('red', red)
10
11  print(f"B通道影像属性 shape = {blue.shape}")
12  print("打印B通道内容")
13  print(blue)
14
15  cv2.waitKey(0)
16  cv2.destroyAllWindows()
```

执行结果

```
================== RESTART: D:\OpenCV_Python\ch4\ch4_7.py ==================
B通道影像属性 shape = (319, 279)
打印B通道内容
[[0 0 0 ... 0 0 0]
 [0 0 0 ... 0 0 0]
 [0 0 0 ... 0 0 0]
 ...
 [0 0 0 ... 0 0 0]
 [0 0 0 ... 0 0 0]
 [0 0 0 ... 0 0 0]]
```

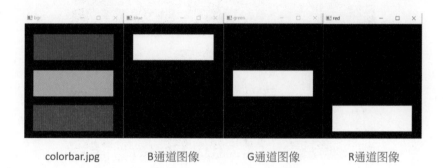

colorbar.jpg　　　　B通道图像　　　　G通道图像　　　　R通道图像

读者可能觉得奇怪，为何拆分出来的通道颜色已经失去了原先的蓝色、绿色、红色，这是因为拆分出来的 B、G、R 是单通道 (可以从第 11 行的打印 B 通道属性结果得知是单通道)，第 13 行可以得到 B 通道内容是 255，所以得到的通道图像是白色。至于 G 通道与 R 通道概念可以以此类推。

注：因为打印结果只显示左右各 3 字节的值，所以无法看到此通道内容值是 255。

程序实例 ch4_8.py：使用 mountain.jpg 取代 colorbar.jpg，重新设计 ch4_7.py，这个实例同时验证所拆分的图像是单通道，所得图像以灰度显示。

```python
1   # ch4_8.py
2   import cv2
3
4   image = cv2.imread('mountain.jpg')
5   cv2.imshow('bgr', image)
6   blue, green, red = cv2.split(image)
7   cv2.imshow('blue', blue)
8   cv2.imshow('green', green)
9   cv2.imshow('red', red)
10
11  print(f"BGR  图像 : {image.shape}")
12  print(f"B通道图像 : {blue.shape}")
13  print(f"G通道图像 : {green.shape}")
14  print(f"R通道图像 : {red.shape}")
15
16  cv2.waitKey(0)
17  cv2.destroyAllWindows()
```

执行结果　从下列内容可以看出 BGR 图像是 3 个通道，其他皆是 1 个通道。

```
================== RESTART: D:\OpenCV_Python\ch4\ch4_8.py ==================
BGR  图像 : (314, 425, 3)
B通道图像 : (314, 425)
G通道图像 : (314, 425)
R通道图像 : (314, 425)
```

上述 B、G、R 通道图像由于是单通道，所以结果呈现灰度显示。同时因为通道值的内容不同，所以呈现不同的灰度效果。

程序实例 ch4_8_1.py：验证 BGR 通道有不同的内容，因此图像呈现不同的灰度效果。

```python
1   # ch4_8_1.py
2   import cv2
3
4   image = cv2.imread('mountain.jpg')
5   cv2.imshow('bgr', image)
6   blue, green, red = cv2.split(image)
7   cv2.imshow('blue', blue)
8   cv2.imshow('green', green)
9   cv2.imshow('red', red)
10
11  print(f"BGR　图像 : {image.shape}")
12  print("B通道内容 : ")
13  print(blue)
14  print("G通道内容 : ")
15  print(green)
16  print("R通道内容 : ")
17  print(red)
18
19  cv2.waitKey(0)
20  cv2.destroyAllWindows()
```

执行结果　　省略绘制图像，只显示 B、G、R 通道内容。

```
================== RESTART: D:\OpenCV_Python\ch4\ch4_8_1.py ==================
BGR　图像 : (314, 425, 3)
B通道内容 :
[[250 250 252 ... 255 255 255]
 [248  34  27 ... 245 245 255]
 [246  27  12 ... 246 247 255]
 ...
 [254  57  23 ... 175  78 255]
 [248  61  55 ... 183 218 255]
 [255  78  65 ... 210 241 255]]
G通道内容 :
[[252 255 254 ... 255 255 255]
 [254  51  41 ... 245 245 255]
 [246  27  30 ... 246 247 255]
 ...
 [248  37   0 ... 187  56 255]
 [245  33   9 ... 209 222 255]
 [255  57  24 ... 235 244 255]]
R通道内容 :
[[252 251 254 ... 255 255 255]
 [255 124 129 ... 245 245 255]
 [255 133 137 ... 246 247 255]
 ...
 [255   6   7 ...  69  31 255]
 [255  22   1 ...  72 103 255]
 [251  25   0 ... 107 134 255]]
```

4-4-2　拆分 HSV 图像的通道

OpenCV 提供的 split( ) 函数也可以拆分 HSV 图像对象的色彩通道，成为 Hue 通道图像对象、Saturation 通道图像对象和 Value 通道图像对象，语法如下：

```python
hue, saturation, value = cv2.split(hsv_image)    # 参数是 HSV 图像对象
```

上述相关语法可以参考 4-4-1 节。

程序实例 ch4_9.py：打印 mountain.jpg，然后将此 BGR 图像对象转换成 HSV 图像对象，然后拆分 HSV 图像对象，最后列出拆分后的 Hue 通道图像对象、Saturation 通道图像对象、Value 通道图像对象。

```python
1   # ch4_9.py
2   import cv2
3
4   image = cv2.imread('mountain.jpg')
5   cv2.imshow('bgr', image)
6
7   hsv_image = cv2.cvtColor(image, cv2.COLOR_BGR2HSV)
8   hue, saturation, value = cv2.split(hsv_image)
9   cv2.imshow('hsv', hue)
10  cv2.imshow('saturation', saturation)
11  cv2.imshow('value', value)
12
13  cv2.waitKey(0)
14  cv2.destroyAllWindows()
```

执行结果

4-5　合并色彩通道

4-5-1　合并 B、G、R 通道的图像

OpenCV 提供的 merge( ) 函数可以合并 B、G、R 通道的图像对象，成为 BGR 图像对象，语法如下：

```
bgr_image = cv2.merge([blue, green, red])          # 合并通道的图像对象
```

上述 bgr_image 是 BGR 图像对象，merge( ) 函数的参数可以是列表 (list)，参考上述语法公式，也可以使用元组 (tuple) 方式传递要合并的通道图像对象，参数内容如下：

❏ blue：B 通道图像对象。

❏ green：G 通道图像对象。

❏ red：R 通道图像对象。

注：合并顺序若不同，所得的结果也会不同。

程序实例 ch4_10.py：先按 B → G → R 顺序合并图像，然后按 R → G → B 顺序合并图像，最后列出两个结果，窗口标题会显示合并顺序。

```
1  # ch4_10.py
2  import cv2
3
4  image = cv2.imread('street.jpg')
5  blue, green, red = cv2.split(image)
6  bgr_image = cv2.merge([blue, green, red])      # 依据 B G R 顺序合并
7  cv2.imshow("B -> G -> R ", bgr_image)
8
9  rgb_image = cv2.merge([red, green, blue])      # 依据 R G B 顺序合并
10 cv2.imshow("R -> G -> B ", rgb_image)
11
12 cv2.waitKey(0)
13 cv2.destroyAllWindows()
```

执行结果

从上述实例可以得知，合并的顺序不同所得到的图像也会不同。以 B → G → R 顺序所得就是 BGR 色彩图像，以 R → G → B 顺序所得就是 RGB 色彩图像。至于 BGR 色彩图像与 RGB 色彩图像的转换，读者可以参考 4-1 节。

4-5-2　合并 H、S、V 通道的图像

OpenCV 提供的 merge( ) 函数也可以合并 H、S、V 通道的图像对象，成为 HSV 图像对象，语法如下：

```
hsv_image = cv2.merge([hue, saturation, value])   #合并通道的图像对象
```

上述 hsv_image 是 HSV 图像对象，merge( ) 函数的参数内容如下：

❑ hue：H 通道图像对象。

❑ saturation：S 通道图像对象。

❑ value：V 通道图像对象。

注：合并顺序若不同，所得的结果也会不同。

程序实例 ch4_11.py：显示原图像，接着将 BGR 图像转换成 HSV 图像，然后将 HSV 图像的通道拆分，再按 H → S → V 顺序合并，最后列出合并结果。

```python
1   # ch4_11.py
2   import cv2
3
4   image = cv2.imread('street.jpg')
5   hsv_image = cv2.cvtColor(image, cv2.COLOR_BGR2HSV)
6
7   hue, saturation, value = cv2.split(hsv_image)
8   hsv_image = cv2.merge([hue, saturation, value])     # 依据 H S V 顺序合并
9
10  cv2.imshow("The Image", image)
11  cv2.imshow("The Merge Image", hsv_image)
12
13  cv2.waitKey(0)
14  cv2.destroyAllWindows()
```

执行结果　下图左边是原图像，右边是拆分成 H、S、V 通道的图像再合并的结果。

4-6　拆分与合并色彩通道的应用

4-6-1　色调 Hue 调整

本节将应用 Python 的切片知识，执行修订通道内容的方法，此小节是调整色调 (Hue) 的值，了解对图像的影响程度。

　　程序实例 ch4_12.py：将 BGR 图像转换成 HSV 图像，然后拆分，第 8 行修订色调为 200，再将所拆分的 Hue、Saturation、Value 通道合并，接着将 HSV 色彩转换回 BGR 色彩，然后显示原图像和修订后的 BGR 色彩图像。

```
1   # ch4_12.py
2   import cv2
3
4   image = cv2.imread('street.jpg')
5   hsv_image = cv2.cvtColor(image, cv2.COLOR_BGR2HSV)
6
7   hue, saturation, value = cv2.split(hsv_image)
8   hue[:,:] = 200                                    # 修订 hue 内容
9   hsv_image = cv2.merge([hue, saturation, value])   # 依据H S V顺序合并
10  new_image = cv2.cvtColor(hsv_image, cv2.COLOR_HSV2BGR) # HSV 转换为BGR
11
12  cv2.imshow("The Image", image)
13  cv2.imshow("The New Image", new_image)
14
15  cv2.waitKey(0)
16  cv2.destroyAllWindows()
```

执行结果

　　上述第 8 行笔者使用 Python 的切片概念修改色调，其实也可以使用 fill( ) 函数执行修改，本书所附 ch4_12_1.py 的第 8 行内容如下，可以得到相同的结果。

```
8   hue.fill(200)                                     # 修订 hue 内容
```

　　注：建议读者可以适度调整色调 (Hue) 的值，了解对图像的影响，这样可以更彻底了解色调。

4-6-2　饱和度 Saturation 调整

　　参考上述实例，也可以调整饱和度 (Saturation)，了解对整个图像的影响。

　　程序实例 ch4_13.py：重新设计 ch4_12_1.py，将饱和度 (Saturation) 设为 255，然后列出结果做比对。

```
1   # ch4_13.py
2   import cv2
3
4   image = cv2.imread('street.jpg')
5   hsv_image = cv2.cvtColor(image, cv2.COLOR_BGR2HSV)
6
7   hue, saturation, value = cv2.split(hsv_image)
8   saturation.fill(255)                                # 修订 Saturation 内容
9   hsv_image = cv2.merge([hue, saturation, value])     # 依据H S V顺序合并
10  new_image = cv2.cvtColor(hsv_image, cv2.COLOR_HSV2BGR) # HSV 转换为BGR
11
12  cv2.imshow("The Image", image)
13  cv2.imshow("The New Image", new_image)
14
15  cv2.waitKey(0)
16  cv2.destroyAllWindows()
```

执行结果

注：建议读者可以适度调整饱和度 (Saturation) 的值，了解对图像的影响，这样可以更彻底了解饱和度。

4-6-3 明度 Value 调整

参考 4-6-1 节实例，我们也可以调整明度 (Value)，了解对整个图像的影响。

程序实例 ch4_14.py：重新设计 ch4_12_1.py，将明度 (Value) 设为 255，然后列出结果做比对。

```
1   # ch4_14.py
2   import cv2
3
4   image = cv2.imread('street.jpg')
5   hsv_image = cv2.cvtColor(image, cv2.COLOR_BGR2HSV)
6
7   hue, saturation, value = cv2.split(hsv_image)
8   value.fill(255)                                     # 修订 value 内容
9   hsv_image = cv2.merge([hue, saturation, value])     # 依据H S V顺序合并
10  new_image = cv2.cvtColor(hsv_image, cv2.COLOR_HSV2BGR) # HSV 转换为BGR
11
12  cv2.imshow("The Image", image)
13  cv2.imshow("The New Image", new_image)
14
15  cv2.waitKey(0)
16  cv2.destroyAllWindows()
```

执行结果

注：建议读者可以适度调整明度 (Value) 的值，了解对图像的影响，这样可以更彻底了解明度。

4-7　Alpha 通道

OpenCV 在 BGR 的色彩空间，除了有 B、G、R 通道外，另外增加了 A 通道 (又称 Alpha 通道)，这个 A 通道就是透明度，A 的值是 0 ~ 255，如果 A 的值是 0 代表完全透明，如果 A 的值是 255 代表完全不透明。如果文件后缀为 .png，就是一个典型的拥有 A 通道的图像。

拥有 A 通道的 BGR 色彩空间称为 BGRA 色彩空间，OpenCV 在读取图像后所得的是 BGR 对象，假设是 image，可以使用下列方式将 image 图像对象由 BGR 色彩转换为 BGRA 色彩。

```
bgra_image = cv2.cvtColor(image, cv2.COLOR_BGR2BGRA)
```

程序实例 ch4_15.py：显示原图像，将 BGR 图像转换为 BGRA 图像同时显示 Alpha 通道值和图像，接着分别将 BGRA 图像转换为 alpha=32 和 alpha=128，然后显示以及存储至 a32_image 和 a128_image。

```
1   # ch4_15.py
2   import cv2
3
4   image = cv2.imread('street.jpg')
5   cv2.imshow("The Image", image)                    # 显示BGR图像
6
7   bgra_image = cv2.cvtColor(image, cv2.COLOR_BGR2BGRA)
8   b, g, r, a = cv2.split(bgra_image)
9   print("列出转换成含A通道图像对象后的alpha值")
10  print(a)
11
12  a[:,:] = 32                                       # 修订alpha内容
13  a32_image = cv2.merge([b, g, r, a])               # alpha=32图像对象
14  cv2.imshow("The a32 Image", a32_image)            # 显示alpha=32图像
15
16  a.fill(128)                                        # 修订alpha内容
17  a128_image = cv2.merge([b, g, r, a])              # alpha=128图像对象
18  cv2.imshow("The a128 Image", a128_image)          # 显示alpha=128图像
19
20  cv2.waitKey(0)
21  cv2.destroyAllWindows()
22
23  cv2.imwrite('a32.png', a32_image)                 # 存储 alpha=32图像
24  cv2.imwrite('a128.png', a128_image)               # 存储 alpha=128图像
```

执行结果

从执行结果可以看出 BGR 转换成 BGRA 后的 alpha 值是 255。

从上述执行结果还可以看出，原始图像与 a32_image、a128_image 彼此没有差异，可是在第 23 行和第 24 行分别以 a32.png 和 a128.png 存储文件，如果打开可以得到下图所示的透明图像。

a32.png

a128.png

习题

1. 读取 coffee.jpg，然后使用 4 种方式显示图像，其中两项分别是 BGR 和 RGB，如下图所示。

另外两种方式分别是 HSV 的 S 通道和 V 通道，如下图所示。

2. 重新设计 ch4_11.py，使用 S → V → H 和 V → H → S 顺序合并图像，分别列出执行结果。

第 5 章

建立图像

5-1　图像坐标

OpenCV 图像左上角坐标是 (0, 0)，第一个 0 代表纵坐标，也可以用 height 表示，往下会递增。第二个 0 代表横坐标，也可以用 width 表示，往右会递增。可以参考下图。

由于索引是从 0 开始的，这与图像坐标相符，所以可以得到图像某位置的坐标与索引关系如下：

图像行索引 = 图像像素的纵坐标

图像列索引 = 图像像素的横坐标

5-2　建立与编辑灰度图像

5-2-1　建立灰度图像

从前面的概念可以知道，二维数组可以代表一幅灰度图像，在灰度图像中元素值 0 代表黑色，元素值 255 代表白色，0 ~ 255 的值则是灰度的层次。

程序实例 ch5_1.py：建立一个 height = 160，width = 280 的黑色图像。

```
1  # ch5_1.py
2  import cv2
3  import numpy as np
4
5  height = 160                    # 图像高
6  width = 280                     # 图像宽
7  # 建立GRAY图像数组
8  image = np.zeros((height, width), np.uint8)
9  cv2.imshow("image", image)  # 显示图像
10
11 cv2.waitKey(0)
12 cv2.destroyAllWindows()
```

执行结果

程序实例 ch5_2.py：建立一个 height = 160，width = 280 的白色图像。

```
1   # ch5_2.py
2   import cv2
3   import numpy as np
4
5   height = 160                    # 图像高
6   width = 280                     # 图像宽
7   # 建立GRAY图像数组
8   image = np.zeros((height, width), np.uint8)
9   image.fill(255)                 # 元素内容改为白色
10  cv2.imshow("image", image)  # 显示图像
11
12  cv2.waitKey(0)
13  cv2.destroyAllWindows()
```

执行结果

上述第 9 行将图像的像素值改为 255，就可以产生白色图像。有些 OpenCV 的程序设计师也喜欢使用 np.ones( ) 函数建立值为 1 的数组，然后用乘法，也就是乘以 255，就可以建立白色图像。

程序实例 ch5_3.py：使用 np.ones( ) 函数，重新设计 ch5_2.py。

```
7   # 建立GRAY图像数组
8   image = np.ones((height, width), np.uint8) * 255
9   cv2.imshow("image", image)  # 显示图像
```

执行结果　与 ch5_2.py 相同。

5-2-2　编辑灰度图像

其实只要更改二维数组像素值的内容就可以更改图像。

程序实例 ch5_4.py：在所绘制的黑色图像中，绘制白色矩形，此白色矩形的高是 40~120，宽是 70~210。

```
1   # ch5_4.py
2   import cv2
3   import numpy as np
4
5   height = 160                    # 图像高
6   width = 280                     # 图像宽
7   # 建立GRAY图像数组
8   image = np.zeros((height, width), np.uint8)
9   image[40:120, 70:210] = 255 # 高是40~120,宽是70~210,颜色设为255
10  cv2.imshow("image", image)  # 显示图像
11
12  cv2.waitKey(0)
13  cv2.destroyAllWindows()
```

执行结果

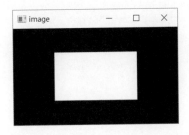

程序实例 ch5_5.py：建立黑白相间的水平图像。

```
1   # ch5_5.py
2   import cv2
3   import numpy as np
4
5   height = 160                    # 图像高
6   width = 280                     # 图像宽
7   # 建立GRAY图像数组
8   image = np.zeros((height, width), np.uint8)
9   for y in range(0, height, 20):
10      image[y:y+10, :] = 255  # 白色厚度是10
11  cv2.imshow("image", image)  # 显示图像
12
13  cv2.waitKey(0)
14  cv2.destroyAllWindows()
```

5-2-3 使用随机数建立灰度图像

程序实例 ch5_6.py：使用 0~256 的随机数建立灰度图像。

```python
1   # ch5_6.py
2   import cv2
3   import numpy as np
4
5   height = 160                    # 图像高
6   width = 280                     # 图像宽
7   # 使用random.randint()建立GRAY图像数组
8   image = np.random.randint(256,size=[height, width],dtype=np.uint8)
9   cv2.imshow("image", image)  # 显示图像
10
11  cv2.waitKey(0)
12  cv2.destroyAllWindows()
```

5-3 建立彩色图像

要建立彩色图像主要是先建立三维数组，同时第三维度的大小是 3，第三维度的索引分别如下：

0：代表 B(blue) 通道。

1：代表 G(Green) 通道。

2：代表 R(Red) 通道。

程序实例 ch5_7.py：建立蓝色图像。

```
1  # ch5_7.py
2  import cv2
3  import numpy as np
4
5  height = 160                    # 图像高
6  width = 280                     # 图像宽
7  # 建立BGR图像数组
8  image = np.zeros((height, width, 3), np.uint8)
9  image[:,:,0] = 255              # 建立 B 通道像素值
10 cv2.imshow("image", image)      # 显示图像
11
12 cv2.waitKey(0)
13 cv2.destroyAllWindows()
```

执行结果

程序实例 ch5_8.py：扩充 ch5_7.py 分别建立蓝色、绿色与红色图像。

```
1  # ch5_8.py
2  import cv2
3  import numpy as np
4
5  height = 160                                # 图像高
6  width = 280                                 # 图像宽
7  # 建立BGR图像数组
8  image = np.zeros((height, width, 3), np.uint8)
9  blue_image = image.copy()
10 blue_image[:,:,0] = 255                     # 建立 B 通道像素值
11 cv2.imshow("blue image", blue_image)        # 显示blue image图像
12
13 green_image = image.copy()
14 green_image[:,:,1] = 255                    # 建立 G 通道像素值
15 cv2.imshow("green image", green_image)      # 显示green image图像
16
17 red_image = image.copy()
18 red_image[:,:,2] = 255                      # 建立 R 通道像素值
19 cv2.imshow("red image", red_image)          # 显示red image图像
20
21 cv2.waitKey(0)
22 cv2.destroyAllWindows()
```

执行结果

程序实例 ch5_9.py：建立彩色的随机图像。

```
1   # ch5_9.py
2   import cv2
3   import numpy as np
4
5   height = 160                     # 图像高
6   width = 280                      # 图像宽
7   # 使用random.randint()建立GRAY图像数组
8   image = np.random.randint(256,size=[height,width,3],dtype=np.uint8)
9   cv2.imshow("image", image)   # 显示图像
10
11  cv2.waitKey(0)
12  cv2.destroyAllWindows()
```

执行结果

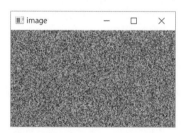

程序实例 ch5_10.py：使用三维数组，建立 Blue、Green、Red 色彩的横条。

```
1   # ch5_10.py
2   import cv2
3   import numpy as np
4
5   height = 150                     # 图像高
6   width = 300                      # 图像宽
7   image = np.zeros((height,width,3),np.uint8)
8   image[0:50,:,0] = 255       # blue
9   image[50:100,:,1] = 255     # green
10  image[100:150,:,2] = 255    # red
11  cv2.imshow("image", image)   # 显示图像
12
13  cv2.waitKey(0)
14  cv2.destroyAllWindows()
```

执行结果

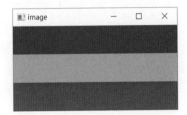

习题

1. 修改 ch5_5.py 建立垂直的效果图，如下图所示。

2. 修改 ch5_10.py 建立垂直的彩色效果图，如下图所示。

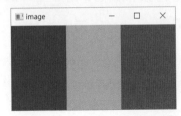

第 6 章

图像处理的基础知识

虽然前面章节对于图像的像素读取与修改做了说明,不过在做更进一步的图像处理前,本章将对图像处理的基础知识,做一个完整的说明。

6-1 灰度图像的编辑

6-1-1 自创灰度图像与编辑的基础实例

本节将简单自创一个 5×12 的灰度图像,然后讲解读取与编辑的方法,最后列出结果。

程序实例 ch6_1.py:自创 5×12 的灰度图像数组,打印此灰度图像数组,然后读取 (1, 3) 坐标的像素,列出所读的值。修改 (1, 3) 坐标的像素,最后列出灰度图像数组与修改结果。

```
1   # ch6_1.py
2   import cv2
3   import numpy as np
4
5   # 建立GRAY图像数组
6   image = np.zeros((5, 12), np.uint8)
7   print(f"修改前 image=\n{image}")              # 显示修改前GRAY图像
8   print(f"image[1,4] = {image[1, 4]}")          # 列出特定像素点的内容
9
10  image[1,4] = 255                              # 修改像素点的内容
11  print(f"修改后 image=\n{image}")              # 显示修改后的GRAY图像
12  print(f"image[1,4] = {image[1, 4]}")          # 列出特定像素点的内容
```

执行结果

```
=================== RESTART: D:\OpenCV_Python\ch6\ch6_1.py ===================
修改前 image=
[[0 0 0 0 0 0 0 0 0 0 0 0]
 [0 0 0 0 0 0 0 0 0 0 0 0]
 [0 0 0 0 0 0 0 0 0 0 0 0]
 [0 0 0 0 0 0 0 0 0 0 0 0]
 [0 0 0 0 0 0 0 0 0 0 0 0]]
image[1,4] = 0
修改后 image=
[[  0   0   0   0   0   0   0   0   0   0   0   0]
 [  0   0   0   0 255   0   0   0   0   0   0   0]
 [  0   0   0   0   0   0   0   0   0   0   0   0]
 [  0   0   0   0   0   0   0   0   0   0   0   0]
 [  0   0   0   0   0   0   0   0   0   0   0   0]]
image[1,4] = 255
```

6-1-2 读取灰度图像与编辑的实例

程序实例 ch6_2.py:读取灰度图像,然后用白色长条遮住图像中眼睛部位,分别显示原始图像与修改后的图像。

```
1   # ch6_2.py
2   import cv2
3
4   img = cv2.imread("jk.jpg", cv2.IMREAD_GRAYSCALE)      # 灰度读取
5   cv2.imshow("Before modify", img)                     # 显示修改前图像img
6   for y in range(120,140):                             # 修改图像
7       for x in range(110,210):
8           img[y,x] = 255
9   cv2.imshow("After modify", img)                      # 显示修改后图像img
10
11  cv2.waitKey(0)
12  cv2.destroyAllWindows()                              # 删除所有窗口
```

执行结果

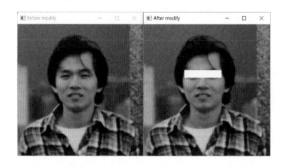

6-2 彩色图像的编辑

6-2-1 了解彩色图像数组的结构

本节将先用实例建立彩色图像，然后列出彩色图像的数组值，再解释数组值的意义。

程序实例 ch6_3.py：建立 3 组 2×3 的彩色图像，第一组彩色图像数组是蓝色，第二组彩色图像数组是绿色，第三组彩色图像数组是红色`，列出数组内容。

```
1   # ch6_3.py
2   import cv2
3   import numpy as np
4
5   # 建立蓝色底的彩色图像数组
6   blue_img = np.zeros((2,3,3),np.uint8)
7   blue_img[:,:,0] = 255                    # 填满蓝色
8   print(f"image =\n{blue_img}")            # 显示blue_img图像数组
9
10  # 建立绿色底的彩色图像数组
11  green_img = np.zeros((2,3,3),np.uint8)
12  green_img[:,:,1] = 255                   # 填满绿色
13  print(f"image =\n{green_img}")           # 显示green_img图像数组
14
15  # 建立红色底的彩色图像数组
16  red_img = np.zeros((2,3,3),np.uint8)
17  red_img[:,:,2] = 255                     # 填满红色
18  print(f"image =\n{red_img}")             # 显示red_img图像数组
```

执行结果　　每个图像皆是三维数组。

```
==================== RESTART: D:\OpenCV_Python\ch6\ch6_3.py ====================
blue image =
[[[255   0   0]
  [255   0   0]
  [255   0   0]]        ──── 第0行图像元素

                        ──── 这是2 x 3 x 3的图像数组
 [[255   0   0]
  [255   0   0]
  [255   0   0]]]       ──── 第1行图像元素
green image =
[[[  0 255   0]
  [  0 255   0]
  [  0 255   0]]

 [[  0 255   0]
  [  0 255   0]
  [  0 255   0]]]
red image =
[[[  0   0 255]
  [  0   0 255]
  [  0   0 255]]

 [[  0   0 255]
  [  0   0 255]
  [  0   0 255]]]
```

下面用下图搭配上述执行结果做图示说明。

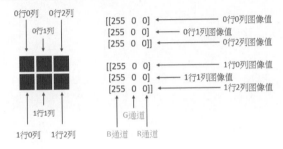

程序实例 ch6_4.py：建立蓝色、绿色、红色的窗口，然后解释彩色数组内容的意义。

```python
1  # ch6_4.py
2  import cv2
3  import numpy as np
4
5  # 建立蓝色底的彩色图像数组
6  blue_img = np.zeros((100,150,3),np.uint8)
7  blue_img[:,:,0] = 255                      # 填满蓝色
8  print(f"blue image =\n{blue_img}")         # 显示blue_img图像数组
9  cv2.imshow("Blue Image",blue_img)          # 显示蓝色图像
10
11 # 建立绿色底的彩色图像数组
12 green_img = np.zeros((100,150,3),np.uint8)
13 green_img[:,:,1] = 255                      # 填满绿色
14 print(f"green image =\n{green_img}")        # 显示green_img图像数组
15 cv2.imshow("Green Image",green_img)         # 显示绿色图像
16
17 # 建立红色底的彩色图像数组
18 red_img = np.zeros((100,150,3),np.uint8)
19 red_img[:,:,2] = 255                        # 填满红色
20 print(f"red image =\n{red_img}")            # 显示red_img图像数组
21 cv2.imshow("Red Image",red_img)            # 显示红色图像
22
23 cv2.waitKey(0)
24 cv2.destroyAllWindows()                     # 删除所有窗口
```

执行结果

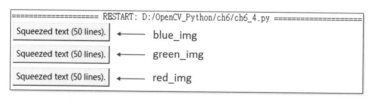

这个实例比前一个实例复杂，不过概念是相同的，必须展开 Python Shell 窗口的 Squeezed text，双击第 1、第 2 和第 3 项后可以得到下列结果。

6-2-2 自创彩色图像与编辑的实例

程序实例 ch6_5.py：自创一个 2×3×3 的彩色图像数组，先打印此彩色图像数组。然后打印 [0,1] 像素点的 BGR 内容。接着第 12 行修改 [0,1] 的内容为 [50,100,150]，最后再打印一次此图像数组，验证修改结果。

```
1   # ch6_5.py
2   import cv2
3   import numpy as np
4
5   # 建立蓝色底的彩色图像数组
6   blue = np.zeros((2,3,3),np.uint8)
7   blue[:,:,0] = 255                        # 填满蓝色
8   print(f"blue =\n{blue}")                 # 打印图像数组
9   # 打印修订前的像素点
10  print(f"blue[0,1] = {blue[0,1]}")
11
12  blue[0,1] = [50,100,150]                 # 修订像素点
13  print("修订后")
14  # 打印修订后的像素点
15  print(f"blue =\n{blue}")                 # 打印图像数组
```

执行结果

```
================== RESTART: D:\OpenCV_Python\ch6\ch6_5.py ==================
blue =
[[[255    0    0]
  [255    0    0]
  [255    0    0]]

 [[255    0    0]
  [255    0    0]
  [255    0    0]]]
blue[0,1] = [255    0    0]
修订后
blue =
[[[255    0    0]
  [ 50  100  150]
  [255    0    0]]

 [[255    0    0]
  [255    0    0]
  [255    0    0]]]
```

上述是一次修改 BGR 通道的值，下列实例则是修订单一通道的值。

程序实例 ch6_6.py：自创一个 2×3×3 的彩色图像数组，先打印此彩色图像数组，然后打印 [0,1,2] 像素点的通道值。接着第 12 行修改 [0,1,2] 的内容为 50，最后再打印一次此图像数组，验证修改结果。

```
1   # ch6_6.py
2   import cv2
3   import numpy as np
4
5   # 建立蓝色底的彩色图像数组
6   blue = np.zeros((2,3,3),np.uint8)
7   blue[:,:,0] = 255                      # 填满蓝色
8   print(f"blue =\n{blue}")               # 打印图像数组
9   # 打印修订前的像素点
10  print(f"blue[0,1,2] = {blue[0,1,2]}")
11
12  blue[0,1,2] = 50                       # 修订像素点的单一通道
13  print("修订后")
14  # 打印修订后的像素点
15  print(f"blue =\n{blue}")               # 打印图像数组
16  print(f"blue[0,1,2] = {blue[0,1,2]}")
```

执行结果

```
================== RESTART: D:\OpenCV_Python\ch6\ch6_6.py ==================
blue =
[[[255    0    0]
  [255    0    0]
  [255    0    0]]

 [[255    0    0]
  [255    0    0]
  [255    0    0]]]
blue[0,1,2] = 0
修订后
blue =
[[[255    0    0]
  [255    0   50]
  [255    0    0]]

 [[255    0    0]
  [255    0    0]
  [255    0    0]]]
blue[0,1,2] = 50
```

6-2-3　读取彩色图像与编辑的实例

和前面小节内容一样，可以一次更改一个通道值内容，可以参考下列实例第 14 ~ 17 行。也可以一次更改一个像素点的 BGR 通道值，可以参考下列实例第 10 ~ 12 行，或第 19 ~ 21 行。

程序实例 ch6_7.py：读取彩色图像，然后编辑图像，在编辑过程会列出长条左上角修改前与修改后的像素值。

```
1   # ch6_7.py
2   import cv2
3
4   img = cv2.imread("jk.jpg")                    # 彩色读取
5   cv2.imshow("Before modify", img)              # 显示修改前图像img
6   print(f"修改前img[115,110] = {img[115,110]}")
7   print(f"修改前img[125,110] = {img[125,110]}")
8   print(f"修改前img[135,110] = {img[135,110]}")
9   # 紫色长条
10  for y in range(115,125):                      # 修改图像
11      for x in range(110,210):
12          img[y,x] = [255,0,255]                # 紫色取代
13  # 白色长条
14  for z in range(125,135):                      # 修改图像：一次一个通道值
15      for y in range(110,210):
16          for x in range(0,3):                  # 一次一个通道值
17              img[z,y,x] = 255                  # 白色取代
18  # 黄色长条
19  for y in range(135,145):                      # 修改图像
20      for x in range(110,210):
21          img[y,x] = [0,255,255]                # 黄色取代
22  cv2.imshow("After modify", img)               # 显示修改后图像img
23  print(f"修改后img[115,110] = {img[115,110]}")
24  print(f"修改后img[125,110] = {img[125,110]}")
25  print(f"修改后img[135,110] = {img[135,110]}")
26  cv2.waitKey(0)
27  cv2.destroyAllWindows()                       # 删除所有窗口
```

执行结果

```
================== RESTART: D:\OpenCV_Python\ch6\ch6_7.py ==================
修改前img[115,110] = [21 26 57]
修改前img[125,110] = [ 31  63 134]
修改前img[135,110] = [ 57 126 195]
修改后img[115,110] = [255   0 255]
修改后img[125,110] = [255 255 255]
修改后img[135,110] = [  0 255 255]
```

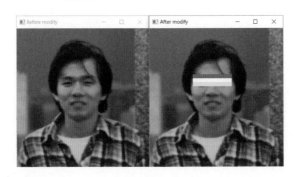

上述实例使用传统简单的方法编辑图像区域内容，其实对于 Python 程序设计师来说，那是没有效率的方法，可以用简单方式直接取代，例如，第 10～12 行可以用下列代码取代。

```
img[115:210,110:210] = [255, 0, 255]
```

程序实例 ch6_7_1.py：重新设计 ch6_7.py，第 10～12 行使用单行代替循环。

```
 9  #  紫色长条
10  img[115:125,110:210] = [255, 0, 255]
```

执行结果　与 ch6_7.py 相同。

6-3 编辑含 Alpha 通道的彩色图像

对一个含 Alpha 通道的彩色图像，每一个像素是由含 4 个元素的数组组成，也就是有 4 个通道，索引 3 是 A(Alpha) 通道，如下所示：

```
[B, G, R, A]
```

如果要读取含 Alpha 通道的文件，例如，以 .png 为后缀的文件，cv2.imread( ) 语法如下 (以读取 street.png 为例)：

```
image = cv2.imread("street.png", cv2.IMREAD_UNCHANGED)
```

程序实例 ch6_8.py：在本书电子资源的 ch6 文件夹有 street.png 文件，这个文件的透明度是 32，这个程序会读取 street.png，同时显示 [10,50] 和 [50,99] 的像素值，然后修改 [0,0] 至 [200,200] 间的 Alpha 值为半透明的 128，最后再列出 [10,50] 和 [50,99] 的像素值，读者可以比较修改结果。同时将修改结果存入 street128.png。

```
 1  # ch6_8.py
 2  import cv2
 3
 4  img = cv2.imread("street.png",cv2.IMREAD_UNCHANGED)        # png读取
 5  cv2.imshow("Before modify", img)          # 显示修改前图像img
 6  print(f"修改前img[10,50] = {img[10,50]}")
 7  print(f"修改前img[50,99] = {img[50,99]}")
 8  print("-"*70)
 9  for z in range(0,200):                    # 一次修改一个Alpha通道值
10      for y in range(0,200):
11          img[z,y,3] = 128                  # 修改Alpha通道值
12  print(f"修改后img[10,50] = {img[10,50]}")
13  print(f"修改后img[50,99] = {img[50,99]}")
14  cv2.imwrite("street128.png", img)         # 存储含Alpha通道的文件
15
16  cv2.waitKey(0)
17  cv2.destroyAllWindows()                   # 删除所有窗口
```

执行结果 下列可以看到 Alpha 通道值修改前与修改后结果。

```
================= RESTART: D:\OpenCV_Python\ch6\ch6_8.py ==================
修改前img[10,50] = [ 27  82 109  32]
修改前img[50,99] = [ 19 168 248  32]
--------------------------------------------------------------------------
修改后img[10,50] = [ 27  82 109 128]
修改后img[50,99] = [ 19 168 248 128]
```

street.png

street128.png

上图右边是 street128.png 在 Windows 窗口打开的结果。

上述几个程序使用循环方式设定某区域的值，坦白来说是中规中矩，灵活应用 Python 的切片可以让程序简化许多，例如，上述程序第 9~11 行，可以使用如下含切片的程序代码取代。

```
img[0:200,0:200,3] = 128
```

细节可以参考实例 ch6_8_1.py，执行结果则存入 street128_1.png。

```
1   # ch6_8_1.py
2   import cv2
3
4   img = cv2.imread("street.png",cv2.IMREAD_UNCHANGED)       # png读取
5   cv2.imshow("Before modify", img)              # 显示修改前图像img
6   print(f"修改前img[10,50] = {img[10,50]}")
7   print(f"修改前img[50,99] = {img[50,99]}")
8   print("-"*70)
9   img[0:200,0:200,3] = 128
10  print(f"修改后img[10,50] = {img[10,50]}")
11  print(f"修改后img[50,99] = {img[50,99]}")
12  cv2.imwrite("street128_1.png", img)           # 存储含Alpha通道的文件
13
14  cv2.waitKey(0)
15  cv2.destroyAllWindows()                       # 删除所有窗口
```

6-4 Numpy 高效率读取与设定像素的方法

也许读者将来需要使用 OpenCV 处理复杂的图像，这时可能会发现先前使用的切片方法在读取像素点的值时，速度有一点慢。Numpy 提供了 item( ) 函数与 itemset( ) 函数，可以高效率地读取和设定像素点的内容。

6-4-1　灰度图像的应用

在灰度图像的应用中 item( ) 函数与 itemset( ) 函数语法如下：

```
ndarray.item(行，列)              # 返回行、列索引的值
ndarray.itemset(索引，值)        # 将值设定给指定索引的 ndarray 变量
```

程序实例 ch6_9.py：建立一个 3×5 的灰度图像数组，打印此数组内容，这个程序第 6 行使用 item( ) 函数读取像素点内容，第 7 行使用 itemset( ) 函数修改索引 (1,3) 的值为 255，然后第 9 行输出此数组，第 10 行输出特定索引 (1,3) 的内容。

```python
1  # ch6_9.py
2  import numpy as np
3
4  image = np.random.randint(0,200, size=[3,5], dtype=np.uint8)
5  print(f"image = \n{image}")
6  print(f"修改前image.item(1,3) = {image.item(1,3)}")
7  image.itemset((1,3), 255)              # 修订内容为 255
8  print("-"*70)
9  print(f"修改后image =\n{image}")
10 print(f"修改后image.item(1,3) = {image.item(1,3)}")
```

执行结果

```
================== RESTART: D:\OpenCV_Python\ch6\ch6_9.py ==================
image =
[[128  47 159 112  18]
 [130 162  83  41 142]
 [160 107 119  81 119]]
修改前image.item(1,3) = 41
-------------------------------------------------------------------
修改后image =
[[128  47 159 112  18]
 [130 162  83 255 142]
 [160 107 119  81 119]]
修改后image.item(1,3) = 255
```

程序实例 ch6_10.py：使用 itemset( ) 函数重新设计 ch6_2.py。

```python
1  # ch6_10.py
2  import cv2
3
4  img = cv2.imread("jk.jpg", cv2.IMREAD_GRAYSCALE)      # 灰度读取
5  cv2.imshow("Before modify", img)                       # 显示修改前图像img
6  for y in range(120,140):                               # 修改图像
7      for x in range(110,210):
8          img.itemset((y,x),255)
9  cv2.imshow("After modify", img)                        # 显示修改后图像img
10
11 cv2.waitKey(0)
12 cv2.destroyAllWindows()                                # 删除所有窗口
```

执行结果 　与 ch6_2.py 相同。

6-4-2 彩色图像的应用

在彩色图像的应用中 item( ) 函数与 itemset( ) 函数语法如下：

```
ndarray.item(行,列,通道)                # 返回行、列、通道索引的值
ndarray.itemset((行,列,通道), 值)       # 将值设定给指定索引的 ndarray 变量
```

程序实例 ch6_11.py：使用 item( ) 函数和 itemset( ) 函数重新设计 ch6_6.py。

```
1  # ch6_11.py
2  import cv2
3  import numpy as np
4
5  # 建立蓝色底的彩色图像数组
6  blue = np.zeros((2,3,3),np.uint8)
7  blue[:,:,0] = 255                        # 填满蓝色
8  print(f"blue =\n{blue}")                 # 打印图像数组
9  # 打印修订前的像素点
10 print(f"blue[0,1,2] = {blue.item(0,1,2)}")
11
12 blue.itemset((0,1,2),50)                 # 修订像素点的单一通道
13 print("修订后")
14 # 打印修订后的像素点
15 print(f"blue =\n{blue}")                 # 打印图像数组
16 print(f"blue[0,1,2] = {blue.item(0,1,2)}")
```

执行结果

```
================= RESTART: D:\OpenCV_Python\ch6\ch6_11.py =================
blue =
[[[255   0   0]
  [255   0   0]
  [255   0   0]]

 [[255   0   0]
  [255   0   0]
  [255   0   0]]]
blue[0,1,2] = 0
修订后
blue =
[[[255   0   0]
  [255   0  50]
  [255   0   0]]

 [[255   0   0]
  [255   0   0]
  [255   0   0]]]
blue[0,1,2] = 50
```

程序实例 ch6_12.py：使用 item( ) 函数和 itemset( ) 函数重新设计修改 ch6_7.py，读取彩色图像并修订，这个程序只用一个白色长条修订部分图像。

```
1   # ch6_12.py
2   import cv2
3
4   img = cv2.imread("jk.jpg")                  # 彩色读取
5   cv2.imshow("Before modify", img)            # 显示修改前图像img
6   print(f"修改前img[115,110,1] = {img.item(115,110,1)}")
7   print(f"修改前img[125,110,1] = {img.item(125,110,1)}")
8   print(f"修改前img[135,110,1] = {img.item(135,110,1)}")
9   # 白色长条
10  for z in range(115,145):                    # 修改图像:一次一个通道值
11      for y in range(110,210):
12          for x in range(0,3):                # 一次一个通道值
13              img.itemset((z,y,x),255)        # 白色取代
14  cv2.imshow("After modify", img)             # 显示修改后图像img
15  print(f"修改后img[115,110,1] = {img.item(115,110,1)}")
16  print(f"修改后img[125,110,1] = {img.item(125,110,1)}")
17  print(f"修改后img[135,110,1] = {img.item(135,110,1)}")
18  cv2.waitKey(0)
19  cv2.destroyAllWindows()                     # 删除所有窗口
```

执行结果

```
================= RESTART: D:\OpenCV_Python\ch6\ch6_12.py =================
修改前img[115,110,1] = 26
修改前img[125,110,1] = 63
修改前img[135,110,1] = 126
修改后img[115,110,1] = 255
修改后img[125,110,1] = 255
修改后img[135,110,1] = 255
```

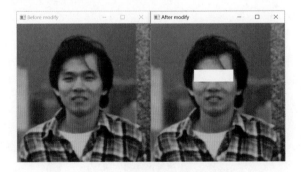

6-5　图像感兴趣区域的编辑

6-5-1　撷取图像感兴趣区域

在大数据时代，每日产生的数据量非常庞大，可是我们只对部分数据感兴趣，这时可以使用数据撷取、清洗技术，获得需要的数据。

处理图像的概念与处理数据类似，当获取一个图像时，可能只对这个图像的部分区域感兴趣，可以选择感兴趣的区域。例如，在做人脸拍照时难免会有背景，如果要做人脸识别，可以只取人脸部分进行处理，这时人脸部分可以称作感兴趣区域 (Region of interest，ROI)。

程序实例 ch6_13.py：使用 jk.jpg 图像文件，设计只取脸部然后打开窗口显示脸部的程序，同时存入 jkface.jpg。该实例感兴趣区域 (ROI) 的坐标如下图所示。

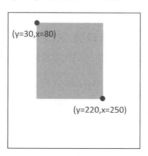

注：目前笔者尚未介绍人脸识别，读者可以先将 jk.jpg 加载到画图工具，然后获取感兴趣区域的坐标。

```
1   # ch6_13.py
2   import cv2
3
4   img = cv2.imread("jk.jpg")            # 彩色读取
5   cv2.imshow("Hung Image", img)         # 显示图像
6   face = img[30:220,80:250]             # ROI
7   cv2.imshow("Face", face)              # 显示图像
8
9   cv2.waitKey(0)
10  cv2.destroyAllWindows()               # 删除所有窗口
```

执行结果

6-5-2　建立图像马赛克效果

本节将介绍为感兴趣的图像区域建立马赛克效果，主要概念是第 8 行将与感兴趣区域相同大小的空间设为随机彩色图像，然后第 9 行将随机图像区域设定给感兴趣区域。

程序实例 ch6_14.py：为感兴趣区域 (ROI) 设定马赛克。

```
1  # ch6_14.py
2  import cv2
3  import numpy as np
4
5  img = cv2.imread("jk.jpg")                    # 彩色读取
6  cv2.imshow("Hung Image", img)                 # 显示图像
7  # ROI大小区域建立马赛克
8  face = np.random.randint(0,256,size=(190,170,3))  # 马赛克效果
9  img[30:220,80:250] = face                     # ROI
10 cv2.imshow("Face", img)                       # 显示图像
11
12 cv2.waitKey(0)
13 cv2.destroyAllWindows()                       # 删除所有窗口
```

执行结果

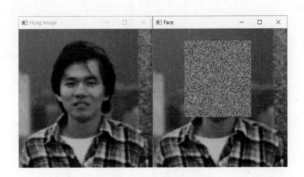

6-5-3　将感兴趣区域在不同图像间复制

程序实例 ch6_15.py：将感兴趣区域在不同图像间复制。

```
1  # ch6_15.py
2  import cv2
3  import numpy as np
4
5  img = cv2.imread("jk.jpg")                    # 彩色读取
6  cv2.imshow("Hung Image", img)                 # 显示图像
7  usa = cv2.imread("money.jpg")                 # 彩色读取
8  cv2.imshow("Money Image", usa)                # 显示图像
9  face = img[30:220,80:250]                     # ROI
10 usa[30:220,120:290] = face                    # 复制到usa图像
11 cv2.imshow("Image", usa)                      # 显示图像
12
13 cv2.waitKey(0)
14 cv2.destroyAllWindows()                       # 删除所有窗口
```

执行结果

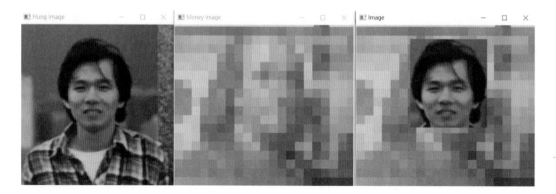

习题

1. 参考 ch6_7_1.py 的概念，重新设计整个 ch6_7.py，执行结果与 ch6_7.py 相同。

2. 重新设计 ch6_12.py，用一列指令取代第 10 ~ 13 行。

3. 参考 ch6_15.py，将感兴趣区域移至相同大小的空白画布上。

第 7 章

从静态到动态的绘图功能

OpenCV 也像大多数的图像模块一样可以执行绘图，本章将讲解这方面的知识。

7-1 建立画布

使用 Numpy 的 np.zeros( ) 函数或 np.ones( ) 函数建立画布，如下是使用 zeros( ) 函数建立 height=200，width=300 画布的方法：

```
img = np.zeros((200,300,3),np.unit8)
```

上述函数返回的是 img 画布对象，(200,300) 是画布的大小，200 是画布的高度，300 是画布的宽度，3 主要是指 BGR 通道可以建立彩色画布，如下图所示。

但是上述画布的缺点是所建立的是黑色画布，如果希望建立白色画布，可以改用 np.ones( ) 函数，然后将数组内容设为 255，因为 np.ones( ) 函数所建立的数组内容是 1，可以用乘以 255 的方式处理，语法如下：

```
img = np.ones((200,300),np.unit8) * 255
```

这时可以建立如下图所示的白色画布，因为是白色画布，笔者用虚线框表示。

注：绘图的坐标采用的是 (x, y)。

7-2 绘制直线

OpenCV 的 line( ) 函数可以绘制直线，语法如下：

```
cv2.line(img, pt1, pt2, color, thickness=1, lineType=LINE_8)
```

上述代码可以从 pt1 点绘一条线到 pt2 点，其他各参数意义如下：

❑ img：绘图对象，也可以认为是画布。

❑ pt1：线段的起点，画布的左上角坐标是 (0, 0)。

❑ pt2：线段的终点。

❑ color：OpenCV 使用 (B, G, R) 方式处理色彩，所以 (255,0,0) 是蓝色。

❑ thickness：线条宽度，默认是 1。

❑ lineType：可选参数，指线条样式，有 LINE_4、LINE_8 和 LINE_AA 可选，默认是 LINE_8。

程序实例 ch7_1.py：用直线工具绘制矩形的应用。

```
1   # ch7_1.py
2   import cv2
3   import numpy as np
4
5   img = np.ones((350,500,3),np.uint8) * 255        # 建立白色底的画布
6   cv2.line(img,(1,1),(300,1),(255,0,0))            # 上方水平直线
7   cv2.line(img,(300,1),(300,300),(255,0,0))        # 右边垂直直线
8   cv2.line(img,(300,300),(1,300),(255,0,0))        # 下边水平直线
9   cv2.line(img,(1,300),(1,1),(255,0,0))            # 左边垂直直线
10  cv2.imshow("My Draw",img)                        # 画布显示直线
11
12  cv2.waitKey(0)
13  cv2.destroyAllWindows()                          # 删除所有窗口
```

执行结果　可参考下方左图。

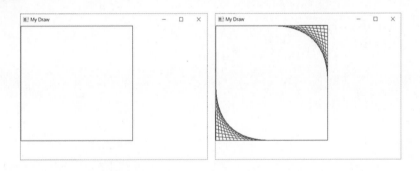

程序实例 ch7_2.py：绘制线条的应用。

```
1   # ch7_2.py
2   import cv2
3   import numpy as np
4
5   img = np.ones((350,500,3),np.uint8) * 255        # 建立白色底的画布
6   cv2.line(img,(1,1),(300,1),(255,0,0))            # 上方水平直线
7   cv2.line(img,(300,1),(300,300),(255,0,0))        # 右边垂直直线
8   cv2.line(img,(300,300),(1,300),(255,0,0))        # 下边水平直线
9   cv2.line(img,(1,300),(1,1),(255,0,0))            # 左边垂直直线
10  for x in range(150, 300, 10):
11      cv2.line(img,(x,1),(300,x-150),(255,0,0))
12  for y in range(150, 300, 10):
13      cv2.line(img,(1,y),(y-150,300),(255,0,0))
14
15  cv2.imshow("My Draw",img)                        # 画布显示结果
16  cv2.waitKey(0)
17  cv2.destroyAllWindows()                          # 删除所有窗口
```

执行结果　可参考上方右图。

7-3 画布背景色彩的设计

7-3-1 单区域的底部色彩

使用切片的概念设定矩形区域的色彩。

程序实例 ch7_3.py：重新设计 ch7_2.py，设定矩形区域是黄色，这个程序最重要是第 6 行，这也是设定矩形黄色底的关键。

```python
1   # ch7_3.py
2   import cv2
3   import numpy as np
4
5   img = np.ones((350,500,3),np.uint8) * 255      # 建立白色底的画布
6   img[1:300,1:300] = (0,255,255)                  # 设定黄色底
7
8   cv2.line(img,(1,1),(300,1),(255,0,0))           # 上方水平直线
9   cv2.line(img,(300,1),(300,300),(255,0,0))       # 右边垂直直线
10  cv2.line(img,(300,300),(1,300),(255,0,0))       # 下边水平直线
11  cv2.line(img,(1,300),(1,1),(255,0,0))           # 左边垂直直线
12  for x in range(150, 300, 10):
13      cv2.line(img,(x,1),(300,x-150),(255,0,0))
14  for y in range(150, 300, 10):
15      cv2.line(img,(1,y),(y-150,300),(255,0,0))
16
17  cv2.imshow("My Draw",img)                        # 画布显示结果
18  cv2.waitKey(0)
19  cv2.destroyAllWindows()                          # 删除所有窗口
```

执行结果

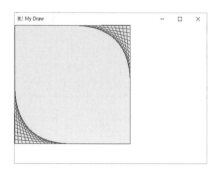

7-3-2 建立含壁纸的画布

要建立含壁纸的画布，可以使用 cv2.imread( ) 函数读取图像，所读的图像就可以作为画布。

程序实例 ch7_4.py：重新设计 ch7_3.py，使用 antarctic.jpg 当作画布，这个程序只列出差异部分。

```
5  img = cv2.imread("antarctic.jpg")                # 使用图像作为画布
```

执行结果

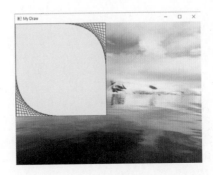

7-4 绘制矩形

OpenCV 所提供的绘制矩形的函数是 rectangle( )，语法如下：

```
cv2.rectangle(img, pt1, pt2, color, thickness=1, lineType=LINE_8)
```

上述可以绘制左上角是 pt1 点，右下角是 pt2 点的矩形，其他各参数意义如下：

❑ img：绘图对象，也可以作为画布。

❑ pt1：矩形的左上角坐标，数据格式是元组 (x, y)。

❑ pt2：矩形的右下角坐标，数据格式是元组 (x, y)。

❑ color：OpenCV 使用 (B, G, R) 方式处理色彩，所以 (255,0,0) 是蓝色。

❑ thickness：线条宽度，默认是 1。如果宽度设为 -1，则建立实心矩形。

❑ lineType：可选参数，这是指线条样式，有 LINE_4、LINE_8 和 LINE_AA 可选，默认是 LINE_8。

程序实例 ch7_5.py：使用 rectangle( ) 函数重新设计 ch7_2.py。

```
1  # ch7_5.py
2  import cv2
3  import numpy as np
4
5  img = np.ones((350,500,3),np.uint8) * 255        # 建立白色底的画布
6  cv2.rectangle(img,(1,1),(300,300),(255,0,0))      # 绘制矩形
7  for x in range(150, 300, 10):
8      cv2.line(img,(x,1),(300,x-150),(255,0,0))
9  for y in range(150, 300, 10):
10     cv2.line(img,(1,y),(y-150,300),(255,0,0))
11
12 cv2.imshow("My Draw",img)                          # 画布显示结果
13 cv2.waitKey(0)
14 cv2.destroyAllWindows()                            # 删除所有窗口
```

执行结果 与 ch7_2.py 相同。

程序实例 ch7_6.py：使用 rectangle( ) 函数重新设计 ch7_3.py。

```
1   # ch7_6.py
2   import cv2
3   import numpy as np
4
5   img = np.ones((350,500,3),np.uint8) * 255          # 建立白色底的画布
6   cv2.rectangle(img,(1,1),(300,300),(0,255,255),-1)   # 设定黄色底
7   cv2.rectangle(img,(1,1),(300,300),(255,0,0))        # 绘制矩形
8   for x in range(150, 300, 10):
9       cv2.line(img,(x,1),(300,x-150),(255,0,0))
10  for y in range(150, 300, 10):
11      cv2.line(img,(1,y),(y-150,300),(255,0,0))
12
13  cv2.imshow("My Draw",img)                           # 画布显示结果
14  cv2.waitKey(0)
15  cv2.destroyAllWindows()                             # 删除所有窗口
```

执行结果 与 ch7_3.py 相同。

7-5 绘制圆形

7-5-1 绘制圆形的基础知识

OpenCV 所提供的绘制圆形的函数是 circle( )，语法如下：

```
cv2.circle(img,center,radius,color,thickness=1, lineType=LINE_8)
```

上述代码可以绘制圆形，其他各参数意义如下：

❑ img：绘图对象，也可以作为画布。

❑ center：设定圆中心坐标，数据格式是元组 (x, y)。

❑ radius：设定半径。

❑ color：OpenCV 使用 (B, G, R) 方式处理色彩，所以 (255,0,0) 是蓝色。

❑ thickness：线条宽度，默认是 1。如果宽度设为 -1，则建立实心圆形。

❑ lineType：可选参数，这是指线条样式，有 LINE_4、LINE_8 和 LINE_AA 可选，默认是 LINE_8。

上述代码可以绘制圆心为 center、半径为 radius 的圆，如果 thickness=-1 表示建立实心圆，其他各参数意义与前面函数相同。

程序实例 ch7_7.py：绘制同心圆，其中最中间的是实心圆。

```
1  # ch7_7.py
2  import cv2
3
4  img = cv2.imread("antarctic.jpg")        # 使用图像作为画布
5  cy = int(img.shape[0] / 2)               # 中心点 y 坐标
6  cx = int(img.shape[1] / 2)               # 中心点 x 坐标
7  red = (0, 0, 255)                        # 设定红色
8  yellow = (0,255,255)                     # 设定黄色
9  cv2.circle(img,(cx,cy),30,red,-1)        # 绘制实心圆形
10 for r in range(40, 200, 20):             # 绘制系列空心圆形
11     cv2.circle(img,(cx,cy),r,yellow,2)
12
13 cv2.imshow("My Draw",img)                # 画布显示结果
14 cv2.waitKey(0)
15 cv2.destroyAllWindows()                  # 删除所有窗口
```

执行结果

7-5-2　随机色彩的应用

假设现在想要建立随机色彩的圆，可以参考 3-3-7 节的概念使用 Numpy 模块的 random.randint( ) 函数，由于色彩需要有 3 个元素的数组，可以使用下列实例建立色彩随机数。

程序实例 ch7_8.py：建立 3 个元素的数组。

```
1  # ch7_8.py
2  import numpy as np
3
4  print("返回3个元素的数组，值是0(含)至256(不含)的随机数")
5  arr = np.random.randint(0,256, size=3)
6  print(type(arr))
7  print(arr)
```

执行结果

```
================= RESTART: D:\OpenCV_Python\ch7\ch7_8.py =================
返回3个元素的数组，值是0(含)至256(不含)的随机数
<class 'numpy.ndarray'>
[140  79  38]
```

上述代码获得了含 3 个元素的数组，许多函数在使用时，需要将数组改为列表或元组，使用 Numpy 模块的 tolist( ) 函数可以将数组改为列表，参考下列实例。

程序实例 ch7_9.py：扩充 ch7_8.py 将数组转换成列表，产生随机色彩值。

```
1   # ch7_9.py
2   import numpy as np
3
4   print("返回3个元素的数组，值是0(含)至256(不含)的随机数")
5   arr = np.random.randint(0,256, size=3)
6   print(type(arr))
7   print(arr)
8   print("将数组改为列表")
9   print(arr.tolist())
```

执行结果

```
================= RESTART: D:\OpenCV_Python\ch7\ch7_9.py =================
返回3个元素的数组，值是0(含)至256(不含)的随机数
<class 'numpy.ndarray'>
[209 101 127]
将数组改为列表
[209, 101, 127]
```

程序实例 ch7_10.py：使用黑色底的画布建立 50 个随机色彩的实心圆，其中圆心、圆半径与色彩是随机产生的。

```
1   # ch7_10.py
2   import cv2
3   import numpy as np
4
5   height = 400                              # 画布高度
6   width = 600                               # 画布宽度
7   img = np.zeros((height,width,3),np.uint8)    # 建立黑底画布数组
8   for i in range(0,50):
9       cx = np.random.randint(0,width)          # 随机数圆心的 x 轴坐标
10      cy = np.random.randint(0,height)         # 随机数圆心的 y 轴坐标
11      color = np.random.randint(0,256, size=3).tolist() # 建立随机色彩
12      r = np.random.randint(5,100)             # 在5 ~ 100间的随机半径
13      cv2.circle(img,(cx,cy),r,color,-1)       # 建立随机实心圆
14  cv2.imshow("Random Circle",img)
15
16  cv2.waitKey(0)
17  cv2.destroyAllWindows()                      # 删除所有窗口
```

执行结果

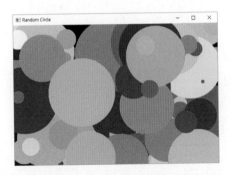

7-6 绘制椭圆或椭圆弧

OpenCV 所提供的绘制椭圆的函数是 ellipse( )，语法如下：

```
cv2.ellipse(img,center,axes,angle,startAngle,endAngle,color,thicknes
s=1,lineType=LINE_8)
```

上述代码可以绘制椭圆，椭圆中心是 center，与建立圆形不一样的参数意义如下：

❑ axes：轴的长度。

❑ angle：椭圆偏移的角度。

❑ startAngle：圆弧起点的角度。

❑ endAngle：圆弧终点的角度。

如果设定 startAngle=0，endAngle=360 可以绘制椭圆，也可以利用此特性绘制椭圆弧。

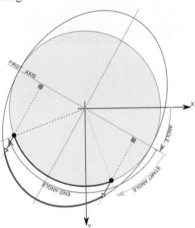

图片取材自 OpenCV 官方网站：https://docs.opencv.org/4.5.3/d6/d6e/group__imgproc__draw.html#ga07d2f74cadcf8e305e810ce8eed13bc9。

程序实例 ch7_11.py：以画布中心为椭圆的中心，使用绘制椭圆的函数 ellipse( )，绘制 2 个椭圆和 1 个椭圆弧度。

```
1   # ch7_11.py
2   import cv2
3
4   img = cv2.imread("antarctic.jpg")        # 使用图像作为画布
5   cy = img.shape[0] // 2                    # 中心点 y 坐标
6   cx = img.shape[1] // 2                    # 中心点 x 坐标
7   red = (0, 0, 255)                         # 设定红色
8   yellow = (0,255,255)                      # 设定黄色
9   blue = (255,0,0)                          # 设定蓝色
10  size = (200,100)
11  angle = 0
12  cv2.ellipse(img,(cx,cy),size,angle,0,360,red,1)     # 绘制椭圆
13  angle = 45
14  cv2.ellipse(img,(cx,cy),size,angle,0,360,yellow,5)  # 绘制椭圆
15  cv2.ellipse(img,(cx,cy),size,angle,45,135,blue,3)   # 绘制椭圆弧
16
17  cv2.imshow("My Draw",img)                 # 画布显示结果
18  cv2.waitKey(0)
19  cv2.destroyAllWindows()                   # 删除所有窗口
```

执行结果

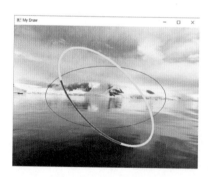

程序实例 ch7_12.py：以画布中心为椭圆的中心，随机绘制不同颜色、偏移的椭圆。

```
1   # ch7_12.py
2   import cv2
3   import numpy as np
4
5   img = cv2.imread("antarctic.jpg")        # 使用图像作为画布
6   cy = img.shape[0] // 2                    # 中心点 y 坐标
7   cx = img.shape[1] // 2                    # 中心点 x 坐标
8   size = (200,120)                          # 椭圆的x、y轴长度
9   for i in range(0,15):
10      angle = np.random.randint(0,361)      # 椭圆偏移的角度
11      color = np.random.randint(0,256,size=3).tolist()   # 椭圆的随机色彩
12      cv2.ellipse(img,(cx,cy),size,angle,0,360,color,1)  # 绘制椭圆
13
14  cv2.imshow("My Draw",img)                 # 画布显示结果
15  cv2.waitKey(0)
16  cv2.destroyAllWindows()                   # 删除所有窗口
```

执行结果

7-7 绘制多边形

OpenCV 提供绘制多边形的函数是 polylines( )，语法如下：

```
cv2.polylines(img,pts,isClosed,color,thickness=1,lineType=LINE_8)
```

上述代码可以绘制封闭式或开放式的多边形，几个不一样的参数意义如下：

- ❑ pts：Numpy 的数组，内含多边形顶点的坐标 (x, y)。
- ❑ isClosed：如果是 True 则建立封闭式多边形，也就是第一个点和最后一个点会连接。如果是 False 则建立开放式多边形，也就是第一个点和最后一个点不会连接。

程序实例 ch7_13.py：绘制封闭式多边形，多边形线条是蓝色，线条宽度是 5。绘制开放式多边形，多边形线条是红色，线条宽度是 3。

```
1  # ch7_13.py
2  import cv2
3  import numpy as np
4
5  img1 = np.ones((200,300,3),np.uint8) * 255        # 画布1
6  pts = np.array([[50,50],[250,50],[200,150],[100,150]])  # 顶点数组
7  cv2.polylines(img1,[pts],True,(255,0,0),5)        # 绘制封闭式多边形
8
9  img2 = np.ones((200,300,3),np.uint8) * 255        # 画布2
10 cv2.polylines(img2,[pts],False,(0,0,255),3)       # 绘制开放式多边形
11
12 cv2.imshow("isClosed_True",img1)                  # 画布显示封闭式多边形
13 cv2.imshow("isClosed_False",img2)                 # 画布显示开放式多边形
14 cv2.waitKey(0)
15 cv2.destroyAllWindows()                           # 删除所有窗口
```

执行结果

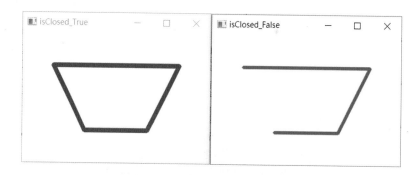

7-8 输出文字

7-8-1 默认英文输出

OpenCV 提供输出文字的函数是 putText( )，语法如下：

```
cv2.putText(img,text,org,fontFace,fontScale,color,thickness=1,lineType=LINE_8,bottomLeftOrigin=False)
```

上述代码可以输出文字，几个不一样的参数意义如下：

- ❑ img：要输出的画布。
- ❑ text：要输出的文字。
- ❑ org：文字位置，是指第一个文字左下方的坐标 (x, y)。
- ❑ fontFace：文字的字体样式。常见字体样式如下表所示。

字体样式	说明
FONT_HERSHEY_SIMPLEX	sans-serif 字型，正常大小
FONT_HERSHEY_PLAIN	sans-serif 字型，较小字型
FONT_HERSHEY_DUPLEX	sans-serif 字型，正常大小，但是比较复杂
FONT_HERSHEY_COMPLEX	serif 字型，正常大小
FONT_HERSHEY_TRIPLEX	serif 字型，正常大小，但是比较复杂
FONT_HERSHEY_COMPLEX_SMALL	serif 字型，较小字型
FONT_HERSHEY_SCRIPT_SIMPLEX	手写风格的字型
FONT_HERSHEY_SCRIPT_COMPLEX	手写风格的字型，但是比较复杂
FONT_ITALIC	italic 字型（斜体字）

- ❑ fontScale：文字的字体大小。
- ❑ bottomLeftOrigin：默认是 False，当设为 True 时，可以有垂直倒影的效果。

程序实例 ch7_14.py：输出蓝色"Python"文字，字型宽度是 12。

```
1   # ch7_14.py
2   import cv2
3   import numpy as np
4
5   img = np.ones((300,600,3),np.uint8) * 255    # 画布
6   font = cv2.FONT_HERSHEY_SIMPLEX
7   cv2.putText(img,'Python',(150,180),font,3,(255,0,0),12)
8
9   cv2.imshow("Python",img)                      # 画布显示文字
10  cv2.waitKey(0)
11  cv2.destroyAllWindows()                       # 删除所有窗口
```

执行结果　可以参考下方左图。

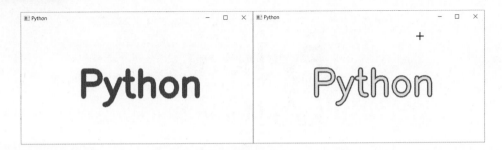

程序实例 ch7_15.py：扩充 ch7_14.py，在同样位置再输出一次"Python"文字，这次所输出的字型宽度是 5，使用黄色。

```
1   # ch7_15.py
2   import cv2
3   import numpy as np
4
5   img = np.ones((300,600,3),np.uint8) * 255    # 画布
6   font = cv2.FONT_HERSHEY_SIMPLEX
7   cv2.putText(img,'Python',(150,180),font,3,(255,0,0),12)
8   cv2.putText(img,'Python',(150,180),font,3,(0,255,255),5)
9
10  cv2.imshow("Python",img)                      # 画布显示文字
11  cv2.waitKey(0)
12  cv2.destroyAllWindows()                       # 删除所有窗口
```

执行结果　可以参考上方右图。

程序实例 ch7_16.py：设计含倒影的文字。

```
1   # ch7_16.py
2   import cv2
3   import numpy as np
4
5   img = np.ones((300,600,3),np.uint8) * 255    # 画布
6   font = cv2.FONT_HERSHEY_SIMPLEX
7   cv2.putText(img,'Python',(120,120),font,3,(255,0,0),12)
8   cv2.putText(img,'Python',(120,180),font,3,(0,255,0),12,
9               cv2.LINE_8,True)
10
11  cv2.imshow("Python",img)                      # 画布显示文字
12  cv2.waitKey(0)
13  cv2.destroyAllWindows()                       # 删除所有窗口
```

执行结果

程序实例 ch7_17.py：在图像画布上输出文字。

```
1   # ch7_17.py
2   import cv2
3
4   img = cv2.imread("antarctic.jpg")
5   font = cv2.FONT_HERSHEY_SIMPLEX
6   cv2.putText(img,'Antarctic',(120,120),font,3,(255,0,0),12)
7
8   cv2.imshow("Antarctic",img)
9   cv2.waitKey(0)
10  cv2.destroyAllWindows()                       # 删除所有窗口
```

执行结果

7-8-2　中文输出

OpenCV 默认只支持英文的输出，不过可以使用 PIL 模块，设置成可以输出中文，基本步骤如下：

1. 将 OpenCV 的图像格式转换成 PIL 图像格式。

2. 使用 PIL 格式输出中文。

3. 将 PIL 的图像格式转换成 OpenCV 图像格式。

程序实例 ch7_17_1.py：重新设计 ch7_17.py 输出中文的应用。

```python
1  # ch7_17_1.py
2  import cv2
3  import numpy as np
4  from PIL import Image, ImageDraw, ImageFont
5
6  def cv2_Chinese_Text(img,text,left,top,textColor,fontSize):
7      ''' 建立中文输出 '''
8  # 图像转换成PIL图像格式
9      if (isinstance(img,np.ndarray)):
10         img = Image.fromarray(cv2.cvtColor(img, cv2.COLOR_BGR2RGB))
11     draw = ImageDraw.Draw(img)                  # 建立PIL绘图对象
12     fontText = ImageFont.truetype(              # 建立字型 - 新细明体
13                 "C:\Windows\Fonts\mingliu.ttc",     # 新细明体
14                 fontSize,                       # 字号
15                 encoding="utf-8")               # 编码方式
16     draw.text((left,top),text,textColor,font=fontText)  # 绘制中文
17 # 将PIL图像格式转换成OpenCV图像格式
18     return cv2.cvtColor(np.asarray(img),cv2.COLOR_RGB2BGR)
19
20 img = cv2.imread("antarctic.jpg")
21 img = cv2_Chinese_Text(img, "我在南极", 220, 100, (0,0,255), 50)
22
23 cv2.imshow("Antarctic",img)
24 cv2.waitKey(0)
25 cv2.destroyAllWindows()                         # 删除所有窗口
```

执行结果

7-9 反弹球的设计

其实 OpenCV 讲解至此，已经可以设计动画了，假设要设计一个反弹球，概念如下：

(1) 选定位置显示反弹球。

(2) 让反弹球显示一段时间。

(3) 在新位置显示反弹球。

(4) 回到步骤 (2)。

上述步骤 (2) 中让反弹球显示一段时间，可以使用 time 模块的 sleep( ) 函数，语法如下：

```
import time
…
time.sleep(speed)                          # speed 单位是秒
```

由 speed 的设定值可以设定反弹球的速度。

程序实例 ch7_18.py：自由落体的反弹球设计，这个程序设计时反弹球会在画布上方，然后往下，当球到画布底部后，会往上反弹。当球到画布上方后，会往下掉落。

```
1   # ch7_18.py
2   import cv2
3   import numpy as np
4   from random import *
5   import time
6
7   width = 640                             # 反弹球画布宽度
8   height = 480                            # 反弹球画布高度
9   r = 15                                  # 反弹球半径
10  speed = 0.01                            # 反弹球移动速度
11  x = int(width / 2) - r                  # 反弹球的最初 x 位置
12  y = 50                                  # 反弹球的最初 y 位置
13  y_step = 5                              # 反弹球移动 y 步
14
15  while cv2.waitKey(1) == -1:
16      if y > height - r or y < r:         # 反弹球超出画布下边界或是上边界
17          y_step = -y_step
18      y += y_step                         # 新的反弹球 y 位置
19      img = np.ones((height, width, 3), np.uint8) * 255
20      cv2.circle(img,(x,y),r,(255,0,0),-1)    # 绘制反弹球
21      cv2.imshow("Bouncing Ball",img)
22      time.sleep(speed)                       # 依speed设定休息
23
24  cv2.destroyAllWindows()                     # 删除所有窗口
```

执行结果

上述反弹球是垂直移动，可以使用 y_step 设定移动步伐，如果 y_step 是正值则球往下方移动，如果 y_step 是负值则球往上方移动。如果需要设计可以往左下方或右下方移动的反弹球，可以增加 x_step，然后使用下列方式判断球是否超出右边界或左边界。

```
If x > width - r or x < r:
x_step = -x_step
```

如果 x_step 是正值则球往右方移动，如果 x_step 是负值则球往左方移动。

程序实例 ch7_19.py：扩充 ch7_19.py，增加左右移动的功能，让球最初位置在 (50,50)。

```
1  # ch7_19.py
2  import cv2
3  import numpy as np
4  from random import *
5  import time
6
7  width = 640                              # 反弹球画布宽度
8  height = 480                             # 反弹球画布高度
9  r = 15                                   # 反弹球半径
10 speed = 0.01                             # 反弹球移动速度
11 x = 50                                   # 反弹球的最初 x 位置
12 y = 50                                   # 反弹球的最初 y 位置
13 x_step = 5                               # 反弹球移动 x 步
14 y_step = 5                               # 反弹球移动 y 步
15
16 while cv2.waitKey(1) == -1:
17     if x > width - r or x < r:           # 反弹球超出画布右边界或是左边界
18         x_step = -x_step
19     if y > height - r or y < r:          # 反弹球超出画布下边界或是上边界
20         y_step = -y_step
21     x += x_step                          # 新的反弹球 x 位置
22     y += y_step                          # 新的反弹球 y 位置
23     img = np.ones((height, width, 3), np.uint8) * 255
24     cv2.circle(img,(x,y),r,(255,0,0),-1)    # 绘制反弹球
25     cv2.imshow("Bouncing Ball",img)
26     time.sleep(speed)                       # 依speed设定休息
27
28 cv2.destroyAllWindows()                     # 删除所有窗口
```

执行结果

上述移动方式是固定的，所以不论何时执行均可以看到相同的移动轨迹。如果希望球每次反弹有不同的轨迹，可以设计不同的 x 轴步伐，下列是步伐列表的设计。

```
random_step = [3, 4, 5, 6, 7]
shuffle(random_step)
x_step = rando_step[0]
```

这样就可以让球在 x 轴每次移动时有不同的步伐。

程序实例 ch7_20.py：扩充设计反弹球，让每次执行时，球在 x 轴方向有不同的移动选择。

```
1   # ch7_20.py
2   import cv2
3   import numpy as np
4   from random import *
5   import time
6
7   width = 640                                      # 反弹球画布宽度
8   height = 480                                     # 反弹球画布高度
9   r = 15                                           # 反弹球半径
10  speed = 0.01                                     # 反弹球移动速度
11  x = 50                                           # 反弹球的最初 x 位置
12  y = 50                                           # 反弹球的最初 y 位置
13  random_step = [3, 4, 5, 6, 7]                    # x 步串行
14  shuffle(random_step)                             # 随机产生 x 步伐串行
15  x_step = random_step[0]                          # 反弹球移动 x 步
16  y_step = 5                                       # 反弹球移动 y 步
17
18  while cv2.waitKey(1) == -1:
19      if x > width - r or x < r:                   # 反弹球超出画布右边界或是左边界
20          x_step = -x_step
21      if y > height - r or y < r:                  # 反弹球超出画布下边界或是上边界
22          y_step = -y_step
23      x += x_step                                  # 新的反弹球 x 位置
24      y += y_step                                  # 新的反弹球 y 位置
25      img = np.ones((height, width, 3), np.uint8) * 255
26      cv2.circle(img,(x,y),r,(255,0,0),-1)         # 绘制反弹球
27      cv2.imshow("Bouncing Ball",img)
28      time.sleep(speed)                            # 依speed设定休息
29
30  cv2.destroyAllWindows()                          # 删除所有窗口
```

执行结果 读者可以参考 ch7_19.py 的执行结果。

7-10 鼠标事件

7-10-1 OnMouseAction( ) 函数

用户在画布上操作鼠标时，例如，单击、右击等，可以使用 OnMouseAction( ) 函数建立鼠标事

件处理方法，语法如下：

```
OnMouseAction(event, x, y, flags, param):
```

上述 OnMouseAction 是响应鼠标事件的函数名称，也可以自定义名称，其他各参数意义如下：

❑ event：鼠标事件名称，可以参考下表所列事件。

具名常数	值	说明
EVENT_MOUSEMOVE	0	移动鼠标
EVENT_LBUTTONDOWN	1	单击
EVENT_RBUTTONDOWN	2	右击
EVENT_MBUTTONDOWN	3	单击鼠标中间键
EVENT_LBUTTONUP	4	放开鼠标左键
EVENT_RBUTTONUP	5	放开鼠标右键
EVENT_MBUTTONUP	6	放开鼠标中间键
EVENT_LBUTTONDBCLK	7	双击
EVENT_RBUTTONDBCLK	8	双击鼠标右键
EVENT_MBUTTONDBCLK	9	双击鼠标中间键

❑ x, y：鼠标事件发生时，鼠标所在 x 轴、y 轴坐标。

❑ flags：代表鼠标拖曳事件，或是键盘与鼠标综合事件，可以参考下表所列事件。

具名常数	值	说明
EVENT_FLAG_LBUTTON	1	按住左键拖曳
EVENT_FLAG_RBUTTON	2	按住右键拖曳
EVENT_FLAG_MBUTTON	4	按住中间键拖曳
EVENT_FLAG_CTRLKEY	8～15	按住 Ctrl 键不放
EVENT_FLAG_SHIFTKEY	16～31	按住 Shift 键不放
EVENT_FLAG_ALTKEY	32～39	按住 Alt 键不放

❑ param：标记函数 ID。

程序实例 ch7_21.py：列出所有 OpenCV 的鼠标事件。

```
1  # ch7_21.py
2  import cv2
3
4  events = [i for i in dir(cv2) if "EVENT" in i]
5  for e in events:
6      print(e)
```

执行结果

```
==================== RESTART: D:/OpenCV_Python/ch7/ch7_21.py ====================
EVENT_FLAG_ALTKEY
EVENT_FLAG_CTRLKEY
EVENT_FLAG_LBUTTON
EVENT_FLAG_MBUTTON
EVENT_FLAG_RBUTTON
EVENT_FLAG_SHIFTKEY
EVENT_LBUTTONDBLCLK
EVENT_LBUTTONDOWN
EVENT_LBUTTONUP
EVENT_MBUTTONDBLCLK
EVENT_MBUTTONDOWN
EVENT_MBUTTONUP
EVENT_MOUSEHWHEEL
EVENT_MOUSEMOVE
EVENT_MOUSEWHEEL
EVENT_RBUTTONDBLCLK
EVENT_RBUTTONDOWN
EVENT_RBUTTONUP
```

7-10-2　setMouseCallback( ) 函数

7-10-1 节讲解了 OpenCV 各类事件，在 OpenCV 中还可能使用 setMouseCallback( ) 函数，将特定窗口与事件进行绑定，语法如下：

```
cv2.setMouseCallback("image", OnMouseAction)
```

上述"image"是窗口名称，OnMouseAction( ) 则是 7-10-1 节的概念，相当于将 image 窗口与 OnMouseAction( ) 函数绑定。

程序实例 ch7_22.py：在 Python Shell 窗口显示所发生的鼠标事件名称和鼠标所在坐标。

```
1  # ch7_22.py
2  import cv2
3  import numpy as np
4  def OnMouseAction(event, x, y, flags, param):
5      if event == cv2.EVENT_LBUTTONDOWN:              # 单击
6          print(f"在x={x}, y={y}, 单击")
7      elif event == cv2.EVENT_RBUTTONDOWN:            # 右击
8          print(f"在x={x}, y={y}, 右击_")
9      elif event == cv2.EVENT_MBUTTONDOWN:            # 单击鼠标中间键
10         print(f"在x={x}, y={y}, 单击鼠标中间键")
11     elif flags == cv2.EVENT_FLAG_LBUTTON:           # 按住鼠标左键拖曳
12         print(f"在x={x}, y={y}, 按住鼠标左键拖曳")
13     elif flags == cv2.EVENT_FLAG_RBUTTON:           # 按住鼠标右键拖曳
14         print(f"在x={x}, y={y}, 按住鼠标右键拖曳")
15
16 image = np.ones((200,300,3),np.uint8) * 255
17 cv2.namedWindow("OpenCV Mouse Event")
18 cv2.setMouseCallback("OpenCV Mouse Event",OnMouseAction)
19 cv2.imshow("OpenCV Mouse Event",image)
20
21 cv2.waitKey(0)
22 cv2.destroyAllWindows()                             # 删除所有窗口
```

```
================= RESTART: D:\OpenCV_Python\ch7\ch7_22.py =================
在x=97, y=61, 单击
在x=205, y=104, 右击
在x=91, y=128, 单击
在x=92, y=128, 按住鼠标左键拖曳
```

7-10-3 建立随机圆

程序实例 ch7_23.py：单击可以在鼠标光标位置建立实心圆，圆半径在 10 ~ 50 随机产生，色彩也随机产生。右击可以建立线条宽度为 3 的随机空心圆。在英文输入模式下，按 Q 键可以结束程序。

```
1   # ch7_23.py
2   import cv2
3   import numpy as np
4
5   def OnMouseAction(event, x, y, flags, param):
6       # color可以产生随机色彩
7       color = np.random.randint(0,high = 256,size=3).tolist()
8       r = np.random.randint(10, 50)                    # 随机产生半径为10~50的圆
9       if event == cv2.EVENT_LBUTTONDOWN:               # 单击
10          cv2.circle(image,(x,y),r,color,-1)           # 随机的实心圆
11      elif event == cv2.EVENT_RBUTTONDOWN:             # 右击
12          cv2.circle(image,(x,y),r,color,3)            # 随机的空心圆
13
14  height = 400                                         # 窗口高度
15  width = 600                                          # 窗口宽度
16  image = np.ones((height,width,3),np.uint8) * 255
17  cv2.namedWindow("Draw Circle")
18  cv2.setMouseCallback("Draw Circle",OnMouseAction)
19  while 1:
20      cv2.imshow("Draw Circle",image)
21      key = cv2.waitKey(100)                           # 0.1秒检查一次
22      if key == ord('Q') or key == ord('q'):           # 按Q键则结束
23          break
24
25  cv2.destroyAllWindows()                              # 删除所有窗口
```

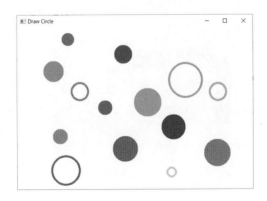

7-10-4　鼠标与键盘的混合应用

程序实例 ch7_24.py：如果按住键盘 S 键，再单击可以建立实心圆；如果没有按键盘 S 键，可以产生空心圆。如果按住键盘 S 键，再右击可以建立实心矩形；如果没有按键盘 S 键，可以产生空心矩形。在英文输入模式下，按 Q 键可以结束程序。

```python
1   # ch7_24.py
2   import cv2
3   import numpy as np
4
5   def OnMouseAction(event, x, y, flags, param):
6       # color可以产生随机色彩
7       color = np.random.randint(0,high = 256,size=3).tolist()
8       if event == cv2.EVENT_LBUTTONDOWN:          # 单击
9           r = np.random.randint(10, 50)           # 随机产生半径为10~50的圆
10          if key == ord('s'):
11              cv2.circle(image,(x,y),r,color,-1)  # 随机的实心圆
12          else:
13              cv2.circle(image,(x,y),r,color,3)   # 随机的线宽是 3 的圆
14      elif event == cv2.EVENT_RBUTTONDOWN:         # 右击
15          px = np.random.randint(10,100)
16          py = np.random.randint(10,100)
17          if key == ord('s'):
18              cv2.rectangle(image,(x,y),(px,py),color,-1)   # 实心矩形
19          else:
20              cv2.rectangle(image,(x,y),(px,py),color,3)    # 空心矩形
21
22  height = 400                                    # 窗口高度
23  width = 600                                     # 窗口宽度
24  image = np.ones((height,width,3),np.uint8) * 255
25  cv2.namedWindow("MyDraw")
26  cv2.setMouseCallback("MyDraw",OnMouseAction)
27  while 1:
28      cv2.imshow("MyDraw",image)
29      key = cv2.waitKey(100)                      # 0.1秒检查一次
30      if key == ord('Q') or key == ord('q'):      # 按Q键则结束
31          break
32
33  cv2.destroyAllWindows()                         # 删除所有窗口
```

执行结果

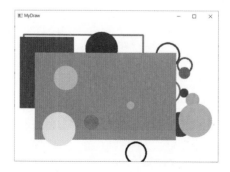

7-11　滚动条的设计

OpenCV 的 createTrackbar( ) 函数可以建立特定值区间的滚动条，可以利用滚动条执行一些操作，这一节将讲解使用滚动条设定窗口背景颜色，语法如下：

```
cv2.createTrackbar(trackbarname, winname, value, count, onChange)
```

上述各参数意义如下：

❏ trackbarname：滚动条的名称。

❏ winname：窗口名称。

❏ value：滚动条的初值。

❏ count：滚动条的最大值。

❏ onChange：回调函数，将滚动条所要执行的操作写在此处。

程序执行过程中用户可以操作滚动条，OpenCV 提供了 getTrackbarPos( ) 函数，可以使用它获得滚动条的目前值，语法如下：

```
code = getTrackbarPos(trackername, winname)
```

上述 code 是所读取滚动条的返回值，参数意义如下：

❏ trackername：滚动条名称。

❏ winname：窗口名称。

程序实例 ch7_25.py：使用 3 个滚动条设计图像背景颜色，可以按 Esc 键结束程序。

```
1   # ch7_25.py
2   import cv2
3   import numpy as np
4
5   def onChange(x):
6       b = cv2.getTrackbarPos("B",'canvas')      # 建立B通道颜色
7       g = cv2.getTrackbarPos("G",'canvas')      # 建立G通道颜色
8       r = cv2.getTrackbarPos("R",'canvas')      # 建立R通道颜色
9       canvas[:] = [b,g,r]                        # 设定背景色
10
11  canvas = np.ones((200,640,3),np.uint8) * 255   # 宽640,高200
12  cv2.namedWindow("canvas")
13  cv2.createTrackbar("B","canvas",0,255,onChange) # 蓝色通道控制
14  cv2.createTrackbar("G","canvas",0,255,onChange) # 绿色通道控制
15  cv2.createTrackbar("R","canvas",0,255,onChange) # 红色通道控制
16  while 1:
17      cv2.imshow("canvas",canvas)
18      key = cv2.waitKey(100)                     # 0.1秒检查一次
19      if key == 27:                              # 按Esc键结束
20          break
21
22  cv2.destroyAllWindows()                        # 删除所有窗口
```

执行结果

7-12 滚动条当作开关的应用

程序实例 ch7_26.py：将滚动条当作开关的应用，默认开关是 0，这时单击可以绘制空心圆。单击滚动条轨迹可以将开关设为 1，这时单击可以绘制实心圆。按 Q 键则程序结束。

```python
1  # ch7_26.py
2  import cv2
3  import numpy as np
4
5  def onChange(x):
6      pass
7
8  def OnMouseAction(event, x, y, flags, param):
9      # color可以产生随机色彩
10     color = np.random.randint(0,high = 256,size=3).tolist()
11     r = np.random.randint(10, 50)                # 随机产生半径为10~50的圆
12     if event == cv2.EVENT_LBUTTONDOWN:           # 单击
13         cv2.circle(image,(x,y),r,color,thickness)    # 随机的圆
14
15 thickness = -1                                   # 预设宽度是 0
16 height = 400                                     # 窗口高度
17 width = 600                                      # 窗口宽度
18 image = np.ones((height,width,3),np.uint8) * 255
19 cv2.namedWindow("Draw Circle")
20 cv2.setMouseCallback("Draw Circle",OnMouseAction)
21 cv2.createTrackbar('Thickness','Draw Circle',0,1,onChange)
22 while 1:
23     cv2.imshow("Draw Circle",image)
24     key = cv2.waitKey(100)                       # 0.1秒检查一次
25     num = cv2.getTrackbarPos('Thickness','Draw Circle')
26     if num == 0:
27         thickness = -1                           # 实心设定
28     else:
29         thickness = 3                            # 宽度是 3
30     if key == ord('Q') or key == ord('q'):       # 按Q键则结束
31         break
32 cv2.destroyAllWindows()                          # 删除所有窗口
```

执行结果

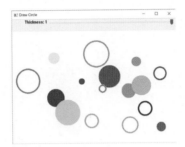

习题

1. 修订 ch7_4.py，将所绘制的矩形置于中央。

2. 修订 ch7_12.py，在 width=600，height=480 的白色画布中，绘制 20 个不同线条宽度的椭圆，其中色彩与偏移角度随机产生，线条宽度也在 0 ~ 5 随机产生。

3. 修订 ch7_23.py，产生矩形，宽度与高度随机产生。

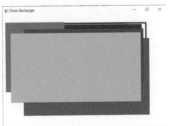

第 8 章

图像计算迈向图像创作

图像处理的方法有许多，最基础的就是图像加法运算，本章将从图像加法运算说起，逐步介绍图像拆分、组合、加密等方法。

8-1 图像加法运算

图像的加法运算有以下 2 种：

(1) 使用 add( ) 函数。

(2) 使用数学加法符号 (+)。

8-1-1　使用 add( ) 函数执行图像加法运算

OpenCV 内有图像加法运算函数 add( )，此函数语法如下：

```
res = cv2.add(src1, src2, dst=None,mask=None, dtype=None)
```

上述 res 是返回值，也就是加法运算后的目标图像，其他参数说明如下：

❑ src1：第 1 幅图像。

❑ src2：第 2 幅图像。

❑ mask：图像掩膜，将在 8-2 节做说明。

❑ dtype：图像的数据类型。

在图像加法运算中，2 幅图像必须要相同大小才可以相加。图像加法运算就是图像的像素值相加，假设 src1 的像素值是 a，src2 的像素值是 b，相加结果是 c，使用 add( ) 函数执行图像相加时，基本公式如下：

```
c = a + b        # 如果a + b <= 255
c = 255          # 如果a + b > 255
```

也就是如果相加的结果小于或等于 255，则像素值就是相加结果。如果相加结果大于 255，相加结果就是 255。下图是基本概念说明。

120	80	45		38	90	77		158	170	122
79	101	78	+	101	101	150	=	180	202	228
251	99	66		98	100	122		255	199	188

当使用 add( ) 函数进行图像相加后，最大的特色是图像会变得更亮。

程序实例 ch8_1.py：使用 add( ) 函数执行图像像素值相加的应用。

```
1  # ch8_1.py
2  import cv2
3  import numpy as np
4
5  src1 = np.random.randint(0,256,size=[3,3],dtype=np.uint8)
6  src2 = np.random.randint(0,256,size=[3,3],dtype=np.uint8)
7  res = cv2.add(src1,src2)
8  print(f"src1 = \n {src1}")
9  print(f"src2 = \n {src2}")
10 print(f"dst = \n {src1+src2}")
```

执行结果

```
=================== RESTART: D:/OpenCV_Python/ch8/ch8_1.py ===================
src1 =
[[ 96 227  15]
 [216 209  21]
 [151  53 229]]
src2 =
[[126 114   9]
 [156  66   4]
 [101 217   2]]
dst =
[[222  85  24]
 [116  19  25]
 [252  14 231]]
```

程序实例 ch8_2.py：处理灰度图像，使用 add( ) 函数相加，了解结果。

```
1   # ch8_2.py
2   import cv2
3   import numpy as np
4
5   img = cv2.imread("jk.jpg", cv2.IMREAD_GRAYSCALE)    # 灰度读取
6   res = cv2.add(img, img)
7   cv2.imshow("MyPicture1", img)                       # 显示图像img
8   cv2.imshow("MyPicture2", res)                       # 显示图像res
9
10  cv2.waitKey(0)                                      # 等待
11  cv2.destroyAllWindows()                            # 删除所有窗口
```

执行结果   下图左边是原图，右边是相加的结果。

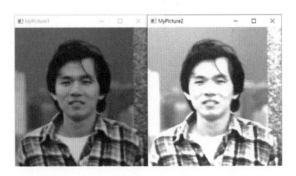

程序实例 ch8_3.py：重新设计 ch8_2.py，但是使用彩色图像。

```
1   # ch8_3.py
2   import cv2
3   import numpy as np
4
5   img = cv2.imread("jk.jpg")                 # 彩色读取
6   res = cv2.add(img, img)                     # 调整亮度结果
7   cv2.imshow("MyPicture1", img)              # 显示图像img
8   cv2.imshow("MyPicture2", res)             # 显示图像res
9
10  cv2.waitKey(0)                             # 等待
11  cv2.destroyAllWindows()                   # 删除所有窗口
```

执行结果

上述是将相同的图像相加所得到的结果，也可以将图像加上一个相同大小的数值数组，这时可以更精致地设计图像。

程序实例 ch8_3_1.py：更精致调整图像亮度的应用，这个程序会建立一个与图像相同大小的数组，数组值 value 皆是 20，然后使用 add( ) 函数相加，可以得到图像变亮的效果。

```
1  # ch8_3_1.py
2  import cv2
3  import numpy as np
4
5  value = 20                                    # 亮度调整值
6  img = cv2.imread("jk.jpg")                    # 彩色读取
7  coff = np.ones(img.shape,dtype=np.uint8) * value
8
9  res = cv2.add(img, coff)                      # 调整亮度结果
10 cv2.imshow("MyPicture1", img)                 # 显示图像img
11 cv2.imshow("MyPicture2", res)                 # 显示图像res
12
13 cv2.waitKey(0)                                # 等待
14 cv2.destroyAllWindows()                       # 删除所有窗口
```

执行结果

读者可以将上述执行结果与 ch8_3.py 的执行结果做比较，然后更改 value 值，得到图像变亮的更多体会。

8-1-2　使用数学加法符号 (+) 执行图像加法运算

图像加法运算就是图像的像素值相加，假设 src1 的像素值是 a，src2 的像素值是 b，相加结果是 c，使用加号 (+) 执行图像相加时，基本公式如下：

```
c = a + b                    # 如果a + b <= 255
c = mod((a + b), 256)        # 如果a + b > 255，相当于取256的余数
```

也就是说，如果相加的结果小于或等于 255，则像素值就是相加结果。如果相加结果大于 255，相加结果就是取 256 的余数。下图是基本概念说明。

120	80	45		38	90	77		158	170	122
79	101	78	+	101	101	150	=	180	202	228
251	99	66		98	100	122		93	199	188

上述 $251 + 98 = 349$，取 256 的余数后结果是 93。

程序实例 ch8_4.py：使用加法符号重新设计 ch8_1.py。

```
1  # ch8_4.py
2  import cv2
3  import numpy as np
4
5  src1 = np.random.randint(0,256,size=[3,3],dtype=np.uint8)
6  src2 = np.random.randint(0,256,size=[3,3],dtype=np.uint8)
7  res = src1 + src2
8  print(f"src1 = \n {src1}")
9  print(f"src2 = \n {src2}")
10 print(f"dst = \n {src1+src2}")
```

执行结果

```
=================== RESTART: D:/OpenCV_Python/ch8/ch8_4.py ===================
src1 =
 [[192  36 155]
 [ 29 153  28]
 [  5  59  75]]
src2 =
 [[ 22   0 143]
 [136 196 238]
 [208 242   1]]
dst =
 [[214  36  42]
 [165  93  10]
 [213  45  76]]
```

程序实例 ch8_5.py：扩充 ch8_2.py，增加加法符号运算，并观察执行结果。

```
1  # ch8_5.py
2  import cv2
3  import numpy as np
4
5  img = cv2.imread("jk.jpg", cv2.IMREAD_GRAYSCALE)    # 灰度读取
6  res1 = cv2.add(img, img)
```

```
7   res2 = img + img
8   cv2.imshow("MyPicture1", img)                    # 显示图像img
9   cv2.imshow("MyPicture2", res1)                   # 显示图像res1
10  cv2.imshow("MyPicture3", res2)                   # 显示图像res2
11
12  cv2.waitKey(0)                                    # 等待
13  cv2.destroyAllWindows()                           # 删除所有窗口
```

执行结果　下图右边就是使用加法符号使图像相加的结果。

从上图可以发现，原始图像比较亮的部分，经过了数学加法运算后，已经超过 255，经过取 256 的余数后，像素值变小，反而图像变黑了。

程序实例 ch8_6.py：使用彩色图像重新设计 ch8_5.py，主要是修改第 5 行。

```
1   # ch8_6.py
2   import cv2
3   import numpy as np
4
5   img = cv2.imread("jk.jpg")                        # 彩色读取
6   res1 = cv2.add(img, img)
7   res2 = img + img
8   cv2.imshow("MyPicture1", img)                    # 显示图像img
9   cv2.imshow("MyPicture2", res1)                   # 显示图像res1
10  cv2.imshow("MyPicture3", res2)                   # 显示图像res2
11
12  cv2.waitKey(0)                                    # 等待
13  cv2.destroyAllWindows()                           # 删除所有窗口
```

执行结果

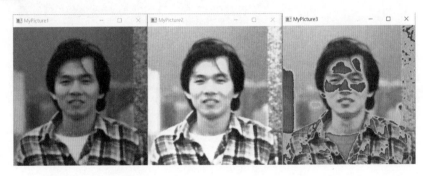

从上图可以发现，彩色图像比较亮的部分，经过了数学加法运算后，已经超过 255，经过取 256 的余数后，部分 BGR 颜色通道的像素值变小，部分 BGR 颜色通道的像素值变大，图像会变成蓝色 (Blue)、绿色 (Green) 和红色 (Red) 的颜色组合。

8-1-3 加总 B、G、R 原色的实例

程序实例 ch8_7.py：建立 B、G、R 通道的原色 (值是 255)，观察使用 add( ) 函数加总的结果。

```
1   # ch8_7.py
2   import cv2
3   import numpy as np
4
5   b = np.zeros((200,250,3),np.uint8)          # b图像
6   g = np.zeros((200,250,3),np.uint8)          # g图像
7   r = np.zeros((200,250,3),np.uint8)          # r图像
8   b[:,:,0] = 255                              # 设定蓝色
9   g[:,:,1] = 255                              # 设定绿色
10  r[:,:,2] = 255                              # 设定红色
11  cv2.imshow("B channel", b)                  # 显示图像b
12  cv2.imshow("G channel", g)                  # 显示图像g
13  cv2.imshow("R channel", r)                  # 显示图像r
14
15  img1 = cv2.add(b,g)                         # b + g图像
16  cv2.imshow("B + G",img1)
17  img2 = cv2.add(g,r)                         # g + r图像
18  cv2.imshow("G + R",img2)
19  img3 = cv2.add(img1,r)                      # b + g + r图像
20  cv2.imshow("B + G + R",img3)
21
22  cv2.waitKey(0)                              # 等待
23  cv2.destroyAllWindows()                     # 删除所有窗口
```

执行结果

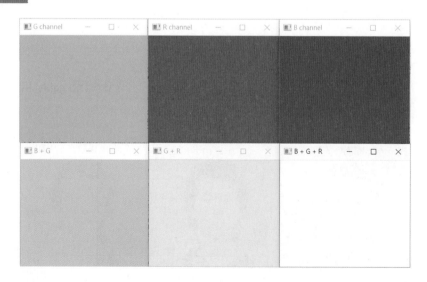

8-2 掩膜

OpenCV 的 add( ) 函数有 mask 参数，mask 可以翻译为掩膜。当掩膜的值是 0 时图像区域是黑色，掩膜的值是 255 时图像区域是白色。6-5-1 节已经讲过感兴趣的区域 (Region of Interest，ROI)，掩膜的白色区域也常被应用在感兴趣的区域，然后针对此区域做更进一步的处理。

注：有的程序设计师也会将感兴趣的区域使用掩膜值 1 代替 255。

程序实例 ch8_8.py：建立 mask 的图像数组，并观察执行结果。

```python
1  # ch8_8.py
2  import cv2
3  import numpy as np
4
5  img1 = np.ones((4,5),dtype=np.uint8) * 8
6  img2 = np.ones((4,5),dtype=np.uint8) * 9
7  mask = np.zeros((4,5),dtype=np.uint8)
8  mask[1:3,1:4] = 255
9  dst = np.random.randint(0,256,(4,5),np.uint8)
10 print("img1 = \n",img1)
11 print("img2 = \n",img2)
12 print("mask = \n",mask)
13 print("最初值 dst =\n",dst)
14 dst = cv2.add(img1,img2,mask=mask)
15 print("结果值 dst =\n",dst)
```

执行结果

```
==================== RESTART: D:\OpenCV_Python\ch8\ch8_8.py ====================
img1 =
 [[8 8 8 8 8]
 [8 8 8 8 8]
 [8 8 8 8 8]
 [8 8 8 8 8]]
img2 =
 [[9 9 9 9 9]
 [9 9 9 9 9]
 [9 9 9 9 9]
 [9 9 9 9 9]]
mask =
 [[  0   0   0   0   0]
 [  0 255 255 255   0]        ──── ROI，整个数组就是mask
 [  0 255 255 255   0]
 [  0   0   0   0   0]]
最初值 dst =
 [[ 67  14  44  94  80]
 [ 28 183  60  13 107]        ──── 图像初值
 [ 14  91 216 168 156]
 [ 31  77  36  33  86]]
结果值 dst =
 [[ 0  0  0  0  0]
 [ 0 17 17 17  0]             ──── 含mask加法后的图像值
 [ 0 17 17 17  0]
 [ 0  0  0  0  0]]
```

程序实例 ch8_8_1.py：不含 mask 的图像加法与含 mask 的图像加法处理。

```
1   # ch8_8_1.py
2   import cv2
3   import numpy as np
4
5   img1 = np.zeros((200,300,3),np.uint8)        # 建立img1图像
6   img1[:,:,1] = 255
7   cv2.imshow("img1", img1)                     # 显示图像img1
8   img2 = np.zeros((200,300,3),np.uint8)        # 建立img2图像
9   img2[:,:,2] = 255
10  cv2.imshow("img2", img2)                     # 显示图像img2
11  m = np.zeros((200,300,1),np.uint8)           # 建立mask(m)图像
12  m[50:150,100:200,:] = 255                    # 建立 ROI
13  cv2.imshow("mask", m)                        # 显示图像m
14
15  img3 = cv2.add(img1,img2)                    # 不含mask的图像相加
16  cv2.imshow("img1 + img2",img3)
17  img4 = cv2.add(img1,img2,mask=m)             # 含mask的图像相加
18  cv2.imshow("img1 + img2 + mask",img4)
19
20  cv2.waitKey(0)
21  cv2.destroyAllWindows()                      # 删除所有窗口
```

执行结果

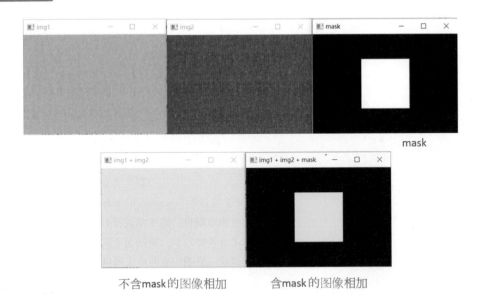

mask

不含mask的图像相加　　　含mask的图像相加

上图第二排左边是不含 mask 的图像相加的结果，右边是含 mask 的图像相加的结果。

8-3 重复曝光技术

所谓重复曝光技术是指一张照片有多幅图像，OpenCV 利用加权和的方式处理这类的应用。

8-3-1　图像的加权和概念

8-2 节介绍了图像相加的概念，可以更进一步扩充此概念，让图像在执行相加时，各带有权重。图像加权和的基础概念公式如下：

```
dst = saturate(src1×alpha + src2×beta + gamma)
```

上述 saturate( ) 表示最大饱和值，公式内 src1 和 src2 必须是大小相同的图像，alpha 是 src1 的权重，beta 是 src2 的权重，gamma 则是图像校正值。

8-3-2　OpenCV 的图像加权和方法

所谓的图像加权和可以想象成将两幅图像融合，OpenCV 加权和的方法是 addWeighted( )，语法如下：

```
dst = addWeighted(src1, alpha, src2, beta, gamma)
```

上述返回值 dst 就是图像加权和的结果图像或目标图像，上述各参数意义如下：

❏ src1：图像 1。

❏ alpha：图像 1 的权重，相当于调整 src1 图像的明暗度。

❏ src2：图像 2。

❏ beta：图像 2 的权重，相当于调整 src2 图像的明暗度。

❏ gamma：图像校正值，如果不需要修正则可以设为 0。

程序实例 ch8_9.py：建立图像像素值，然后使用加权和，同时观察执行结果。

```python
1  # ch8_9.py
2  import cv2
3  import numpy as np
4
5  src1 = np.ones((2,3),dtype=np.uint8) * 10          # 图像 src1
6  src2 = np.ones((2,3),dtype=np.uint8) * 50          # 图像 src2
7  alpha = 1
8  beta = 0.5
9  gamma = 5
10 print(f"src1 = \n {src1}")
11 print(f"src2 = \n {src2}")
12 dst = cv2.addWeighted(src1,alpha,src2,beta,gamma)   # 加权和
13
14 print(f"dst = \n {dst}")
```

执行结果

```
=============== RESTART: D:/OpenCV_Python/ch8/ch8_9.py ===============
src1 =
 [[10 10 10]
 [10 10 10]]
src2 =
 [[50 50 50]
 [50 50 50]]
dst =
 [[40 40 40]
 [40 40 40]]
```

程序实例 ch8_10.py：图像加权和的应用。

```
1   # ch8_10.py
2   import cv2
3   import numpy as np
4
5   src1 = cv2.imread("lake.jpg")                         # 图像 src1
6   cv2.imshow("lake",src1)
7   src2 = cv2.imread("geneva.jpg")                       # 图像 src2
8   cv2.imshow("geneva.jpg",src2)
9   alpha = 1
10  beta = 0.2
11  gamma = 1
12  dst = cv2.addWeighted(src1,alpha,src2,beta,gamma)     # 加权和
13  cv2.imshow("lake+geneva",dst)                         # 显示结果
14
15  cv2.waitKey()
16  cv2.destroyAllWindows()
```

执行结果　下图第一行为读取的原图像，第二行为加权和的结果。

8-4 图像的位运算

前面叙述的图像，像素值是 0 ~ 255，是以十进制为单位进行讲解的，其实也可以使用二进制为单位进行讲解，这时每个像素值是 00000000 ~ 11111111。OpenCV 图像的位运算有下列 4 个函数。

cv2.bitwise_and( )：相当于逻辑的 and 运算。

cv2.bitwise_or( )：相当于逻辑的 or 运算。

cv2.bitwise_not( )：相当于逻辑的 not 运算。

cv2.bitwise_xor( )：相当于逻辑的 xor 运算。

以下将进行详细说明。

8-4-1　逻辑的 and 运算

逻辑的 and 运算基本规则如下图所示。

and	1	0
1	1	0
0	0	0

逻辑的 and 运算相当于在二进制运算中，两位都是 1 进行 and 运算才会返回 1，否则返回 0。可以参考下列实例。

	10010011
	11100110
and	10000010

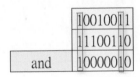

OpenCV 中 and 运算的函数如下：

```
dst = cv2.bitwise_and(src1, src2, mask=None)
```

上述 dst 是返回的图像或目标图像对象，其他参数意义如下：

- ❑ src1：要做 and 运算的图像 1。
- ❑ src2：要做 and 运算的图像 2。
- ❑ mask：掩膜。

在做 and 运算时，会有下列 2 个特色：

(1) 任一像素值与白色像素值 (11111111) 执行 and 运算时，结果是原像素值，可以参考下方左图。

	10010011
白色像素值	11111111
and	10010011

	10010011
黑色像素值	00000000
and	00000000

(2) 任一像素值与黑色像素值 (00000000) 执行 and 运算时，结果是黑色像素值，可以参考上方右图。

了解上述特性后，仿照 8-1-4 节可以设计图像掩膜的应用。

程序实例 ch8_11.py：使用简单的数组，彻底了解逻辑的 and 运算规则。

```
1   # ch8_11.py
2   import cv2
3   import numpy as np
4
5   src1 = np.random.randint(0,255,(3,5),dtype=np.uint8)
6   src2 = np.zeros((3,5),dtype=np.uint8)
7   src2[0:2,0:2] = 255
8   dst = cv2.bitwise_and(src1,src2)
9   print(f"src1 = \n {src1}")
10  print(f"src2 = \n {src2}")
11  print(f"dst = \n {dst}")
```

执行结果

```
==================== RESTART: D:/OpenCV_Python/ch8/ch8_11.py ====================
src1 =
[[144 120 173 190 196]
 [234  76  95 181 200]
 [125  64 175 141 225]]
src2 =
[[255 255   0   0   0]
 [255 255   0   0   0]
 [  0   0   0   0   0]]
dst =
[[144 120   0   0   0]
 [234  76   0   0   0]
 [  0   0   0   0   0]]
```

在实例中，读取图像后得到的 shape 属性会返回图像的 height 与 width，所以使用 np.zeros( ) 函数建立大小相同的数组时，第一个参数可以使用此特性。例如，如果读取 src1 图像，可以使用下列方式建立相同大小的数组：

```
src2 = np.zeros(src1.shape,dtype=np.uint8)
```

细节可以参考实例 ch8_12.py 第 6 行。

程序实例 ch8_12.py：使用逻辑的 and 运算，设计图像掩膜，最后使用 and 运算的图像应用。在这个图像应用中，相当于保留图像掩膜设为 255 的部分。

```
1   # ch8_12.py
2   import cv2
3   import numpy as np
4
5   src1 = cv2.imread("jk.jpg",cv2.IMREAD_GRAYSCALE)      # 读取图像
6   src2 = np.zeros(src1.shape,dtype=np.uint8)            # 建立mask
7
8   src2[30:260,70:260]=255
9   dst = cv2.bitwise_and(src1,src2)                      # 执行and运算
10  cv2.imshow("Hung",src1)
11  cv2.imshow("Mask",src2)
12  cv2.imshow("Result",dst)
13
14  cv2.waitKey()
15  cv2.destroyAllWindows()                               # 删除所有窗口
```

执行结果 下方中间的图是 mask，下方右图是 and 运算的结果。

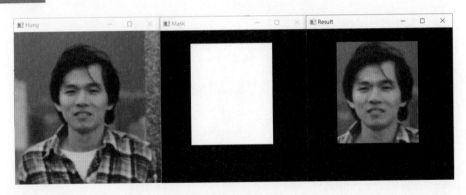

程序实例 ch8_13.py：使用读取彩色图像重新设计 ch8_12.py，读者须了解第 8 行三维数组设定 255 的方式。

```
1   # ch8_13.py
2   import cv2
3   import numpy as np
4
5   src1 = cv2.imread("jk.jpg")                    # 读取图像
6   src2 = np.zeros(src1.shape,dtype=np.uint8)     # 建立mask
7
8   src2[30:260,70:260,:]=255                      # 这是三维数组
9   dst = cv2.bitwise_and(src1,src2)               # 执行and运算
10  cv2.imshow("Hung",src1)
11  cv2.imshow("Mask",src2)
12  cv2.imshow("Result",dst)
13
14  cv2.waitKey()
15  cv2.destroyAllWindows()                        # 删除所有窗口
```

执行结果

8-4-2 逻辑的 or 运算

逻辑的 or 运算基本规则如下图所示。

or	1	0
1	1	1
0	1	0

逻辑的 or 运算相当于在二进制运算中，两位只要有一位是 1 则进行 or 运算后返回 1，否则返回 0。可以参考下列实例。

OpenCV 中 or 运算的函数如下：

```
dst = cv2.bitwise_or(src1, src2, mask=None)
```

上述 dst 是返回的图像或目标图像对象，其他参数意义如下：

❑ src1：要做 or 运算的图像 1。

❑ src2：要做 or 运算的图像 2。

❑ mask：掩膜。

在做 or 运算时，会有下列 2 个特色：

(1) 任一像素值与白色像素值 (11111111) 执行 or 运算时，结果是白色像素，可以参考下方左图。

	10010011
白色像素值	11111111
or	11111111

	10010011
黑色像素值	00000000
or	10010011

(2) 任一像素值与黑色像素值 (00000000) 执行 or 运算时，结果是原像素值，可以参考上方右图。

程序实例 ch8_14.py：使用简单的数组，彻底了解逻辑的 or 运算规则。

```
1   # ch8_14.py
2   import cv2
3   import numpy as np
4
5   src1 = np.random.randint(0,255,(3,5),dtype=np.uint8)
6   src2 = np.zeros((3,5),dtype=np.uint8)
7   src2[0:2,0:2] = 255
8   dst = cv2.bitwise_or(src1,src2)
9   print(f"src1 = \n {src1}")
10  print(f"src2 = \n {src2}")
11  print(f"dst = \n {dst}")
```

执行结果

```
=================== RESTART: D:/OpenCV_Python/ch8/ch8_14.py ===================
src1 =
 [[196 116 132 177 125]
 [ 57 179  29  81  16]
 [185 167  19 130  43]]
src2 =
 [[255 255   0   0   0]
 [255 255   0   0   0]
 [  0   0   0   0   0]]
dst =
 [[255 255 132 177 125]
 [255 255  29  81  16]
 [185 167  19 130  43]]
```

程序实例 ch8_15.py：使用 or 运算重新设计 ch8_13.py。

```
1  # ch8_15.py
2  import cv2
3  import numpy as np
4
5  src1 = cv2.imread("jk.jpg")                    # 读取图像
6  src2 = np.zeros(src1.shape,dtype=np.uint8)     # 建立mask
7
8  src2[30:260,70:260,:]=255                      # 这是三维数组
9  dst = cv2.bitwise_or(src1,src2)                # 执行or运算
10 cv2.imshow("Hung",src1)
11 cv2.imshow("Mask",src2)
12 cv2.imshow("Result",dst)
13
14 cv2.waitKey()
15 cv2.destroyAllWindows()                        # 删除所有窗口
```

执行结果

上述代码相当于将掩膜区外的图像保留。

8-4-3 逻辑的 not 运算

逻辑的 not 运算规则如下图所示，也就是 1 转为 0，0 转为 1。

not	1	0
	0	1

OpenCV 中 not 运算的函数如下：

```
dst = cv2.bitwise_not(src, mask=None)
```

上述 dst 是返回的图像或目标图像对象，src 则是要处理的图像。

程序实例 ch8_16.py：对图像对象执行位的 not 运算。

```
1  # ch8_16.py
2  import cv2
3  import numpy as np
4
5  src = cv2.imread("forest.jpg")          # 读取图像
6  dst = cv2.bitwise_not(src)              # 执行not运算
7  cv2.imshow("Forest",src)
8  cv2.imshow("Not Forest",dst)
9
10 cv2.waitKey()
11 cv2.destroyAllWindows()                 # 删除所有窗口
```

执行结果　　下方左图是原图像，右图是 not 运算的结果。

8-4-4　逻辑的 xor 运算

逻辑的 xor 运算基本规则如下图所示。

xor	1	0
1	0	1
0	1	0

逻辑的 xor 运算相当于二进制运算中，两位只要不相同则进行 xor 运算后返回 1，如果相同则返回 0。可以参考下列实例。

	10010011
	11100110
xor	01110101

OpenCV 中 xor 运算的函数如下：

```
dst = cv2.bitwise_xor(src1, src2, mask=None)
```

上述 dst 是返回的图像或目标图像对象，其他参数意义如下：

- ❑ src1：要做 xor 运算的图像 1。
- ❑ src2：要做 xor 运算的图像 2。
- ❑ mask：掩膜。

在做 xor 运算时，会有下列 2 个特色：

(1) 任一像素值与白色像素值 (11111111) 执行 xor 运算时，结果是 not 运算的结果，可以参考下方左图。

	10010011			10010011
白色像素值	11111111	黑色像素值		00000000
xor	01101100	xor		10010011

(2) 任一像素值与黑色像素值 (00000000) 执行 xor 运算时，结果是原像素值，可以参考上方右图。

程序实例 ch8_17.py：图像执行 xor 运算后的结果。

```
1   # ch8_17.py
2   import cv2
3   import numpy as np
4
5   src1 = cv2.imread("forest.jpg")              # 读取图像
6   src2 = np.zeros(src1.shape,np.uint8)
7
8   src2[:,120:360,:] = 255                      # 建立mask白色区域
9   dst = cv2.bitwise_xor(src1,src2)             # 执行xor运算
10  cv2.imshow("Forest",src1)                    # forest.jpg
11  cv2.imshow("Mask",src2)                      # mask
12  cv2.imshow("Forest xor operation",dst)       # 结果
13
14  cv2.waitKey()
15  cv2.destroyAllWindows()                      # 删除所有窗口
```

执行结果　下列左图是原始图像，右图是 xor 运算的结果。

下列是所设计的 src2，也就是掩膜。

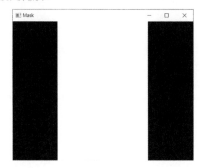

图像加密与解密

先回顾下列逻辑 xor 运算。

	10010011			10010011
白色像素值	11111111		黑色像素值	00000000
xor	01101100		xor	10010011

可以看出，假设原始图像的像素值是 A(假设是 src1)，掩膜是 B(假设是 src2)，执行 xor 运算后结果是 C(假设是 dst)，则存在下列关系：

```
C = A xor B        # 相当于 dst = src1 xor src2
A = B xor C        # 相当于 src1 = src2 xor dst
```

将掩膜图像 B 当作一个密钥图像，图像 A 与密钥图像执行 xor 运算后就可以为图像 A 加密，得到图像 C。如果要解密，可以让密钥图像与图像 C 执行 xor 运算，就可以得到图像 A。

程序实例 ch8_18.py：图像加密与解密。

```
1  # ch8_18.py
2  import cv2
3  import numpy as np
4
5  src = cv2.imread("forest.jpg")                        # 读取图像
6  key = np.random.randint(0,256,src.shape,np.uint8)     # 密钥图像
7  print(src.shape)
8  cv2.imshow("forest",src)                              # 原始图像
9  cv2.imshow("key",key)                                 # 密钥图像
10
11 img_encry = cv2.bitwise_xor(src,key)                  # 加密结果的图像
12 img_decry = cv2.bitwise_xor(key,img_encry)            # 解密结果的图像
13 cv2.imshow("encrytion",img_encry)                     # 加密结果图像
14 cv2.imshow("decrytion",img_decry)                     # 解密结果图像
15
16 cv2.waitKey()
17 cv2.destroyAllWindows()                               # 删除所有窗口
```

执行结果

原始图像　　　　　　　　　　　　　　密钥图像

下图是加密后与解密后的图像。

加密图像　　　　　　　　　　　　　　解密图像

习题

1. 使用风景图像 mazu.jpg，重新设计 ch8_6.py，体会 add( ) 函数与加法符号 (+) 的差异。下方第二行左图是 add( ) 函数结果，右图是加法符号结果。

2. 参考 ch8_13.py，读取 geneva.jpg 图像（下方左图），然后建立下方右图的 mask。

最后得到下图所示结果。

3. 参考 ch8_15.py，读取 geneva.jpg 图像（下方左图），然后建立下方右图的 mask。

最后得到下图所示结果。

第 9 章

阈值处理迈向数字情报

英文 threshold 可以解释为临界值，也可以解释为阈值，本书统一使用阈值。

在计算器中处理图像阈值是一个很重要的概念。设定一个阈值，然后将图像的像素值与阈值做比较，可以得到像素值是大于、等于或小于阈值，最后依此将像素值进行分类，实现颜色变深或变淡，让整个图像变得更鲜明。

OpenCV 内有 2 个阈值处理的相关函数 threshold( ) 和 adaptiveThreshold( )，这将是本章的重点。

9-1 threshold( ) 函数

OpenCV 中的 threshold( ) 函数一般用来对灰度图像做二值化的处理，例如，将大于阈值的像素值设为 255，其他设为 0。如果将此概念应用在彩色图像，可以得到特别的图像效果，下文也将用实例解说。

9-1-1 基础语法

OpenCV 中的 threshold( ) 函数语法如下：

```
ret, dst = threshold(src, thresh, maxval, type)
```

上述返回的 ret 是函数返回的阈值，dst 是阈值处理后的目标图像。其他参数意义如下：

- ❑ src：原始的图像，可以是灰度或彩色图像。
- ❑ thresh：阈值。
- ❑ maxval：需要设定像素的最大值。
- ❑ type：代表阈值函数处理的方法，可以参考下表。

具名常数	值	说明
THRESH_BINARY	0	图像值大于阈值取最大值，其他是 0
THRESH_BINARY_INV	1	图像值大于阈值取 0，其他取最大值
THRESH_TRUNC	2	图像值大于阈值取阈值，其他值不变
THRESH_TOZERO	3	图像值大于阈值则不变，其他取 0
THRESH_TOZERO_INV	4	图像值大于阈值取 0，其他值不变
THRESH_OTSU	8	使用算法自动计算阈值
THRESH_TRIANGLE	16	使用三角形算法自动计算阈值

由于每个图像的像素值是 0 ~ 255，如果要将图像二值化，建立阈值时可以取中间数，例如，用 127 或 128 当作阈值。但是在实际应用中，阈值可以随所需要的工作自行调整，甚至可以让前景与背景颜色类似的图像浮现。

9-1-2 二值化处理 THRESH_BINARY 与现代情报战

二值化处理方式如下：

```
if 像素值 > 阈值：
```

```
    像素值 = 最大值
    else:
    像素值 = 0
```

本节将讲解系列实例，让读者了解阈值的使用时机和可能效果。

程序实例 ch9_1.py：使用随机函数建立 3×5 的数组，然后将大于 127 的像素值设为 255，其他像素值设为 0，读者可以由此了解 threshold( ) 函数的用法。

```
1   # ch9_1.py
2   import cv2
3   import numpy as np
4
5   thresh = 127                          # 定义阈值
6   maxval = 255                          # 定义像素最大值
7   src = np.random.randint(0,256,size=[3,5],dtype=np.uint8)
8   ret, dst = cv2.threshold(src,thresh,maxval,cv2.THRESH_BINARY)
9   print(f"src =\n {src}")
10  print(f"threshold = {ret}")
11  print(f"dst =\n {dst}")
```

执行结果

```
================== RESTART: D:/OpenCV_Python/ch9/ch9_1.py ==================
src =
[[ 70 216 239  24  70]
 [230  22 216 244 214]
 [ 37 236  51  68  54]]
threshold = 127.0
dst =
[[  0 255 255   0   0]
 [255   0 255 255 255]
 [  0 255   0   0   0]]
```

从上述内容可以得到大于 127 的像素值将变为 255，其他像素值是 0。

程序实例 ch9_2.py：将图像用灰度读取，然后分别设定阈值为 127 和 80，了解可能的结果。

```
1   # ch9_2.py
2   import cv2
3
4   thresh = 127                          # 定义阈值
5   maxval = 255                          # 定义像素最大值
6   src = cv2.imread("jk.jpg",cv2.IMREAD_GRAYSCALE)
7   ret, dst = cv2.threshold(src,thresh,maxval,cv2.THRESH_BINARY)
8   cv2.imshow("Src",src)
9   cv2.imshow("Dst - 127",dst)           # threshold = 127
10  thresh = 80                           # 修订所定义的阈值
11  ret, dst = cv2.threshold(src,thresh,maxval,cv2.THRESH_BINARY)
12  cv2.imshow("Dst - 80",dst)            # threshold = 80
13
14  cv2.waitKey(0)
15  cv2.destroyAllWindows()
```

执行结果

threshold = 127   threshold = 80

程序实例 ch9_3.py：使用彩色读取，重新设计 ch9_2.py。

```
6  src = cv2.imread("jk.jpg")
```

执行结果

threshold = 127   threshold = 80

程序实例 ch9_4.py：在本书代码文件的 ch9 文件夹有一个文件 numbers.jpg，打开后如下图所示。现在读者可以看到这个图像有 5 个数字，其中的 "88" 难以看清。用先前的概念使用二值化处理，但是阈值分别设为 127 和 10，观察得到的结果。

```
1   # ch9_4.py
2   import cv2
3
4   src = cv2.imread("numbers.jpg")
5   thresh = 127                        # 阈值 = 127
6   maxval = 255                        # 二值化的极大值
7   ret, dst = cv2.threshold(src,thresh,maxval,cv2.THRESH_BINARY)
8   cv2.imshow("Src",src)
9   cv2.imshow("Dst - 127",dst)         # threshold = 127
10  thresh = 10                         # 更改阈值 = 10
11  ret, dst = cv2.threshold(src,thresh,maxval,cv2.THRESH_BINARY)
12  cv2.imshow("Dst - 10",dst)          # threshold = 10
13
14  cv2.waitKey(0)
15  cv2.destroyAllWindows()
```

执行结果

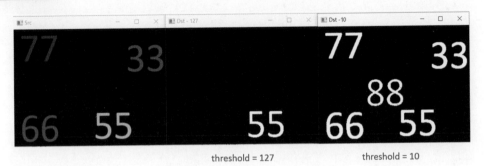

从上图我们可以得到，如果将阈值设为 127，只能看到 1 个数字。但是将阈值设为 10 时，能看清原始图像内有 5 个数字。上述应用非常广泛，例如，情报员可以将情报隐藏，表面上看不出关键数据，需要使用上述方法才可以让真正情报数据显示。

9-1-3　反二值化处理 THRESH_BINARY_INV

所谓反二值化阈值处理，是指如果图像的像素值大于阈值时取 0，其他则取最大值，语法如下：

```
if 像素值 > 阈值：
像素值 = 0
else:
像素值 = 最大值
```

程序实例 ch9_5.py：使用 THRESH_BINARY_INV，重新设计 ch9_1.py，读者可以观察执行结果。

```
1   # ch9_5.py
2   import cv2
3   import numpy as np
4
5   thresh = 127                          # 定义阈值
6   maxval = 255                          # 定义像素最大值
7   src = np.random.randint(0,256,size=[3,5],dtype=np.uint8)
8   ret, dst = cv2.threshold(src,thresh,maxval,cv2.THRESH_BINARY_INV)
9   print(f"src =\n {src}")
10  print(f"threshold = {ret}")
11  print(f"dst =\n {dst}")
```

执行结果

```
==================== RESTART: D:/OpenCV_Python/ch9/ch9_5.py ====================
src =
[[ 10  99 161  66  94]
 [203 106 221 162  99]
 [240 136 173 212  26]]
threshold = 127.0
dst =
[[255 255   0 255 255]
 [  0 255   0   0 255]
 [  0   0   0   0 255]]
```

程序实例 ch9_6.py：使用 THRESH_BINARY_INV，重新设计 ch9_2.py，读者可以观察执行结果。

```
1   # ch9_6.py
2   import cv2
3
4   thresh = 127                          # 定义阈值
5   maxval = 255                          # 定义像素最大值
6   src = cv2.imread("jk.jpg",cv2.IMREAD_GRAYSCALE)
7   ret, dst = cv2.threshold(src,thresh,maxval,cv2.THRESH_BINARY_INV)
8   cv2.imshow("Src",src)
9   cv2.imshow("Dst - 127",dst)           # threshold = 127
10  thresh = 80                           # 修订所定义的阈值
11  ret, dst = cv2.threshold(src,thresh,maxval,cv2.THRESH_BINARY_INV)
12  cv2.imshow("Dst - 80",dst)            # threshold = 80
13
14  cv2.waitKey(0)
15  cv2.destroyAllWindows()
```

执行结果

threshold = 127   threshold = 80

程序实例 ch9_7.py：使用彩色读取重新设计 ch9_6.py。

```
6  src = cv2.imread("jk.jpg")
```

执行结果

threshold = 127　　　　　threshold = 80

程序实例 ch9_8.py：使用 THRESH_BINARY_INV，重新设计 ch9_4.py，读者可以观察执行结果。

```
1   # ch9_8.py
2   import cv2
3
4   src = cv2.imread("numbers.jpg")
5   thresh = 127                              # 阈值 = 127
6   maxval = 255                             # 二值化的极大值
7   ret, dst = cv2.threshold(src,thresh,maxval,cv2.THRESH_BINARY_INV)
8   cv2.imshow("Src",src)
9   cv2.imshow("Dst - 127",dst)             # threshold = 127
10  thresh = 10                             # 更改阈值 = 10
11  ret, dst = cv2.threshold(src,thresh,maxval,cv2.THRESH_BINARY_INV)
12  cv2.imshow("Dst - 10",dst)             # threshold = 10
13
14  cv2.waitKey(0)
15  cv2.destroyAllWindows()
```

执行结果

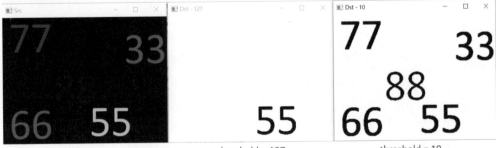

threshold = 127　　　　　threshold = 10

9-1-4 截断阈值处理 THRESH_TRUNC

如果图像的像素值大于阈值，像素值取阈值，其他像素值不变，语法如下：

```
if 像素值 > 阈值：
像素值 = 阈值
else:
像素值 = 像素值                        # 相当于不变
```

程序实例 ch9_9.py：使用 THRESH_TRUNC，重新设计 ch9_1.py，读者可以观察执行结果。

```
1  # ch9_9.py
2  import cv2
3  import numpy as np
4
5  thresh = 127                         # 定义阈值
6  maxval = 255                         # 定义像素最大值
7  src = np.random.randint(0,256,size=[3,5],dtype=np.uint8)
8  ret, dst = cv2.threshold(src,thresh,maxval,cv2.THRESH_TRUNC)
9  print(f"src =\n {src}")
10 print(f"threshold = {ret}")
11 print(f"dst =\n {dst}")
```

执行结果

```
==================== RESTART: D:/OpenCV_Python/ch9/ch9_9.py ====================
src =
 [[ 86 249 173 107 208]
 [ 37 116  82  55 125]
 [102 156 181  42  64]]
threshold = 127.0
dst =
 [[ 86 127 127 107 127]
 [ 37 116  82  55 125]
 [102 127 127  42  64]]
```

程序实例 ch9_10.py：使用 THRESH_TRUNC，重新设计 ch9_2.py，读者可以观察执行结果。

```
1  # ch9_10.py
2  import cv2
3
4  thresh = 127                         # 定义阈值
5  maxval = 255                         # 定义像素最大值
6  src = cv2.imread("jk.jpg",cv2.IMREAD_GRAYSCALE)
7  ret, dst = cv2.threshold(src,thresh,maxval,cv2.THRESH_TRUNC)
8  cv2.imshow("Src",src)
9  cv2.imshow("Dst - 127",dst)          # threshold = 127
10 thresh = 80                          # 修订所定义的阈值
11 ret, dst = cv2.threshold(src,thresh,maxval,cv2.THRESH_TRUNC)
12 cv2.imshow("Dst - 80",dst)           # threshold = 80
13
14 cv2.waitKey(0)
15 cv2.destroyAllWindows()
```

执行结果

程序实例 ch9_11.py：更改一行代码，使用彩色读取重新设计 ch9_10.py。

```
6  src = cv2.imread("jk.jpg")
```

执行结果

9-1-5　低阈值用 0 处理 THRESH_TOZERO

如果图像的像素值小于或等于阈值，像素值取 0，其他像素值不变，语法如下：

```
if 像素值 <= 阈值 :
   像素值 = 0
else:
   像素值 = 像素值                # 相当于不变
```

程序实例 ch9_12.py：使用 THRESH_TOZERO，重新设计 ch9_1.py，读者可以观察执行结果。

```
1   # ch9_12.py
2   import cv2
3   import numpy as np
4
5   thresh = 127                              # 定义阈值
6   maxval = 255                              # 定义像素最大值
7   src = np.random.randint(0,256,size=[3,5],dtype=np.uint8)
8   ret, dst = cv2.threshold(src,thresh,maxval,cv2.THRESH_TOZERO)
9   print(f"src =\n {src}")
10  print(f"threshold = {ret}")
11  print(f"dst =\n {dst}")
```

执行结果

```
==================== RESTART: D:/OpenCV_Python/ch9/ch9_12.py ====================
src =
[[210  33 147   7 223]
 [224  55 227 140 205]
 [ 24 156  98  39 234]]
threshold = 127.0
dst =
[[210   0 147   0 223]
 [224   0 227 140 205]
 [  0 156   0   0 234]]
```

程序实例 ch9_13.py：使用 THRESH_TOZERO，重新设计 ch9_2.py，读者可以观察执行结果。

```
1   # ch9_13.py
2   import cv2
3
4   thresh = 127                              # 定义阈值
5   maxval = 255                              # 定义像素最大值
6   src = cv2.imread("jk.jpg",cv2.IMREAD_GRAYSCALE)
7   ret, dst = cv2.threshold(src,thresh,maxval,cv2.THRESH_TOZERO)
8   cv2.imshow("Src",src)
9   cv2.imshow("Dst - 127",dst)              # threshold = 127
10  thresh = 80                              # 修订所定义的阈值
11  ret, dst = cv2.threshold(src,thresh,maxval,cv2.THRESH_TOZERO)
12  cv2.imshow("Dst - 80",dst)              # threshold = 80
13
14  cv2.waitKey(0)
15  cv2.destroyAllWindows()
```

执行结果

thresh = 127   thresh = 80

程序实例 ch9_14.py：使用彩色读取重新设计 ch9_13.py，读者可以观察执行结果。

```
6   src = cv2.imread("jk.jpg")
```

执行结果

9-1-6　高阈值用 0 处理 THRESH_TOZERO_INV

如果图像的像素值大于阈值，像素值取 0，其他像素值不变，语法如下：

```
if 像素值 > 阈值:
    像素值 = 0
else:
    像素值 = 像素值                # 相当于不变
```

程序实例 ch9_15.py：使用 THRESH_TOZERO_INV，重新设计 ch9_12.py，读者可以观察执行结果。

```
1   # ch9_15.py
2   import cv2
3   import numpy as np
4
5   thresh = 127                    # 定义阈值
6   maxval = 255                    # 定义像素最大值
7   src = np.random.randint(0,256,size=[3,5],dtype=np.uint8)
8   ret, dst = cv2.threshold(src,thresh,maxval,cv2.THRESH_TOZERO_INV)
9   print(f"src =\n {src}")
10  print(f"threshold = {ret}")
11  print(f"dst =\n {dst}")
```

执行结果

```
==================== RESTART: D:/OpenCV_Python/ch9/ch9_15.py ====================
src =
 [[ 51 187  20  74  35]
 [242 157 150 155  21]
 [209  15 241 255 112]]
threshold = 127.0
dst =
 [[ 51   0  20  74  35]
 [  0   0   0   0  21]
 [  0  15   0   0 112]]
```

程序实例 ch9_16.py：使用 THRESH_TOZERO_INV 重新设计 ch9_13.py，读者可以观察执行结果。

```
1   # ch9_16.py
2   import cv2
3
4   thresh = 127                     # 定义阈值
5   maxval = 255                     # 定义像素最大值
6   src = cv2.imread("jk.jpg",cv2.IMREAD_GRAYSCALE)
7   ret, dst = cv2.threshold(src,thresh,maxval,cv2.THRESH_TOZERO_INV)
8   cv2.imshow("Src",src)
9   cv2.imshow("Dst - 127",dst)       # threshold = 127
10  thresh = 80                      # 修订所定义的阈值
11  ret, dst = cv2.threshold(src,thresh,maxval,cv2.THRESH_TOZERO_INV)
12  cv2.imshow("Dst - 80",dst)        # threshold = 80
13
14  cv2.waitKey(0)
15  cv2.destroyAllWindows()
```

执行结果

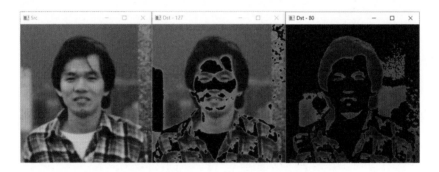

程序实例 ch9_17.py：使用彩色读取重新设计 ch9_16.py，读者可以观察执行结果。

```
6   src = cv2.imread("jk.jpg")
```

执行结果

9-2 Otsu 算法

在 9-1 节使用 threshold( ) 函数时，必须自行设定一个阈值，当作 threshold( ) 函数处理的依据，当时使用 127 与 80 当作阈值，这是让读者体会不同阈值的影响。假设有一个图像 image 内容如下：

```
[ [108, 108, 120, 120]
 [108, 108, 120, 120]
 [120, 120, 120, 120] ]
```

如果使用 127 当作阈值，这时可以得到下列结果。

```
[ [0, 0, 0, 0]
 [0, 0, 0, 0]
 [0, 0, 0, 0] ]
```

如果使用 80 当作阈值，这时可以得到下列结果。

```
[ [255, 255, 255, 255]
 [255, 255, 255, 255]
 [255, 255, 255, 255] ]
```

很明显这不是我们所要的结果，从上述数据判断，可以将阈值设在 108(含) 和 120(不含) 之间，例如，将阈值设为 108，可以得到下列比较好的结果。

```
[ [0, 0, 255, 255]
 [0, 0, 255, 255]
 [255, 255, 255, 255]]
```

在实际的图像应用中，图像的像素值比较复杂，无法直接目测完成阈值的判断。若是手动计算处理，则是一个复杂庞大的工程。OpenCV 提供了一个 Otsu 算法，该算法会根据目前图像，遍历所有可能的阈值，然后找出最佳的阈值。

将 Otsu 算法应用于 threshold( ) 函数时，首先必须将阈值设为 0，假设使用 THRESH_BINARY，则 threshold( ) 函数的语法如下：

```
thresh = 0
maxval = 255
ret, dst = cv2.threshold(src,thresh,maxval,cv2.THRESH_BINARY+cv2.THRESH_OTSU)
```

上述返回值 ret 是 Otsu 算法计算的阈值，dst 则是返回的图像。

程序实例 ch9_18.py：列出原始数组与测试数组。

```
1   # ch9_18.py
2   import cv2
3   import numpy as np
4
5   thresh = 127                            # 定义阈值
6   maxval = 255                            # 定义像素最大值
7   src = np.ones((3,4),dtype=np.uint8) * 120    # 设定数组是 120
8   src[0:2,0:2]=108                        # 设定数组区间
9   ret, dst = cv2.threshold(src,thresh,maxval,cv2.THRESH_BINARY)
10  print(f"src =\n {src}")
11  print(f"threshold = {ret}")
12  print(f"dst =\n {dst}")
```

执行结果

```
=================== RESTART: D:/OpenCV_Python/ch9/ch9_18.py ===================
src =
 [[108 108 120 120]
 [108 108 120 120]
 [120 120 120 120]]
threshold = 127.0
dst =
 [[0 0 0 0]
 [0 0 0 0]
 [0 0 0 0]]
```

程序实例 ch9_19.py：重新设计 ch9_18.py，测试 Otsu 算法所返回的数组与阈值。

```
1   # ch9_19.py
2   import cv2
3   import numpy as np
4
5   thresh = 0                              # 定义阈值
6   maxval = 255                            # 定义像素最大值
7   src = np.ones((3,4),dtype=np.uint8) * 120    # 设定数组是 120
8   src[0:2,0:2]=108                        # 设定数组区间
9   ret, dst = cv2.threshold(src,thresh,maxval,cv2.THRESH_BINARY+cv2.THRESH_OTSU)
10  print(f"src =\n {src}")
11  print(f"threshold = {ret}")
12  print(f"dst =\n {dst}")
```

执行结果

```
=================== RESTART: D:/OpenCV_Python/ch9/ch9_19.py ===================
src =
 [[108 108 120 120]
 [108 108 120 120]
 [120 120 120 120]]
threshold = 108.0
dst =
 [[  0   0 255 255]
 [  0   0 255 255]
 [255 255 255 255]]
```

上述得到 Otsu 算法的阈值是 108.0，这也是完美分割的结果。

程序实例 ch9_20.py：使用阈值 127 和 Otsu 算法，重新设计 ch9_2.py，这个程序也同时列出 Otsu 算法的阈值。

```python
1   # ch9_20.py
2   import cv2
3
4   src = cv2.imread("jk.jpg",cv2.IMREAD_GRAYSCALE)
5   cv2.imshow("Src",src)
6   thresh = 127                        # 定义阈值 = 127
7   maxval = 255                        # 定义像素最大值
8   ret, dst = cv2.threshold(src,thresh,maxval,cv2.THRESH_BINARY)
9   cv2.imshow("Src - 127",dst)         # threshold = 127
10  thresh = 0                          # 定义阈值 = 0
11  ret, dst = cv2.threshold(src,thresh,maxval,cv2.THRESH_BINARY+cv2.THRESH_OTSU)
12  cv2.imshow("Dst - Otsu",dst)        # Otsu
13  print(f"threshold = {ret}")
14
15  cv2.waitKey(0)
16  cv2.destroyAllWindows()
```

执行结果　可以看到 Otsu 算法所返回的阈值如下。

```
=================== RESTART: D:/OpenCV_Python/ch9/ch9_20.py ===================
threshold = 107.0
```

thresh = 127　　　　　　　　　　Otsu算法

从上图可以得到 Otsu 算法所返回的图像比使用阈值 127 产生的图像清晰许多。

9-3　自适应阈值方法 adaptiveThreshold( ) 函数

对于一幅色彩均匀的图像，使用一个阈值就可以完成图像分析。但是对于色彩不均匀或关键区域不易区分的图像，如果只使用一个阈值则无法获得清晰的结果图像。

为了解决上述困扰，OpenCV 提供了自适应阈值方法，这种方法的阈值不是单一的，而是可变化的，自适应阈值方法会计算每个像素点与周围区域的关系，从而算出阈值，然后使用此阈值对周围的区域进行处理，这个方法可以获得更好的图像效果。计算阈值与周围区域的关系有两种算法：

- ❑ ADAPTIVE_THRESH_MEAN_C：算术平均法，将周围区域的平均值当作阈值，再减去参数 C(C 是一个常数，下列语法会解说)。
- ❑ ADAPTIVE_THRESH_GAUSSIAN_C：高斯加权和法，这是一种高斯加权的平均法，对中心点与周围区域所有像素点进行加权计算，计算结果再减去参数 C(C 是一个常数，下列语法会解说)。

自适应阈值法的语法公式如下：

```
dst = cv2.adaptiveThreshold(src, maxValue, adaptiveMethod, thresholdType,
blockSize, C)
```

上述公式的返回值是自适应阈值分析的结果图像 dst，其他参数意义如下：

- ❑ src：原始图像。
- ❑ maxValue：最大像素值。
- ❑ adaptiveMethod：有 ADAPTIVE_THRESH_MEAN_C 和 ADAPTIVE_THRESH_GAUSSIAN_C 两种方法，可以参考前面解说。
- ❑ thresholdType：阈值类型，须是 THRESH_BINARY 或 THRESH_BINARY_INV。
- ❑ blockSize：用来计算阈值的周围区域大小，一般是 3、5、7。
- ❑ C：常数，通常是正数，但也可以是零或负数。

程序实例 ch9_21.py：对建筑物图像二值化处理，使用 threshold( ) 函数和 adaptiveThreshold( ) 函数自适应阈值法，同时使用 ADAPTIVE_THRESH_MEAN_C 方法和 ADAPTIVE_THRESH_GAUSSIAN_C 方法，然后列出处理结果。

```
1   # ch9_21.py
2   import cv2
3
4   src = cv2.imread("school.jpg",cv2.IMREAD_GRAYSCALE)        # 灰度读取
5   thresh = 127                                              # 阈值
6   maxval = 255                                              # 定义像素最大值
7   ret,dst = cv2.threshold(src,thresh,maxval,cv2.THRESH_BINARY)    # 二值化处理
8   # 自适应阈值计算方法为ADAPTIVE_THRESH_MEAN_C
9   dst_mean = cv2.adaptiveThreshold(src,maxval,cv2.ADAPTIVE_THRESH_MEAN_C,
10                                   cv2.THRESH_BINARY,3,5)
11  # 自适应阈值计算方法为ADAPTIVE_THRESH_GAUSSIAN_C
12  dst_gauss = cv2.adaptiveThreshold(src,maxval,cv2.ADAPTIVE_THRESH_GAUSSIAN_C,
13                                    cv2.THRESH_BINARY,3,5)
14  cv2.imshow("src",src)                                    # 显示原始图像
15  cv2.imshow("THRESH_BINARY",dst)                          # 显示二值化处理图像
16  cv2.imshow("ADAPTIVE_THRESH_MEAN_C",dst_mean)            # 显示自适应阈值方法结果
17  cv2.imshow("ADAPTIVE_THRESH_GAUSSIAN_C",dst_gauss)       # 显示自适应阈值方法结果
18
19  cv2.waitKey(0)
20  cv2.destroyAllWindows()
```

执行结果

原始图像　　　　　　　　　　　二值化处理THRESH_BINARY

ADAPTIVE_THRESH_MEAN_C　　　　　ADAPTIVE_THRESH_GAUSSIAN_C

从上述执行结果可以看出，使用自适应阈值方法，可以获得比一般二值化方法更好的图像结果。

9-4　平面图的分解

对一个平面灰度图像而言，每个像素点的值是 0～255，可以使用下列二进位公式表示。

$$img = a_7 \times 2^7 + a_6 \times 2^6 + a_5 \times 2^5 + a_4 \times 2^4 + a_3 \times 2^3 + a_2 \times 2^2 + a_1 \times 2^1 + a_0 \times 2^0$$

在图像应用中，也可以撷取每位的图像值，当作平面图像。例如，a_0 当作第 0 平面图像、a_1 当作第 1 平面图像、……、a_7 当作第 7 平面图像。在这个概念下，可以将原图分解成 8 位平面图像，其中 a_0 图像的权重最低，a_7 图像的权重最高。a_0 图像的权重低代表对整个图像的影响最小，a_7 图像的权重最高代表对整个图像的影响最大。

例如，有一个灰度图像如下所示。

201	88	90
123	12	36
79	6	200

将上述灰度图像的像素值转换成下列二进制图像的像素值。

11001001	01011000	01011010
01111011	00001100	00100100
01001111	00000110	11001000

若是将上述图像分解，可以得到下列 8 个图像。

1	0	0
1	0	0
1	0	0

a_0

0	0	1
1	0	0
1	1	0

a_1

0	0	0
0	1	1
1	1	0

a_2

1	1	1
1	1	0
1	0	1

a_3

0	1	1
1	0	0
0	0	0

a_4

0	0	0
1	0	1
0	0	0

a_5

1	1	1
1	0	0
1	0	1

a_6

1	0	0
0	0	0
0	0	1

a_7

程序实例 ch9_22.py：将原始图案分解，依照位概念，从 a_0 至 a_7 分解为 8 个图像，在分解过程中，将非 0 的像素值改为 255，也就是本章的阈值概念，最后显示 8 个图像。

```python
1   # ch9_22.py
2   import cv2
3   import numpy as np
4
5   img = cv2.imread("jk.jpg",cv2.IMREAD_GRAYSCALE)
6   cv2.imshow("JK Hung",img)
7
8   row, column = img.shape
9   x = np.zeros((row,column,8),dtype=np.uint8)
10  for i in range(8):
11      x[:,:,i] = 2**i                             # 填上权重
12  result = np.zeros((row,column,8),dtype=np.uint8)
13  for i in range(8):
14      result[:,:,i] = cv2.bitwise_and(img,x[:,:,i])
15      mask = result[:,:,i] > 0                     # 图像逻辑值
16      result[mask] = 255                           # True的位置填255
17      cv2.imshow(str(i),result[:,:,i])             # 显示图像
18
19  cv2.waitKey(0)
20  cv2.destroyAllWindows()
```

执行结果

原始图像 a_0 a_1

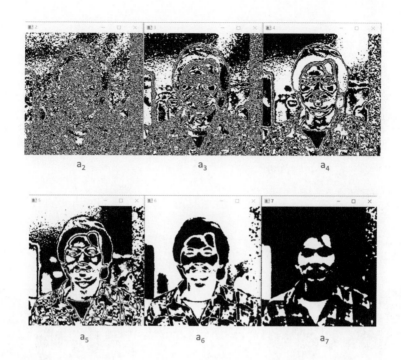

从上述可以看到，从 a_0 到 a_7 随着权重提升，图像越来越接近原始图像。

9-5 隐藏在图像内的数字水印

9-4 节笔者介绍了平面图的分解，认识了第 0 平面图像 a_0，这个平面图像是由每个像素点的最低有效位 (least significant bit) 组成，最低有效位对图像的影响最小。所谓数字水印就是将二值图像隐藏在 a_0 平面图像中，这样既不会影响到原始图像，同时也达到隐藏图像的目的。

数字水印应用的范围有许多，例如，可以隐藏版权信息、身份验证信息或是在数字战争时代隐藏情报信息。

9-5-1 验证最低有效位对图像没有太大的影响

下面建立与原始图像大小相同的图像矩阵，然后将这个图像矩阵设为 254 像素，这时相当于每个像素点的像素值是 11111110，然后将这个矩阵图像与原始图像做 bitwise_and( ) 操作，就可以将原始图像的最低有效位设为 0。

程序实例 ch9_23.py：验证最低有效位对图像没有太大的影响，将 jk.jpg 的最低有效位设为 0，同时观察执行结果。

```
1   # ch9_23.py
2   import cv2
3   import numpy as np
4
5   jk = cv2.imread("jk.jpg",cv2.IMREAD_GRAYSCALE)
6   cv2.imshow("JK Hung",jk)                                # 显示原始图像
7
8   row, column = jk.shape                                  # 取得列高和栏宽
9   h7 = np.ones((row,column),dtype=np.uint8) * 254         # 建立像素值是254的图像
10  cv2.imshow("254",h7)                                    # 显示像素值是254的图像
11  new_jk = cv2.bitwise_and(jk,h7)                         # 原始图像最低有效位是 0
12  cv2.imshow("New JK",new_jk)                             # 显示新图像
13
14  cv2.waitKey(0)
15  cv2.destroyAllWindows()
```

执行结果

上图左边是原始图像，中间是全部像素值为 254 的矩阵图像，右边是最低有效位是 0 的原始图像，从上述执行结果可以看出，更改原始图像的最低有效位对图像影响不大。

9-5-2　建立数字水印

建立数字水印包含 6 个步骤：

1. 取得原始图像的 row 和 column，可以参考 9-5-3 节。

2. 建立像素值是 254 的提取矩阵，可以参考 9-5-4 节。

3. 取得原始图像的高 7 位图像，可以参考 9-5-5 节。

4. 建立与原始图像相同大小的水印图像，可以参考 9-5-6 节。

5. 将水印图像嵌入原始图像，建立含水印的图像，称为结果图像，可以参考 9-5-7 节。

6. 从结果图像撷取水印图像，可以参考 9-5-8 节。

9-5-3　取得原始图像的 row 和 column

假设原始图像是 jk.jpg，可以使用下列方式取得原始图像。

```
jk = cv2.imread("jk.jpg",cv2.IMREAD_GRAYSCALE)
row, column = jk.shape                    # 取得行高与列宽
```

9-5-4 建立像素值是 254 的提取矩阵

建立 row×column 的矩阵，这个矩阵每个像素值是 254，这个矩阵主要是保留原始图像的最高 7 位的像素值，可以使用下列方式建立：

```
h7 = np.ones((row, column), dtype=np.uint8) * 254
```

9-5-5 取得原始图像的高 7 位图像

要取得原始图像的高 7 位图像，须使用 bitwise_and( ) 函数，执行下列操作：

```
tmp_jk = cv2.bitwise_and(jk, h7)
```

9-5-6 建立水印图像

要建立水印图像需要 2 个步骤：

1. 建立水印大小是 row×column 的图像矩阵。
2. 水印图像是灰度图像时，须做二值化处理。

假设一个二值化的图像矩阵如下所示。

255	255	0	0
0	255	255	0
255	255	0	255

必须将上述二值化像素值从 255 改为 1，这是为了方便未来可以嵌入原始图像，整个结果如下所示。

1	1	0	0
0	1	1	0
1	1	0	1

上述水印矩阵内容如下所示。

00000001	00000001	00000000	00000000
00000000	00000001	00000001	00000000
00000001	00000001	00000000	00000001

假设上述水印图像是 copyright.jpg，如下是处理水印的语法：

```
watermark = cv2.imread("copyright.jpg",IMREAD_GRAYSCALE)
ret, wm = cv2.threshold(watermark,0,1,cv2.THRESH_BINARY)
```

上述是将大于阈值 (0) 的值设为 1，wm 就是读者需要的水印内容。

9-5-7 将水印图像嵌入原始图像

可以将此图像与 9-5-5 节的 **tmp_jk** 做 bitwise_or( ) 函数运算，假设执行结果是 **new_jk**，整个语法如下：

```
new_jk = cv2.bitwise_or(tmp_jk, wm)
```

程序实例 ch9_24.py：将水印图像嵌入原始图像。

```
1   # ch9_24.py
2   import cv2
3   import numpy as np
4
5   jk = cv2.imread("jk.jpg",cv2.IMREAD_GRAYSCALE)
6   cv2.imshow("JK Hung",jk)                              # 显示原始图像
7
8   row, column = jk.shape                               # 取得列高和栏宽
9   h7 = np.ones((row,column),dtype=np.uint8) * 254      # 建立像素值是254的图像
10  tmp_jk = cv2.bitwise_and(jk,h7)                      # 原始图像最低有效位是 0
11  watermark = cv2.imread("copyright.jpg",cv2.IMREAD_GRAYSCALE)
12  cv2.imshow("Copy Right",watermark)                   # 显示水印图像
13  ret, wm = cv2.threshold(watermark,0,1,cv2.THRESH_BINARY)
14  # 水印图像嵌入最低有效位是 0的原始图像
15  new_jk = cv2.bitwise_or(tmp_jk, wm)
16  cv2.imshow("New JK",new_jk)                          # 显示新图像
17
18  cv2.waitKey(0)
19  cv2.destroyAllWindows()
```

执行结果

上图左边是原始图像，中间是水印图像，右边是含水印的结果图像，从上图可以看出表面上无法分辨左右两边图像的差异。

9-5-8 撷取水印图像

首先要建立 row×column 的矩阵，该矩阵每个像素值是 1，该矩阵主要是保留原始图像的最低位的像素值，可以使用下列方式建立此矩阵：

```
h0 = np.ones((row, column), dtype=np.uint8)
```

可以使用下列指令从含水印的 new_jk 中撷取水印：

```
wm = cv2.bitwise_and(new_jk, h0)
```

接着将大于阈值 (0) 的值设为 255，下列 dst 就是需要的水印内容。

```
ret, dst = cv2.threshold(wm,0,255,cv2.THRESH_BINARY)
```

程序实例 ch9_25.py：将水印图像 copyright.jpg 嵌入原始图像，然后再将此图像撷取出来。

```
1  # ch9_25.py
2  import cv2
3  import numpy as np
4
5  jk = cv2.imread("jk.jpg",cv2.IMREAD_GRAYSCALE)
6  cv2.imshow("JK Hung",jk)                               # 显示原始图像
7
8  row, column = jk.shape                                 # 取得列高和栏宽
9  h7 = np.ones((row,column),dtype=np.uint8) * 254        # 建立像素值是254的图像
10 tmp_jk = cv2.bitwise_and(jk,h7)                        # 原始图像最低有效位是 0
11
12 watermark = cv2.imread("copyright.jpg",cv2.IMREAD_GRAYSCALE)
13 cv2.imshow("original watermark",watermark)             # 显示水印图像
14 ret, wm = cv2.threshold(watermark,0,1,cv2.THRESH_BINARY)
15
16 new_jk = cv2.bitwise_or(tmp_jk, wm)                    # 水印图像嵌入原始图像
17 cv2.imshow("New JK",new_jk)                            # 显示新图像
18 # 撷取水印
19 h0 = np.ones((row,column),dtype=np.uint8)
20 wm = cv2.bitwise_and(new_jk, h0)
21 ret, dst = cv2.threshold(wm,0,255,cv2.THRESH_BINARY)
22 cv2.imshow("result Watermark",dst)                     # 显示水印
23
24 cv2.waitKey(0)
25 cv2.destroyAllWindows()
```

执行结果　如下是原始图像与水印图像。

如下是内含水印的图像与撷取出来的图像。

习题

1. 有一个文件 number.jpg 如下方左图，请参考 ch9_4.py 得到下方右图的结果。

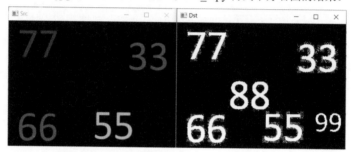

2. 有一个文件 number.jpg 如下方左图，请参考 ch9_8.py 得到下方右图的结果。

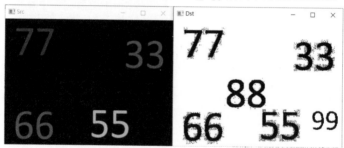

3. 使用 minnesota.jpg 扩充程序 ch9_21.py，但是增加使用 THRESH_TOZERO 和 THRESH_TOZERO_INV 类别。

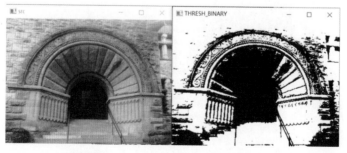

原始图像   二值化处理THRESH_BINARY

THRESH_TOZERO   THRESH_TOZERO_INV

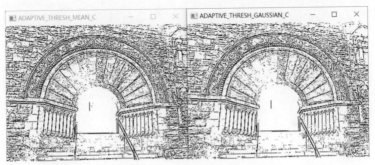

ADAPTIVE_THRESH_MEAN_C   ADAPTIVE_THRESH_GAUSSIAN_C

4. 有一个文件 topschool.jpg 如下方左图，请得到下方右图的结果。

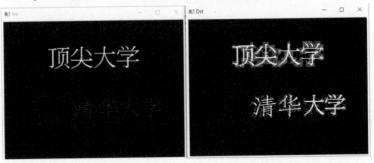

第 10 章

图像的几何变换

图像的几何变换是指更改图像的大小、方向、外形等。部分变换涉及的数学内容比较复杂，不过 OpenCV 已经将这些复杂的数学内容隐藏，读者只需学会 OpenCV 所提供的函数以及参数，就可以处理几何变换的效果。

10-1　图像缩放效果

OpenCV 提供了 resize( ) 函数可以执行图像的缩放，这个函数的语法如下：

```
dst = cv2.resize(src, dsize, fx, fy, interpolation)
```

上述函数 resize( ) 可以执行图像缩放，各参数意义如下：

❑ dst：缩放结果的图像或称为目标图像。

❑ src：原始图像。

❑ dsize：使用 (width, height) 方式设定新的图像大小。

❑ fx：可选参数，设定水平方向的缩放比例。

❑ fy：可选参数，设定垂直方向的缩放比例。

❑ interpolation：可选参数，是指缩放图像时使用哪一种方法对图像进行删减或增补。相关具
名常数如下所示。

具名常数	值	说明
INTER_NEAREST	0	最近插值法
INTER_LINEAR	1	双线性插值法，在插入点选择 4 个点进行插值处理，这是默认的方法
INTER_CUBIC	2	双三次插值法，可以创造更平滑的边缘图像
INTER_AREA	3	对图像缩小重新采样的首选方法，但是图像放大时类似最近插值法
INTER_LENCZOS4	4	Lencz 的插值方法，这个方法会在 x 和 y 的方向分别对 8 个点进行插值

可以使用 dsize 参数直接更改图像大小，另一种是通过设定 fx 和 fy 的值更改图像大小。

10-1-1　使用 dsize 参数执行图像缩放

使用 dsize 参数执行图像缩放需注意参数格式是 (width, height)，当使用 dsize 参数后，就可以不必使用 fx 和 fy。

程序实例 ch10_1.py：使用 dsize 参数将图像更改为 width = 300，height = 200。

```
1   # ch10_1.py
2   import cv2
3
4   src = cv2.imread("southpole.jpg")        # 读取图像
5   cv2.imshow("Src",src)                     # 显示原始图像
6   width = 300                               # 新的图像宽度
7   height = 200                              # 新的图像高度
8   dsize = (width, height)
9   dst = cv2.resize(src, dsize)              # 重设图像大小
10  cv2.imshow("Dst",dst)                     # 显示新的图像
11
12  cv2.waitKey(0)
13  cv2.destroyAllWindows()
```

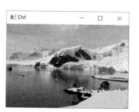

原始图像　　　　　　　　　　　　新图像

10-1-2　使用 fx 参数和 fy 参数执行图像的缩放

直接设定 fx 和 fy 的参数值更改图像大小，使用这种方式时原先 dsize 参数须改为 None。

程序实例 ch10_2.py：使用 fx = 0.5，fy = 1.1 更改图像大小，这个程序在执行时会列出原始图像和新图像的大小。

```python
1   # ch10_2.py
2   import cv2
3
4   src = cv2.imread("southpole.jpg")        # 读取图像
5   cv2.imshow("Src",src)                     # 显示原始图像
6   dst = cv2.resize(src,None,fx=0.5,fy=1.1)  # 重设图像大小
7   cv2.imshow("Dst",dst)                     # 显示新的图像
8   print(f"src.shape = {src.shape}")
9   print(f"dst.shape = {dst.shape}")
10
11  cv2.waitKey(0)
12  cv2.destroyAllWindows()
```

执行结果

```
================== RESTART: D:/OpenCV_Python/ch10/ch10_2.py ==================
src.shape = (269, 523, 3)
dst.shape = (296, 262, 3)
```

原始图像　　　　　　　　　　　　新图像

10-2　图像翻转

图像可以执行水平方向翻转，所谓水平翻转是指沿着 y 轴左右翻转。

水平翻转或称 y 轴翻转

也可以执行垂直方向翻转，所谓的垂直翻转是指沿着 x 轴上下翻转。

垂直翻转或称 x 轴翻转

也可以执行水平与垂直同时翻转，可参考下图。

水平与垂直同时翻转

OpenCV 的 flip( ) 函数可以执行图像翻转，语法如下：

```
dst = cv2.flip(src, flipCode)
```

上述 **flip( )** 函数各参数意义如下：

❏ dst：缩放结果的图像或称为目标图像。

❏ src：原始图像。

❏ flipCode：可以设定图像翻转方式，有下列设定方式。

0：垂直翻转，也称为 x 轴翻转。

1：水平翻转，也称为 y 轴翻转。

-1：水平与垂直同时翻转。

程序实例 ch10_3.py：将一个图像同时做垂直翻转、水平翻转、水平与垂直同时翻转。

```
1  # ch10_3.py
2  import cv2
3
4  src = cv2.imread("python.jpg")                              # 读取图像
5  cv2.imshow("Src",src)                                       # 显示原始图像
6  dst1 = cv2.flip(src,0)                                      # 垂直翻转
7  cv2.imshow("dst1 - Flip Vertically",dst1)                   # 显示垂直
8  dst2 = cv2.flip(src,1)                                      # 水平翻转
9  cv2.imshow("dst2 - Flip Horizontally",dst2)                 # 显示水平图像
10 dst3 = cv2.flip(src,-1)                                     # 水平与垂直翻转
11 cv2.imshow("dst3 - Horizontally and Vertically",dst3)       # 显示水平与垂直图像
12
13 cv2.waitKey(0)
14 cv2.destroyAllWindows()
```

执行结果

原始图像　　　　　　垂直翻转　　　　　　水平翻转　　　　水平与垂直翻转

10-3 图像仿射

图像仿射是指图像在二维空间几何变换后，图像仍可以保持平行性与平直性。所谓平行性是指图像经过仿射处理后，并行线仍是并行线。所谓平直性是指图像经过仿射处理后，直线仍是直线。常见的图像仿射有平移、旋转和倾斜，可以参考下图。

原图

平移　　　　　　　　旋转　　　　　　　　倾斜

10-3-1　仿射的数学基础

OpenCV 其实是使用 2×3 的变换矩阵达到图像仿射的目的，假设 M 是仿射矩阵，则 M 矩阵内容如下：

$$M = \begin{bmatrix} M_{11} & M_{12} & M_{13} \\ M_{21} & M_{22} & M_{23} \end{bmatrix}$$

假设 src 是原始图像，dst 是仿射结果图像，基础数学公式如下：

$$dst(x, y) = src(M_{11}x + M_{12}y + M_{13}, M_{21}x + M_{22}y + M_{23})$$

如下是图例解说。

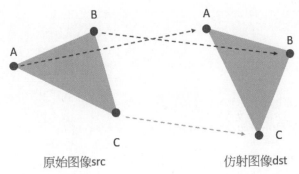

原始图像src　　　　　　　　　仿射图像dst

10-3-2　仿射的函数语法

OpenCV 的图像仿射函数如下：

```
dst = cv2.warpAffine(src, M, dsize, flags, borderMode, borderValue)
```

上述函数 warpAffine( ) 可以执行图像仿射，各参数意义如下：

❑ dst：仿射结果的图像或称目标图像。

❑ src：原始图像。

❑ M：是一个 3×2 的变换矩阵，不同的变换矩阵将产生不同仿射效果。

❑ dsize：使用 (width, height) 方式设定新的图像大小。

❑ flags：可选参数，影响仿射时插值的方法，默认是 INTER_LINEAR。如果方法参数使用
　　WARP_INVERSE_MAP 时，代表 M 是逆变换矩阵，可以完成从 dst 到 src 的转换。

❑ borderMode：可选参数，默认是 BORDER_CONSTANT，可以设定边界像素模式。

❑ borderValue：可选参数，边界填充值，默认是 0。

10-3-3　图像平移

假设要平移图像 $x=50$，$y=100$，如果套上 10-3-1 节的数学公式，得到下列公式：

$$dst(x, y) = src(x + 50, y + 100)$$

如果用完整的公式表达，则公式内容如下：

$$dst(x,y) = src(1 * x + 0 * y + 50, 0 * x + 1 * y + 100)$$

从上述完整的公式表达，可以得到 **M** 矩阵内容如下：

$$M = \begin{bmatrix} 1 & 0 & 50 \\ 0 & 1 & 100 \end{bmatrix}$$

程序实例 ch10_4.py：图像平移 $x = 50, y = 100$ 的应用。

```
1   # ch10_4.py
2   import cv2
3   import numpy as np
4
5   src = cv2.imread("rural.jpg")              # 读取图像
6   cv2.imshow("Src",src)                      # 显示原始图像
7
8   height, width = src.shape[0:2]             # 获得图像大小
9   dsize = (width, height)                    # 建立未来图像大小
10  x = 50                                     # 平移 x = 50
11  y = 100                                    # 平移 y = 100
12  M = np.float32([[1, 0, x],
13                  [0, 1, y]])                # 建立 M 矩阵
14  dst = cv2.warpAffine(src, M, dsize)        # 执行仿射
15  cv2.imshow("Dst",dst)                      # 显示平移结果图像
16
17  cv2.waitKey(0)
18  cv2.destroyAllWindows()
```

执行结果

10-3-4 图像旋转

通过学习 10-3-3 节的内容已经知道，图像仿射中计算 **M** 矩阵是整个仿射的关键，本节将讲解图像仿射在旋转中的应用。OpenCV 提供了 getRotationMatrix2D( ) 函数，可以获得 **M** 矩阵，该函数的语法如下：

```
M = cv2.getRotationMatrix2D(center, angle, scale)
```

上述函数可以返回 **M** 矩阵，各参数意义如下：

❑ center：旋转的中心点坐标 (width, height)。

❑ angle：旋转的角度，正值表示逆时针方向，负值表示顺时针方向。

❑ scale：缩放比。

程序实例 ch10_5.py：逆时针 30 度与顺时针 30 度的图像旋转。

```
1   # ch10_5.py
2   import cv2
3
4   src = cv2.imread("rural.jpg")              # 读取图像
5   cv2.imshow("Src",src)                      # 显示原始图像
6
7   height, width = src.shape[0:2]             # 获得图像大小
8   # 逆时针转 30 度
9   M = cv2.getRotationMatrix2D((width/2,height/2), 30, 1)  # 建立 M 矩阵
10  dsize = (width, height)                    # 建立未来图像大小
11  dst1 = cv2.warpAffine(src, M, dsize)       # 执行仿射
12  cv2.imshow("Dst - counterclockwise",dst1)  # 显示逆时针图像
13
14  # 顺时针转 30 度
15  M = cv2.getRotationMatrix2D((width/2,height/2), -30, 1)  # 建立 M 矩阵
16  dst = cv2.warpAffine(src, M, dsize)        # 执行仿射
17  cv2.imshow("Dst clockwise",dst)            # 显示顺时针图像
18
19  cv2.waitKey(0)
20  cv2.destroyAllWindows()
```

执行结果　下列分别是原始图像、逆时针旋转 30 度与顺时针旋转 30 度的结果图像。

10-3-5　图像倾斜

通过对前面两节内容的学习，知道图像位移、图像旋转在建立仿射矩阵 **M** 时相对简单，如果要建立本节内容图像倾斜则需要更复杂的公式，如下是图像的倾斜示意图，其实也可以说图像倾斜是将矩形映射为平行四边形。

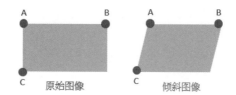

因为图像仿射仍可以保持平行性与平直性，所以上述倾斜只需要 3 个点就可以了，第 4 个点可以用 A、B、C 三个点计算得到。对于图像倾斜 OpenCV 提供了 cv2.getAffineTransform( ) 函数可以计算转仿射矩阵 **M**，语法如下：

```
M = cv2.getAffineTransform(src, dst)
```

上述参数意义如下：

❑ src：原始图像的 3 个点坐标，可以参考本小节前段的图示解说，也就是设定 A、B、C 三个点的坐标，坐标格式的数据类型是浮点型。

❑ dst：倾斜图像，也是要转换目标图像的 3 个点坐标，可以参考本小节前段的图示解说，也就是设定 A、B、C 三个点的坐标，数据格式是浮点型。

上述相当于原始图像的 A、B、C 三个点的坐标可以对应目标图像的 A、B、C 三个点的坐标，即可以达到压缩的效果。

程序实例 ch10_6.py：图像向右上方倾斜的设计，src 图像的 3 个坐标分别如下：

左上方：[0, 0]
右上方：[width-1, 0]
左下方：[0, height - 1]

dst 图像的 3 个坐标分别如下：

左上方：[30, 0]
右上方：[width-1, 0]
左下方：[0, height - 1]

```
1  # ch10_6.py
2  import cv2
3  import numpy as np
4
5  src = cv2.imread("rural.jpg")                          # 读取图像
6  cv2.imshow("Src",src)                                  # 显示原始图像
7
8  height, width = src.shape[0:2]                         # 获得图像大小
9  srcp = np.float32([[0,0],[width-1,0],[0,height-1]])    # src的A,B,C三个点
10 dstp = np.float32([[30,0],[width-1,0],[0,height-1]])   # dst的A,B,C三个点
11 M = cv2.getAffineTransform(srcp,dstp)                  # 建立 M 矩阵
12 dsize = (width, height)
13 dst = cv2.warpAffine(src, M, dsize)                    # 执行仿射
14 cv2.imshow("Dst",dst)                                  # 显示倾斜图像
15
16 cv2.waitKey(0)
17 cv2.destroyAllWindows()
```

执行结果

同样的程序只要更改 dst 图像的 A、B、C 三个点的坐标就可以得到不同的效果。

程序实例 ch10_7.py：如下更改 dst 图像向左上方倾斜，下列是 dst 图像 A、B、C 三个点坐标以及程序代码。

　　左上方 A：[0, 0]
　　右上方 B：[width-1-30, 0]
　　左下方 C：[30, height - 1]

```
10  dstp = np.float32([[0,0],[width-1-30,0],[30,height-1]])  # dst的A,B,C三个点
```

执行结果

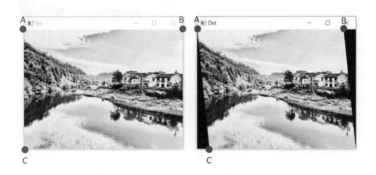

程序实例 ch10_8.py：倾斜时更改宽度的设计，下列是 dst 图像 A、B、C 三个点坐标。

　　左上方 A：[0, height*0.2]
　　右上方 B：[width*0.8, height*0.2]
　　左下方 C：[width*0.1, height*0.9]

由于 A、B、C 三个点坐标比较复杂，所以笔者分成 3 行程序代码。

```
1   # ch10_8.py
2   import cv2
3   import numpy as np
4
5   src = cv2.imread("rural.jpg")              # 读取图像
6   cv2.imshow("Src",src)                      # 显示原始图像
7
8   height, width = src.shape[0:2]             # 获得图像大小
9   srcp = np.float32([[0,0],[width-1,0],[0,height-1]])
10  a = [0,height*0.2]                         # A
11  b = [width*0.8,height*0.2]                 # B
12  c = [width*0.1,height*0.9]                 # C
13  dstp = np.float32([a,b,c])                 # dst的 A, B, C
14  M = cv2.getAffineTransform(srcp,dstp)      # 建立 M 矩阵
15  dsize = (width, height)
16  dst = cv2.warpAffine(src, M, dsize)        # 执行仿射
17  cv2.imshow("Dst",dst)                      # 显示倾斜图像
18
19  cv2.waitKey(0)
20  cv2.destroyAllWindows()
```

执行结果

上述 dst 图像的 A、B 点之间的线是一条水平直线的倾斜，也可以让 A、B 点之间的线是一条倾斜线，参考下列实例。

程序实例 ch10_9.py：如果需要使 A、B 点之间的线是倾斜线，重新设计 ch10_8.py，笔者只须修改 dst 的 A 点坐标。

```
10   a = [0,height*0.4]                        # A
```

执行结果

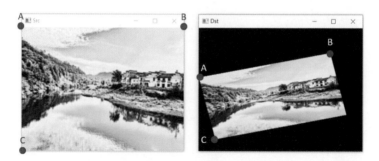

10-4　图像透视

10-3-5 节笔者讲解了将矩形映射为平行四边形，本节所述的图像透视则可以将矩形映射为任意的四边形。如下是一幅简单的透视图，从正面看是一个正立方体，但是从两侧看，就成了一个任意四边形，同时从不同角度或不同距离看，可以获得不同的形状。

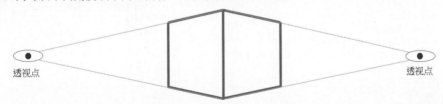

透视点　　　　　　　　　　　　　　　　　　　　　　　　　　　透视点

上述也可以解释透视其实是将矩形映射为任意的四边形，有关这方面的计算也可以通过 **M** 矩阵计算完成，不过数学应用比较复杂。因此 **OpenCV** 提供了函数 getPerspectiveTransform( )，可以比较简单地计算 **M** 矩阵，该函数的语法如下：

```
M = cv2.getPerspectiveTransform( src, dst)
```

上述函数的返回值是 **M** 矩阵，函数内的参数说明如下：

❑ src：原始图像的 4 个坐标点，也就是设定 A、B、C、D 四个点的坐标，坐标格式的数据类型是 32 位浮点数。例如：[[0,0], [10,0], [0, 10], [10, 10]]。

❑ dst：目标图像的 4 个坐标点，也就是设定 A、B、C、D 四个点的坐标，坐标格式的数据类型是 32 位浮点数。

有了 **M** 矩阵后，可以使用 warpPerspective( ) 函数得到透视的图像，此函数的语法如下：

```
dst = cv2.warpPerspective( src, M, dsize, flags, borderMode, borderValue)
```

上述函数可以得到最后的透视图像结果，各参数意义如下：

❑ dst：透视结果的图像或称为目标图像。

❑ src：原始图像。

❑ M：这是一个 4×2 的变换矩阵，不同的变换矩阵将产生不同的透视效果，矩阵的数据类型是 32 位浮点数。

❑ dsize：使用 (width, height) 方式设定新的图像大小。

❑ flags：可选参数，影响透视时插值的方法，默认是 INTER_LINEAR。如果方法参数使用 WARP_INVERSE_MAP，代表 **M** 是逆变换矩阵，可以完成从 dst 到 src 的转换。

❑ borderMode：可选参数，默认是 BORDER_CONSTANT，可以设定边界像素模式。

❑ borderValue：可选参数，边界填充值，默认是 0。

程序实例 ch10_10.py：透视图的应用，透视点在正前方之下，可以得到图像上方变窄的透视效果。

```
1   # ch10_10.py
2   import cv2
3   import numpy as np
4
5   src = cv2.imread("tunnel.jpg")            # 读取图像
6   cv2.imshow("Src",src)                     # 显示原始图像
7
8   height, width = src.shape[0:2]            # 获得图像大小
9   a1 = [0, 0]                               # 原始图像的 A
10  b1 = [width, 0]                           # 原始图像的 B
11  c1 = [0, height]                          # 原始图像的 C
12  d1 = [width-1, height-1]                  # 原始图像的 D
13  srcp = np.float32([a1, b1, c1, d1])
14  a2 = [150, 0]                             # dst 的 A
15  b2 = [width-150, 0]                       # dst 的 B
16  c2 = [0, height-1]                        # dst 的 C
17  d2 = [width-1, height-1]                  # dst 的 D
18  dstp = np.float32([a2, b2, c2, d2])
19  M = cv2.getPerspectiveTransform(srcp,dstp) # 建立 M 矩阵
20  dsize = (width, height)
21  dst = cv2.warpPerspective(src, M, dsize)  # 执行透视
22  cv2.imshow("Dst",dst)                     # 显示透视图像
23
24  cv2.waitKey(0)
25  cv2.destroyAllWindows()
```

执行结果

10-5 重映射

OpenCV 提供了 remap( ) 函数，该函数可以执行图像重映射，所谓重映射就是将一幅图像 (可称来源图像) 的像素点，放到另一幅图像 (可称目标图像) 指定位置的过程。

10-3 节和 10-4 节介绍了仿射和透视，主要是用变换矩阵指定映射的方式实现。OpenCV 所提供的 remap( ) 函数也称作自定义方法执行映射，使用这个功能可以执行翻转、扭曲、变形或是让特定图像区域内容效果增强。remap( ) 函数的语法如下：

```
dst = cv2.remap(src, map1, map2, interpolation, borderMode, borderValue)
```

上述函数可以得到最后的图像重映射的结果，各参数意义如下：

- ❑ dst：重映射结果的图像或称为目标图像。
- ❑ src：原始图像。
- ❑ map1：用于插值的 x 坐标。
- ❑ map2：用于插值的 y 坐标。
- ❑ interpolation：标注插值方式，默认是 INTER_LINEAR，不支持 INTER_AREA。
- ❑ borderMode：可选参数，默认是 BORDER_CONSTANT，可以设定边界像素模式。
- ❑ borderValue：可选参数，边界填充值，默认是 0。

10-5-1　解说 map1 和 map2

所谓的映射是指原始图像 (笔者用 src) 对应到目标图像 (笔者用 dst) 的过程，下面用如下方式更进一步解说 map1 和 map2。

- ❑ map1：dst 图像的每一个像素内容都是由 src 图像的某个像素对应而得到，map1 则是存放 src 图像的 x 坐标 (columns)，因此程序设计师喜欢用 mapx 代替 map1。
- ❑ map2：dst 图像的每一个像素内容都是由 src 图像的某个像素对应而得到，map2 则是存放 src 图像的 y 坐标 (rows)，因此程序设计师喜欢用 mapy 代替 map2。

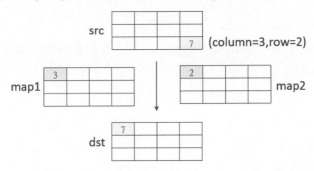

程序实例 ch10_10_1.py：用数组了解映射的基础操作，所有目标图像 (dst) 的像素值皆来自原始图像 (src) 的坐标 (3,2)(相当于 column=3, row=2)。

```
1  # ch10_10_1.py
2  import cv2
3  import numpy as np
4
5  src = np.random.randint(0,256,size=[3,4],dtype=np.uint8)
6  rows, cols = src.shape
7  mapx = np.ones(src.shape, np.float32) * 3          # 设定 mapx
8  mapy = np.ones(src.shape, np.float32) * 2          # 设定 mapy
9  dst = cv2.remap(src, mapx, mapy, cv2.INTER_LINEAR) # 执行映射
10 print(f"src =\n {src}")
11 print(f"mapx =\n {mapx}")
12 print(f"mapy =\n {mapy}")
13 print(f"dst =\n {dst}")
```

执行结果

```
================= RESTART: D:/OpenCV_Python/ch10/ch10_10_1.py =================
src =
[[ 41 198 132 209]
 [ 81 123 118 225]
 [118 107 223  62 ]]
mapx =
[[3. 3. 3. 3.]
 [3. 3. 3. 3.]
 [3. 3. 3. 3.]]
mapy =
[[2. 2. 2. 2.]
 [2. 2. 2. 2.]
 [2. 2. 2. 2.]]
dst =
[[62 62 62 62]
 [62 62 62 62]
 [62 62 62 62]]
```

10-5-2 图像复制

使用 remap( ) 函数执行映射时，主要是 map1 和 map2 的设定，要执行映射的复制，相当于 src 图像坐标映射到 dst 图像坐标，需要如下设定：

❏ map1：设定为对应位置的 x 轴坐标。

❏ map2：设定为对应位置的 y 轴坐标。

在实际使用 remap( ) 函数执行图像复制前，先复制一个矩阵，读者可以先由简单的数字了解 remap( ) 函数的基本操作。

程序实例 ch10_11.py：使用映射 remap( ) 函数执行矩阵复制的实例。

```
1   # ch10_11.py
2   import cv2
3   import numpy as np
4
5   src = np.random.randint(0,256,size=[3,5],dtype=np.uint8)
6   rows, cols = src.shape
7   mapx = np.zeros(src.shape, np.float32)
8   mapy = np.zeros(src.shape, np.float32)
9   for r in range(rows):                          # 建立mapx和mapy
10      for c in range(cols):
11          mapx.itemset((r, c), c)                # 设定mapx
12          mapy.itemset((r, c), r)                # 设定mapy
13  dst = cv2.remap(src, mapx, mapy, cv2.INTER_LINEAR)  # 执行映射
14  print(f"src =\n {src}")
15  print(f"mapx =\n {mapx}")
16  print(f"mapy =\n {mapy}")
17  print(f"dst =\n {dst}")
```

执行结果

```
================== RESTART: D:/OpenCV_Python/ch10/ch10_11.py ==================
src =
[[136 195   4 165  93]
 [253   0 121  98 105]
 [179 220 156  98  56]]
mapx =
[[0. 1. 2. 3. 4.]
 [0. 1. 2. 3. 4.]
 [0. 1. 2. 3. 4.]]
mapy =
[[0. 0. 0. 0. 0.]
 [1. 1. 1. 1. 1.]
 [2. 2. 2. 2. 2.]]
dst =
[[136 195   4 165  93]
 [253   0 121  98 105]
 [179 220 156  98  56]]
```

程序实例 ch10_12.py：使用映射 remap( ) 函数执行图像复制的实例。

```
1   # ch10_12.py
2   import cv2
3   import numpy as np
4
5   src = cv2.imread("huang.jpg")
6   rows, cols = src.shape[:2]
7   mapx = np.zeros(src.shape[:2], np.float32)
8   mapy = np.zeros(src.shape[:2], np.float32)
9   for r in range(rows):                               # 建立mapx和mapy
10      for c in range(cols):
11          mapx.itemset((r, c), c)                     # 设定mapx
12          mapy.itemset((r, c), r)                     # 设定mapy
13  dst = cv2.remap(src, mapx, mapy, cv2.INTER_LINEAR)  # 执行映射
14
15  cv2.imshow("src",src)
16  cv2.imshow("dst",dst)
17
18  cv2.waitKey(0)
19  cv2.destroyAllWindows()
```

执行结果

10-5-3　垂直翻转

所谓垂直翻转就是图像沿着 *x* 轴做翻转，这时 mapx 与 mapy 的设定概念如下：

❑ mapx：*x* 轴的坐标不更改。

❑ mapy：假设 *y* 轴的行数是 rows，则可用公式 "rows - 1 - x"。

程序实例 ch10_13.py：使用映射 remap( ) 函数执行垂直翻转的矩阵实例。

```
1   # ch10_13.py
2   import cv2
3   import numpy as np
4
5   src = np.random.randint(0,256,size=[3,5],dtype=np.uint8)
6   rows, cols = src.shape
7   mapx = np.zeros(src.shape, np.float32)
8   mapy = np.zeros(src.shape, np.float32)
9   for r in range(rows):                                # 建立mapx和mapy
10      for c in range(cols):
11          mapx.itemset((r, c), c)                      # 设定mapx
12          mapy.itemset((r, c), rows-1-r)               # 设定mapy
13  dst = cv2.remap(src, mapx, mapy, cv2.INTER_LINEAR)   # 执行映射
14  print(f"src =\n {src}")
15  print(f"mapx =\n {mapx}")
16  print(f"mapy =\n {mapy}")
17  print(f"dst =\n {dst}")
```

执行结果

```
================== RESTART: D:/OpenCV_Python/ch10/ch10_13.py ==================
src =
[[  2   1  43 133 237]
 [193 107 211 131  96]
 [133  43 102 218 252]]
mapx =
[[0. 1. 2. 3. 4.]
 [0. 1. 2. 3. 4.]
 [0. 1. 2. 3. 4.]]
mapy =
[[2. 2. 2. 2. 2.]
 [1. 1. 1. 1. 1.]
 [0. 0. 0. 0. 0.]]
dst =
[[133  43 102 218 252]
 [193 107 211 131  96]
 [  2   1  43 133 237]]
```

程序实例 ch10_14.py：使用映射 remap( ) 函数执行图像垂直翻转的实例。

```
1   # ch10_14.py
2   import cv2
3   import numpy as np
4
5   src = cv2.imread("huang.jpg")
6   rows, cols = src.shape[:2]
7   mapx = np.zeros(src.shape[:2], np.float32)
8   mapy = np.zeros(src.shape[:2], np.float32)
```

```
 9   for r in range(rows):                              # 建立mapx和mapy
10       for c in range(cols):
11           mapx.itemset((r, c), c)                    # 设定mapx
12           mapy.itemset((r, c), rows-1-r)             # 设定mapy
13   dst = cv2.remap(src, mapx, mapy, cv2.INTER_LINEAR) # 执行映射
14
15   cv2.imshow("src",src)
16   cv2.imshow("dst",dst)
17
18   cv2.waitKey(0)
19   cv2.destroyAllWindows()
```

执行结果

10-5-4　水平翻转的实例

所谓水平翻转就是图像沿着 *y* 轴做翻转，这时 mapx 与 mapy 的设定概念如下：

❏ mapx：假设 *x* 轴的列数是 cols，则可用公式 "cols - 1 - x"。

❏ mapy：*y* 轴的坐标不更改。

程序实例 ch10_15.py：使用映射 remap( ) 函数执行水平翻转的矩阵实例。

```
 1   # ch10_15.py
 2   import cv2
 3   import numpy as np
 4
 5   src = np.random.randint(0,256,size=[3,5],dtype=np.uint8)
 6   rows, cols = src.shape
 7   mapx = np.zeros(src.shape, np.float32)
 8   mapy = np.zeros(src.shape, np.float32)
 9   for r in range(rows):                              # 建立mapx和mapy
10       for c in range(cols):
11           mapx.itemset((r, c), cols-1-c)            # 设定mapx
12           mapy.itemset((r, c), r)                   # 设定mapy
13   dst = cv2.remap(src, mapx, mapy, cv2.INTER_LINEAR) # 执行映射
14   print(f"src =\n {src}")
15   print(f"mapx =\n {mapx}")
16   print(f"mapy =\n {mapy}")
17   print(f"dst =\n {dst}")
```

执行结果

```
=================== RESTART: D:/OpenCV_Python/ch10/ch10_15.py ===================
src =
[[226  74 131 101 188]
 [208 141  43   5 241]
 [109  34 228   0 165]]
mapx =
[[4. 3. 2. 1. 0.]
 [4. 3. 2. 1. 0.]
 [4. 3. 2. 1. 0.]]
mapy =
[[0. 0. 0. 0. 0.]
 [1. 1. 1. 1. 1.]
 [2. 2. 2. 2. 2.]]
dst =
[[188 101 131  74 226]
 [241   5  43 141 208]
 [165   0 228  34 109]]
```

程序实例 ch10_16.py：使用映射 remap( ) 函数执行图像水平翻转的实例。

```python
1   # ch10_16.py
2   import cv2
3   import numpy as np
4
5   src = cv2.imread("huang.jpg")
6   rows, cols = src.shape[:2]
7   mapx = np.zeros(src.shape[:2], np.float32)
8   mapy = np.zeros(src.shape[:2], np.float32)
9   for r in range(rows):                          # 建立mapx和mapy
10      for c in range(cols):
11          mapx.itemset((r, c), cols-1-c)         # 设定mapx
12          mapy.itemset((r, c), r)                # 设定mapy
13  dst = cv2.remap(src, mapx, mapy, cv2.INTER_LINEAR)   # 执行映射
14
15  cv2.imshow("src",src)
16  cv2.imshow("dst",dst)
17
18  cv2.waitKey(0)
19  cv2.destroyAllWindows()
```

执行结果

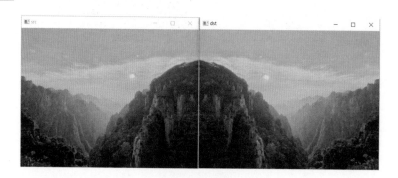

10-5-5 图像缩放

使用映射也可以设计缩小图像，例如，将绿色区域的图像缩小至蓝色区域大小，如下是假设图像上、下、左、右皆缩小 0.25 的示意图。

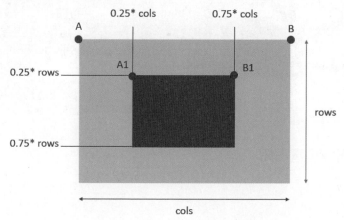

上述笔者将 dst 目标图像与 src 来源图像重叠是方便读者了解映射的坐标对应关系，相当于必须将 A 像素点映射到 A1，将 B 像素点映射到 B1。

程序实例 ch10_17.py：图像缩小的实例，由于设定目标图像外围使用 (0, 0) 坐标的值，刚好是红色，所以目标图像外围是红色。

```
1   # ch10_17.py
2   import cv2
3   import numpy as np
4
5   src = cv2.imread("tunnel.jpg")
6   rows, cols = src.shape[:2]
7   mapx = np.zeros(src.shape[:2], np.float32)
8   mapy = np.zeros(src.shape[:2], np.float32)
9   for r in range(rows):                                # 建立mapx和mapy
10      for c in range(cols):
11          if 0.25*rows < r < 0.75*rows and 0.25*cols < c < 0.75*cols:
12              mapx.itemset((r,c),2*(c - cols*0.25) )   # 计算对应的 x
13              mapy.itemset((r,c),2*(r - rows*0.25) )   # 计算对应的 y
14          else:
15              mapx.itemset((r, c),0)                   # 取x坐标为 0
16              mapy.itemset((r, c),0)                   # 取y坐标为 0
17  dst = cv2.remap(src, mapx, mapy, cv2.INTER_LINEAR)   # 执行映射
18
19  cv2.imshow("src",src)
20  cv2.imshow("dst",dst)
21
22  cv2.waitKey(0)
23  cv2.destroyAllWindows()
```

执行结果

10-5-6　图像垂直压缩

如果图像要垂直压缩，最重要的就是将 mapy 的 y 坐标放大一倍做映射。

程序实例 ch10_18.py：将图像垂直压缩一半。

```
1   # ch10_18.py
2   import cv2
3   import numpy as np
4
5   src = cv2.imread("tunnel.jpg")
6   rows, cols = src.shape[:2]
7   mapx = np.zeros(src.shape[:2], np.float32)
8   mapy = np.zeros(src.shape[:2], np.float32)
9   for r in range(rows):                              # 建立mapx和mapy
10      for c in range(cols):
11          mapx.itemset((r,c),c)
12          mapy.itemset((r,c),2*r)
13  dst = cv2.remap(src, mapx, mapy, cv2.INTER_LINEAR)  # 执行映射
14
15  cv2.imshow("src",src)
16  cv2.imshow("dst",dst)
17
18  cv2.waitKey(0)
19  cv2.destroyAllWindows()
```

执行结果

习题

1. 请参考 ch10_4.py 但是改为向上边移动 100 像素，向左边移动 50 像素。

2. 请使用 remap( ) 函数执行图像水平和垂直翻转。

3. 请使用 remap( ) 函数执行 hung_square.jpg 图像逆时针旋转 90 度。

第 11 章

删除图像噪声

建立平滑图像英文称 Smoothing Images，这是计算机视觉中最基本的操作，一幅图像可能会有一些噪声，经过平滑处理后可以降低或大幅消除噪声。不过经过了平滑处理后，伴随着的可能是图像变得模糊，所以英文又称 Blurring Images。图像处理专家有时也将图像平滑处理称为图像滤波(Images filtering)。

在建立平滑的图像时，会产生两种效果，一种是降低噪声，另一种是产生模糊。本书所介绍的建立平滑图像的 OpenCV 函数也可以分成线性滤波器和非线性滤波器两类。

线性滤波器：均值滤波器函数 blur( )、方框滤波器函数 boxblur( )、高斯滤波器函数 GaussianBlur( )。

非线性滤波器：中值滤波器函数 medianBlur( )、双边滤波器函数 bilateralFilter( )。

11-1　建立平滑图像需要认识的名词

11-1-1　滤波核

以某个像素为中心，这个像素与周围的像素可以组成 n 行 m 列的矩阵，当 n 等于 m 时，则可以称是 $n \times n$ 的矩阵，这样的矩阵可以叫作滤波核，例如，如下分别是 3×3 与 5×5 的滤波核。

123	141	129	143	151	130	139
140	147	152	151	149	140	133
177	150	148	151	153	148	150
150	151	149	20	147	147	122
148	149	150	152	155	151	160
149	152	151	147	149	150	155
121	160	159	138	120	152	133

123	141	129	143	151	130	139
140	147	152	151	149	140	133
177	150	148	151	153	148	150
150	151	149	20	147	147	122
148	149	150	152	155	151	160
149	152	151	147	149	150	155
121	160	159	138	120	152	133

3×3 滤波核　　　　　　　5×5 滤波核

11-1-2　图像噪声

仔细观察图像，有时可以在图像中发现一个像素点，这个像素点与周遭的像素点差异非常大，则称此像素点为图像噪声，如下图所示。

148	151	153
149	20	147
150	152	155

如上图中心像素值是 20，此像素点的颜色会比较深，周遭的像素值介于 147~155，周围像素点颜色比较浅，由此可以判断中心点的像素就是图像噪声。在实际中看不到图像值，所看到的可能是下图所示的滤波核。

11-1-3　删除噪声

当发现图像有噪声，需要将此噪声删除，称删除噪声。在计算机科学中也称平滑处理或者降噪处理，最后可以得到下图所示结果。

11-1-4　图像降噪处理的方法

图像降噪处理的方法有许多，本章将讲解如下几种最常见的方法：

- ❑ 均值滤波器。
- ❑ 方框滤波器。
- ❑ 中值滤波器。
- ❑ 高斯滤波器。
- ❑ 双边滤波器。
- ❑ 自定义滤波核。

11-2　均值滤波器

均值滤波器 (mean filter) 是一种降低图像噪声的方法，直观地说就是去除图像的噪声。

11-2-1　理论基础

均值滤波器又称低通滤波器，基本上是将每一个像素当作滤波核的核心，然后计算所有像素值的平均，最后让滤波核的核心等于此平均值。例如，以 3×3 的滤波核为例，数据如下图所示。

148	151	153
149	20	147
150	152	155

计算上述所有值的平均，公式如下：

$$\frac{148 + 151 + 153 + 149 + 20 + 147 + 150 + 152 + 153}{3 \times 3} = 136.1$$

经过上述计算，将滤波核的核心改为 136，如下图所示。

148	151	153
149	136	147
150	152	155

如果是 5×5 的滤波核，则将 25 个像素值加总再取平均值即可，下面是笔者直接列出的结果。

147	152	151	149	140
150	148	151	153	148
151	149	20	147	147
149	150	152	155	151
152	151	147	149	150

均值滤波器 →

147	152	151	149	140
150	148	151	153	148
151	149	144	147	147
149	150	152	155	151
152	151	147	149	150

11-2-2　像素位于边界的考虑

当像素位于边界，执行图像降噪常采用的方法有 2 种。

方法 1：

如果像素位于第 0 行 (row) 第 0 列 (column)，此像素左边和上方皆没有像素，所以无法使用 11-2-1 节的方法删除图像噪声，示意图如下所示。

147	152	151	149	140
150	148	151	153	148
151	149	20	147	147
149	150	152	155	151
152	151	147	149	150

如果使用 3×3 的滤波核，很明显无法处理边界的像素，这时可以取 0 ~ 2 行与列的交界处所包含的点，如下所示。

147	152	151	149	140
150	148	151	153	148
151	149	20	147	147
149	150	152	155	151
152	151	147	149	150

最后所得到的结果 (笔者舍去小数) 为：

$$\frac{147 + 152 + 151 + 150 + 148 + 151 + 151 + 149 + 20}{3 \times 3} = 144$$

下面是最后所得的图像结果。

144	152	151	149	140
150	148	151	153	148
151	149	20	147	147
149	150	152	155	151
152	151	147	149	150

方法 2：

处理边界点的另一种方法是扩展图像周围的像素，例如，可以扩展为如下图所示。

	147	152	151	149	140
	150	148	151	153	148
	151	149	20	147	147
	149	150	152	155	151
	152	151	147	149	150

可以在上述扩展的区域填上像素值，例如，可以填上扩充点的值，这样就可以执行计算。

147	147	152			
147	147	152	151	149	140
150	150	148	151	153	148
	151	149	20	147	147
	149	150	152	155	151
	152	151	147	149	150

11-2-3 滤波核与卷积

对于 5×5 的均值滤波器而言，由于每个像素的权重相同，所以可以使用下列方式表达计算像素的结果值。

147	152	151	149	140
150	148	151	153	148
151	149	20	147	147
149	150	152	155	151
152	151	147	149	150

×

1/25	1/25	1/25	1/25	1/25
1/25	1/25	1/25	1/25	1/25
1/25	1/25	1/25	1/25	1/25
1/25	1/25	1/25	1/25	1/25
1/25	1/25	1/25	1/25	1/25

=

147	152	151	149	140
150	148	151	153	148
151	149	144	147	147
149	150	152	155	151
152	151	147	149	150

也可以使用 5×5 的矩阵表达上述权重数组：

1/25	1/25	1/25	1/25	1/25
1/25	1/25	1/25	1/25	1/25
1/25	1/25	1/25	1/25	1/25
1/25	1/25	1/25	1/25	1/25
1/25	1/25	1/25	1/25	1/25

$$K = \frac{1}{25}\begin{bmatrix} 1 & 1 & 1 & 1 & 1 \\ 1 & 1 & 1 & 1 & 1 \\ 1 & 1 & 1 & 1 & 1 \\ 1 & 1 & 1 & 1 & 1 \\ 1 & 1 & 1 & 1 & 1 \end{bmatrix}$$

上述公式中的 25，一般在通式中是用 M(行数)×N(列数) 表示，所以又可以使用如下通式表示：

$$K = \frac{1}{M \times N}\begin{bmatrix} 1 & 1 & \cdots & 1 & 1 \\ 1 & 1 & \cdots & 1 & 1 \\ \vdots & \vdots & \vdots & \vdots & \vdots \\ 1 & 1 & \cdots & 1 & 1 \\ 1 & 1 & \cdots & 1 & 1 \end{bmatrix}$$

上述右边的矩阵又称滤波核，有时候也称为卷积核 (convolution kernel)，在图像处理中 M 和 N 的值常常设为相等，不过需了解，M 和 N 的值越大，可能造成最后图像结果越模糊。假设一个原始图像是 A，此图像与滤波核相乘，如下所示：

$$A \times \frac{1}{M \times N} \begin{bmatrix} 1 & 1 & \cdots & 1 & 1 \\ \vdots & \vdots & \cdots & \vdots & \vdots \\ 1 & 1 & \cdots & 1 & 1 \\ 1 & 1 & \cdots & 1 & 1 \end{bmatrix}$$

上述图像与滤波核相乘的动作称为卷积计算，或简称卷积 (Convolution)。

11-2-4　均值滤波器函数

OpenCV 的均值滤波器函数是 blur( )，此函数语法如下：

```
dst = cv2.blur(src, ksize, anchor, borderType)
```

上述函数各参数意义如下：

- ❑　dst：返回结果的图像或称为目标图像。
- ❑　src：来源图像或称为原始图像。
- ❑　ksize：滤波核大小，格式是 (高度，宽度)。由于要计算核心的像素值，所以建议使用奇数，例如，3×3、5×5 等。如同前一小节说明的，滤波核越大，所获得的结果图像就越大。
- ❑　anchor：可选参数，滤波核的锚点，默认值是 (-1,-1)，表示锚点在滤波核的中心，建议使用默认值即可。
- ❑　borderType：可选参数，边界的样式，建议使用默认值即可。

程序实例 ch11_1.py：均值滤波器函数 blur( ) 的应用，在 ch11 文件夹有 hung.jpg 图像，该图像含有许多黑点的噪声，这个程序会读取此图像，然后分别使用 3×3、5×5 和 7×7 规格的滤波核大小，代入 blur( ) 函数执行降噪处理。

```python
1   # ch11_1.py
2   import cv2
3
4   src = cv2.imread("hung.jpg")
5   dst1 = cv2.blur(src, (3, 3))        # 使用 3×3 滤波核
6   dst2 = cv2.blur(src, (5, 5))        # 使用 5×5 滤波核
7   dst3 = cv2.blur(src, (7, 7))        # 使用 7×7 滤波核
8   cv2.imshow("src",src)
9   cv2.imshow("dst 3 x 3",dst1)
10  cv2.imshow("dst 5 x 5",dst2)
11  cv2.imshow("dst 7 x 7",dst3)
12
13  cv2.waitKey(0)
14  cv2.destroyAllWindows()
```

执行结果

原始图像   3 x 3 滤波核

从上述执行结果可以看出，脸部的噪声变弱了，读者可能好奇为何没有完全去除，这是因为原始图像的噪声颗粒比较大，所以使用 3×3 滤波核，得到让噪声变弱的效果。如下是使用 5×5 滤波核与 7×7 滤波核去除图像噪声的结果，得到的滤波核越大降噪效果越好，但是整体图像也变得比较模糊。

5 x 5 滤波核   7 x 7 滤波核

程序实例 ch11_2.py：使用 29×29 滤波核降噪同时观察执行结果，从所得到的结果中可以看到一幅模糊的图像。

```
1   # ch11_2.py
2   import cv2
3
4   src = cv2.imread("hung.jpg")
5   dst1 = cv2.blur(src, (29, 29))              # 使用 29x29 滤波核
6   cv2.imshow("src",src)
7   cv2.imshow("dst 29 x 29",dst1)
8
9   cv2.waitKey(0)
10  cv2.destroyAllWindows()
```

执行结果

11-3　方框滤波器

OpenCV 提供了方框滤波器方法，该方法可以选择是否对均值结果做归一化处理，由这个选择可以决定滤波核核心的值是采用滤波核像素值加总的平均值，或是采用滤波核的加总。

11-3-1　理论基础

若以 3×3 的滤波核为例，如果采用滤波核像素值的加总平均，则卷积的计算方法与整个图像处理概念如下图所示。

这时所得到的结果与 11-2 节的均值滤波核相同，所使用的滤波核公式如下：

$$K = \frac{1}{3 \times 3} \begin{bmatrix} 1 & 1 & 1 \\ 1 & 1 & 1 \\ 1 & 1 & 1 \end{bmatrix}$$

若以 3×3 的滤波核为例，如果采用滤波核像素值的加总，则滤波核的内容与整个图像处理概念如下图所示。

这时所使用的滤波核内容如下：

$$K = \begin{bmatrix} 1 & 1 & 1 \\ 1 & 1 & 1 \\ 1 & 1 & 1 \end{bmatrix}$$

11-3-2　方框滤波器函数

OpenCV 的均值滤波器函数是 boxFilter( )，此函数语法如下：

```
dst = cv2.boxFilter(src, ddepth, ksize, anchor, normalize, borderType)
```

上述函数各参数意义如下：

❑ dst：返回结果的图像或称为目标图像。

❑ src：来源图像或称为原始图像。

❑ ddepth：输出图像深度，默认为 -1，代表与原始图像深度相同。

❑ ksize：滤波核大小，格式是 (高度，宽度)。由于要计算核心的像素值，所以建议使用奇数，例如，3×3、5×5 等。

❑ anchor：可选参数，滤波核的锚点，默认值是 (-1,-1)，表示锚点是在滤波核的中心，建议使用默认值即可。

❑ normalize：可以设定是否归一化处理，如果设为 1 表示进行归一化处理，默认是 1，假设滤波核是 3×3，这时的滤波核公式如下：

$$K = \frac{1}{3 \times 3} \begin{bmatrix} 1 & 1 & 1 \\ 1 & 1 & 1 \\ 1 & 1 & 1 \end{bmatrix}$$

如果设为 0 表示不进行归一化处理，假设滤波核是 3×3，这时的滤波核公式如下：

$$K = \begin{bmatrix} 1 & 1 & 1 \\ 1 & 1 & 1 \\ 1 & 1 & 1 \end{bmatrix}$$

❑ borderType：可选参数，边界的样式，建议使用默认值。

程序实例 ch11_2_1.py：使用方框滤波器处理图像，同时用 2×2、3×3 与 5×5 建立滤波核，设定 normalize = 0，最后观察执行结果。

```
1   # ch11_2_1.py
2   import cv2
3
4   src = cv2.imread("hung.jpg")
5   dst1 = cv2.boxFilter(src,-1,(2,2),normalize=0)  # ksize是 2x2 的滤波核
6   dst2 = cv2.boxFilter(src,-1,(3,3),normalize=0)  # ksize是 3x3 的滤波核
7   dst3 = cv2.boxFilter(src,-1,(5,5),normalize=0)  # ksize是 5x5 的滤波核
8   cv2.imshow("src",src)
9   cv2.imshow("dst 2 x 2",dst1)
10  cv2.imshow("dst 3 x 3",dst2)
11  cv2.imshow("dst 5 x 5",dst3)
12
13  cv2.waitKey(0)
14  cv2.destroyAllWindows()
```

执行结果

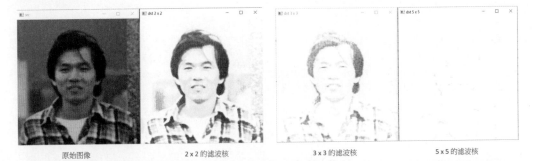

原始图像　　　　　　　2 x 2 的滤波核　　　　　　　3 x 3 的滤波核　　　　　　　5 x 5 的滤波核

如果图像的滤波核相加结果超过 255，结果图像就会是白色，所以使用 5×5 的滤波核加总后，几乎得到全白色的图像。

11-4 中值滤波器

中值滤波器的英文是 median filter，这也是降低图像噪声非常好的方法。

11-4-1 理论基础

中值滤波器与均值滤波器概念类似，不过这个方法不是计算平均值，而是将要处理的图像像素值排序，然后取中间值作为滤波核的核心值。以 3×3 的滤波核为例，数据如下图所示。

148	151	153
149	20	147
150	152	155

将上述像素值排序可以得到下列结果。

```
20, 147, 148, 149, 150, 151, 152, 153, 155
```

最后可以得到滤波核的核心值是 150，如下图所示。

148	151	153
149	150	147
150	152	155

11-4-2 中值滤波器函数

OpenCV 的中值滤波器函数是 medianBlur( )，此函数语法如下：

```
dst = cv2.medianBlur(src, ksize)
```

上述函数各参数意义如下：

- ❑ dst：返回结果的图像或称为目标图像。
- ❑ src：来源图像或称为原始图像。
- ❑ ksize：滤波核的边长，例如 3、5 等。由于要计算中间的像素值，这个函数会自动利用此边长建立方形的滤波核。

程序实例 ch11_3.py：使用简单的数组了解中值滤波器的操作。

```
1   # ch11_3.py
2   import cv2
3   import numpy as np
4
5   src = np.ones((3,3), np.float32) * 150
6   src[1,1] = 20
7   print(f"src = \n {src}")
8   dst = cv2.medianBlur(src, 3)
9   print(f"dst = \n {dst}")
```

执行结果

```
================== RESTART: D:/OpenCV_Python/ch11/ch11_3.py ==================
src =
[[150. 150. 150.]
 [150. [20.] 150.]
 [150. 150. 150.]]
dst =
[[150. 150. 150.]
 [150. [150.] 150.]
 [150. 150. 150.]]
```

从上述可以看到噪声 20 已经改为 150 了。

程序实例 ch11_4.py：中值滤波器函数 medianBlur( ) 的应用，在 ch11 文件夹有 hung.jpg 图像，该图像含有许多黑点的噪声，这个程序会读取此图像，然后分别使用边长是 3、5 和 7 规格的滤波核，代入 medianBlur( ) 函数执行降噪处理。

```
1   # ch11_4.py
2   import cv2
3
4   src = cv2.imread("hung.jpg")
5   dst1 = cv2.medianBlur(src, 3)          # 使用边长是 3 的滤波核
6   dst2 = cv2.medianBlur(src, 5)          # 使用边长是 5 的滤波核
7   dst3 = cv2.medianBlur(src, 7)          # 使用边长是 7 的滤波核
8   cv2.imshow("src",src)
9   cv2.imshow("dst 3 x 3",dst1)
10  cv2.imshow("dst 5 x 5",dst2)
11  cv2.imshow("dst 7 x 7",dst3)
12
13  cv2.waitKey(0)
14  cv2.destroyAllWindows()
```

执行结果

原始图像　　　　　　　　　边长是 3 的滤波核　　　　　　　边长是 5 的滤波核　　　　　　边长是 7 的滤波核

若将上述执行结果与 ch11_1.py 的执行结果相比较，降噪处理的效果更好，这是因为在排序后噪声像素值位于中间值的概率不大，在边长是 3 的滤波核中就已经去除了大部分的噪声了。不过使用中值滤波器时，因为要进行排序处理，所以会需要有比较大量的计算。

11-5　高斯滤波器

高斯滤波器 (Gaussian filter) 也可以称为高斯模糊 (Gaussian blur) 或高斯平滑 (Gaussian smoothing)，这是建立平滑图像或称降低噪声比较常用的方法，这种方法处理后可以保留比较多的图像的信息。

11-5-1　理论基础

在均值滤波器中滤波核内每个像素的权重是一样的，高斯滤波器最重要的概念是越靠近滤波核的核心像素权重越大，距离越远像素权重越小，具体的高斯滤波器函数是依照下列二元高斯函数公式而来：

$$f(x,y) = \frac{1}{2\pi\sigma^2} e^{\left(-\frac{x^2+y^2}{2\sigma^2}\right)}$$

注：笔者所著《机器学习微积分一本通 (Python 版)》的第 13 章和第 14 章有对高斯分布函数概念进行推导，有兴趣的读者可以参考一下。

下列是以 5×5 的滤波核为例的讲解，颜色越深权重越大。

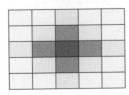

高斯滤波器的滤波核不再全部是 1，也就是权重值不再全部相同，下列将对最简单的 3×3 滤波核工作原理做讲解，下图是滤波核 (x,y) 坐标对应矩阵，其中核心坐标是 (0, 0)。

(-1, 1)	(0, 1)	(1, 1)
(-1, 0)	(0, 0)	(1, 0)
(-1, -1)	(0, -1)	(1, -1)

将坐标 x、y 值套上二元高斯函数的概念得到如下高斯滤波核：

$$\frac{1}{2\pi\sigma^2} \begin{bmatrix} \exp\left(-\frac{1}{\sigma^2}\right) & \exp\left(-\frac{1}{2\sigma^2}\right) & \exp\left(-\frac{1}{\sigma^2}\right) \\ \exp\left(-\frac{1}{2\sigma^2}\right) & 1 & \exp\left(-\frac{1}{2\sigma^2}\right) \\ \exp\left(-\frac{1}{\sigma^2}\right) & \exp\left(-\frac{1}{2\sigma^2}\right) & \exp\left(-\frac{1}{\sigma^2}\right) \end{bmatrix}$$

假设标准偏差 σ 是 0.85，上述可以得到如下权重的矩阵：

注：不同的标准偏差，将获得不同的权重矩阵。

$$\begin{bmatrix} 0.05519 & 0.11026 & 0.05519 \\ 0.11026 & 0.22028 & 0.11026 \\ 0.05519 & 0.11026 & 0.05519 \end{bmatrix}$$

将左上角数值归一化，可以得到如下结果：

$$\begin{bmatrix} 1.0 & 1.99 & 1.0 \\ 1.99 & 3.99 & 1.99 \\ 1.0 & 1.99 & 1.0 \end{bmatrix}$$

取近似值可以得到如下结果：

$$\begin{bmatrix} 1 & 2 & 1 \\ 2 & 4 & 2 \\ 1 & 2 & 1 \end{bmatrix}$$

所以可以得到如下高斯滤波核最基本的权重值。

1	2	1
2	4	2
1	2	1

0.05	0.1	0.05
0.1	0.2	0.1
0.05	0.1	0.05

在进行高斯滤波器的计算时，使用上述右边方式，将原始图像与滤波核执行卷积计算可以进行下列运算。

148	151	153
149	20	147
150	152	155

$\times$

0.05	0.1	0.05
0.1	0.2	0.1
0.05	0.1	0.05

$=$

最后将计算结果设定给滤波核核心，下列是计算过程。

$148 \times 0.05 + 151 \times 0.1 + 153 \times 0.05 +$

$149 \times 0.1 + 20 \times 0.2 + 147 \times 0.1 +$

$150 \times 0.05 + 152 \times 0.1 + 155 \times 0.05$

$= 7.4 + 15.1 + 7.65 + 14.9 + 4 + 14.7 + 7.5 + 15.2 + 7.75$

$= 94.2$

所以最后所得到的滤波核核心值是 94.2，取整数后，原先滤波核核心值由 20 改为 94，下列是执行结果。

148	151	153
149	20	147
150	152	155

×

0.05	0.1	0.05
0.1	0.2	0.1
0.05	0.1	0.05

=

148	151	153
149	94	147
150	152	155

此外，读者必须了解在实际应用中，高斯滤波器的滤波核可以有不同的高度和宽度，每一种的滤波核大小也会有不同的权重比例。

注：上述将图像矩阵与滤波核相乘的运算称为卷积运算。

11-5-2　高斯滤波器函数

OpenCV 提供了高斯滤波器函数 GaussianBlur( )，此函数语法如下：

```
dst = cv2.GaussianBlur(src, ksize, sigmaX, sigmaY, borderType)
```

上述函数各参数意义如下：
- ❑ dst：返回结果的图像或称为目标图像。
- ❑ src：来源图像或称为原始图像。
- ❑ ksize：滤波核的大小，可以设定不同的大小，格式是 (height, width)，宽或高必须是奇数，例如，(3, 3)、(3, 5) 或 (5, 5)。
- ❑ sigmaX：卷积核在水平方向的标准偏差，不同的标准偏差会有不同的权重，对于初学者建议此处写 0。
- ❑ sigmaY：卷积核在垂直方向的标准偏差，不同的标准偏差会有不同的权重，对于初学者建议此处写 0。
- ❑ borderType：可选参数，边界样式，建议使用默认值即可。

程序实例 ch11_5.py：高斯滤波器函数 GaussianBlur( ) 的应用，在 ch11 文件夹有 hung.jpg 图像，这个图像含有许多黑点的噪声，本程序会读取此图像，然后分别使用边长是 3×3、5×5 和 29×29 规格的滤波核，代入 GaussianBlur( ) 函数执行降噪处理。

```
1   # ch11_5.py
2   import cv2
3
4   src = cv2.imread("hung.jpg")
5   dst1 = cv2.GaussianBlur(src,(3,3),0,0)      # 使用 3 x 3 的滤波核
6   dst2 = cv2.GaussianBlur(src,(5,5),0,0)      # 使用 5 x 5 的滤波核
7   dst3 = cv2.GaussianBlur(src,(29,29),0,0)    # 使用 29 x 29 的滤波核
8   cv2.imshow("src",src)
9   cv2.imshow("dst 3 x 3",dst1)
10  cv2.imshow("dst 5 x 5",dst2)
11  cv2.imshow("dst 15 x 15",dst3)
12
13  cv2.waitKey(0)
14  cv2.destroyAllWindows()
```

执行结果

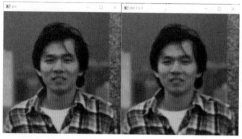

原始图像　　　　　　　3 x 3 的滤波核　　　　　　　5 x 5 的滤波核　　　　　　　29 x 29 的滤波核

从上述看到高斯滤波器处理图像比较平滑，但是滤波核越大，图像越模糊。

11-6　双边滤波器

前面几节讲解了均值滤波器、方框滤波器、中值滤波器与高斯滤波器，皆可以达到降低噪声的效果，不过会让图像的边界变得模糊，本节所要介绍的双边滤波器 (Bilateral filter) 可以在进行降噪的同时保护图像的边缘信息。

11-6-1　理论基础

这里笔者先用一个实例解说边缘信息，有一幅图像 border.jpg 内容如下所示。

程序实例 ch11_6.py：使用均值滤波器与高斯滤波器处理黑白图像，同时观察边缘信息。

```python
1   # ch11_6.py
2   import cv2
3
4   src = cv2.imread("border.jpg")
5   dst1 = cv2.blur(src, (3, 3))                # 均值滤波器 — 3x3 滤波核
6   dst2 = cv2.blur(src, (7, 7))                # 均值滤波器 — 7x7 滤波核
7
8   dst3 = cv2.GaussianBlur(src,(3,3),0,0)      # 高斯滤波器 — 3x3 的滤波核
9   dst4 = cv2.GaussianBlur(src,(7,7),0,0)      # 高斯滤波器 — 7x7 的滤波核
10
11  cv2.imshow("dst 3 x 3",dst1)
12  cv2.imshow("dst 7 x 7",dst2)
13  cv2.imshow("Gauss dst 3 x 3",dst3)
14  cv2.imshow("Gauss dst 7 x 7",dst4)
15
16  cv2.waitKey(0)
17  cv2.destroyAllWindows()
```

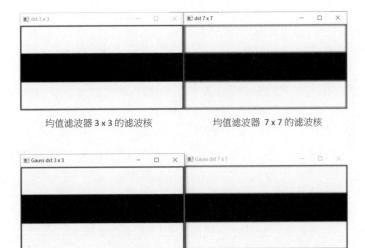

均值滤波器 3 x 3 的滤波核　　　　　　　均值滤波器 7 x 7 的滤波核

高斯滤波器 3 x 3 的滤波核　　　　　　　高斯滤波器 7 x 7 的滤波核

如果读者仔细看上述执行结果，特别是 7×7 的滤波核，可以看到黑色边缘有模糊的效果产生。如果相同图像使用双边滤波器，上述边缘图像就可以很好地保留下来。

双边滤波器在计算某一个像素的新值时，会同时考虑距离与色彩信息，距离越近权重越大，距离越远权重越小。色彩越近权重越大，色彩越远权重越小。甚至如果差异太大，权重也可能直接设为 0。假设有一个图像的边缘信息如下所示。

255	0
255	0
255	0

下方左图是使用均值滤波器时所得到的图像信息，下方右图是使用双边滤波器得到的结果。

128	128		255	0
---	---		---	---
128	128		255	0
128	128		255	0

均值滤波器　　　　　　双边滤波器

对于双边滤波器而言，白色像素值是 255，而右边的像素值是 0，彼此差异太大，因此双边滤波器会将右边像素值的权重设为 0，所以白色的像素值不会改变。黑色像素值是 0，而左边的像素值是 255，彼此差异太大，因此双边滤波器会将左边像素值的权重设为 0，所以黑色的像素值不会改变。

11-6-2　双边滤波器函数

OpenCV 提供了双边滤波器函数 bilateralFilter( )，此函数语法如下：

```
dst = cv2.bilateralFilter(src, d, sigmaColor, sigmaSpace, borderType)
```

上述函数各参数意义如下：

❑ dst：返回结果的图像或称为目标图像。

❑ src：来源图像或称为原始图像。

❑ d：以当前像素为中心的滤波直径，如果这个值是负数，则会自动参照 sigmaSpace。在实际应用中建议此值是 5，如果滤波直径大于 5，计算时间就会比较多，但是如果图像噪声较大，建议将此值设为大于 5。

❑ sigmaColor：指像素颜色值与周围像素颜色值的最大差距，只有颜色值差距在此范围内，周围的像素点才需要执行滤波计算。如果此值设为 0 则没有意义，如果此值设为 255 则所有的颜色都要执行滤波计算。

❑ sigmaSpace：距离的空间参数，如果参数 d 大于 0，这个值可以忽略。如果参数 d 小于 0，就会由这个参数判断有参与滤波的计算。

❑ borderType：可选参数，代表边界样式，建议使用默认值即可。

程序实例 ch11_7.py：相同的图像，使用均值滤波器、高斯滤波器和双边滤波器处理，最后比较结果。

```
1   # ch11_7.py
2   import cv2
3
4   src = cv2.imread("hung.jpg")
5   dst1 = cv2.blur(src,(15,15))                   # 均值滤波器
6   dst2 = cv2.GaussianBlur(src,(15,15),0,0)       # 高斯滤波器
7   dst2 = cv2.bilateralFilter(src,15,100,100)     # 双边滤波器
8
9   cv2.imshow("src",src)
10  cv2.imshow("blur",dst1)
11  cv2.imshow("GaussianBlur",dst1)
12  cv2.imshow("bilateralFilter",dst2)
13
14  cv2.waitKey(0)
15  cv2.destroyAllWindows()
```

执行结果

原始图像　　　　　　　　均值滤波器　　　　　　　　高斯滤波器　　　　　　　　双边滤波器

从上述执行结果可以看出，双边滤波器可以降低噪声，同时图像边缘比较清晰。

11-7　自定义滤波核

本章笔者介绍了多个建立平滑图像的滤波器，每个滤波器其实皆使用了滤波核在执行降低噪声的效果，这些滤波核有一定的便利性与灵活性。假设要指定下列特别数值的滤波核：

$$K = \frac{1}{169} \begin{bmatrix} 3 & 3 & 3 & 3 & 3 \\ 3 & 12 & 12 & 12 & 3 \\ 3 & 12 & 25 & 12 & 3 \\ 3 & 12 & 12 & 12 & 3 \\ 3 & 3 & 3 & 3 & 3 \end{bmatrix}$$

其实先前所介绍的滤波器皆无法完成，不过 OpenCV 提供了 filter2D( ) 函数可以自行定义滤波核，然后使用设定的滤波核执行降低图像噪声的工作，该函数的语法如下：

```
dst = cv2.filter2D(src, ddepth, kernel, anchor, delta, borderType)
```

上述函数各参数意义如下：

❏ dst：返回结果的图像或称为目标图像。

❏ src：来源图像或称为原始图像。

❏ ddepth：目标图像的深度，如果设定为 -1，表示与来源图像相同。

❏ kernel：滤波核，是单通道的矩阵。如果想要处理彩色，可以将彩色图像分解，然后使用不同的滤波核。

❏ anchor：滤波核的锚点，默认值是 (-1,-1)，表示锚点是在滤波核的中心，建议使用默认值即可。

❏ delta：偏置值，用于调整已经过滤的像素值，默认是 0。

❏ borderType：边界样式，建议使用默认值即可。

程序实例 ch11_8.py：使用自定义的滤波核，然后进行滤波处理，自定义的滤波核内容如下：

$$K = \frac{1}{121} \begin{bmatrix} 1 & 1 & 1 & 1 & 1 & 1 & 1 & 1 & 1 & 1 & 1 \\ 1 & 1 & 1 & 1 & 1 & 1 & 1 & 1 & 1 & 1 & 1 \\ 1 & 1 & 1 & 1 & 1 & 1 & 1 & 1 & 1 & 1 & 1 \\ 1 & 1 & 1 & 1 & 1 & 1 & 1 & 1 & 1 & 1 & 1 \\ 1 & 1 & 1 & 1 & 1 & 1 & 1 & 1 & 1 & 1 & 1 \\ 1 & 1 & 1 & 1 & 1 & 1 & 1 & 1 & 1 & 1 & 1 \\ 1 & 1 & 1 & 1 & 1 & 1 & 1 & 1 & 1 & 1 & 1 \\ 1 & 1 & 1 & 1 & 1 & 1 & 1 & 1 & 1 & 1 & 1 \\ 1 & 1 & 1 & 1 & 1 & 1 & 1 & 1 & 1 & 1 & 1 \\ 1 & 1 & 1 & 1 & 1 & 1 & 1 & 1 & 1 & 1 & 1 \\ 1 & 1 & 1 & 1 & 1 & 1 & 1 & 1 & 1 & 1 & 1 \end{bmatrix}$$

```
1   # ch11_8.py
2   import cv2
3   import numpy as np
4
5   src = cv2.imread("hung.jpg")
6   kernel = np.ones((11,11),np.float32) / 121    # 自定义卷积核
7   dst = cv2.filter2D(src,-1,kernel)             # 自定义滤波器
8   cv2.imshow("src",src)
9   cv2.imshow("dst",dst)
10
11  cv2.waitKey(0)
12  cv2.destroyAllWindows()
```

执行结果

上述只是一个最简单的自定义滤波核，当读者了解设定方式后，可以自行定义更复杂的滤波核，这样可以更进一步体会自定义滤波核的意义。

习题

1. 请扩充 ch11_3.py 观察中值滤波器的操作，建立 5×5 的矩阵，从左上到右下对角线值是 20，其他值是 150，使用 ksize = 3 和 ksize = 5，列出所建立的矩阵以及执行结果。

```
==================== RESTART: D:/OpenCV_Python/ex/ex11_1.py ====================
src =
[[ 20. 150. 150. 150. 150.]
 [150.  20. 150. 150. 150.]
 [150. 150.  20. 150. 150.]
 [150. 150. 150.  20. 150.]
 [150. 150. 150. 150.  20.]]
ksize = 3, dst =
[[ 20. 150. 150. 150. 150.]
 [150. 150. 150. 150. 150.]
 [150. 150. 150. 150. 150.]
 [150. 150. 150. 150. 150.]
 [150. 150. 150. 150.  20.]]
ksize = 5, dst =
[[150. 150. 150. 150. 150.]
 [150. 150. 150. 150. 150.]
 [150. 150. 150. 150. 150.]
 [150. 150. 150. 150. 150.]
 [150. 150. 150. 150. 150.]]
```

2. 使用中值滤波器、高斯滤波器以及相同大小的 3×3 滤波核，对 antar.jpg 进行降噪处理，最后列出原始图像、中值滤波器与高斯滤波器处理结果图像。

3. 重新设计 ch11_6.py，但是将高斯滤波器改为双边滤波器，同时比较使用 3×3 和 7×7 滤波核时，均值滤波器与双边滤波器的执行结果。

4. 使用 unistar.jpg 图像重新设计 ch11_7.jpg，但是将滤波直径改为 9，同时列出执行结果。

第 12 章

数学形态学

数学形态学 (mathematical morphology) 简称形态学，在计算机视觉领域有时也称为图像形态学。这是一门建立在格论 (lattice) 和拓扑学 (topology) 基础之上的图像分析学科。在这门学科中基本的理论运算有腐蚀 (erosion)、膨胀 (dilation)、开运算 (opening)、闭运算 (closing)、形态学梯度 (morphological gradient)、礼帽运算 (tophat)、黑帽运算 (blackhat) 等。

在上述基本理论运算中，腐蚀和膨胀是最基础的运算，然后笔者将逐步用这两个运算为基础，讲解开运算、闭运算、形态学梯度、礼帽运算、黑帽运算。

了解上述运算后，笔者将讲解 OpenCV 对上述运算的支持。

12-1　腐蚀

所谓的腐蚀是指让图像沿着边缘向内收缩的操作，这个操作目的有 3 个。

1. 可以删除图像中的杂点，相当于删除图像噪声。

2. 可以细化图像，删除毛边。

3. 有时候也可以分割图像。

12-1-1　理论基础

腐蚀操作一般常用在二进制的图像，例如，下方左图是原始图像，下方右图是经过腐蚀之后的结果。

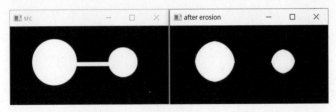

腐蚀操作的原理是，假设原始图像前景颜色是白色 (像素值是 1)，背景颜色是黑色 (像素值是 0)，建立一个内核 (kernel)，简称核，内核的中心像素称为核心，如下图所示。

原始图像　　　　　　内核

腐蚀操作就是让内核遍历图像所有的像素点，然后由内核的核心决定目前图像像素点的像素值，这时会发生 2 种情况。

情况 1：

如果内核完全在原始图像中，则将内核的核心目前所在的像素点设定为前景颜色，也就是白色，参考下图。

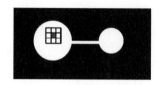

情况 2：

如果内核完全不在原始图像中，或部分在原始图像中，则将目前内核的核心所在的像素点设定为背景色，也就是黑色，参考下图。

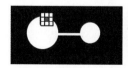　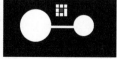　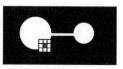

内核部分在原始图像中　　　内核完全不在原始图像中　　　内核部分在原始图像中

12-1-2　腐蚀函数

OpenCV 将 12-1-1 节所述的腐蚀功能封装成 erode( ) 函数，此函数语法如下：

```
dst = cv2.erode(src, kernel, anchor, iterations, borderType, borderValue)
```

上述函数各参数意义如下：

- ❑ dst：返回结果图像。
- ❑ src：来源图像或称为原始图像。
- ❑ kernel：代表腐蚀操作所定义的内核，可以自定义，也可以使用函数 getStructuringElement( ) 产生，细节可参考 12-9 节。
- ❑ anchor：可选参数，设定内核锚点的位置，也就是设定核心的位置，默认是 (-1,-1)，表示使用中心点当作锚点。
- ❑ iterations：可选参数，腐蚀操作的迭代次数，默认是 1。
- ❑ borderType：可选参数，边界样式，建议使用默认值即可。
- ❑ borderValue：可选参数，边界值，建议使用默认值即可。

程序实例 ch12_1.py：使用数组当作原始图像，设定 3×3 的内核，了解腐蚀操作。

```
1   # ch12_1.py
2   import cv2
3   import numpy as np
4
5   src = np.zeros((7,7),np.uint8)
6   src[1:6,1:6] = 1                        # 建立前景图像
7   kernel = np.ones((3,3),np.uint8)        # 建立内核
8   dst = cv2.erode(src, kernel)            # 腐蚀操作
9   print(f"src = \n {src}")
10  print(f"kernel = \n {kernel}")
11  print(f"Erosion = \n {dst}")
```

执行结果

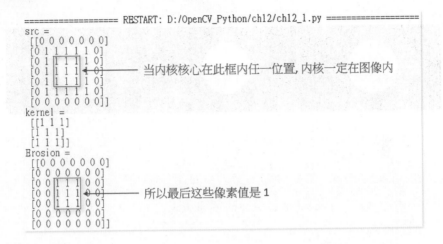

程序实例 ch12_2.py：使用 5×5 和 11×11 当作内核，然后针对 bw.jpg 执行腐蚀操作，最后列出执行结果。

```
1  # ch12_2.py
2  import cv2
3  import numpy as np
4
5  src = cv2.imread("bw.jpg")
6  kernel = np.ones((5, 5),np.uint8)        # 建立5x5内核
7  dst1 = cv2.erode(src, kernel)            # 腐蚀操作
8  kerne2 = np.ones((11, 11),np.uint8)      # 建立11x11内核
9  dst2 = cv2.erode(src, kerne2)            # 腐蚀操作
10
11 cv2.imshow("src",src)
12 cv2.imshow("after erosion 5 x 5",dst1)
13 cv2.imshow("after erosion 11 x 11",dst2)
14 cv2.waitKey(0)
15 cv2.destroyAllWindows()
```

执行结果

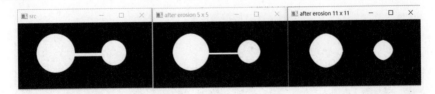

程序实例 ch12_3.py：使用腐蚀去除毛边与图像噪声的实例，这个程序是使用 ch12_2.py，但是加载 bw_noise.jpg 图像的结果。

```
5  src = cv2.imread("bw_noise.jpg")
```

执行结果

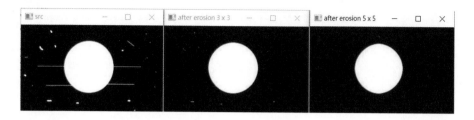

上述当使用 3×3 内核时可以消除大部分噪声，可以参考上方中间的图。使用 5×5 则删除了所有噪声，可以参考上方右图。

腐蚀功能应用在彩色图像，实例如下。

程序实例 ch12_4.py：使用彩色图像 whilster.jpg 重新设计 ch12_2.py。

```
5   src = cv2.imread("whilster.jpg")
```

执行结果　下图是原始图像。

下图左边是 3×3 内核，右边是 5×5 内核，从腐蚀操作的结果可以看出深色部分会增加，浅色部分会减少。

12-2　膨胀

所谓的膨胀是指让图像沿着边缘向外扩张的操作，也可以说是腐蚀的反向操作，就好像反复地在墙壁漆水泥，让整个墙壁变厚。在反复扩张的动作中，有时可以让两幅分开的图像连接。

12-2-1　理论基础

膨胀操作一般常用在二进制的图像，例如，下方左图是原始图像，下方右图是经过膨胀之后的结果。

膨胀操作的原理是，假设原始图像前景颜色是白色(像素值是 1)，背景颜色是黑色(像素值是 0)，建立一个内核 (kernel)，简称核，内核的中心像素称为核心，如下图所示。

原始图像　　　　　　　　　　内核

膨胀操作就是让内核遍历图像所有的像素点，然后由内核的核心决定目前图像像素点的像素值，这时会发生 2 种情况。

情况 1：

如果内核全部或部分在原始图像中，则将内核的核心目前所在的像素点设定为前景颜色，也就是白色，可以参考下图。

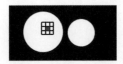 

情况 2：

如果内核完全不在原始图像中，则将内核的核心目前所在的像素点设定为背景色，也就是黑色，可以参考下图。

12-2-2 膨胀函数 dilate( )

OpenCV 将 12-2-1 节所述的膨胀功能封装成 dilate( ) 函数，此函数语法如下：

```
dst = cv2.dilate(src, kernel, anchor, iterations, borderType, borderValue)
```

上述函数各参数意义如下：

❑ dst：返回结果图像。

❑ src：来源图像或称为原始图像。

❑ kernel：代表膨胀操作所定义的内核，可以自定义，也可以使用函数 getStructuringElement( ) 产生。

❑ anchor：可选参数，设定内核锚点的位置，也就是设定核心的位置，默认是 (-1,-1)，表示使用中心点当锚点。

❑ iterations：可选参数，膨胀操作的迭代次数，默认是 1。

❑ borderType：可选参数，边界样式，建议使用默认值即可。

❑ borderValue：可选参数，边界值，建议使用默认值即可。

程序实例 ch12_5.py：使用数组当作原始图像，设定 3×3 的内核，了解膨胀操作。

```python
1   # ch12_5.py
2   import cv2
3   import numpy as np
4
5   src = np.zeros((7,7),np.uint8)
6   src[2:5,2:5] = 1                      # 建立前景图像
7   kernel = np.ones((3,3),np.uint8)     # 建立内核
8   dst = cv2.dilate(src, kernel)        # 膨胀操作
9   print(f"src = \n {src}")
10  print(f"kernel = \n {kernel}")
11  print(f"Dilation = \n {dst}")
```

执行结果

```
=============== RESTART: D:/OpenCV_Python/ch12/ch12_5.py ===============
src =
[[0 0 0 0 0 0 0]
 [0 0 0 0 0 0 0]
 [0 0 1 1 1 0 0]
 [0 0 1 1 1 0 0]
 [0 0 1 1 1 0 0]
 [0 0 0 0 0 0 0]
 [0 0 0 0 0 0 0]]
kernel =
[[1 1 1]
 [1 1 1]
 [1 1 1]]
Dilation =
[[0 0 0 0 0 0 0]
 [0 1 1 1 1 1 0]
 [0 1 1 1 1 1 0]
 [0 1 1 1 1 1 0]
 [0 1 1 1 1 1 0]
 [0 1 1 1 1 1 0]
 [0 0 0 0 0 0 0]]
```

程序实例 ch12_6.py：使用 5×5 和 11×11 当作内核，然后针对 bw_dilate.jpg 执行膨胀操作，最后列出执行结果。

```
1   # ch12_6.py
2   import cv2
3   import numpy as np
4
5   src = cv2.imread("bw_dilate.jpg")
6   kernel = np.ones((5, 5),np.uint8)        # 建立5x5内核
7   dst1 = cv2.dilate(src, kernel)           # 膨胀操作
8   kerne2 = np.ones((11, 11),np.uint8)      # 建立11x11内核
9   dst2 = cv2.dilate(src, kerne2)           # 膨胀操作
10
11  cv2.imshow("src",src)
12  cv2.imshow("after dilation 5 x 5",dst1)
13  cv2.imshow("after dilation 11 x 11",dst2)
14  cv2.waitKey(0)
15  cv2.destroyAllWindows()
```

原始图像　　　　　　　核心是5 x 5　　　　　　　核心是11 x 11

程序实例 ch12_7.py：设定核心是 3×3 和 5×5，对 A.jpg 执行膨胀操作，同时列出结果。

```
1   # ch12_7.py
2   import cv2
3   import numpy as np
4
5   src = cv2.imread("a.jpg")
6   kernel = np.ones((3, 3),np.uint8)        # 建立3x3内核
7   dst1 = cv2.dilate(src, kernel)           # 膨胀操作
8   kerne2 = np.ones((5, 5),np.uint8)        # 建立5x5内核
9   dst2 = cv2.dilate(src, kerne2)           # 膨胀操作
10
11  cv2.imshow("src",src)
12  cv2.imshow("after dilation 3 x 3",dst1)
13  cv2.imshow("after dilation 5 x 5",dst2)
14  cv2.waitKey(0)
15  cv2.destroyAllWindows()
```

原始图像　　　　　　　核心是3 x 3　　　　　　　核心是5 x 5

如果使用彩色图像执行膨胀操作，浅色部分会增加，深色部分会减少，图像会有模糊效果。

程序实例 ch12_8.py：使用膨胀操作重新设计 ch12_4.py。

```
1   # ch12_8.py
2   import cv2
3   import numpy as np
4
5   src = cv2.imread("whilster.jpg")
6   kernel = np.ones((3,3),np.uint8)          # 建立3x3内核
7   dst1 = cv2.dilate(src, kernel)            # 膨胀操作
8   kerne2 = np.ones((5,5),np.uint8)          # 建立5x5内核
9   dst2 = cv2.dilate(src, kerne2)            # 膨胀操作
10
11  cv2.imshow("src",src)
12  cv2.imshow("after dilation 3 x 3",dst1)
13  cv2.imshow("after dilation 5 x 5",dst2)
14  cv2.waitKey(0)
15  cv2.destroyAllWindows()
```

执行结果　下图是原始图像。

下图分别是 3×3 内核与 5×5 内核膨胀操作的结果。

12-3　OpenCV 应用在数学形态学的通用函数

　　腐蚀和膨胀是最基础的运算，然后就可以以这两个运算为基础，执行开运算、闭运算、形态学梯度、礼帽运算、黑帽运算等。OpenCV 对这些扩展的运算提供了通用函数 morphologyEx( )，此函

数语法如下：

```
dst = cv2.morphologyEx(src,op,kernel,anchor,iterations,borderType,borderValue)
```

上述函数各参数意义如下：

- ❑ dst：返回结果图像。
- ❑ src：来源图像或称为原始图像。
- ❑ op：操作方式，可以有下表所示选项。

具名常数	说明	说明
MORPH_ERODE	腐蚀	erode( )
MORPH_DILATE	膨胀	dilate( )
MORPH_OPEN	开运算	dilate(erode( ))
MORPH_CLOSE	闭运算	erode(dilate( ))
MORPH_GRADIENT	形态学梯度	dilate( ) - erode( )
MORPH_TOPHAT	礼帽运算	src - open( )
MORPH_BLACKHAT	黑帽运算	close( ) - src
MORPH_HITMISS	击中击不中	intersection(erode(src),erode(src1))

- ❑ kernel：代表膨胀操作所定义的内核，可以自行定义，也可以使用函数 getStructuringElement( ) 产生。
- ❑ anchor：可选参数，设定内核锚点的位置，也就是设定核心的位置，默认是 (-1,-1)，表示使用中心点当作锚点。
- ❑ iterations：可选参数，指定形态操作的迭代次数，默认是 1。
- ❑ borderType：可选参数，边界样式，建议使用默认值即可。
- ❑ borderValue：可选参数，边界值，建议使用默认值即可。

12-4 开运算

所谓开运算 (opening) 就是将图像先做腐蚀操作，然后再做膨胀操作，这个操作主要可以删除图像噪声。此外，适度地使用也可以完成更多工作，例如，有一个二元树，经过开运算后可以得到下列右边的结果，这时使用检验轮廓，即可以获得二元树的节点数量。

程序实例 ch12_9.py：建立 3×3 内核，使用开运算对二元树操作。

```
1   # ch12_9.py
2   import cv2
3   import numpy as np
4
5   src = cv2.imread("btree.jpg")
6   kernel = np.ones((3,3),np.uint8)                    # 建立3x3内核
7   dst = cv2.morphologyEx(src,cv2.MORPH_OPEN,kernel)   # 开运算
8
9   cv2.imshow("src",src)
10  cv2.imshow("after Opening 3 x 3",dst)
11
12  cv2.waitKey(0)
13  cv2.destroyAllWindows()
```

执行结果

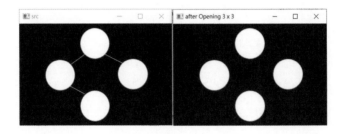

程序实例 ch12_10.py：建立 9×9 内核，观察开运算对彩色图像的影响。

```
1   # ch12_10.py
2   import cv2
3   import numpy as np
4
5   src = cv2.imread("night.jpg")
6   kernel = np.ones((9,9),np.uint8)                    # 建立9x9内核
7   dst = cv2.morphologyEx(src,cv2.MORPH_OPEN,kernel)   # 开运算
8
9   cv2.imshow("src",src)
10  cv2.imshow("after Opening 9 x 9",dst)
11
12  cv2.waitKey(0)
13  cv2.destroyAllWindows()
```

执行结果　下图左边是原始图像，右边是开运算的结果。

从上述可以看出开运算对图像会有模糊的效果。

程序实例 ch12_11.py：这个实例是先使用 erode( ) 函数，再使用 dilate( ) 函数重新设计 ch12_10.py，读者可以了解图像的变化过程。

```
1   # ch12_11.py
2   import cv2
3   import numpy as np
4
5   src = cv2.imread("night.jpg")
6   kernel = np.ones((9,9),np.uint8)              # 建立9x9内核
7   mid = cv2.erode(src, kernel)                  # 腐蚀
8   dst = cv2.dilate(mid, kernel)                 # 膨胀
9
10  cv2.imshow("src",src)
11  cv2.imshow("after erosion 9 x 9",mid)
12  cv2.imshow("after dilation 9 x 9",dst)
13
14  cv2.waitKey(0)
15  cv2.destroyAllWindows()
```

执行结果

从上图可以看出图像先腐蚀，对于上述图像浅色部分是前景颜色，整个浅色区域变小。然后再膨胀，虽然浅色区域变大，但是图像也变模糊了。

12-5 闭运算

所谓的闭运算 (closing) 就是将图像先做膨胀操作，然后再做腐蚀操作，这个操作主要可以删除图像前景的噪声或其他小细节。此外，适度地使用也可以完成更多工作，例如，可以将两个接近的前景图案连接，如下图所示。

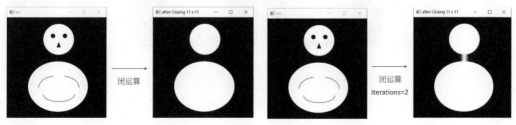

程序实例 ch12_12.py：建立 11×11 内核，对图像 snowman.jpg 使用闭运算。

```
1   # ch12_12.py
2   import cv2
3   import numpy as np
4
5   src = cv2.imread("snowman.jpg")
6   kernel = np.ones((11,11),np.uint8)                    # 建立11x11内核
7   dst = cv2.morphologyEx(src,cv2.MORPH_CLOSE,kernel)   # 闭运算
8
9   cv2.imshow("src",src)
10  cv2.imshow("after Closing 11 x 11",dst)
11
12  cv2.waitKey(0)
13  cv2.destroyAllWindows()
```

执行结果

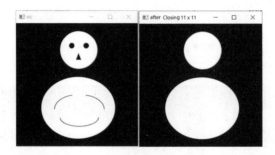

程序实例 ch12_13.py：将 snowman1.jpg 图像变成与 snowman.jpg 大致一样，差异是头与身体靠近一点，然后执行闭运算。

```
5   src = cv2.imread("snowman1.jpg")
```

执行结果

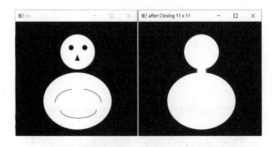

程序实例 ch12_14.py：彩色图像做闭运算的变化过程。

```
1   # ch12_14.py
2   import cv2
3   import numpy as np
4
5   src = cv2.imread("night.jpg")
6   kernel = np.ones((9,9),np.uint8)              # 建立9x9内核
7   mid = cv2.dilate(src, kernel)                 # 膨胀
8   dst = cv2.erode(mid, kernel)                  # 腐蚀
9   cv2.imshow("src",src)
10  cv2.imshow("after dilation 9 x 9",mid)
11  cv2.imshow("after erosion 9 x 9",dst)
12
13  cv2.waitKey(0)
14  cv2.destroyAllWindows()
```

执行结果

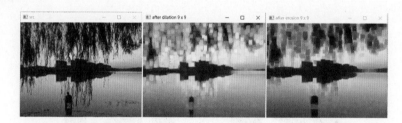

读者可以将上述执行结果与 ch12_11.py 的执行结果做比较，可以得到深浅不同的效果。

12-6 形态学梯度

形态学梯度 (morphological gradient) 是一种获得图像边缘的算法，就是将膨胀的图像减去腐蚀的图像，最后可以得到图像的边缘。

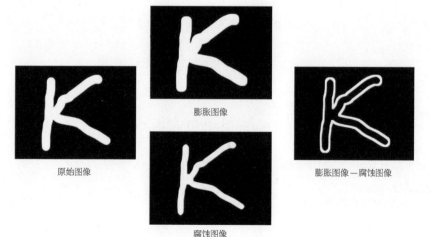

膨胀图像

原始图像

腐蚀图像

膨胀图像－腐蚀图像

程序实例 ch12_15.py：先处理 k.jpg 图像的膨胀与腐蚀。

```
1   # ch12_15.py
2   import cv2
3   import numpy as np
4
5   src = cv2.imread("k.jpg")
6   kernel = np.ones((5,5),np.uint8)              # 建立5x5内核
7   dst1 = cv2.dilate(src, kernel)                # 膨胀
8   dst2 = cv2.erode(src, kernel)                 # 腐蚀
9   cv2.imshow("src",src)
10  cv2.imshow("after dilation 5 x 5",dst1)
11  cv2.imshow("after erosion 5 x 5",dst2)
12
13  cv2.waitKey(0)
14  cv2.destroyAllWindows()
```

执行结果

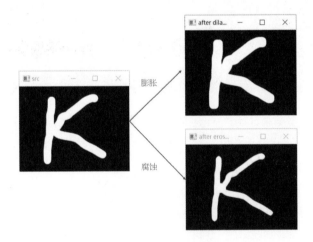

程序实例 ch12_16.py：使用形态学梯度获得 k.jpg 图像边缘的设计。

```
1   # ch12_16.py
2   import cv2
3   import numpy as np
4
5   src = cv2.imread("k.jpg")
6   kernel = np.ones((5,5),np.uint8)                          # 建立5x5内核
7   dst = cv2.morphologyEx(src,cv2.MORPH_GRADIENT,kernel)     # gradient
8
9   cv2.imshow("src",src)
10  cv2.imshow("after morpological gradient",dst)
11
12  cv2.waitKey(0)
13  cv2.destroyAllWindows()
```

执行结果

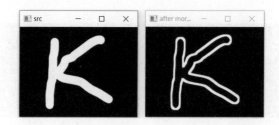

程序实例 ch12_17.py：重新设计 ch12_16.py，将内核改为 3×3，将图像改为 hole.jpg。

```
5  src = cv2.imread("hole.jpg")
6  kernel = np.ones((3,3),np.uint8)                        # 建立3x3内核
```

执行结果

12-7　礼帽运算

礼帽运算 (tophat) 概念是将原始图像减去开运算的图像，经过这个操作后可以得到原始图像的噪声信息，或是得到比原始图像的边缘更亮的图像信息。

程序实例 ch12_18.py：使用礼帽运算获得噪声信息的应用。

```
1   # ch12_18.py
2   import cv2
3   import numpy as np
4
5   src = cv2.imread("btree.jpg")
6   kernel = np.ones((3,3),np.uint8)                        # 建立3x3内核
7   dst = cv2.morphologyEx(src,cv2.MORPH_TOPHAT,kernel)     # 礼帽运算
8
9   cv2.imshow("src",src)
10  cv2.imshow("after tophat",dst)
11
12  cv2.waitKey(0)
13  cv2.destroyAllWindows()
```

执行结果

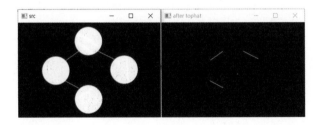

12-8 黑帽运算

黑帽运算 (blackhat) 概念是将原始图像减去闭运算的图像，经过这个操作后可以得到原始图像内部的细节，或是得到比原始图像的边缘更黑暗的图像信息。

程序实例 ch12_19.py：使用黑帽运算获得内部细节的应用。

```
1  # ch12_19.py
2  import cv2
3  import numpy as np
4
5  src = cv2.imread("snowman.jpg")
6  kernel = np.ones((11,11),np.uint8)                       # 建立11x11内核
7  dst = cv2.morphologyEx(src,cv2.MORPH_BLACKHAT,kernel)    # 黑帽运算
8
9  cv2.imshow("src",src)
10 cv2.imshow("after blackhat",dst)
11
12 cv2.waitKey(0)
13 cv2.destroyAllWindows()
```

执行结果

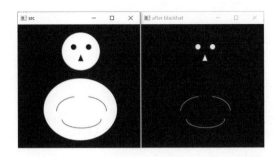

程序实例 ch12_20.py：使用 excel.jpg 图像文件重新设计 ch12_19.py。

```
5  src = cv2.imread("excel.jpg")
6  kernel = np.ones((11,11),np.uint8)                       # 建立11x11内核
```

读者可以特别留意图像中人物的眼睛，从黑眼球变成白眼球。

12-9 核函数

前面各小节使用 Numpy 模块的 ones( ) 建立核函数，其实在 12-1-2 节笔者有说过可以使用 OpenCV 所提供的 getStructuringElement( ) 建立内核，这个函数的语法如下：

```
kernel = cv2.getStructuringElement(shape, ksize, anchor)
```

上述函数各参数意义如下：

❏ kernel：返回内核。

❏ shape：内核的外形，可以有下表所列选项。

具名常数	说明
MORPH_RECT	所有元素值皆是 1
MORPH_ELLIPSE	椭圆形元素位置是 1
MORPH_CROSS	十字形元素位置是 1

❏ ksize：内核大小。

❏ anchor：可选参数，设定内核锚点的位置，也就是设定核心的位置，默认是 (-1,-1)，表示使用中心点当作锚点。

程序实例 ch12_21.py：认识 getStructuringElement( ) 建立内核的基本应用。

```
1  # ch12_21.py
2  import cv2
3  import numpy as np
4
5  kernel = cv2.getStructuringElement(cv2.MORPH_RECT,(5,5))
6  print(f"MORPH_RECT \n {kernel}")
7  kernel = cv2.getStructuringElement(cv2.MORPH_ELLIPSE,(5,5))
8  print(f"MORPH_ELLIPSE \n {kernel}")
9  kernel = cv2.getStructuringElement(cv2.MORPH_CROSS,(5,5))
10 print(f"MORPH_CROSS \n {kernel}")
```

执行结果

```
================== RESTART: D:/OpenCV_Python/ch12/ch12_21.py ==================
MORPH_RECT
 [[1 1 1 1 1]
  [1 1 1 1 1]
  [1 1 1 1 1]
  [1 1 1 1 1]
  [1 1 1 1 1]]
MORPH_ELLIPSE
 [[0 0 1 0 0]
  [1 1 1 1 1]
  [1 1 1 1 1]
  [1 1 1 1 1]
  [0 0 1 0 0]]
MORPH_CROSS
 [[0 0 1 0 0]
  [0 0 1 0 0]
  [1 1 1 1 1]
  [0 0 1 0 0]
  [0 0 1 0 0]]
```

程序实例 ch12_22.py：使用 getStructuringElement( ) 分别建立 MORPH_RECT、MORPH_ELLIPSE 和 MORPH_CROSS 不同外形内核的应用。

```
1  # ch12_22.py
2  import cv2
3  import numpy as np
4
5  src = cv2.imread("bw_circle.jpg")
6  kernel = cv2.getStructuringElement(cv2.MORPH_RECT,(39,39))
7  dst1 = cv2.dilate(src, kernel)
8  kernel = cv2.getStructuringElement(cv2.MORPH_ELLIPSE,(39,39))
9  dst2 = cv2.dilate(src, kernel)
10 kernel = cv2.getStructuringElement(cv2.MORPH_CROSS,(39,39))
11 dst3 = cv2.dilate(src, kernel)
12
13 cv2.imshow("src",src)
14 cv2.imshow("MORPH_RECT",dst1)
15 cv2.imshow("MORPH_ELLIPSE",dst2)
16 cv2.imshow("MORPH_CROSS",dst3)
17
18 cv2.waitKey(0)
19 cv2.destroyAllWindows()
```

执行结果

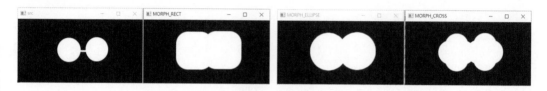

习题

1. 使用 snowman.jpg，列出 snowman.jpg 的图像边缘。

2. 请建立 3×3 内核，建立 "j" 的图像边缘。

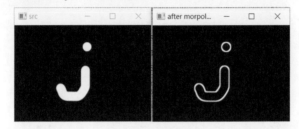

3. 使用 getStructuringElement( ) 函数自定义的内核，参考 ch12_17.py 建立下列 temple.jpg 的图像边缘。

4. 使用 getStructuringElement( ) 函数自定义 21×21 的内核，参考 ch12_20.py 建立下列 calculus. jpg 的黑帽运算。

第 13 章

图像梯度与边缘检测

图像梯度其实是图像处理中计算图像边缘 (也可称边界) 的信息，本章将针对 OpenCV 所提供的几个函数进行实例讲解。

13-1　图像梯度的基础概念

13-1-1　直觉方法认识图像边界

有一幅水平线条图像边界图，如下所示。

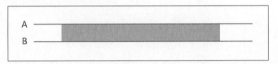

上述图像对于 A 与 B 线条而言，因为线条上方与下方的像素值差异不是 0，所以可以知道 A 与 B 线条是边界线条。如果还有其他像素，假设上方像素与下方像素值相同，可以知道这不是边界像素。

有一幅垂直线条图像边界图，如下所示。

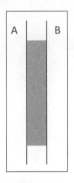

上述图像对于 A 与 B 线条而言，因为线条左方与右方的像素值差异不是 0，所以可以知道 A 与 B 线条是边界线条。如果还有其他像素，假设左方像素与右方像素值相同，可以知道这不是边界像素。

13-1-2　认识图像梯度

图像梯度 (image gradient) 是指图像强度与颜色方向的变化性，当图像的像素值变化较大时图像梯度的值也比较大，这可能就是图像边缘的位置。当图像梯度的像素值变化较小时图像梯度的值也比较小。了解了上述概念，就可以使用图像梯度计算图像的边缘信息。

如果将图像称作图像函数，则图像函数就是一个双变量函数，两个变量分别是 x 轴和 y 轴。一幅图像的梯度，其实就是此图像函数的偏微分，该偏微分为一个二维向量，分别代表 x 轴 (横轴) 和 y 轴 (纵轴)。

$$\nabla f = \begin{bmatrix} g_x \\ g_y \end{bmatrix} = \begin{bmatrix} \dfrac{\partial f}{\partial x} \\ \dfrac{\partial f}{\partial y} \end{bmatrix}$$

$\dfrac{\partial f}{\partial x}$ 是对 x 求导数，也就是 x 轴的梯度。

$\dfrac{\partial f}{\partial y}$ 是对 y 求导数，也就是 y 轴的梯度。

因为图像每个像素点是离散的数据，所以需要假设这个离散的函数是从连续函数抽样的数据。有了这个假设，就可以使用一些方法计算图像函数的导数，常用的方法是使用图像和一个滤波器的卷积核，例如，使用 Sobel 算子、Scharr 算子、Laplacian 算子等作为卷积核，执行卷积计算。

13-1-3　计算机视觉

在计算机视觉的应用中，图像梯度可以抽取图像的信息，最后产生一幅梯度图像，而此梯度图像的像素值就是该位置以特定方向变化计算出来的，在应用上通常会计算 x 轴和 y 轴的梯度图像，最后再予以融合，如下图所示。

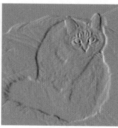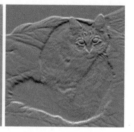

本图片取材自网页：https://zh.wikipedia.org/wiki/%E5%BD%B1%E5%83%8F%E6%A2%AF%E5%BA%A6#/media/File:Intensity_image_with_gradient_images.png。

上图左边是一幅原始图像；中间是 x 轴的梯度图像，代表图像像素值在水平方向的强度变化；右边是 y 轴的梯度图像，代表图像像素值在垂直方向的强度变化。

另外对于两个或更多个的图像配对，如果只是用特定像素点的像素值做比较，可能会因为相机不同、拍摄亮度不同，造成图像配对的特征 (feature) 失败。但是使用图像梯度当作特征时，因为图像梯度对于相机参数、拍摄亮度的变化不敏感，所以更加适合用此当作图像配对的依据。

13-2　OpenCV 函数 Sobel( )

13-2-1　Sobel 算子

Sobel 算子 (operator) 最早由美国斯坦福大学计算机科学家 Irwin Sobel 和 Gary Feldman 于 1968 年在人工智能实验室提出，这是结合高斯平滑加微分运算所推导出来当作卷积的算子，可以用来计算图像函数梯度的近似值。

　　Sobel 算子包含 2 组 3×3 的矩阵，也可称内核，该内核与原始图像卷积，分别可以用于计算 x 轴方向与 y 轴方向的图像梯度的近似值。

$$\begin{bmatrix} -1 & 0 & 1 \\ -2 & 0 & 2 \\ -1 & 0 & 1 \end{bmatrix} \qquad \begin{bmatrix} -1 & -2 & -1 \\ 0 & 0 & 0 \\ 1 & 2 & 1 \end{bmatrix}$$

用于 x 轴算子　　　　　　　　用于 y 轴算子

13-2-2　使用 Sobel 算子计算 x 轴方向图像梯度

　　假设原始图像是 A，G_x 代表 x 轴图像边缘检测的图像 (或称 x 轴的图像梯度)，公式如下：

$$G_x = \begin{bmatrix} -1 & 0 & 1 \\ -2 & 0 & 2 \\ -1 & 0 & 1 \end{bmatrix} \times A$$

　　在上述公式中，考虑原始图像是由 3×3 的像素组成，则可以将上述公式改写成：

$$G_x = \begin{bmatrix} -1 & 0 & 1 \\ -2 & 0 & 2 \\ -1 & 0 & 1 \end{bmatrix} \times \begin{bmatrix} p1 & p2 & p3 \\ p4 & p5 & p6 \\ p7 & p8 & p9 \end{bmatrix}$$

　　假设现在要计算 $p5$ 的梯度，因为 $p4$ 和 $p6$ 像素距离 $p5$ 像素比较近，所以可以使用权重 2，其他点的差异使用权重 1，现在可以推导得到以下公式：

$$p5_x = (p3 - p1) + 2 \times (p6 - p4) + (p9 - p7)$$

13-2-3　使用 Sobel 算子计算 y 轴方向图像梯度

　　假设原始图像是 A，G_y 代表 y 轴图像边缘检测的图像 (或称 y 轴的图像梯度)，则公式如下：

$$G_y = \begin{bmatrix} -1 & -2 & -1 \\ 0 & 0 & 0 \\ 1 & 2 & 1 \end{bmatrix} \times A$$

　　在上述公式中假设原始图像是由 3×3 的像素所组成，则可以将上述公式改写成：

$$G_y = \begin{bmatrix} -1 & -2 & -1 \\ 0 & 0 & 0 \\ 1 & 2 & 1 \end{bmatrix} \times \begin{bmatrix} p1 & p2 & p3 \\ p4 & p5 & p6 \\ p7 & p8 & p9 \end{bmatrix}$$

　　假设现在要计算 $p5$ 的梯度，因为 $p2$ 和 $p8$ 像素距离 $p5$ 像素比较近，所以可以使用权重 2，其他点的差异使用权重 1，现在可以推导得到下列公式。

$$p5_y = (p7 - p1) + 2 \times (p8 - p2) + (p9 - p3)$$

13-2-4　Sobel( ) 函数

　　OpenCV 的 Sobel( ) 函数语法如下：

```
dst = cv2.Sobel(src, ddepth, dx, dy, ksize, scale, delta, borderType)
```

　　上述函数各参数意义如下：

- ❑ dst：返回结果图像或称作目标图像。
- ❑ src：来源图像或称作原始图像。
- ❑ ddepth：图像深度，如果是 -1 代表与原始图像相同。结果图像深度必须大于或等于原始图像深度。整个图像深度关系，除了可用 -1 外，也可以参考下表目标图像使用比较大的深度。

来源图像深度	目标图像深度
cv2.CV_8U	cv2.CV_16S、cv2.CV_32F、cv2.CV_64F
cv2.CV_16U	cv2.CV_32F
cv2.CV_16S	cv2.CV_64F
cv2.CV_32F	cv2.CV_32F、cv2.CV_64F
cv2.CV_64F	cv2.CV_64F

- ❑ dx：x 轴的求导阶数，一般是 0、1、2，若是 0 表示这个方向没有求导阶数。
- ❑ dy：y 轴的求导阶数，一般是 0、1、2，若是 0 表示这个方向没有求导阶数。
- ❑ ksize：可选参数，Sobel 算子的大小，必须是奇数，即 1、3、5 等。
- ❑ scale：可选参数，默认是 1，计算导数的缩放系数。
- ❑ delta：可选参数，默认是 0，表示加到 dst 的值。
- ❑ borderType：可选参数，边界值，建议使用默认值即可。

13-2-5　考虑 ddepth 与取绝对值函数 convertScaleAbs( )

在计算图像梯度值时，可能会获得负数，假设来源图像的数据是 cv2.CV_8U(8 位无符号整数)，如果将 ddepth 设为 -1，结果图像也是 cv2.CV_8U 格式，所以如果图像梯度值是负数时，将造成数据错误。所以建议目标图像深度必须设定比较大的深度，例如，cv2.CV_16S、cv2.CV_32F、cv2.CV_64F，然后再取绝对值，最后映射为 cv2.CV_8U 数据类型。

OpenCV 的取绝对值函数 convertScaleAbs( ) 语法如下：

```
dst = cv2.convertScaleAbs(src, alpha, beta)
```

上述函数各参数意义如下：

- ❑ dst：返回结果图像或称作目标图像。
- ❑ src：来源图像或称作原始图像。
- ❑ alpha：可选参数，是调节返回结果的系数，默认值是 1。
- ❑ beta：可选参数，是调节亮度的系数，默认值是 0。

程序实例 ch13_1.py：使用 convertScaleAbs( ) 函数将一个含负数的矩阵，全部转为正值。

```
1  # ch13_1.py
2  import cv2
3  import numpy as np
4
5  src = np.random.randint(-256,256,size=[3,5],dtype=np.int16)
6  print(f"src = \n {src}")
7  dst = cv2.convertScaleAbs(src)
8  print(f"dst = \n {dst}")
```

```
================= RESTART: D:/OpenCV_Python/ch13/ch13_1.py =================
src =
 [[ -53 -175  -96  130 -100]
 [  48    5 -223   33   57]
 [  17 -244  137  -51 -142]]
dst =
 [[ 53 175  96 130 100]
 [ 48   5 223  33  57]
 [ 17 244 137  51 142]]
```

13-2-6　*x* 轴方向的图像梯度

在 Sobel( ) 函数中的参数 dx，代表 *x* 轴的求导阶数，一般是 0、1、2，若是 0 表示这个方向没有求导阶数。如果是计算 1 阶导数则设定 dx = 1，在计算 *x* 轴方向的图像梯度时设定 dy = 0。所以可以得到下列计算 *x* 轴方向的图像梯度。

```
dst = cv2.Sobel(src, ddepth, 1, 0)        # 设定 1 阶导数，x 轴方向的图像梯度
```

程序实例 ch13_2.py：设定 ddepth = -1，绘制 *x* 轴方向的图像梯度。

```
1  # ch13_2.py
2  import cv2
3
4  src = cv2.imread("map.jpg")
5  dst = cv2.Sobel(src, -1, 1, 0)        # 计算 x 轴方向的图像梯度
6  cv2.imshow("Src", src)
7  cv2.imshow("Dst", dst)
8
9  cv2.waitKey(0)
10 cv2.destroyAllWindows()
```

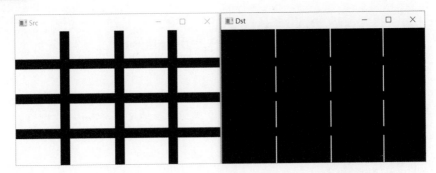

读者可能觉得奇怪，原始图像垂直粗线应该显示左右两边，但是为何图像梯度只有 3 条垂直线，这是因为在程序第 5 行设定 ddepth = -1，粗线的左边是负值，造成数据遗失。

程序实例 ch13_3.py：使用 convertScaleAbs( ) 函数将负值的梯度转为正值，重新设计 ch13_2. py。

```
1  # ch13_3.py
2  import cv2
3
4  src = cv2.imread("map.jpg")
5  dst = cv2.Sobel(src, cv2.CV_32F, 1, 0)   # 计算 x 轴方向图像梯度
6  dst = cv2.convertScaleAbs(dst)           # 将负值转为正值
7  cv2.imshow("Src", src)
8  cv2.imshow("Dst", dst)
9
10 cv2.waitKey(0)
11 cv2.destroyAllWindows()
```

执行结果

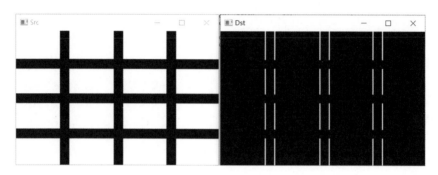

13-2-7 *y* 轴方向的图像梯度

在 Sobel( ) 函数中的参数 dy，代表 *y* 轴的求导阶数，一般是 0、1、2，若是 0 表示这个方向没有求导阶数。如果是计算 1 阶导数则设定 dy = 1，在计算 *y* 轴方向的图像梯度时设定 dx = 0。所以可以得到下列计算 *y* 轴方向的图像梯度。

```
   dst = cv2.Sobel(src, ddepth, 0, 1)              # 设定 1 阶导数，y 轴方向的图像
梯度
```

程序实例 ch13_4.py：设定 ddepth = -1，绘制 *y* 轴方向的图像梯度。

```
1  # ch13_4.py
2  import cv2
3
4  src = cv2.imread("map.jpg")
5  dst = cv2.Sobel(src, -1, 0, 1)       # 计算 y 轴方向的图像梯度
6  cv2.imshow("Src", src)
7  cv2.imshow("Dst", dst)
8
9  cv2.waitKey(0)
10 cv2.destroyAllWindows()
```

执行结果

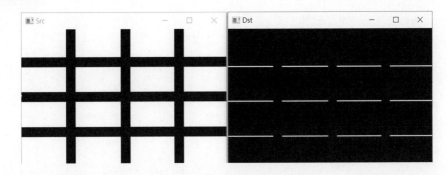

读者可能觉得奇怪，原始图像水平粗线应该显示上下两边，但是为何图像梯度只有 3 条水平线，这是因为我们在程序第 5 行设定 ddepth = -1，粗线的上边是负值，造成数据遗失。

程序实例 ch13_5.py：使用 convertScaleAbs( ) 函数将负值的梯度转为正值，重新设计 ch13_4. py。

```
1  # ch13_5.py
2  import cv2
3
4  src = cv2.imread("map.jpg")
5  dst = cv2.Sobel(src, cv2.CV_32F, 0, 1)  # 计算 y 轴方向的图像梯度
6  dst = cv2.convertScaleAbs(dst)          # 将负值转为正值
7  cv2.imshow("Src", src)
8  cv2.imshow("Dst", dst)
9
10 cv2.waitKey(0)
11 cv2.destroyAllWindows()
```

执行结果

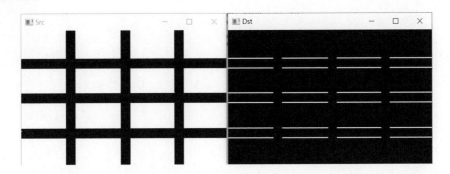

13-2-8　x 轴和 y 轴图像梯度的融合

如果想要将 x 轴和 y 轴图像梯度融合，需要使用 8-3-2 节的 addWeighted( ) 函数。

程序实例 ch13_6.py：将 ch13_3.py 与 ch13_5.py 的图像融合。

```
1   # ch13_6.py
2   import cv2
3
4   src = cv2.imread("map.jpg")
5   dstx = cv2.Sobel(src, cv2.CV_32F, 1, 0)          # 计算 x 轴方向的图像梯度
6   dsty = cv2.Sobel(src, cv2.CV_32F, 0, 1)          # 计算 y 轴方向的图像梯度
7   dstx = cv2.convertScaleAbs(dstx)                 # 将负值转为正值
8   dsty = cv2.convertScaleAbs(dsty)                 # 将负值转为正值
9   dst =  cv2.addWeighted(dstx, 0.5,dsty, 0.5, 0)   # 图像融合
10  cv2.imshow("Src", src)
11  cv2.imshow("Dst", dst)
12
13  cv2.waitKey(0)
14  cv2.destroyAllWindows()
```

执行结果

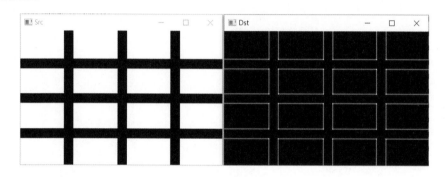

程序实例 ch13_7.py：将 Sobel( ) 函数应用到实际图像，绘制原始图像、x 轴方向的图像梯度、y 轴方向的图像梯度、融合 x 轴和 y 轴的图像梯度。

```
1   # ch13_7.py
2   import cv2
3
4   src = cv2.imread("lena.jpg")
5   dstx = cv2.Sobel(src, cv2.CV_32F, 1, 0)          # 计算 x 轴方向的图像梯度
6   dsty = cv2.Sobel(src, cv2.CV_32F, 0, 1)          # 计算 y 轴方向的图像梯度
7   dstx = cv2.convertScaleAbs(dstx)                 # 将负值转为正值
8   dsty = cv2.convertScaleAbs(dsty)                 # 将负值转为正值
9   dst =  cv2.addWeighted(dstx, 0.5,dsty, 0.5, 0)   # 图像融合
10  cv2.imshow("Src", src)
11  cv2.imshow("Dstx", dstx)
12  cv2.imshow("Dsty", dsty)
13  cv2.imshow("Dst", dst)
14
15  cv2.waitKey(0)
16  cv2.destroyAllWindows()
```

执行结果　　下图是原始图像与 x 轴梯度图像。

下图左边是 y 轴梯度图像，右边是 x 轴和 y 轴梯度融合的图像。

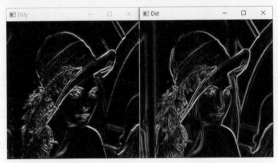

从上图可以看到 x 轴和 y 轴梯度融合的图像，整个画面相较于 x 轴或 y 轴梯度图像细致许多，最明显的部分是头发与鼻梁。

注：上述实例笔者所使用的图像 lena.jpg，是计算机最常用作图像处理的图片之一，图片的主角是瑞典的模特儿 Lena Forsen，因为此张图片有细致的阴影和纹理，所以是一幅很好的测试图像。这幅图像原始出处是《花花公子》杂志，1973 年南加州大学电机工程系信号与图像研究所首先采用这幅图像，1999 年 IEEE Transactions on Image Processing 中，有 3 篇文章采用此幅图像，自此这幅图像被图像处理界广泛接受，甚至 2015 年 Lena Forsen 也担任 IEEE ICIP 晚宴的主宾客，在发表演讲后，她主持了最佳论文颁奖典礼。

虽然 lena.jpg 原始版权属于《花花公子》杂志，但是在被计算机界广泛使用后，《花花公子》杂志也决定开放此图片的使用。

13-3　OpenCV 函数 Scharr( )

13-3-1　Scharr 算子

13-2 节介绍的 Sobel 算子虽然可以获得图像的边缘，但是对于信号比较弱的图像边缘效果比较差，因此后续有了 Scharr 算子的出现，该算子可以说是将像素值之间的差异扩大，下列是 Scharr 算子，包含 2 组 3×3 的矩阵，也可称为内核，该内核与原始图像卷积，可以分别用于计算 x 轴方向与 y 轴方向的图像梯度的近似值。

$$\begin{bmatrix} -3 & 0 & 3 \\ -10 & 0 & 10 \\ -3 & 0 & 3 \end{bmatrix} \qquad \begin{bmatrix} -3 & -10 & -3 \\ 0 & 0 & 0 \\ 3 & 10 & 3 \end{bmatrix}$$

用于 x 轴算子　　　　　　　用于 y 轴算子

注：该方法虽然可以强调更微弱的图像边缘，但是过度强调细节，也可能让整个图像边缘显得更复杂。

13-3-2　Scharr( ) 函数

OpenCV 的 Scharr( ) 函数语法如下：

```
dst = cv2.Scharr(src, ddepth, dx, dy, ksize, scale, delta, borderType)
```

上述函数各参数意义如下：

❑ dst：返回结果图像或称作目标图像。

❑ src：来源图像或称作原始图像。

❑ ddepth：图像深度，如果是 -1 代表与原始图像相同。结果图像深度必须大于或等于原始图像深度。整个图像深度关系，除了可用 -1 外，也可以参考 Sobel( ) 函数的说明。

❑ dx：x 轴的求导阶数，一般是 0、1、2，若是 0 表示这个方向没有求导阶数。

❑ dy：y 轴的求导阶数，一般是 0、1、2，若是 0 表示这个方向没有求导阶数。

❑ ksize：可选参数，Sobel 算子的大小，必须是奇数，即 1、3、5 等。

❑ scale：可选参数，默认是 1，计算导数的缩放系数。

❑ delta：可选参数，默认是 0，表示加到 dst 的值。

❑ borderType：可选参数，边界值，建议使用默认值即可。

程序实例 ch13_8.py：使用灰度读取 lena.jpg 图像，然后更改设计 ch13_7.py，最后将 Sobel( ) 和 Scharr( ) 函数所获得的图像边缘做比较。

```
1   # ch13_8.py
2   import cv2
3
4   # Sobel()函数
5   src = cv2.imread("lena.jpg",cv2.IMREAD_GRAYSCALE)    # 黑白读取
6   dstx = cv2.Sobel(src, cv2.CV_32F, 1, 0)             # 计算 x 轴方向的图像梯度
7   dsty = cv2.Sobel(src, cv2.CV_32F, 0, 1)             # 计算 y 轴方向的图像梯度
8   dstx = cv2.convertScaleAbs(dstx)                    # 将负值转为正值
9   dsty = cv2.convertScaleAbs(dsty)                    # 将负值转为正值
10  dst_sobel = cv2.addWeighted(dstx, 0.5,dsty, 0.5, 0)   # 图像融合
11  # Scharr()函数
12  dstx = cv2.Scharr(src, cv2.CV_32F, 1, 0)            # 计算 x 轴方向的图像梯度
13  dsty = cv2.Scharr(src, cv2.CV_32F, 0, 1)            # 计算 y 轴方向的图像梯度
14  dstx = cv2.convertScaleAbs(dstx)                    # 将负值转为正值
15  dsty = cv2.convertScaleAbs(dsty)                    # 将负值转为正值
16  dst_scharr = cv2.addWeighted(dstx, 0.5,dsty, 0.5, 0)  # 图像融合
17
18  # 输出图像梯度
19  cv2.imshow("Src", src)
20  cv2.imshow("Sobel", dst_sobel)
21  cv2.imshow("Scharr", dst_scharr)
22
23  cv2.waitKey(0)
24  cv2.destroyAllWindows()
```

执行结果　下列由左到右分别是原始图像、Sobel( ) 和 Scharr( ) 函数执行的结果。

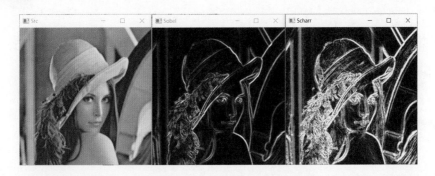

读者可以发现帽子、发型、脸部等重要部位，使用 Scharr( ) 函数的执行结果丰富许多。

程序实例 ch13_8_1.py：更改 ch13_8.py，使用彩色读取，读者可以比较执行结果。

```
5   src = cv2.imread("lena.jpg")                    # 彩色读取
```

执行结果

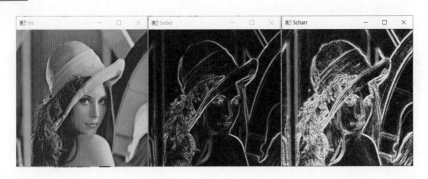

程序实例 ch13_9.py：原始图像是 snow.jpg，请使用 Scharr( ) 函数建立此图像的 x 轴和 y 轴方向的图像梯度，同时使用 Sobel( ) 函数和 Scharr( ) 函数建立此完整图像梯度，最后比较结果。

```
1   # ch13_9.py
2   import cv2
3
4   # Sobel()函数
5   src = cv2.imread("snow.jpg")                       # 彩色读取
6   dstx = cv2.Sobel(src, cv2.CV_32F, 1, 0)           # 计算 x 轴方向的图像梯度
7   dsty = cv2.Sobel(src, cv2.CV_32F, 0, 1)           # 计算 y 轴方向的图像梯度
8   dstx = cv2.convertScaleAbs(dstx)                  # 将负值转为正值
9   dsty = cv2.convertScaleAbs(dsty)                  # 将负值转为正值
10  dst_sobel = cv2.addWeighted(dstx, 0.5,dsty, 0.5, 0)   # 图像融合
11  # Scharr()函数
12  dstx = cv2.Scharr(src, cv2.CV_32F, 1, 0)          # 计算 x 轴方向的图像梯度
13  dsty = cv2.Scharr(src, cv2.CV_32F, 0, 1)          # 计算 y 轴方向的图像梯度
14  dstx = cv2.convertScaleAbs(dstx)                  # 将负值转为正值
15  dsty = cv2.convertScaleAbs(dsty)                  # 将负值转为正值
16  dst_scharr = cv2.addWeighted(dstx, 0.5,dsty, 0.5, 0)  # 图像融合
17
```

```
18  # 输出图像梯度
19  cv2.imshow("Src", src)
20  cv2.imshow("Scharr X", dstx)
21  cv2.imshow("Scharr Y", dsty)
22  cv2.imshow("Sobel", dst_sobel)
23  cv2.imshow("Scharr", dst_scharr)
24
25  cv2.waitKey(0)
26  cv2.destroyAllWindows()
```

执行结果　下图是 snow.jpg 图像。

下图是 Scharr( ) 函数建立的 x 轴和 y 轴方向的图像梯度。

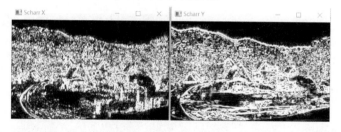

下图左边是 Sobel( ) 函数建立的边缘图像，右边是 Scharr( ) 函数建立的边缘图像。

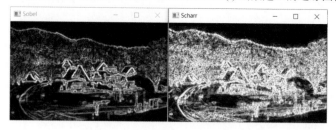

13-4　OpenCV 函数 Laplacian( )

本节所述的拉普拉斯算子 (Laplacian)，是由法国著名的数学、物理科学家拉普拉斯 (Pierre-Simon Laplace，1749 年 3 月 23 日 — 1827 年 3 月 5 日) 发明，他和第 21 章所要介绍的傅里叶 (Fourier) 是同时期的著名的法国科学家。

上述图片取材自网址：https://en-m-wikipedia-org.translate.goog/wiki/Pierre-Simon_Laplace?_x_tr_sl=en&_x_tr_tl=zh-TW&_x_tr_hl=zh-TW&_x_tr_pto=nui,sc。

13-4-1　二阶微分

图像边缘的取得主要是将图像的边缘信息凸显，可以对图像微分完成此工作，假设 $f(x)$ 是图像函数，可以得到如下对此图像 x 轴像素值的一阶微分：

$$\frac{\partial f}{\partial x} = f(x+1) - f(x)$$

从上述定义可以看出，图像像素值变化小的区域，所得到的微分结果数值也比较小；图像像素值变化比较大的区域，所得到的微分结果数值也比较大。如果现在对此图像执行第二次微分，可以得到下列公式：

$$\frac{\partial^2 f}{\partial x^2} = f(x+1) + f(x-1) - 2f(x)$$

上述第二次微分所获得的是图像像素值的变化率，这个变化率对于图像像素值变化小的区域没有影响，但是对于图像像素值变化大的区域可以获得明显的边缘效果。因此如果使用一阶微分虽可以获得图像的边缘，但所获得的是比较粗糙的结果，而二阶微分可以获得比较细致的结果。

13-4-2　Laplacian 算子

Sobel 算子和 Scharr 算子算是一阶微分 (或称一阶导数)，Laplacian 算子则是二阶微分 (或称二阶导数)，Laplacian( ) 函数与先前函数比较，最大特色是 Laplacian 算子使用一个内核，假设图像是函数 $f(x)$，下列是此算子的定义：

$$\nabla^2 f = \frac{\partial^2 f}{\partial x^2} + \frac{\partial^2 f}{\partial y^2}$$

如果将 13-4-1 节所推导的微分代入，可以得到下列公式：

$$\nabla^2 f(x,y) = f(x+1,y) + f(x-1,y) + f(x,y+1) - f(x,y-1) - 4f(x,y)$$

从上述公式，可以知道所对应的 Laplacian 内核如下：

$$\begin{bmatrix} 0 & 1 & 0 \\ 1 & -4 & 1 \\ 0 & 1 & 0 \end{bmatrix}$$

13-4-3　Laplacian( ) 函数

OpenCV 的 Laplacian( ) 函数语法如下：

```
dst = cv2.Laplacian(src, ddepth, ksize, scale, delta, borderType)
```

上述函数各参数意义如下：

- ❑　dst：返回结果图像或称作目标图像。
- ❑　src：来源图像或称作原始图像。
- ❑　ddepth：图像深度，如果是 -1 代表与原始图像相同。结果图像深度必须大于或等于原始图像深度。整个图像深度关系，除了可用 -1 外，也可以参考 Sobel( ) 函数的说明。
- ❑　ksize：可选参数，二阶微分 Laplacian 内核的大小，必须是奇数，即 1、3、5 等。
- ❑　scale：可选参数，默认是 1，计算导数的缩放系数。
- ❑　delta：可选参数，默认是 0，表示加到 dst 的值。
- ❑　borderType：可选参数，边界值，建议使用默认值即可。

程序实例 ch13_10.py：使用 Laplacian( ) 函数检测图像边缘的应用。

```python
1   # ch13_10.py
2   import cv2
3
4   src = cv2.imread("laplacian.jpg")
5   dst_tmp = cv2.Laplacian(src, cv2.CV_32F)      # Laplacian边缘图像
6   dst = cv2.convertScaleAbs(dst_tmp)            # 转换为正值
7   cv2.imshow("Src", src)
8   cv2.imshow("Dst", dst)
9
10  cv2.waitKey(0)
11  cv2.destroyAllWindows()
```

执行结果

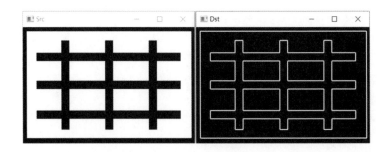

对于一般图像，在使用 Laplacian( ) 函数前，OpenCV 手册也建议使用 GaussianBlur( ) 函数降低噪声，此外，将 ksize 设为 3，也会有很好的效果。

程序实例 ch13_11.py：瑞士日内瓦建筑物的边缘检测，这个程序会分别列出原始图像、Sobel( )、Scharr( ) 和 Laplacian( ) 函数的执行结果。

```
1   # ch13_11.py
2   import cv2
3
4   src = cv2.imread("geneva.jpg",cv2.IMREAD_GRAYSCALE)    # 黑白读取
5   src = cv2.GaussianBlur(src,(3,3),0)                    # 降低噪声
6   # Sobel()函数
7   dstx = cv2.Sobel(src, cv2.CV_32F, 1, 0)           # 计算 x 轴方向的图像梯度
8   dsty = cv2.Sobel(src, cv2.CV_32F, 0, 1)           # 计算 y 轴方向的图像梯度
9   dstx = cv2.convertScaleAbs(dstx)                  # 将负值转为正值
10  dsty = cv2.convertScaleAbs(dsty)                  # 将负值转为正值
11  dst_sobel =  cv2.addWeighted(dstx, 0.5,dsty, 0.5, 0)    # 图像融合
12  # Scharr()函数
13  dstx = cv2.Scharr(src, cv2.CV_32F, 1, 0)          # 计算 x 轴方向的图像梯度
14  dsty = cv2.Scharr(src, cv2.CV_32F, 0, 1)          # 计算 y 轴方向的图像梯度
15  dstx = cv2.convertScaleAbs(dstx)                  # 将负值转为正值
16  dsty = cv2.convertScaleAbs(dsty)                  # 将负值转为正值
17  dst_scharr =  cv2.addWeighted(dstx, 0.5,dsty, 0.5, 0)   # 图像融合
18  # Laplacian()函数
19  dst_tmp = cv2.Laplacian(src, cv2.CV_32F,ksize=3)     # Laplacian边缘图像
20  dst_lap = cv2.convertScaleAbs(dst_tmp)            # 将负值转为正值
21  # 输出图像梯度
22  cv2.imshow("Src", src)
23  cv2.imshow("Sobel", dst_sobel)
24  cv2.imshow("Scharr", dst_scharr)
25  cv2.imshow("Laplacian", dst_lap)
26
27  cv2.waitKey(0)
28  cv2.destroyAllWindows()
```

执行结果　下图是原始图像和 Sobel( ) 函数的执行结果。

下图是 Scharr( ) 函数和 Laplacian( ) 函数的执行结果。

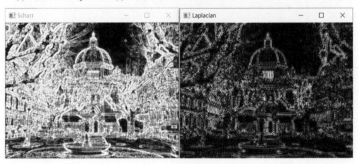

13-5 Canny 边缘检测

13-5-1 认识 Canny 边缘检测

Canny 边缘检测是澳大利亚计算机科学家约翰·坎尼 (John F. Canny) 在 1986 年开发的多级边缘检测算法，他同时建立了边缘检测计算理论 (computational edge detection) 说明这项技术如何工作。

Canny 的目标是找到一个最好的边缘检测算法，该方法必须具备下列条件：

- ❏ 好的检测：算法尽可能标出图像的实际边缘。
- ❏ 好的定位：标出的边缘要与实际图像相符。
- ❏ 最小响应：图像的边缘只标出一次，同时噪声不被标示为边缘。

13-5-2 Canny 算法的步骤

Canny 算法的步骤如下：

1. 降低噪声 (Noise Reduction)。

Canny 认为含有未经降低噪声的图像不可能会有好的边缘结果，所以他使用高斯滤波器降低噪声，得到的图像虽然与原始图像相比较有一些模糊 (blurred)，但是剩下的单独噪声在高斯平滑的图像上变得没有影响。

2. 寻找图像的亮度梯度 (Find Intensity Gradient of the Image)。

图像中的边缘可能会存在于不同的方向，每个像素点使用 Sobel 内核处理取得 x 轴和 y 轴方向的一阶导数，这样就可以找到每个像素点的边缘梯度和方向。

$$Edge\_Gradient(G) = \sqrt{G_x^2 + G_y^2}$$

$$Angle(\theta) = \arctan\left(\frac{G_y}{G_x}\right)$$

梯度方向总是与边缘垂直，它会被就近取值为水平、垂直和双对角线方向，所以这个方法得到了图像的亮度与方向。

3. 非最大值则抑制 (Non-maximum Suppression)。

获得了每个像素点的梯度大小和方向后，下一步是将不构成边缘的像素点抛弃，因此，检查像素点是否在梯度方向的邻域中是局部最大值，可以参考下图说明。

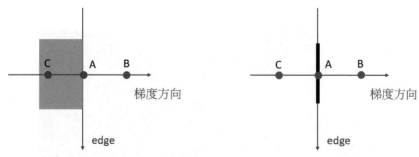

在上述图示说明中，点 A 在边缘 (edge) 线 (垂直方向)，梯度方向与边缘垂直，点 B 和点 C 在梯度方向，将点 A 用点 B 和 C 检查，是否为局部极大值，如果是则保留到下一个步骤，否则将此点抛弃。

4. 滞后阈值 (Hysteresis Thresholding)。

这个阶段主要是决定哪些是真正的边缘，Canny 算法使用两个阈值，分别是高阈值 (maxVal) 和低阈值 (minVal)，可以参考下图。

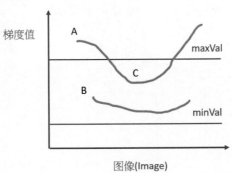

决定像素是否为边缘的方式如下：

❏ 如果像素点梯度值大于 maxVal 一定是边缘。

❏ 如果像素点梯度值小于 minVal 一定不是边缘，可以抛弃。

❏ 像素点梯度值介于 maxVal 和 minVal 之间，如果它们连接到确定边缘像素，则认为是边缘，否则抛弃。

在上图中点 A 的梯度值高于 maxVal，所以确定是边缘。点 B 的梯度值介于 maxVal 和 minVal 之间，可是它没有连到确定边缘，所以它不是边缘。点 C 的梯度值介于 maxVal 和 minVal 之间，可是它有连到确定边缘，所以点 C 是边缘。

13-5-3　Canny( ) 函数

OpenCV 的 Canny( ) 函数语法如下：

dst = cv2.Laplacian(image, edges, threshold1, threshold2, apertureSize = 3, L2gradient = False)

上述函数各参数意义如下：

❏ dst：返回结果图像或称作目标图像。

❏ image：来源图像或称作原始图像。

❏ threshold1：第 1 个滞后阈值，通常是指 minVal。

❏ threshold2：第 2 个滞后阈值，通常是指 maxVal。

❏ apertureSize：运算符的大小。

❏ L2gradient：可选参数，默认是 False。用来指定寻找梯度的公式，如果是 True，使用先前所介绍的公式，比较精确：

$$Edge\_Gradient(G) = \sqrt{G_x^2 + G_y^2}$$

如果是 False，使用下列公式：

$$Edge\_Gradient(G) = |G_x| + |G_y|$$

程序实例 ch13_12.py：使用 minVal = 50 和 maxVal 分别是 100, 200，检测 lena.jpg 的图像边缘。

```
1   # ch13_12.py
2   import cv2
3
4   src = cv2.imread("lena.jpg",cv2.IMREAD_GRAYSCALE)
5   dst1 = cv2.Canny(src, 50, 100)        # minVal=50, maxVal=100
6   dst2 = cv2.Canny(src, 50, 200)        # minVal=50, maxVal=200
7   cv2.imshow("Src", src)
8   cv2.imshow("Dst1", dst1)
9   cv2.imshow("Dst2", dst2)
10
11  cv2.waitKey(0)
12  cv2.destroyAllWindows()
```

执行结果

| 原始图像 | minVal=50, maxVal=100 | minVal=50, maxVal=200 |

程序实例 ch13_13.py：重新设计 ch13_11.py，增加使用 Canny 检测方法，最后列出 4 种方法的结果并做比较。

```
1   # ch13_13.py
2   import cv2
3
4   src = cv2.imread("geneva.jpg",cv2.IMREAD_GRAYSCALE)    # 灰度读取
5   src = cv2.GaussianBlur(src,(3,3),0)                 # 降低噪声
6   # Sobel()函数
7   dstx = cv2.Sobel(src, cv2.CV_32F, 1, 0)            # 计算 x 轴方向的图像梯度
8   dsty = cv2.Sobel(src, cv2.CV_32F, 0, 1)            # 计算 y 轴方向的图像梯度
9   dstx = cv2.convertScaleAbs(dstx)                   # 将负值转为正值
10  dsty = cv2.convertScaleAbs(dsty)                   # 将负值转为正值
11  dst_sobel = cv2.addWeighted(dstx, 0.5,dsty, 0.5, 0)    # 图像融合
12  # Scharr()函数
13  dstx = cv2.Scharr(src, cv2.CV_32F, 1, 0)          # 计算 x 轴方向的图像梯度
14  dsty = cv2.Scharr(src, cv2.CV_32F, 0, 1)          # 计算 y 轴方向的图像梯度
15  dstx = cv2.convertScaleAbs(dstx)                   # 将负值转为正值
16  dsty = cv2.convertScaleAbs(dsty)                   # 将负值转为正值
17  dst_scharr = cv2.addWeighted(dstx, 0.5,dsty, 0.5, 0)   # 图像融合
18  # Laplacian()函数
```

```
19  dst_tmp = cv2.Laplacian(src, cv2.CV_32F,ksize=3)      # Laplacian边缘图像
20  dst_lap = cv2.convertScaleAbs(dst_tmp)              # 将负值转为正值
21  # Canny()函数
22  dst_canny = cv2.Canny(src, 50, 100)                 # minVal=50, maxVal=100
23  # 输出图像梯度
24  cv2.imshow("Canny", dst_canny)
25  cv2.imshow("Sobel", dst_sobel)
26  cv2.imshow("Scharr", dst_scharr)
27  cv2.imshow("Laplacian", dst_lap)
28
29  cv2.waitKey(0)
30  cv2.destroyAllWindows()
```

执行结果　下图左边是 Canny( ) 函数的执行结果，右边是 Sobel( ) 函数的执行结果。

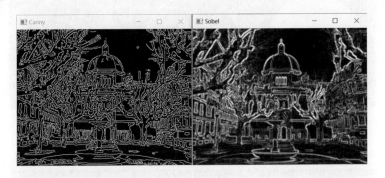

下图是 Scharr( ) 和 Laplacian( ) 函数的执行结果。

读者可以自行比较本章所述 4 种边缘检测的方法。

习题

1. 请建立一个 300×300 的画布，在此画布内建立半径为 120 的实心白色的圆，请输出下列图像。

　　A. 原始图像。

　　B. 没有做绝对值处理的 x 轴方向的图像梯度。

　　C. 有做绝对值处理的 x 轴方向的图像梯度。

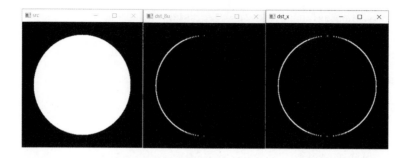

2. 请将习题 1 程序改为建立 y 轴的图像梯度。

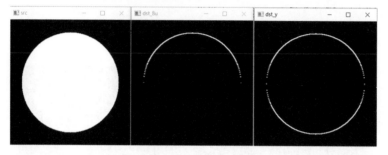

3. 请扩充前 2 个实例，建立完整的图像梯度，相当于列出此图像的边缘。

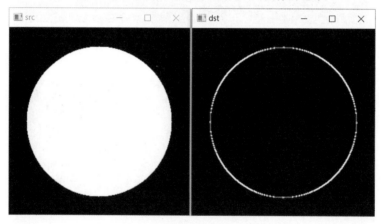

4. 有一个图像文件 eagle.jpg，请使用 Sobel( ) 和 Scharr( ) 函数建立此图像的边缘，同时列出比较结果，下列由左到右分别是原始图像 eagle.jpg、使用 Sobel( ) 和 Scharr( ) 函数的执行结果。

5. 在程序实例 ch13_11.py 的 Laplacian( ) 函数中，使用 ksize = 3 获得了很好的边缘图像，再分别使用 ksize = 1、 3、 5，然后比较结果，下图是 ksize = 1、 3 的结果。

下图是 ksize = 5 的结果。

6. 有一幅澳门酒店的图像，请使用 Canny 边缘检测，minVal=50, maxVal=100，请使用 L2gradient=False 和 L2gradient=True 绘制此酒店的边缘图像，下列执行结果中，笔者使用红色圈标记差异处。

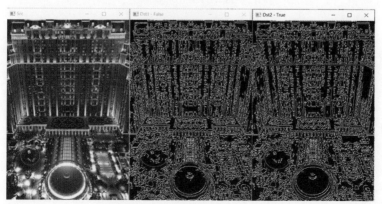

第 14 章

图像金字塔

图像金字塔 (image pyramid) 主要是指一幅图像由不同分辨率图样所组成的集合，这个概念常被应用在图像压缩和机器视觉。

下图就是一幅图像金字塔，最底层是原始图像，越往上图像越小、分辨率越低，甚至最上层可能只是一个像素点。

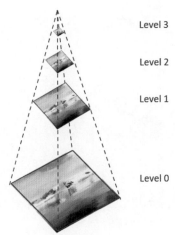

14-1　图像金字塔的原理

图像金字塔其实就是同一幅图像，使用不断向下采样所产生的结果，每采样一次图像尺寸会变小，分辨率也会变低，所获得的新图像其实是近似值的图像。

14-1-1　认识层次名词

在图像金字塔中最底层称为第 0 层，往上一层是第 1 层，再往上称第 2 层，如此不断地往上增加层次 (level)。所以也可以说，第 1 次向下采样可以获得第 1 层图像，第 2 次向下采样可以获得第 2 层图像，依此类推。

14-1-2　基础理论

先前说过图像金字塔其实是同一幅图像，使用不断向下采样所产生的结果，最简单的向下采样方式是每增加一层就删除偶数行 (row) 和偶数列 (column)，就可以得到图像金字塔。例如，第 0 层是 $m \times n$ 的原始图像，第 1 层因为删除了偶数行和偶数列，所以得到 $(m/2) \times (n/2)$ 大小的图像，这时图像为第 0 层的 1/4。第 2 层因为删除了第 1 层的偶数行和偶数列，所以得到相当于第 0 层图像 $(m/4) \times (n/4)$ 大小的图像，这时图像大小为第 0 层的 1/16，依此类推，直到达到所需要的条件为止，细节可以参考下图。

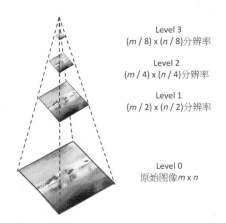

Level 3
$(m / 8)$ x $(n / 8)$分辨率

Level 2
$(m / 4)$ x $(n / 4)$分辨率

Level 1
$(m / 2)$ x $(n / 2)$分辨率

Level 0
原始图像m x n

14-1-3　滤波器与采样

在实际建立采样过程中，一般会先使用滤波器对原先图像做滤波处理，这时可以得到近似的图像，再删除偶数行与偶数列，常见的滤波器有下列几种。

邻域平均滤波器：可以建立平均值金字塔。

高斯滤波器：可以建立高斯金字塔，这是最常使用的方式。

如果采用 14-1-2 节没有滤波器的采样可以建立子抽样金字塔，不过采用这种方式很可能采样点的像素值不具有代表性，造成图像失真严重。

14-1-4　高斯滤波器与向下采样

将图像用高斯滤波器处理，其实就是将图像与高斯滤波核做卷积计算，下列是 5×5 高斯滤波核：

$$\frac{1}{256}\begin{bmatrix} 1 & 4 & 6 & 4 & 1 \\ 4 & 16 & 24 & 16 & 4 \\ 6 & 24 & 36 & 24 & 6 \\ 4 & 16 & 24 & 16 & 4 \\ 1 & 4 & 6 & 4 & 1 \end{bmatrix}$$

将图像与上述高斯滤波核做卷积计算后，可以得到图像近似值，接着可以执行向下采样。假设原始图像是 512×512，下列是使用高斯滤波器经过 3 层采样的流程说明。

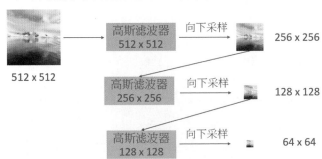

512 x 512

高斯滤波器
512 x 512　　向下采样　　256 x 256

高斯滤波器
256 x 256　　向下采样　　128 x 128

高斯滤波器
128 x 128　　向下采样　　64 x 64

从上述可以看出每向下采样一次，图像的长与宽均为原来的 1 / 2，如此就可以逐步建立图像金字塔。

14-1-5　向上采样

在图像处理中也常会碰到向上采样。每执行一次向上采样，可以让图像的宽度与高度为原先的 2 倍，也就是图像会是原先图像的 4 倍。例如，有一个图像矩阵如下方左图，经过向上采样后暂时可以得到下方右图的图像矩阵结果。

$$\begin{bmatrix} 64 & 120 \\ 50 & 128 \end{bmatrix} \qquad \begin{bmatrix} 64 & 0 & 120 & 0 \\ 0 & 0 & 0 & 0 \\ 50 & 0 & 128 & 0 \\ 0 & 0 & 0 & 0 \end{bmatrix}$$

上述向上采样用的是最简单的方式，也就是在每一行下方增加一行，这一行暂时先填上 0。每一列右边增加一列，这一列也暂时先填上 0。接着将新的图像每个值为 0 的像素点做赋值的动作，这个动作又称插值处理。插值处理方法也有许多，例如，可以使用最接近元素点的像素值当作新元素点的值。

不过比较好的方式是使用高斯滤波器，对补 0 的像素点做高斯滤波处理，但是使用时须留意，因为图像放大 4 倍，所以高斯滤波核也要乘以 4，这样才可以让 0 位置的像素值在合理的范围。

14-1-6　图像失真

学习了前两节内容，知道向下采样与向上采样是相反的动作。读者可能会想一幅图像经过向下采样，再向上采样，是否可以恢复到原图像，答案是否定的。因为向下采样会造成部分数据遗失，所以无法使用向上采样恢复原先图像。

14-2　OpenCV 的 pyrDown( ) 函数

OpenCV 已经将 14-1 节所述高斯金字塔的向下采样原理封装在 pyrDown( ) 函数，这个函数的语法如下：

dst = pyrDown(src, dstsize, borderType)

上述函数各参数意义如下：

❑ dst：返回结果图像或称作目标图像。

❑ src：来源图像或称作原始图像。

❑ dstsize：可选参数，目标图像的大小，图像默认大小是 ((src.cols+1)/2, (src.rows+1)/2)。

❑ borderType：可选参数，边界值，建议使用默认值 BORDER_DEFAULT 即可。

程序实例 ch14_1.py：使用 macau.jpg 图像，执行 3 次向下采样，建立高斯金字塔，除了打印图像结果，同时也打印原始图像与每次向下采样后的图像。

```
1   # ch14_1.py
2   import cv2
3
4   src = cv2.imread("macau.jpg")           # 读取图像
5   dst1 = cv2.pyrDown(src)                  # 第 1 次向下采样
6   dst2 = cv2.pyrDown(dst1)                 # 第 2 次向下采样
7   dst3 = cv2.pyrDown(dst2)                 # 第 3 次向下采样
8   print(f"src.shape = {src.shape}")
9   print(f"dst1.shape = {dst1.shape}")
10  print(f"dst2.shape = {dst2.shape}")
11  print(f"dst3.shape = {dst3.shape}")
12
13  cv2.imshow("src",src)
14  cv2.imshow("dst1",dst1)
15  cv2.imshow("dst2",dst2)
16  cv2.imshow("dst3",dst3)
17
18  cv2.waitKey(0)
19  cv2.destroyAllWindows()
```

执行结果　　下面为 Python Shell 窗口和高斯滤波金字塔图像结果。

```
================= RESTART: D:/OpenCV_Python/ch14/ch14_1.py =================
src.shape = (487, 339, 3)
dst1.shape = (244, 170, 3)
dst2.shape = (122, 85, 3)
dst3.shape = (61, 43, 3)
```

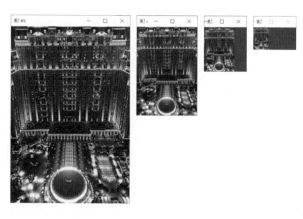

14-3　OpenCV 的 pyrUp( ) 函数

OpenCV 已经将 14-1-5 节所述高斯滤波器的向上采样原理封装在 pyrUp( ) 函数，这个函数的语法如下：

```
dst = pyrUp(src, dstsize, borderType)
```

上述函数各参数意义如下：

❏ dst：返回结果图像或称作目标图像。

❏ src：来源图像或称作原始图像。

❑ dstsize：可选参数，目标图像的大小，图像默认大小是 (src.cols*2, src.rows*2)。

❑ borderType：可选参数，边界值，建议使用默认值 BORDER_DEFAULT 即可。

程序实例 ch14_2.py：向上采样的应用。

```
1   # ch14_2.py
2   import cv2
3
4   src = cv2.imread("macau_small.jpg")      # 读取图像
5   dst1 = cv2.pyrUp(src)                     # 第 1 次向上采样
6   dst2 = cv2.pyrUp(dst1)                    # 第 2 次向上采样
7   dst3 = cv2.pyrUp(dst2)                    # 第 3 次向上采样
8
9   print(f"src.shape = {src.shape}")
10  print(f"dst1.shape = {dst1.shape}")
11  print(f"dst2.shape = {dst2.shape}")
12  print(f"dst3.shape = {dst3.shape}")
13  cv2.imshow("drc",src)
14  cv2.imshow("dst1",dst1)
15  cv2.imshow("dst2",dst2)
16  cv2.imshow("dst3",dst3)
17
18  cv2.waitKey(0)
19  cv2.destroyAllWindows()
```

执行结果　　从下列执行结果可以看到图像大小是原先的 2 倍。

```
================== RESTART: D:/OpenCV_Python/ch14/ch14_2.py ==================
src.shape = (61, 43, 3)
dst1.shape = (122, 86, 3)
dst2.shape = (244, 172, 3)
dst3.shape = (488, 344, 3)
```

14-4　采样逆运算的试验

14-1-6 节笔者说过向下采样与向上采样是逆运算，但是不会恢复原图像，会造成图像失真，这一节将用实例解说。

14-4-1　图像相加与相减

图像其实就是一个矩阵，每个元素内有 0 ~ 255 之间的像素值，既然是数值就可以执行算术运算，下面先用简单的数字做试验。

程序实例 ch14_3.py：执行图像矩阵相加的应用。

```
1   # ch14_3.py
2   import cv2
3   import numpy as np
4
5   src1 = np.random.randint(256, size=(2,3),dtype = np.uint8)
6   src2 = np.random.randint(256, size=(2,3),dtype = np.uint8)
7   dst = src1 + src2
8   print(f"src1 = \n{src1}")
9   print(f"src2 = \n{src2}")
10  print(f"dst = \n{dst}")
```

执行结果

```
================== RESTART: D:/OpenCV_Python/ch14/ch14_3.py ==================
src1 =
[[ 64 241 101]
 [216  43  50]]
src2 =
[[133   0 119]
 [ 59  20 177]]
dst =
[[197 241 220]
 [ 19  63 227]]
```

上述得到了矩阵相加的结果，如果相加结果超过 255，可以自行调整值为 0 ~ 255，例如，216 + 59 = 275，取 256 的余数重新调整后是 19。

程序实例 ch14_4.py：图像相加与相减的应用。这个程序会执行 pengiun.jpg 图像相加与相减，读者可以观察执行结果。

```
1   # ch14_4.py
2   import cv2
3
4   src = cv2.imread("pengiun.jpg")              # 读取图像
5   dst1 = src + src                             # 图像相加
6   dst2 = src - src                             # 图像相减
7   cv2.imshow("src",src)
8   cv2.imshow("dst1 - add",dst1)
9   cv2.imshow("dst2 - subtraction",dst2)
10
11  cv2.waitKey(0)
12  cv2.destroyAllWindows()
```

执行结果

上图左边是原图像，中间是相加结果，右边是相减结果，因为元素自己相减，所获得的图像矩阵所有元素皆是 0，所以得到黑色图像。

14-4-2　反向运算的结果观察

程序实例 ch14_5.py：将图像先向下采样再向上采样，然后比较原始图像、复原的图像和相减结果的图像，相减结果就是两个图像的差异。

```python
1   # ch14_5.py
2   import cv2
3
4   src = cv2.imread("pengiun.jpg")          # 读取图像
5   print(f"原始图像大小 = {src.shape}\n")
6   dst_down = cv2.pyrDown(src)              # 向下采样
7   print(f"向下采样大小 = {dst_down.shape}\n")
8   dst_up = cv2.pyrUp(dst_down)             # 向上采样，复原大小
9   print(f"向上采样大小 = {dst_up.shape}\n")
10  dst = dst_up - src
11  print(f"结果图像大小 = {dst.shape}")
12
13  cv2.imshow("src",src)
14  cv2.imshow("dst1 - recovery",dst_up)
15  cv2.imshow("dst2 - dst",dst)
16
17  cv2.waitKey(0)
18  cv2.destroyAllWindows()
```

执行结果　向下采样再向上采样所得图像大小与原图像相同。

```
================ RESTART: D:\OpenCV_Python\ch14\ch14_5.py ================
原始图像大小 = (276, 256, 3)

向下采样大小 = (138, 128, 3)

向上采样大小 = (276, 256, 3)

结果图像大小 = (276, 256, 3)
```

从上述中间图像的执行结果可以看到图像已经变模糊了，右侧则是两幅图像相减的结果。另外要留意，读者如果要使用自己的图片执行上述操作，必须要让图片大小的宽与高皆是偶数，否则执行上述程序第 10 行会有图片大小不一致的错误。

程序实例 ch14_6.py：重新设计 ch14_5.py，但是先将图像向上采样再向下采样，然后比较原始图像、复原的图像和相减结果的图像，相减结果就是两个图像的差异。

```python
1   # ch14_6.py
2   import cv2
3
4   src = cv2.imread("pengiun.jpg")              # 读取图像
5   print(f"原始图像大小 = {src.shape}\n")
6   dst_up = cv2.pyrUp(src)                       # 向上采样
7   print(f"向上采样大小 = {dst_up.shape}\n")
8   dst_down = cv2.pyrDown(dst_up)                # 向下采样，复原大小
9   print(f"向下采样大小 = {dst_down.shape}\n")
10  dst = dst_down - src
11  print(f"结果图像大小 = {dst.shape}")
12
13  cv2.imshow("src",src)
14  cv2.imshow("dst1 - recovery",dst_down)
15  cv2.imshow("dst2 - dst",dst)
16
17  cv2.waitKey(0)
18  cv2.destroyAllWindows()
```

执行结果

```
================ RESTART: D:\OpenCV_Python\ch14\ch14_6.py ================
原始图像大小 = (276, 256, 3)

向上采样大小 = (552, 512, 3)

向下采样大小 = (276, 256, 3)

结果图像大小 = (276, 256, 3)
```

14-5 拉普拉斯金字塔

在前面的章节已讲解了向下采样时会导致部分图像细节遗失,所以在执行向上采样时图像无法恢复原始图像。而这些遗失的图像细节就建构了拉普拉斯金字塔 (Laplacian Pyramid, LP)。

假设 G 是图像金字塔,G_i 代表第 i 层,G_{i+1} 代表第 $i+1$ 层,L 代表拉普拉斯金字塔,L_i 代表拉普拉斯金字塔的第 i 层,则可以得到如下第 i 层的拉普拉斯金字塔。

$$L_i = G_i - pyrUP(G_{i+1})$$

从本节前面的内容,可以得到如下建构高斯金字塔的公式:

$$G_1 = cv2.pyrDown(G_0)$$
$$G_2 = cv2.pyrDown(G_1)$$
$$G_3 = cv2.pyrDown(G_2)$$

上述内容可以得到如下建构拉普拉斯金字塔的公式:

$$L_0 = G_0 - cv2.pyrUp(G_1)$$
$$L_1 = G_1 - cv2.pyrUp(G_2)$$
$$L_2 = G_2 - cv2.pyrUp(G_3)$$

所以向上采样要恢复原始图像的公式如下:

$$G_0 = L_0 + cv2.pyrUp(G_1)$$
$$G_1 = L_1 + cv2.pyrUp(G_2)$$
$$G_2 = L_2 + cv2.pyrUp(G_3)$$

程序实例 ch14_7.py:建立 2 层拉普拉斯金字塔。

```
1   # ch14_7.py
2   import cv2
3
4   src = cv2.imread("pengiun.jpg")          # 读取图像
5   G0 = src
6   G1 = cv2.pyrDown(G0)                      # 第 1 次向下采样
7   G2 = cv2.pyrDown(G1)                      # 第 2 次向下采样
8
9   L0 = G0 - cv2.pyrUp(G1)                   # 建立第 0 层拉普拉斯金字塔
10  L1 = G1 - cv2.pyrUp(G2)                   # 建立第 1 层拉普拉斯金字塔
11  print(f"L0.shape = \n{L0.shape}")        # 打印第 0 层拉普拉斯金字塔大小
12  print(f"L1.shape = \n{L1.shape}")        # 打印第 1 层拉普拉斯金字塔大小
13  cv2.imshow("Laplacian L0",L0)            # 显示第 0 层拉普拉斯金字塔
14  cv2.imshow("Laplacian L1",L1)            # 显示第 1 层拉普拉斯金字塔
15
16  cv2.waitKey(0)
17  cv2.destroyAllWindows()
```

执行结果

```
================== RESTART: D:/OpenCV_Python/ch14/ch14_7.py ==================
L0.shape =
(276, 256, 3)
L1.shape =
(138, 128, 3)
```

注：使用上述程序需注意，因为每一次图像的长与宽皆会减半，如果减半之后的长与宽是奇数，就无法执行第 9 行或第 10 行的图像相减。

我们可以使用下图理解高斯金字塔与拉普拉斯金字塔的差异。

程序实例 ch14_8.py：使用拉普拉斯图像恢复原始图像的应用，列出原始图像与恢复结果的图像。

```
1   # ch14_8.py
2   import cv2
3
4   src = cv2.imread("pengiun.jpg")         # 读取图像
5   G0 = src
6   G1 = cv2.pyrDown(G0)                     # 第 1 次向下采样
7   L0 = src - cv2.pyrUp(G1)                 # 拉普拉斯图像
8   dst = L0 + cv2.pyrUp(G1)                 # 恢复结果图像
9
10  print(f"src.shape = \n{src.shape}")      # 打印原始图像大小
11  print(f"dst.shape = \n{dst.shape}")      # 打印恢复图像大小
12  cv2.imshow("Src",src)                    # 显示原始图像
13  cv2.imshow("Dst",dst)                    # 显示恢复图像
14
15  cv2.waitKey(0)
16  cv2.destroyAllWindows()
```

执行结果

```
================= RESTART: D:/OpenCV_Python/ch14/ch14_8.py =================
src.shape =
(276, 256, 3)
dst.shape =
(276, 256, 3)
```

习题

1. 请扩充设计 ch14_7.py 到第 3 次向下采样，同时建立第 2 层的拉普拉斯金字塔图像，结果获得下列错误的结果。

```
================= RESTART: D:\OpenCV_Python\ex\ex14_1.py =================
Traceback (most recent call last):
  File "D:\OpenCV_Python\ex\ex14_1.py", line 11, in <module>
    L2 = G2 - cv2.pyrUp(G3)          # 建立第 2 层拉普拉斯金字塔
ValueError: operands could not be broadcast together with shapes (69,64,3) (70,6
4,3)
```

2. 请重新设计前一个程序，只更改读取的图像文件 old_building.jpg，列出下列拉普拉斯金字塔的结果。

第 15 章

轮廓的检测与匹配

在 13-5 节笔者叙述了边缘检测，但是获得的边缘线有时候不是连续的，本章所叙述的图形检测则是分析图像中可能的形状 (或称轮廓)，然后对这些形状进行绘制，同时定位形状。当可以找出图像内的图形或形状后，这些形状也称轮廓，同时也找出轮廓的特征，例如，质心、面积、周长、边界框，未来则可以应用到图像识别中。

其实要执行这些工作，所牵涉的数学内容是复杂的，不过 OpenCV 已经将复杂的数学内容封装，可以使用 OpenCV 所提供的函数轻松完成这些工作。

15-1　图像内图形的轮廓

轮廓是指图像内图形或一些外形的边缘线条，有的图形或外形简单，可以比较容易绘制与识别，有的则比较复杂。此外在使用 findContours( ) 函数寻找图像内部图形轮廓时，因为需要将图像处理成黑与白的二值图像，所以也可以说这是在黑图像中寻找白色物体，本节笔者将详细讲解寻找图形内轮廓与绘制轮廓的方法。

15-1-1　findContours( ) 函数寻找图形轮廓

图像内的图形是由一系列的点所组成，这些点可以连接成特定的图形，OpenCV 提供的 findContours( ) 函数可以找出图像内图形的轮廓，同时返回轮廓的相关信息，该函数的语法如下：

```
contours, hierarchy = cv2.findContours(image, mode, method)
```

上述函数的返回值意义如下：

❑ contours：在图像中所找到的所有轮廓，数据类型是数组 (numpy.ndarry)，数组内的元素则是轮廓内的像素点坐标，更多细节将在 17-2 节解说。

❑ hierarchy：轮廓间的层次关系。

至于 findContours( ) 函数内的参数意义如下：

❑ image：必须是 8 位的单通道图像，如果原始图像是彩色必须转为灰度图像，同时将此灰度图像采用阈值处理，让图像变成二值图像。

❑ mode：轮廓检测模式，可以参考下表。

具名常数	值	说明
RETR_EXTERNAL	0	只检测外部轮廓
RETR_LIST	1	检测所有轮廓，但是不建立层次关系
RETR_CCOMP	2	检测所有轮廓，同时建立两个层级关系，如果内部还有轮廓则此轮廓与最外层的轮廓同级
RETR_TREE	3	检测所有轮廓，同时建立一个树状层级关系

❑ method：检测轮廓的方法，可以参考下表。

具名常数	值	说明
CHAIN_APPROX_NONE	1	存储所有轮廓点
CHAIN_APPROX_SIMPLE	2	只有保存轮廓顶点的坐标
CHAIN_APPROX_TC89L1	3	使用 Teh-Chinl chain 近似的算法
CHAIN_APPROX_TC89KCOS	4	使用 Teh-Chinl chain 近似的算法

15-1-2 绘制图形的轮廓

在 15-1-1 节找到了图像内的图形轮廓后，OpenCV 提供的 drawContours( ) 函数可以在图像内绘制图形的轮廓，此函数的语法如下：

```
image = cv2.drawContours(src_image, contours, contourIdx, color, thickness,
        lineType, hierarchy, maxLevel, offset)
```

上述函数的返回值意义如下：

❑ image：目标图像，也就是返回的结果图像。

函数内的参数意义如下：

❑ src_image：这是 drawContours( ) 函数内的第一个参数，必须是 8 位的单通道图像，如果原始图像是彩色的必须转为灰度图像，同时将此灰度图像采用阈值处理，让图像变成二值图像。此外 src_image 在函数执行前是原始图像，在执行 drawContours( ) 函数后，内容也将被同步更新，其内容也将和等号左边的 image 相同，细节读者可以参考 ch15_1_1.py。

❑ contours：使用 findCountours( ) 函数所获得的列表 (list)，也可以想成需要绘制的轮廓。

❑ contourIdx：列出需要绘制轮廓的索引，如果是 -1，表示绘制所有轮廓。

❑ color：使用 BGR 格式，设定轮廓的颜色。

❑ thickness：可选参数，绘制轮廓线条的粗细，如果是 -1，表示绘制实心图像。

❑ lineType：可选参数，绘制线条的类型，可以参考 7-2 节。

❑ hierarchy：可选参数，findCountours( ) 输出的层次关系。

❑ maxLevel：可选参数，指绘制轮廓层次的深度，如果是 0 表示绘制第 0 层，如果是其他正整数，例如 n，表示绘制 0 ~n 层级。

❑ offset：可选参数，这是偏移参数，可以设定所绘制轮廓的偏移量。

注：17-6-2 节会做更进一步说明。

15-2 绘制图像内图形轮廓的系列实例

15-2-1 寻找与绘制图像内图形轮廓的基本应用

15-1-1 节已介绍须使用 findCountours( ) 函数寻找图形轮廓，其中第 1 个参数 image 必须是二值图像，为了完成这个要求，可以对原始图像执行下列操作。

1. 使用 cv2.cvtColor( ) 函数，将图像转换成灰度图像，读者可以参考下列程序第 7 行。

2. 使用 threshold( ) 函数将灰度图像二值化，如果没有特别考虑，可以将中间值 127 当作阈值，读者可以参考下列程序第 9 行。

程序实例 ch15_1.py：在图像 easy.jpg 内，轮廓检测模式使用 RETR_EXTERNAL，寻找图形轮廓的应用，最后使用绿色绘制此轮廓。

```python
1   # ch15_1.py
2   import cv2
3
4   src = cv2.imread("easy.jpg")
5   cv2.imshow("src",src)                               # 显示原始图像
6
7   src_gray = cv2.cvtColor(src,cv2.COLOR_BGR2GRAY)     # 转换成灰度图像
8   # 二值化处理图像
9   ret, dst_binary = cv2.threshold(src_gray,127,255,cv2.THRESH_BINARY)
10  # 寻找图像内的轮廓
11  contours, hierarchy = cv2.findContours(dst_binary,
12                          cv2.RETR_EXTERNAL,
13                          cv2.CHAIN_APPROX_SIMPLE)
14  dst = cv2.drawContours(src,contours,-1,(0,255,0),5) # 绘制图形轮廓
15  cv2.imshow("result",dst)                            # 显示结果图像
16
17  cv2.waitKey(0)
18  cv2.destroyAllWindows()
```

执行结果

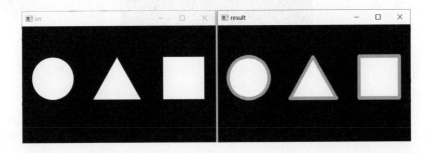

程序实例 ch15_1_1.py：扩充设计 ch15_1.py，再输出原始图像一次，观察是否影响原始图像。

```python
1   # ch15_1_1.py
2   import cv2
3
4   src = cv2.imread("easy.jpg")
5   cv2.imshow("src",src)                               # 显示原始图像
6
7   src_gray = cv2.cvtColor(src,cv2.COLOR_BGR2GRAY)     #转换成灰度图像
8   # 二值化处理图像
9   ret, dst_binary = cv2.threshold(src_gray,127,255,cv2.THRESH_BINARY)
10  # 寻找图像内的轮廓
11  contours, hierarchy = cv2.findContours(dst_binary,
```

```
12                          cv2.RETR_EXTERNAL,
13                          cv2.CHAIN_APPROX_SIMPLE)
14    dst = cv2.drawContours(src,contours,-1,(0,255,0),5)  # 绘制图形轮廓
15    cv2.imshow("result",dst)                             # 显示结果图像
16    cv2.imshow("src1",src)                               # 再输出一次原始图像
17
18    cv2.waitKey(0)
19    cv2.destroyAllWindows()
```

执行结果

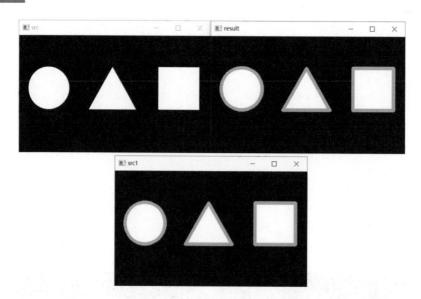

从上述执行结果可以看到 drawContours( ) 函数建立了新图像 dst，同时也更新了原始图像 src 的内容。

15-2-2　认识 findCountours( ) 函数的返回值 contours

从 15-1-1 节可以知道，在图像中找到的所有轮廓数据类型是列表 (list)，列表内的元素则是轮廓内的像素点坐标。

程序实例 ch15_2.py：使用 easy.jpg 列出所返回 contours 的数据类型和长度。

```
1    # ch15_2.py
2    import cv2
3
4    src = cv2.imread("easy.jpg")
5    src_gray = cv2.cvtColor(src,cv2.COLOR_BGR2GRAY)          #转换成灰度图像
6    # 二值化处理图像
7    ret, dst_binary = cv2.threshold(src_gray,127,255,cv2.THRESH_BINARY)
8    # 寻找图像内的轮廓
9    contours, hierarchy = cv2.findContours(dst_binary,
10                          cv2.RETR_EXTERNAL,
11                          cv2.CHAIN_APPROX_SIMPLE)
12   print(f"数据类型        : {type(contours)}")
13   print(f"轮廓数量        : {len(contours)}")
```

执行结果

```
================== RESTART: D:\OpenCV_Python\ch15\ch15_2.py ==================
数据类型      : <class 'list'>
轮廓数量      : 3
```

15-2-3　轮廓索引 contoursIdx

绘制轮廓实例使用的函数是 drawsContours( )，该函数的第 3 个参数 contoursIdx 是轮廓的索引，在 ch15_1.py 的第 14 行，笔者使用 -1，表示绘制所有轮廓。本节将分别绘制图像内的图形轮廓。

程序实例 ch15_3.py：重新设计 ch15_1.py，分别绘制图像内的图形轮廓。

```python
1   # ch15_3.py
2   import cv2
3   import numpy as np
4
5   src = cv2.imread("easy.jpg")
6   cv2.imshow("src",src)                                    # 显示原始图像
7
8   src_gray = cv2.cvtColor(src,cv2.COLOR_BGR2GRAY)          #转换成灰度图像
9   # 二值化处理图像
10  ret, dst_binary = cv2.threshold(src_gray,127,255,cv2.THRESH_BINARY)
11  # 寻找图像内的轮廓
12  contours, hierarchy = cv2.findContours(dst_binary,
13                          cv2.RETR_EXTERNAL,
14                          cv2.CHAIN_APPROX_SIMPLE)
15  n = len(contours)                                        # 返回轮廓数
16  imgList = []                                             # 建立轮廓列表
17  for i in range(n):                                       # 依次绘制轮廓
18      img = np.zeros(src.shape, np.uint8)                  # 建立轮廓图像
19      imgList.append(img)                                  # 将默认黑底图像加入列表
20      # 绘制轮廓图像
21      imgList[i] = cv2.drawContours(imgList[i],contours,i,(255,255,255),5)
22      cv2.imshow("contours" + str(i),imgList[i])           # 显示轮廓图像
23
24  cv2.waitKey(0)
25  cv2.destroyAllWindows()
```

执行结果

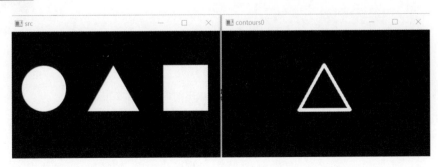

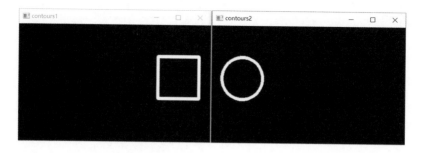

从上述可以看出轮廓索引编号是从 0 开始计数，同时并不是从左到右检测结果。

15-2-4　认识轮廓的属性

获得轮廓后，可以使用 len( ) 函数计算轮廓的数组长度，也可以使用 shape 属性获得轮廓的外形。

程序实例 ch15_4.py：列出图像内图片轮廓的属性。

```
1   # ch15_4.py
2   import cv2
3
4   src = cv2.imread("easy.jpg")
5   src_gray = cv2.cvtColor(src,cv2.COLOR_BGR2GRAY)      #转换成灰度图像
6   # 二值化处理图像
7   ret, dst_binary = cv2.threshold(src_gray,127,255,cv2.THRESH_BINARY)
8   # 寻找图像内的轮廓
9   contours, hierarchy = cv2.findContours(dst_binary,
10                          cv2.RETR_EXTERNAL,
11                          cv2.CHAIN_APPROX_SIMPLE)
12  n = len(contours)                                    # 返回轮廓数
13  for i in range(n):                                   # 输出轮廓的属性
14      print(f"编号 = {i}")
15      print(f"轮廓点的数量 = {len(contours[i])}")
16      print(f"轮廓点的外形 = {contours[i].shape}")
```

执行结果

```
================= RESTART: D:\OpenCV_Python\ch15\ch15_4.py =================
编号 = 0
轮廓点的数量 = 146
轮廓点的外形 = (146, 1, 2)
编号 = 1
轮廓点的数量 = 4
轮廓点的外形 = (4, 1, 2)
编号 = 2
轮廓点的数量 = 134
轮廓点的外形 = (134, 1, 2)
```

从前面实例可以看到编号 1 的轮廓，外形是矩形，由 4 个点代表此轮廓。

程序实例 ch15_5.py：列出编号 1 的轮廓点内容。

```
1   # ch15_5.py
2   import cv2
3
4   src = cv2.imread("easy.jpg")
5   src_gray = cv2.cvtColor(src,cv2.COLOR_BGR2GRAY)        #转换成灰度图像
6   # 二值化处理图像
7   ret, dst_binary = cv2.threshold(src_gray,127,255,cv2.THRESH_BINARY)
8   # 寻找图像内的轮廓
9   contours, hierarchy = cv2.findContours(dst_binary,
10                          cv2.RETR_EXTERNAL,
11                          cv2.CHAIN_APPROX_SIMPLE)
12  n = len(contours)                                       # 返回轮廓数
13  print(contours[1])                                      # 打印编号为1的轮廓点
```

执行结果

```
===================== RESTART: D:/OpenCV_Python/ch15/ch15_5.py =====================
[[[300  65]]

 [[300 152]]

 [[387 152]]

 [[387  65]]]
```

15-2-5　轮廓内有轮廓

假设有一幅图像 easy1.jpg 内容如图所示，轮廓内有轮廓。

如果使用 ch15_1.py 只能找到外部轮廓，读者可以参考 ch15_6.py。

程序实例 ch15_6.py：使用 easy1.jpg 图像，重新设计 ch15_1.py。

```
4   src = cv2.imread("easy1.jpg")
```

执行结果

257

从上述执行结果可以看到其实每个图形内仍有图形未被检测出来，这是因为在调用 findContours( ) 函数时，所使用的检测方法是 RETR_EXTERNAL，这个检测方法只检测外部轮廓，如果要检测所有轮廓可以使用 RETR_LIST 参数。

程序实例 ch15_7.py：重新设计 ch15_6.py，使用 RETR_LIST 检测所有轮廓。

```
1   # ch15_7.py
2   import cv2
3
4   src = cv2.imread("easy1.jpg")
5   cv2.imshow("src",src)                              # 显示原始图像
6
7   src_gray = cv2.cvtColor(src,cv2.COLOR_BGR2GRAY)    #转换成灰度图像
8   # 二值化处理图像
9   ret, dst_binary = cv2.threshold(src_gray,127,255,cv2.THRESH_BINARY)
10  # 寻找图像内的轮廓
11  contours, hierarchy = cv2.findContours(dst_binary,
12                          cv2.RETR_LIST,
13                          cv2.CHAIN_APPROX_SIMPLE)
14  dst = cv2.drawContours(src,contours,-1,(0,255,0),5) # 绘制图形轮廓
15  cv2.imshow("result",dst)                           # 显示结果图像
16
17  cv2.waitKey(0)
18  cv2.destroyAllWindows()
```

执行结果

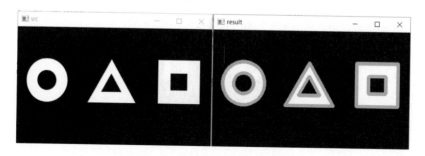

从上述执行结果可以看到轮廓内的轮廓也已经被检测出来了。

15-2-6　绘制一般图像的图形轮廓

程序实例 ch15_8.py：绘制一般图像的轮廓，这个程序显示原始图像、二元图像和绘制轮廓。

```
1   # ch15_8.py
2   import cv2
3
4   src = cv2.imread("lake.jpg")
5   cv2.imshow("src",src)                              # 显示原始图像
6
7   src_gray = cv2.cvtColor(src,cv2.COLOR_BGR2GRAY)    #转换成灰度图像
8   # 二值化处理图像
9   ret, dst_binary = cv2.threshold(src_gray,150,255,cv2.THRESH_BINARY)
```

```
10  cv2.imshow("binary",dst_binary)                          # 显示二值化图像
11  # 寻找图像内的轮廓
12  contours, hierarchy = cv2.findContours(dst_binary,
13                         cv2.RETR_LIST,
14                         cv2.CHAIN_APPROX_SIMPLE)
15  dst = cv2.drawContours(src,contours,-1,(0,255,0),2)      # 绘制图形轮廓
16  cv2.imshow("result",dst)                                 # 显示结果图像
17
18  cv2.waitKey(0)
19  cv2.destroyAllWindows()
```

执行结果

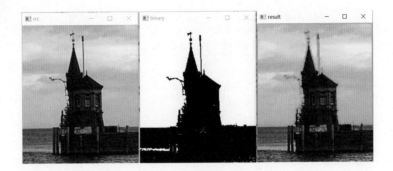

上述实例如果是使用白色绘制实心轮廓，则可以清除天空背景。

程序实例 ch15_9.py：重新设计 ch15_8.py，清除天空背景，也可以视为将图案取出。

```
15  dst = cv2.drawContours(src,contours,-1,(255,255,255),-1) # 绘制图形轮廓
```

执行结果

程序实例 ch15_10.py：重新设计 ch15_9.py，天空背景保留，但是将灯塔以黑色显示。

```
1   # ch15_10.py
2   import cv2
3   import numpy as np
4
5   src = cv2.imread("lake.jpg")
6   cv2.imshow("src",src)                                    # 显示原始图像
7
8   src_gray = cv2.cvtColor(src,cv2.COLOR_BGR2GRAY)      #转换成灰度图像
9   # 二值化处理图像
10  ret, dst_binary = cv2.threshold(src_gray,150,255,cv2.THRESH_BINARY)
11  cv2.imshow("binary",dst_binary)                         # 显示二值化图像
12  # 寻找图像内的轮廓
13  contours, hierarchy = cv2.findContours(dst_binary,
14                          cv2.RETR_LIST,
15                          cv2.CHAIN_APPROX_SIMPLE)
16  mask = np.zeros(src.shape, np.uint8)
17  dst = cv2.drawContours(mask,contours,-1,(255,255,255),-1) # 绘制图形轮廓
18  dst_result = cv2.bitwise_and(src,mask)
19  cv2.imshow("dst result",dst_result)                     # 显示结果图像
20
21  cv2.waitKey(0)
22  cv2.destroyAllWindows()
```

执行结果

15-3　认识轮廓层级

　　轮廓的层级可以说是检测图像边缘的再进化，除了可以了解图像轮廓外，也可以了解图像间的层次关系和拓扑关系，相当于可以将所获得的轮廓解释为含有层次结构关系的边缘检测。

　　在 15-1-1 节笔者介绍了 findcontours( ) 函数。

```
contours, hierarchy = cv2.findContours(image, mode, method)
```

　　上述返回的 contours 是轮廓列表，笔者已有许多实例讲解。本小节将讲解返回的多维数组数据类型 hierarchy，也称为层级。在了解层级之前，首先读者要了解下列名词与轮廓间的关系，假设有一个图像与内部图形轮廓编号如下，下列轮廓编号是为了方便解说，实质上所产生的轮廓编号会有所不同。

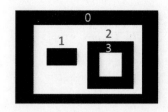

父轮廓：如果一个轮廓内部有一个轮廓，则称外部的轮廓为父轮廓，例如，轮廓 0 是轮廓 1 和轮廓 2 的父轮廓。

子轮廓：如果一个轮廓内部有一个轮廓，则称内部的轮廓为子轮廓，例如，轮廓 1 和轮廓 2 是轮廓 0 的子轮廓。

同级轮廓：如果 2 个轮廓有相同的父轮廓，则这 2 个轮廓称同级轮廓，例如，轮廓 1 和轮廓 2 是有相同的父轮廓 0，所以是同级轮廓。

注：有关轮廓 0、2、3 之间的关系会因检测模式不同，而有不同的定义。

所以轮廓间就可以由上述定义建立层级关系，findContours( ) 函数所返回的 hierarchy 就可以定义该层级关系，该层级关系所返回的是一个多维数组，每个轮廓皆对应一个数组元素，此多维数组内有 4 个元素如下：

```
[Next  Previous  First_Child  Parent]
```

上述元素所代表的意义如下：

❑ Next：下一个同级轮廓的索引编号，如果没有下一个轮廓则返回 -1。

❑ Prevous：前一个同级轮廓的索引编号，如果没有前一个轮廓则返回 -1。

❑ First_Child：第一个子轮廓的索引编号，如果没有第一个轮廓则返回 -1。

❑ Parent：父轮廓的索引编号，如果没有父轮廓则返回 -1。

但是也需要留意，使用 findContours( ) 函数时，不同的检测模式 (mode) 将有不同 hierarchy 返回结果。例如，RETR_EXTERNAL 不检测内部轮廓，RETR_LIST 不建立层级，所以返回的 hierarchy 没有意义，不过下面还是用实例讲解。

15-3-1 检测模式 RETR_EXTERNAL

当检测模式采用 RETR_EXTERNAL 时，只检测所有外部轮廓。

程序实例 ch15_11.py：使用 easy2.jpg 文件，检测模式采用 RETR_EXTERNAL，打印 hierarchy。

```python
1  # ch15_11.py
2  import cv2
3
4  src = cv2.imread("easy2.jpg")
5  cv2.imshow("src",src)                                # 显示原始图像
6
7  src_gray = cv2.cvtColor(src,cv2.COLOR_BGR2GRAY)      #转换成灰度图像
8  # 二值化处理图像
9  ret, dst_binary = cv2.threshold(src_gray,127,255,cv2.THRESH_BINARY)
10 # 寻找图像内的轮廓
```

```
11  contours, hierarchy = cv2.findContours(dst_binary,
12                          cv2.RETR_EXTERNAL,
13                          cv2.CHAIN_APPROX_SIMPLE)
14  dst = cv2.drawContours(src,contours,-1,(0,255,0),5)  # 绘制图形轮廓
15  cv2.imshow("result",dst)                             # 显示结果图像
16  print(f"hierarchy 数据类型 : {type(hierarchy)}")
17  print(f"打印层级 \n {hierarchy}")
18
19  cv2.waitKey(0)
20  cv2.destroyAllWindows()
```

执行结果

```
================= RESTART: D:\OpenCV_Python\ch15\ch15_11.py =================
hierarchy 数据类型 : <class 'numpy.ndarray'>
打印层级
 [[[ 1 -1 -1 -1]
  [-1  0 -1 -1]]]
```

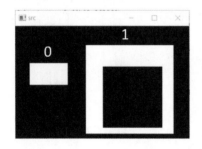
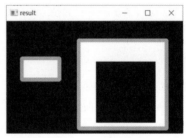

原始图像是没有编号的，为了方便讲解返回的 hierarchy，上图左边的原始图像笔者特别标注了程序所产生的轮廓编号，读者可以参考 ch15_3.py 自行探索轮廓编号的编排方式，hierarchy 所返回的数组数据意义如下：

[1 -1 -1 -1]：这是第 0 个轮廓。

❑ 1：代表下一个同级轮廓的索引编号是 1。

❑ -1：代表前一个同级轮廓不存在。

❑ -1：代表第一个子轮廓不存在。

❑ -1：代表父轮廓不存在。

[-1 0 -1 -1]：这是第 1 个轮廓。

❑ -1：代表下一个同级轮廓不存在。

❑ 0：代表前一个同级轮廓的索引编号是 0。

❑ -1：代表第一个子轮廓不存在。

❑ -1：代表父轮廓不存在。

15-3-2　检测模式 RETR_LIST

当检测模式采用 RETR_LIST 时，只检测所有外部轮廓。

程序实例 ch15_12.py：使用 easy2.jpg 文件重新设计 ch15_11.py，检测模式采用 RETR_LIST，打印 hierarchy。

```
11    contours, hierarchy = cv2.findContours(dst_binary,
12                         cv2.RETR_LIST,
13                         cv2.CHAIN_APPROX_SIMPLE)
```

执行结果

```
================ RESTART: D:\OpenCV_Python\ch15\ch15_12.py ================
hierarchy 数据类型 : <class 'numpy.ndarray'>
打印层级
[[[ 1 -1 -1 -1]
  [ 2  0 -1 -1]
  [-1  1 -1 -1]]]
```

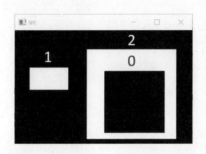 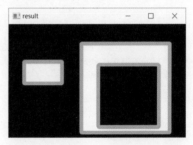

原始图像是没有编号的，为了方便讲解返回的 hierarchy，上图左边的原始图像笔者特别标注了程序所产生的轮廓编号，读者可以参考 ch15_3.py 自行探索轮廓编号的编排方式，hierarchy 所返回的数组数据意义如下：

[1 -1 -1 -1]：这是第 0 个轮廓。

❑ 1：代表下一个同级轮廓的索引编号是 1。

❑ -1：代表前一个同级轮廓不存在。

❑ -1：代表第一个子轮廓不存在。

❑ -1：代表父轮廓不存在。

[2 0 -1 -1]：这是第 1 个轮廓。

❑ 2：代表下一个同级轮廓的索引编号是 0。

❑ 0：代表前一个同级轮廓的索引编号是 0。

❑ -1：代表第一个子轮廓不存在。

❑ -1：代表父轮廓不存在。

[-1 1 -1 -1]：这是第 2 个轮廓。

❑ -1：代表下一个同级轮廓不存在。

❑ 1：代表前一个同级轮廓的索引编号是 1。

❑ -1：代表第一个子轮廓不存在。

❑ -1：代表父轮廓不存在。

15-3-3 检测模式 RETR_CCOMP

当检测模式采用 RETR_CCOMP 时，会检测所有轮廓，同时建立两个层级关系，下面将以实例讲解。

程序实例 ch15_13.py：使用 easy3.jpg 文件，检测模式采用 RETR_CCOMP，打印轮廓与层次关系。

```python
1   # ch15_13.py
2   import cv2
3
4   src = cv2.imread("easy3.jpg")
5   cv2.imshow("src",src)                              # 显示原始图像
6
7   src_gray = cv2.cvtColor(src,cv2.COLOR_BGR2GRAY)    # 转换成灰度图像
8   # 二值化处理图像
9   ret, dst_binary = cv2.threshold(src_gray,127,255,cv2.THRESH_BINARY)
10  # 寻找图像内的轮廓
11  contours, hierarchy = cv2.findContours(dst_binary,
12                          cv2.RETR_CCOMP,
13                          cv2.CHAIN_APPROX_SIMPLE)
14  dst = cv2.drawContours(src,contours,-1,(0,255,0),3) # 绘制图形轮廓
15  cv2.imshow("result",dst)                           # 显示结果图像
16  print(f"hierarchy 数据类型 : {type(hierarchy)}")
17  print(f"打印层级 \n {hierarchy}")
18
19  cv2.waitKey(0)
20  cv2.destroyAllWindows()
```

执行结果

```
================ RESTART: D:\OpenCV_Python\ch15\ch15_13.py ================
hierarchy 数据类型 : <class 'numpy.ndarray'>
打印层级
 [[[ 1 -1 -1 -1]
  [-1  0  2 -1]
  [ 3 -1 -1  1]
  [-1  2 -1  1]]]
```

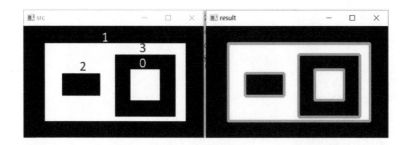

原始图像是没有编号的，为了方便讲解返回的 hierarchy，上图左边的原始图像笔者特别标注了程序所产生的轮廓编号，读者可以参考 ch15_3.py 自行探索轮廓编号的编排方式，hierarchy 所返回的数组数据意义如下：

[1 -1 -1 -1]: 这是第 0 个轮廓。

- ❏　1：代表下一个同级轮廓的索引编号是 1，因为这是内部增加的轮廓，此轮廓与最外部的轮廓同级。
- ❏　-1：代表前一个同级轮廓不存在。
- ❏　-1：代表第一个子轮廓不存在。
- ❏　-1：代表父轮廓不存在，因为在两个层级概念中，这相当于与最外围轮廓同级。

[-1 0 2 -1]: 这是第 1 个轮廓。

- ❏　-1：代表下一个同级轮廓不存在。
- ❏　0：代表前一个同级轮廓的索引编号是 0。
- ❏　2：代表第一个子轮廓的索引编号是 2。
- ❏　-1：代表父轮廓不存在。

[3 -1 -1 1]: 这是第 2 个轮廓。

- ❏　3：代表下一个同级轮廓的索引编号是 3。
- ❏　-1：代表前一个同级轮廓不存在。
- ❏　-1：代表第一个子轮廓不存在。
- ❏　1：代表父轮廓的索引编号是 1。

[-1 2 -1 1]: 这是第 3 个轮廓。

- ❏　-1：代表下一个同级轮廓不存在。
- ❏　2：代表前一个同级轮廓索引编号是 2。
- ❏　-1：代表第一个子轮廓不存在，因为只有 2 层。
- ❏　1：代表父轮廓的索引编号是 1。

15-3-4　检测模式 RETR_TREE

当检测模式采用 RETR_TREE 时，会检测所有轮廓，同时建立树状层级关系，下面将以实例讲解。须留意轮廓编号与 RETR_CCOMP 检测模式不同，同时最内层的定义也不同。

程序实例 ch15_14.py：修订程序实例 ch15_13.py 第 12 行，检测模式采用 RETR_TREE，打印轮廓与树状层次关系。

```
11  contours, hierarchy = cv2.findContours(dst_binary,
12                        cv2.RETR_TREE,
13                        cv2.CHAIN_APPROX_SIMPLE)
```

执行结果

```
================= RESTART: D:\OpenCV_Python\ch15\ch15_14.py =================
打印层级
[[[-1 -1  1 -1]
  [ 2 -1 -1  0]
  [-1  1  3  0]
  [-1 -1 -1  2]]]
```

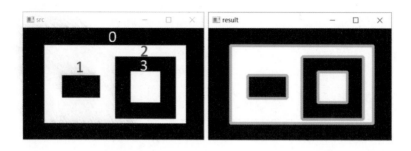

原始图像是没有编号的，为了方便讲解返回的 hierarchy，上图左边的原始图像笔者特别标注了程序所产生的轮廓编号，读者可以参考 ch15_3.py 自行探索轮廓编号的编排方式，hierarchy 所返回的数组数据意义如下：

[-1 -1 1 -1]：这是第 0 个轮廓。

❑ -1：代表下一个同级轮廓不存在。

❑ -1：代表前一个同级轮廓不存在。

❑ 1：代表第一个子轮廓的索引编号是 1。

❑ -1：代表父轮廓不存在。

[2 -1 -1 0]：这是第 1 个轮廓。

❑ 2：代表下一个同级轮廓的索引编号是 2。

❑ -1：代表前一个同级轮廓不存在。

❑ -1：代表第一个子轮廓不存在。

❑ 0：代表父轮廓的索引编号是 0。

[-1 1 3 0]：这是第 2 个轮廓。

❑ -1：代表下一个同级轮廓不存在。

❑ 1：代表前一个同级轮廓的索引编号是 1。

❑ 3：代表第一个子轮廓的索引编号是 3。

❑ 0：代表父轮廓的索引编号是 0。

[-1 -1 -1 2]：这是第 3 个轮廓。

❑ -1：代表下一个同级轮廓不存在。

❑ -1：代表前一个同级轮廓不存在。

❑ -1：代表第一个子轮廓不存在。

❑ 2：代表父轮廓的索引编号是 2。

15-4 轮廓的特征 —— 图像矩

轮廓的特征是指质心、面积、周长、边界框等，这些概念常被使用在模式识别、图像识别中。

15-4-1　矩特征 moments( ) 函数

图像矩 (image moments) 是指轮廓的特征，有时候也简称矩特征，两个轮廓是否相同最简单的方式就是比较图像矩，OpenCV 提供的 moments( ) 函数可以返回图像矩信息，此函数的语法如下：

```
m = cv2.moments(array, binaryImage)
```

上述函数参数意义如下：

❑　m：返回图像矩，也简称矩特征。

❑　array：要计算矩特征的轮廓点集合，也可以是灰度图像或二值图像。

❑　binaryImage：可选参数，当此值是 True 时，array 内所有非 0 数值将被设为 1。

上述所返回的内容是字典 (dict) 类型的图像矩，该图像矩包含下列数据：

❑　空间矩。

零阶矩：m00,

一阶矩：m10, m01,

二阶矩：m20, m11, m02,

三阶矩：m30, m21, m12, m03,

❑　中心矩。

二阶中心矩：mu20, mu11, mu02,

三阶中心矩：mu30, mu21, mu12, mu03,

❑　归一化中心矩。

二阶 Hu 矩：nu20, nu11, nu02,

三阶 Hu 矩：nu30, nu21, nu12, nu03,

坦白地说上述所返回的图像矩除了空间矩中的零阶矩 m00 外，其实大都涉及复杂的数学知识，所谓零阶矩 m00 其实所指的就是一个轮廓的面积。因此要判断两个轮廓是否面积相同，只要使用 m00 就可以得到。

一个轮廓的位置发生变化时，中心矩具有平移不变性，因此若要比较 2 个轮廓是否相同，可以使用中心矩的概念。

中心矩对于位置发生变化时，具有平移不变性。但是如果相同形状、大小不同的轮廓其中心矩的内容是有差异的，这时可以使用归一化中心矩，这将在 15-5 节做更详细的解说，这个属性具有平移不变性与归一化不变性。

15-4-2　基础图像矩推导 —— 轮廓质心

简单地说图像矩就是一组统计参数，这个参数记录像素所在位置与强度分布，在数学上可以假设强度是 $I(x, y)$ 的灰度图像 (i, j) 的图像矩 M_{ij} 计算公式如下：

$$M_{ij} = \sum_x \sum_y x^i y^i I(x, y)$$

上述 x, y 是指行 (row) 和列 (column) 的索引，$I(x, y)$ 是指 (x, y) 的强度，了解上述概念就可以计算简单的图像属性了。

❑ 面积计算。

对于一个二元值图像，零阶矩阵就是计算面积，使用前面的公式可以得到如下 M_{00} 零阶矩的公式。

$$M_{00} = \sum_x \sum_y I(x, y)$$

❑ 质心计算。

所谓质心就是所有像素点的平均值，所以从图像矩可以得到如下质心公式：

$$(\bar{x}, \bar{y}) = \left(\frac{M_{10}}{M_{00}}, \frac{M_{01}}{M_{00}} \right)$$

在上述公式中数学符号意义如下：

$\bar{x}$：质心的 x 坐标。

$\bar{y}$：质心的 y 坐标。

M_{00}：所有非 0 像素的总和。

M_{10}：所有非 0(x 坐标) 像素的总和。

M_{01}：所有非 0(y 坐标) 像素的总和。

假设有一个 4×4 的二元值图像，内容与坐标如下：

		y		
	1	2	3	4
1	0	0	0	0
2	1	1	1	1
3	1	1	1	1
4	0	0	0	0

下列是计算面积与质心的过程：

M_{00}：计算公式与过程如下：

$$M_{00} = \sum_x \sum_y I(x, y)$$

对于 $x = 1$：

$$I(1,1) + I(1,2) + I(1,3) + I(1,4) = 0 + 0 + 0 + 0 = 0$$

对于 $x = 2$：

$$I(2,1) + I(2,2) + I(2,3) + I(2,4) = 1 + 1 + 1 + 1 = 4$$

对于 $x = 3$：

$$I(3,1) + I(3,2) + I(3,3) + I(3,4) = 1 + 1 + 1 + 1 = 4$$

对于 $x = 4$：

$$I(4,1) + I(4,2) + I(4,3) + I(4,4) = 0 + 0 + 0 + 0 = 0$$

M_{10}：计算公式与过程如下：

$$M_{10} = \sum_x \sum_y x\, I(x,y) = 2*1 + 2*1 + 2*1 + 2*1 + 3*1 + 3*1 + 3*1 + 3*1 = 20$$

M_{01}：计算公式与过程如下：

$$M_{01} = \sum_x \sum_y y\, I(x,y) = 1*1 + 2*1 + 3*1 + 4*1 + 1*1 + 2*1 + 3*1 + 4*1 = 20$$

最后得到轮廓质心如下：

$$(\bar{x}, \bar{y}) = \left(\frac{M_{10}}{M_{00}}, \frac{M_{01}}{M_{00}}\right) = \left(\frac{20}{8}, \frac{20}{8}\right) = (2.5, 2.5)$$

15-4-3 图像矩实例

程序实例 ch15_15.py：扩充 ch15_3.py，打印轮廓面积与每个轮廓的图像矩。

```
1   # ch15_15.py
2   import cv2
3   import numpy as np
4
5   src = cv2.imread("easy.jpg")
6   cv2.imshow("src",src)                              # 显示原始图像
7
8   src_gray = cv2.cvtColor(src,cv2.COLOR_BGR2GRAY)    # 转换成灰度图像
9   # 二值化处理图像
10  ret, dst_binary = cv2.threshold(src_gray,127,255,cv2.THRESH_BINARY)
11  # 寻找图像内的轮廓
12  contours, hierarchy = cv2.findContours(dst_binary,
13                          cv2.RETR_EXTERNAL,
14                          cv2.CHAIN_APPROX_SIMPLE)
15  n = len(contours)                                  # 返回轮廓数
16  imgList = []                                       # 建立轮廓列表
17  for i in range(n):                                 # 依次绘制轮廓
18      img = np.zeros(src.shape, np.uint8)            # 建立轮廓图像
19      imgList.append(img)                            # 将默认黑底图像加入列表
20      # 绘制轮廓图像
21      imgList[i] = cv2.drawContours(imgList[i],contours,i,(255,255,255),5)
22      cv2.imshow("contours" + str(i),imgList[i])     # 显示轮廓图像
23
24  for i in range(n):                                 # 打印轮廓面积
25      area = cv2.moments(contours[i])
26      print(f"轮廓面积 str(i) = {area['m00']}")
27
28  for i in range(n):                                 # 打印图像矩
29      M = cv2.moments(contours[i])
30      print(f"打印图像矩 {str(i)} \n {M}")
31
32  cv2.waitKey(0)
33  cv2.destroyAllWindows()
```

执行结果

```
===================== RESTART: D:\OpenCV_Python\ch15\ch15_15.py =================
轮廓面积 str(i) = 4344.0
轮廓面积 str(i) = 7569.0
轮廓面积 str(i) = 5964.0
打印图像矩 0
 {'m00': 4344.0, 'm10': 875551.0, 'm01': 534872.3333333333, 'm20': 178291996.0,
 'm11': 107806662.83333333, 'm02': 67667946.66666666, 'm30': 36669616857.5, 'm21'
: 21974314231.166668, 'm12': 13638973452.333334, 'm03': 8756666917.5, 'mu20': 18
21104.2870626152, 'mu11': 952.3539748340845, 'mu02': 1809656.3891702518, 'mu30':
 32430.916221618652, 'mu21': 21016905.17049837, 'mu12': -12999.67679822445, 'mu0
3': -20861350.522485733, 'nu20': 0.09650619295080995, 'nu11': 5.04683104123893e-
05, 'nu02': 0.09589953189865046, 'nu30': 2.6075622006486343e-05, 'nu21': 0.01689
8346973212075, 'nu12': -1.0452207272856162e-05, 'nu03': -0.01677327544654871}
打印图像矩 1
 {'m00': 7569.0, 'm10': 2599951.5, 'm01': 821236.5, 'm20': 897857487.0, 'm11': 2
82094737.75, 'm02': 93878307.0, 'm30': 311693885601.75, 'm21': 97417537339.5, 'm
12': 32247198454.5, 'm03': 11221786154.25, 'mu20': 4774146.75, 'mu11': 0.0, 'mu0
2': 4774146.75, 'mu30': 0.0, 'mu21': 0.0, 'mu12': 0.0, 'mu03': 0.0, 'nu20': 0.08
333333333333334, 'nu11': 0.0, 'nu02': 0.08333333333333334, 'nu30': 0.0, 'nu21':
0.0, 'nu12': 0.0, 'nu03': 0.0}
打印图像矩 2
 {'m00': 5964.0, 'm10': 384986.5, 'm01': 647295.0, 'm20': 27681568.833333332, 'm
11': 41781606.5, 'm02': 73084880.0, 'm30': 2152224582.25, 'm21': 3004127667.9166
665, 'm12': 4717267592.083333, 'm03': 8546756317.5, 'mu20': 2830025.3755449355,
'mu11': -2403.64713279990294, 'mu02': 2831557.225855127, 'mu30': -34543.863102436
066, 'mu21': 54838.510442614555, 'mu12': 34121.83210071921, 'mu03': -55062.21492
099762, 'nu20': 0.07956371628904141, 'nu11': -6.75764606867403e-05, 'nu02': 0.07
960678293590986, 'nu30': -1.2575545037745031e-05, 'nu21': 1.996372426062902e-05,
'nu12': 1.2421906463689873e-05, 'nu03': -2.004516291544042e-05}
```

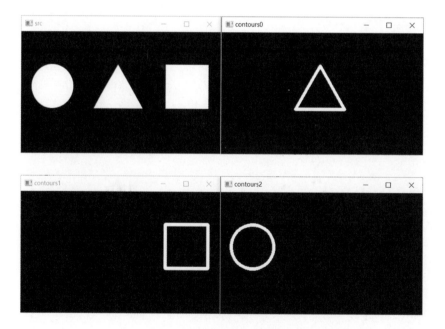

程序实例 ch15_16.py：重新设计 ch15_1.py，为每个轮廓绘制中心点。

```
1   # ch15_16.py
2   import cv2
3
4   src = cv2.imread("easy.jpg")
5   cv2.imshow("src",src)                               # 显示原始图像
6
7   src_gray = cv2.cvtColor(src,cv2.COLOR_BGR2GRAY)     # 转换成灰度图像
8   # 二值化处理图像
9   ret, dst_binary = cv2.threshold(src_gray,127,255,cv2.THRESH_BINARY)
10  # 寻找图像内的轮廓
11  contours, hierarchy = cv2.findContours(dst_binary,
12                        cv2.RETR_EXTERNAL,
13                        cv2.CHAIN_APPROX_SIMPLE)
14  dst = cv2.drawContours(src,contours,-1,(0,255,0),5) # 绘制图形轮廓
15
16  for c in contours:                                  # 绘制中心点循环
17      M = cv2.moments(c)                              # 图像矩
18      Cx = int(M["m10"] / M["m00"])                   # 质心 x 坐标
19      Cy = int(M["m01"] / M["m00"])                   # 质心 y 坐标
20      cv2.circle(dst,(Cx,Cy),5,(255,0,0),-1)          # 绘制中心点
21  cv2.imshow("result",dst)                            # 显示结果图像
22
23  cv2.waitKey(0)
24  cv2.destroyAllWindows()
```

执行结果

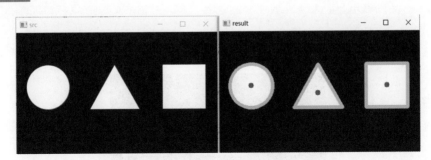

15-4-4　计算轮廓面积

有了图像矩后就可以使用该图像矩计算轮廓的面积，语法如下：

```
area = cv2.contourArea(contour, oriented)
```

上述函数参数意义如下：

❑ area：返回的面积。

❑ contour：轮廓。

❑ oriented：可选参数，这是布尔值，默认是 False，可以返回面积的绝对值。如果是 True，会根据逆时针或顺时针决定返回值含正号或负号。

程序实例 ch15_17.py：使用 contourArea( ) 函数计算轮廓面积。

```
1   # ch15_17.py
2   import cv2
3
4   src = cv2.imread("easy.jpg")
5   cv2.imshow("src",src)                               # 显示原始图像
6
7   src_gray = cv2.cvtColor(src,cv2.COLOR_BGR2GRAY)     # 转换成灰度图像
8   # 二值化处理图像
9   ret, dst_binary = cv2.threshold(src_gray,127,255,cv2.THRESH_BINARY)
10  # 寻找图像内的轮廓
11  contours, hierarchy = cv2.findContours(dst_binary,
12                          cv2.RETR_EXTERNAL,
13                          cv2.CHAIN_APPROX_SIMPLE)
14  n = len(contours)
15  for i in range(n):                                  # 绘制中心点循环
16      M = cv2.moments(contours[i])                    # 图像矩
17      area = cv2.contourArea(contours[i])             # 计算轮廓面积
18      print(f"轮廓 {i} 面积 = {area}")
19
20  cv2.waitKey(0)
21  cv2.destroyAllWindows()
```

执行结果

```
================= RESTART: D:\OpenCV_Python\ch15\ch15_17.py =================
轮廓 0 面积 = 4344.0
轮廓 1 面积 = 7569.0
轮廓 2 面积 = 5964.0
```

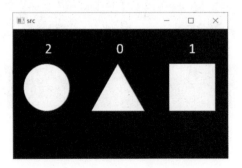

注：图中轮廓编号是笔者另外所加。

15-4-5 计算轮廓周长

有了图像矩后就可以使用该图像矩计算轮廓的周长，语法如下：

```
area = cv2.arcLength(contour, closed)
```

上述函数参数意义如下：

❑ area：返回的面积。

❑ contour：轮廓。

❑ closed：布尔值，如果是 True 表示轮廓是封闭的。

程序实例 ch15_18.py：使用 arcLength( ) 函数计算轮廓周长。

```
1    # ch15_18.py
2    import cv2
3
4    src = cv2.imread("easy.jpg")
5    cv2.imshow("src",src)                                # 显示原始图像
6
7    src_gray = cv2.cvtColor(src,cv2.COLOR_BGR2GRAY)      # 转换成灰度图像
8    # 二值化处理图像
9    ret, dst_binary = cv2.threshold(src_gray,127,255,cv2.THRESH_BINARY)
10   # 寻找图像内的轮廓
11   contours, hierarchy = cv2.findContours(dst_binary,
12                         cv2.RETR_EXTERNAL,
13                         cv2.CHAIN_APPROX_SIMPLE)
14   n = len(contours)
15   for i in range(n):                                   # 绘制中心点循环
16       M = cv2.moments(contours[i])                     # 图像矩
17       area = cv2.arcLength(contours[i],True)           # 计算轮廓周长
18       print(f"轮廓 {i} 周长 = {area}")
19
20   cv2.waitKey(0)
21   cv2.destroyAllWindows()
```

执行结果

```
================= RESTART: D:\OpenCV_Python\ch15\ch15_18.py =================
轮廓 0 周长 = 315.4213538169861
轮廓 1 周长 = 348.0
轮廓 2 周长 = 289.42135322093964
```

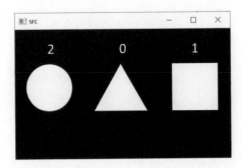

注：图中轮廓编号是笔者另外所加。

15-5 轮廓外形的匹配 —— Hu 矩

在 15-4-1 节笔者有介绍中心矩，中心矩对于轮廓平移是不变的，这是非常好的。但是对于轮廓外形的匹配还是不够。在外形匹配的识别中常会用到 Hu 矩，Hu 矩其实是归一化中心矩的线性组合，

如果想要计算图像在平移、缩放与旋转时保持不变的矩，这时就需要使用 Hu 矩，Hu 矩由于具有平移、缩放与旋转时保持不变的特性，所以可以对轮廓的外形匹配做识别。

15-5-1　OpenCV 计算 Hu 矩的函数

在 OpenCV 中计算 Hu 矩可以使用 HuMoments( ) 函数，该函数语法如下：

```
hu = cv2.HuMoments(m)
```

上述函数参数意义如下：

❑　hu：Hu 矩的返回结果。

❑　m：moments( ) 函数返回的图像矩。

在 15-4-1 节，笔者介绍过执行 moments( ) 函数时可以得到如下归一化中心矩：

二阶 Hu 矩：nu20, nu11, nu02。

三阶 Hu 矩：nu30, nu21, nu12, nu03。

本节开始笔者介绍过，Hu 矩其实是归一化中心矩的线性组合，因为 HuMoments( ) 函数返回的结果就是上述矩的组合运算的结果。为了简洁表示，笔者使用 η 代替 nu，可以得到如下归一化中心矩：

二阶 Hu 矩：η_{20} , η_{11} , η_{02} 。

三阶 Hu 矩：η_{30} , η_{21} , η_{12} , η_{03} 。

执行 HuMoments( ) 函数可以返回 7 个 Hu 矩，内容如下：

$$h_0 = \eta_{20} + \eta_{02}$$

$$h_1 = (\eta_{20} - \eta_{02})^2 + 4\eta_{11}^2$$

$$h_2 = (\eta_{30} - 3\eta_{12})^2 + (3\eta_{21} - \eta_{03})^2$$

$$h_3 = (\eta_{30} + \eta_{12})^2 + (\eta_{21} + \eta_{03})^2$$

$$h_4 = (\eta_{30} - 3\eta_{12})(\eta_{30} + \eta_{12})[(\eta_{30} + \eta_{12})^2 - 3(\eta_{21} + \eta_{03})^2] + (3\eta_{21} - \eta_{03})[3(\eta_{30} + \eta_{12})^2 - (\eta_{21} + \eta_{03})^2]$$

$$h_5 = (\eta_{20} - \eta_{02})[(\eta_{30} + \eta_{12})^2 - (\eta_{21} + \eta_{03})^2 + 4\eta_{11}(\eta_{30} + \eta_{12})(\eta_{21} + \eta_{03})]$$

$$h_6 = (3\eta_{21} - \eta_{03})(\eta_{30} + \eta_{12})[(\eta_{30} + \eta_{12})^2 - 3(\eta_{21} + \eta_{03})^2] + (\eta_{30} - 3\eta_{12})(\eta_{21} + \eta_{03})[3(\eta_{30} + \eta_{12})^2 - (\eta_{21} + \eta_{03})^2]$$

15-5-2　第 0 个 Hu 矩的公式验证

第 0 个 Hu 矩的公式如下：

$$h_0 = \eta_{20} + \eta_{02}$$

可以得到等号左边减去等号右边结果是 0，如下所示：

$$h_0 - (\eta_{20} + \eta_{02}) = 0$$

程序实例 ch15_19.py：使用 heart.jpg 验证上述公式。

```
1   # ch15_19.py
2   import cv2
3
4   src = cv2.imread("heart.jpg")
5   cv2.imshow("src",src)                                    # 显示原始图像
6
7   src_gray = cv2.cvtColor(src,cv2.COLOR_BGR2GRAY)          # 转换成灰度图像
8   M = cv2.moments(src_gray)                                # 图像矩
9   nu20 = M['nu20']
10  print(f"归一化中心矩 nu20 = {nu20}")
11  nu02 = M['nu02']
12  print(f"归一化中心矩 nu02 = {nu02}")
13
14  Hu = cv2.HuMoments(M)                                    # Hu矩
15  print(f"Hu \n {Hu}")                                     # 打印Hu矩
16
17  result = Hu[0][0] - (nu20 + nu02)                        # 验证Hu矩 0, h0
18  print(f"验证结果 h0 - nu20 - nu02 = {result}")
```

执行结果

```
================ RESTART: D:\OpenCV_Python\ch15\ch15_19.py ================
归一化中心矩  nu20 = 0.0004792629390472164
归一化中心矩  nu02 = 0.00023866024885601947
Hu
 [[ 7.17923188e-04]
 [ 5.78896885e-08]
 [ 6.81194047e-11]
 [ 2.42937256e-12]
 [-3.12515353e-23]
 [-5.84507960e-16]
 [ 1.53613252e-25]]
验证结果 h0 - nu20 - nu02 = 0.0
```

上述第 15 行是输出 Hu 矩，从输出结果可以看出这是二维矩阵，所以第 17 行使用 "Hu[0][0]" 获得 h_0 的结果。

程序实例 ch15_20.py：有一幅图像 3heart.jpg，请列出图像内部 3 个轮廓的 Hu 矩。在这 3 个轮廓中，findContours( ) 函数的计算顺序可以参考执行结果图。

```
1   # ch15_20.py
2   import cv2
3
4   src = cv2.imread("3heart.jpg")
5   cv2.imshow("src", src)
6   src_gray = cv2.cvtColor(src,cv2.COLOR_BGR2GRAY)          # 转换成灰度图像
7
```

```
8   # 二值化处理图像
9   ret, dst_binary = cv2.threshold(src_gray,127,255,cv2.THRESH_BINARY)
10  # 寻找图像内的轮廓
11  contours, hierarchy = cv2.findContours(dst_binary,
12                        cv2.RETR_LIST,
13                        cv2.CHAIN_APPROX_SIMPLE)
14
15  M0 = cv2.moments(contours[0])                          # 计算编号 0 图像矩
16  M1 = cv2.moments(contours[1])                          # 计算编号 1 图像矩
17  M2 = cv2.moments(contours[2])                          # 计算编号 2 图像矩
18  Hu0 = cv2.HuMoments(M0)                                # 计算编号 0 Hu矩
19  Hu1 = cv2.HuMoments(M1)                                # 计算编号 1 Hu矩
20  Hu2 = cv2.HuMoments(M2)                                # 计算编号 2 Hu矩
21  # 打印Hu矩
22  print(f"h0 = {Hu0[0]}\t\t {Hu1[0]}\t\t {Hu2[0]}")
23  print(f"h1 = {Hu0[1]}\t\t {Hu1[1]}\t\t {Hu2[1]}")
24  print(f"h2 = {Hu0[2]}\t\t {Hu1[2]}\t\t {Hu2[2]}")
25  print(f"h3 = {Hu0[3]}\t\t {Hu1[3]}\t {Hu2[3]}")
26  print(f"h4 = {Hu0[4]}\t\t {Hu1[4]}\t {Hu2[4]}")
27  print(f"h5 = {Hu0[5]}\t\t {Hu1[5]}\t {Hu2[5]}")
28  print(f"h6 = {Hu0[6]}\t\t {Hu1[6]}\t {Hu2[6]}")
29
30  cv2.waitKey(0)
31  cv2.destroyAllWindows()
```

执行结果

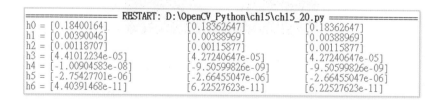

上述轮廓 1 与 2 是复制的结果，所以 Hu 矩一模一样。轮廓 0 则是缩小版，其实也可以发现 Hu 矩和轮廓 1 非常接近，所以符合缩小 Hu 矩保持不变的特质。

程序实例 ch15_21.py：有一幅图像 3shapes.jpg，请列出图像内部 3 个轮廓的 Hu 矩。在这 3 个轮廓中，findContours( ) 函数的计算顺序可以参考执行结果图。

```
1   # ch15_21.py
2   import cv2
3
4   src = cv2.imread("3shapes.jpg")
5   cv2.imshow("src", src)
6   src_gray = cv2.cvtColor(src,cv2.COLOR_BGR2GRAY)        # 转换成灰阶图像
7
8   # 二值化处理图像
9   ret, dst_binary = cv2.threshold(src_gray,127,255,cv2.THRESH_BINARY)
10  # 寻找图像内的轮廓
11  contours, hierarchy = cv2.findContours(dst_binary,
12                          cv2.RETR_LIST,
13                          cv2.CHAIN_APPROX_SIMPLE)
14
15  M0 = cv2.moments(contours[0])                          # 计算编号 0 图像矩
16  M1 = cv2.moments(contours[1])                          # 计算编号 1 图像矩
17  M2 = cv2.moments(contours[2])                          # 计算编号 2 图像矩
18  Hu0 = cv2.HuMoments(M0)                                # 计算编号 0 Hu 矩
19  Hu1 = cv2.HuMoments(M1)                                # 计算编号 1 Hu 矩
20  Hu2 = cv2.HuMoments(M2)                                # 计算编号 2 Hu 矩
21  # 打印Hu矩
22  print(f"h0 = {Hu0[0]}\t\t {Hu1[0]}\t\t {Hu2[0]}")
23  print(f"h1 = {Hu0[1]}\t\t {Hu1[1]}\t\t {Hu2[1]}")
24  print(f"h2 = {Hu0[2]}\t\t {Hu1[2]}\t\t {Hu2[2]}")
25  print(f"h3 = {Hu0[3]}\t\t {Hu1[3]}\t {Hu2[3]}")
26  print(f"h4 = {Hu0[4]}\t\t {Hu1[4]}\t {Hu2[4]}")
27  print(f"h5 = {Hu0[5]}\t\t {Hu1[5]}\t {Hu2[5]}")
28  print(f"h6 = {Hu0[6]}\t\t {Hu1[6]}\t {Hu2[6]}")
29
30  cv2.waitKey(0)
31  cv2.destroyAllWindows()
```

执行结果

图像文件的轮廓 2 是轮廓 0 旋转的结果，从上述执行结果可以看出，Hu 矩也非常接近，所以符合旋转 Hu 矩保持不变的特质。轮廓 1 则是不同外形，所以 Hu 矩内容差异非常明显。

15-5-3　轮廓匹配

15-5-2 节计算了不同轮廓的 Hu 矩，然后输出在同一行，使读者可以对比了解 Hu 矩的差异。OpenCV 则提供了 matchShapes( ) 函数，可以使用该函数做轮廓的比较，语法如下：

```
retval = cv2.matchShapes(contour1, contour2, method, parameter)
```

上述函数参数意义如下：

❑ retval：比较的结果，值越小代表结果越相近，如果是 0 代表完全相同。

❑ contour1：轮廓或是灰度图像。

❑ contour2：轮廓或是灰度图像。

❑ method：比较的方法，假设 A 是对象 1，B 是对象 2，下列是符号定义：

$$m_i^A = \text{sign}\left(h_i^A\right) \times \log h_i^A$$

$$m_i^B = \text{sign}\left(h_i^B\right) \times \log h_i^B$$

上述 h_i^A 是 A 对象的 Hu 矩，h_i^B 是 B 对象的 Hu 矩，method 方法概念如下：

具名常数	值	公式
CONTOURS_MATCHI1	1	$I_1(A,B) = \sum\limits_{i=1\dots7} \left\| \dfrac{1}{m_i^A} - \dfrac{1}{m_i^B} \right\|$
CONTOURS_MATCHI2	2	$I_2(A,B) = \sum\limits_{i=1\dots7} \left\| m_i^A - m_i^B \right\|$
CONTOURS_MATCHI3	3	$I_3(A,B) = \max\limits_{i=1\dots7} \dfrac{\left\| m_i^A - m_i^B \right\|}{\left\| m_i^A \right\|}$

❑ parameter：目前尚未支持，可以填 0。

程序实例 ch15_22.py：使用 myheart.jpg 列出各图像的比较结果。

```
1  # ch15_22.py
2  import cv2
3
4  src = cv2.imread("myheart.jpg")
5  cv2.imshow("src",src)
6  src_gray = cv2.cvtColor(src,cv2.COLOR_BGR2GRAY)          # 转换成灰度图像
7  # 二值化处理图像
8  ret, dst_binary = cv2.threshold(src_gray,127,255,cv2.THRESH_BINARY)
9  # 寻找图像内的轮廓
10 contours, hierarchy = cv2.findContours(dst_binary,
11                         cv2.RETR_LIST,
12                         cv2.CHAIN_APPROX_SIMPLE)
13
14 match0 = cv2.matchShapes(contours[0], contours[0],1,0)  # 轮廓0和0比较
15 print(f"轮廓0和0比较 = {match0}")
16 match1 = cv2.matchShapes(contours[0], contours[1],1,0)  # 轮廓0和1比较
17 print(f"轮廓0和1比较 = {match1}")
18 match2 = cv2.matchShapes(contours[0], contours[2],1,0)  # 轮廓0和2比较
19 print(f"轮廓0和2比较 = {match2}")
20
21 cv2.waitKey(0)
22 cv2.destroyAllWindows()
```

执行结果

```
================ RESTART: D:\OpenCV_Python\ch15\ch15_22.py ================
轮廓0和0比较 = 0.0
轮廓0和1比较 = 0.00046299603915214704
轮廓0和2比较 = 0.29307592277155203
```

从上述可以得到轮廓 0 和轮廓 0 比较所得到结果是 0，表示完全相同。轮廓 0 和轮廓 1 比较，轮廓 1 只是旋转 180 度，所以结果值也非常接近 0。轮廓 0 和轮廓 2 则是有显著的差异。

15-6　再谈轮廓外形匹配

除了可以使用前面所述的 Hu 矩进行外形匹配，也可以使用形状场景距离当作两个轮廓的匹配。相同轮廓的距离是 0，距离值越大，轮廓相差越大。

15-6-1　建立形状场景距离

建立形状场景距离基本原理是每个轮廓上的点皆会有上下点的特征描述，由此可以了解整个轮廓的分布。上述描述其实牵涉高深的数学内容，不过 OpenCV 已经将此封装在 createShapeContext DistanceExtractor( ) 函数内，读者只要知道如何调用即可，该函数的语法如下：

```
sd = cv2.createShapeContextDistanceExtractor( )
```

使用上述函数可以返回计算场景的运算符 sd，有了这个 sd 运算符可以调用 computeDistance( ) 函数计算距离，该函数用法如下：

```
retval = sd.computeDistance(contour1, contour2)
```

注：要使用这个函数必须要安装 pip install open-cv-contrib-python。

程序实例 ch15_23.py：使用形状场景距离重新设计 ch15_22.py。

```
1  # ch15_23.py
2  import cv2
3
4  # 读取与建立图像 1
5  src1 = cv2.imread("mycloud1.jpg")
6  cv2.imshow("mycloud1",src1)
7  src1_gray = cv2.cvtColor(src1,cv2.COLOR_BGR2GRAY)        # 转换成灰度图像
```

```
8   # 二值化处理图像
9   ret, dst_binary = cv2.threshold(src1_gray,127,255,cv2.THRESH_BINARY)
10  # 寻找图像内的轮廓
11  contours, hierarchy = cv2.findContours(dst_binary,
12                          cv2.RETR_LIST,
13                          cv2.CHAIN_APPROX_SIMPLE)
14  cnt1 = contours[0]
15  # 读取与建立图像 2
16  src2 = cv2.imread("mycloud2.jpg")
17  cv2.imshow("mycloud2",src2)
18  src2_gray = cv2.cvtColor(src2,cv2.COLOR_BGR2GRAY)        # 转换成灰度图像
19  ret, dst_binary = cv2.threshold(src2_gray,127,255,cv2.THRESH_BINARY)
20  contours, hierarchy = cv2.findContours(dst_binary,
21                          cv2.RETR_LIST,
22                          cv2.CHAIN_APPROX_SIMPLE)
23  cnt2 = contours[0]
24  # 读取与建立图像 3
25  src3 = cv2.imread("explode1.jpg")
26  cv2.imshow("explode",src3)
27  src3_gray = cv2.cvtColor(src3,cv2.COLOR_BGR2GRAY)        # 转换成灰度图像
28  ret, dst_binary = cv2.threshold(src3_gray,127,255,cv2.THRESH_BINARY)
29  contours, hierarchy = cv2.findContours(dst_binary,
30                          cv2.RETR_LIST,
31                          cv2.CHAIN_APPROX_SIMPLE)
32  cnt3 = contours[0]
33  sd = cv2.createShapeContextDistanceExtractor()          # 建立形状场景运算符
34  match0 = sd.computeDistance(cnt1, cnt1)                  # 图像1和1比较
35  print(f"图像1和1比较 = {match0}")
36  match1 = sd.computeDistance(cnt1, cnt2)                  # 图像1和2比较
37  print(f"图像1和2比较 = {match1}")
38  match2 =sd.computeDistance(cnt1, cnt3)                   # 图像1和3比较
39  print(f"图像1和3比较 = {match2}")
40  cv2.waitKey(0)
41  cv2.destroyAllWindows()
```

执行结果

```
================= RESTART: D:\OpenCV_Python\ch15\ch15_23.py =================
图像1和1比较 = 0.0
图像1和2比较 = 0.22617380321025848
图像1和3比较 = 0.8256418704986572
```

图像 1   图像 2   图像 3

15-6-2　Hausdorff 距离

在计算机图形学理论中 Hausdorff 距离也是测量图像轮廓差异的方法，基本定义如下：

$$h(A, B) = \max_{a \in A} \left\{ \min_{b \in B} \{ d(a, b) \} \right\}$$

上述中 a 和 b 分别属于 A 和 B 集合内的点，$d(a, b)$ 是这些点的欧几里得距离，然后在这些距离中选择最远的作为 A 和 B 之间的距离，这就是 Hausdorff 距离。有关此定义更完整的理论解说，读者可以参考加拿大 Mcgill 大学网址：http://cgm.cs.mcgill.ca/~godfried/teaching/cg-projects/98/normand/main.html。

Hausdorff 距离主要可以测量图像轮廓差异，该方法目前也被整合到 OpenCV 内，可以使用 createHausdorffDistanceExtractor( ) 调用，语法如下：

```
hd = cv2.createHausdorffDistanceExtractor( )
```

上述函数所返回的就是 Hausdorff 距离运算子对象，然后可以使用 15-6-1 节所述的 computeDistance( ) 函数计算两个轮廓的差异。

```
retval = hd.computeDistance(contour1, contour2)
```

程序实例 ch15_24.py：使用 Hausdorff 距离概念重新设计 ch15_23.py。

```
33  hd = cv2.createHausdorffDistanceExtractor()        # 建立Hausdorff
34  match0 = hd.computeDistance(cnt1, cnt1)            # 图像1和1比较
35  print(f"图像1和1比较 = {match0}")
36  match1 = hd.computeDistance(cnt1, cnt2)            # 图像1和2比较
37  print(f"图像1和2比较 = {match1}")
38  match2 =hd.computeDistance(cnt1, cnt3)             # 图像1和3比较
39  print(f"图像1和3比较 = {match2}")
```

执行结果　下列执行结果省略打印原始图像。

```
================ RESTART: D:\OpenCV_Python\ch15\ch15_24.py ================
图像1和1比较 = 0.0
图像1和2比较 = 12.206555366516113
图像1和3比较 = 8.5440034866333
```

其实若是将上述执行结果和 ch15_23.py 的执行结果做比较，会发现有不同，读者可以自行参考。

习题

1. 请参考 ch15_3.py，使用 hw15_1.jpg 图像文件，输出轮廓顺序时改为输出黄色实心轮廓，要输出所有轮廓，同时中心标记蓝色点。

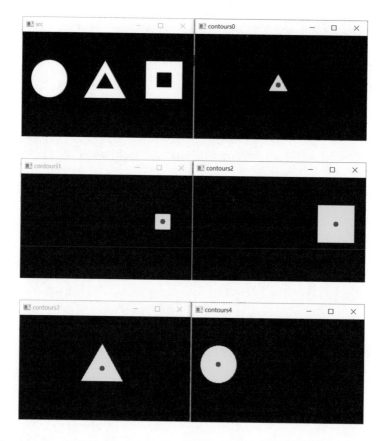

2. 请使用 hw15_2.jpg 图像文件，将轮廓颜色改为红色。

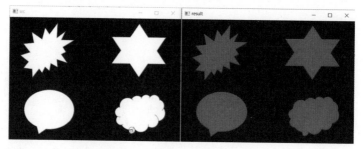

3. 请使用 hw15_2.jpg 图像文件，将颜色反转。

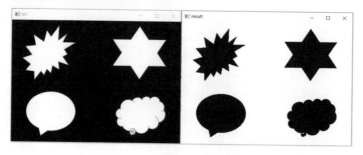

4. 请使用 hw15_2.jpg 图像文件，列出所有轮廓的面积，同时将最小面积使用绿色外形标记。

```
==================== RESTART: D:\OpenCV_Python\ex\ex15_4.py ====================
轮廓 0  面积 = 10749.0
轮廓 1  面积 = 12127.0
轮廓 2  面积 = 9484.0
轮廓 3  面积 = 10729.0
```

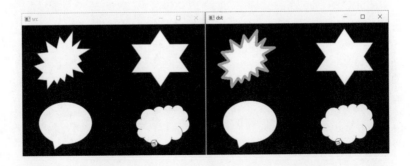

5. 使用 template.jpg 图像文件，找出与 hw15_2.jpg 图像文件中外形最类似的轮廓，然后将此轮廓用绿色实心填满，下方中央小图是 template.jpg。

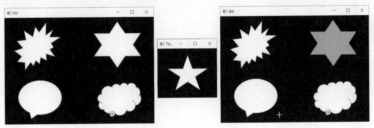

6. 有一幅 myhand.jpg 图像，请建立这幅图像的轮廓。

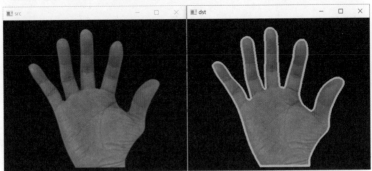

第 16 章

轮廓拟合与凸包的相关应用

本章的内容是图像内轮廓知识的延伸。

16-1 轮廓的拟合

所谓轮廓拟合是指将凹凸不平的轮廓使用几何图形或多边形框起来。本节将介绍这方面的相关函数与实例。

16-1-1 矩形包围

OpenCV 提供的 boundingRect( ) 函数可以将图像内的轮廓使用矩形框起来，该函数语法如下：

```
retval = cv2.boundingRect(array)
```

上述函数参数意义如下：

❑ retval：函数返回值，数据类型是元组 (tuple)，格式是 (x, y, w, h)，x 和 y 分别代表矩形左上角的 x 轴坐标和 y 轴坐标，w 是 width 代表矩形的宽度，h 是 height 代表矩形的高度。

❑ array：灰度图像或是轮廓。

程序实例 ch16_1.py：打开 explode1.jpg，列出包围轮廓的矩形框坐标、宽度和高度。

```
1   # ch16_1.py
2   import cv2
3
4   src = cv2.imread("explode1.jpg")
5   cv2.imshow("src",src)
6   src_gray = cv2.cvtColor(src,cv2.COLOR_BGR2GRAY)          # 转换成灰度图像
7   # 二值化处理图像
8   ret, dst_binary = cv2.threshold(src_gray,127,255,cv2.THRESH_BINARY)
9   # 寻找图像内的轮廓
10  contours, hierarchy = cv2.findContours(dst_binary,
11                          cv2.RETR_LIST,
12                          cv2.CHAIN_APPROX_SIMPLE)
13
14  # 输出矩形格式使用元组
15  rect = cv2.boundingRect(contours[0])
16  print(f"元组 rect = {rect}")
17  # 输出矩形格式
18  x, y, w, h = cv2.boundingRect(contours[0])
19  print(f"左上角 x = {x}, 左上角 y = {y}")
20  print(f"矩形宽度    = {w}")
21  print(f"矩形高度    = {h}")
22
23  cv2.waitKey(0)
24  cv2.destroyAllWindows()
```

执行结果

```
================ RESTART: D:\OpenCV_Python\ch16\ch16_1.py ================
元组 rect = (66, 39, 178, 100)
左上角 x = 66, 左上角 y = 39
矩形宽度    = 178
矩形高度    = 100
```

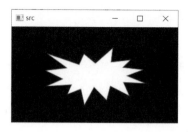

程序实例 ch16_2.py：重新设计 ch16_1.py，改为使用 boundingRect( ) 函数返回的数据建立最小矩形框。

```
1   # ch16_2.py
2   import cv2
3
4   src = cv2.imread("explode1.jpg")
5   cv2.imshow("src",src)
6   src_gray = cv2.cvtColor(src,cv2.COLOR_BGR2GRAY)        # 转换成灰度图像
7   # 二值化处理图像
8   ret, dst_binary = cv2.threshold(src_gray,127,255,cv2.THRESH_BINARY)
9   # 寻找图像内的轮廓
10  contours, hierarchy = cv2.findContours(dst_binary,
11                          cv2.RETR_LIST,
12                          cv2.CHAIN_APPROX_SIMPLE)
13
14  x, y, w, h = cv2.boundingRect(contours[0])            # 建构矩形
15  dst = cv2.rectangle(src,(x, y),(x+w, y+h),(0,255,255),2)
16  cv2.imshow("dst",dst)
17
18  cv2.waitKey(0)
19  cv2.destroyAllWindows()
```

执行结果

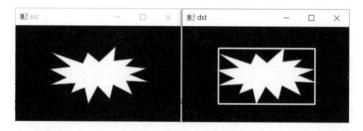

上述成功地将爆炸图案 explode1.jpg 内的轮廓使用矩形框起来了，但是不是使用最小的矩形框。

程序实例 ch16_3.py：使用 explode2.jpg 文件重新设计 ch16_2.py，并观察执行结果。

```
4   src = cv2.imread("explode2.jpg")
```

执行结果

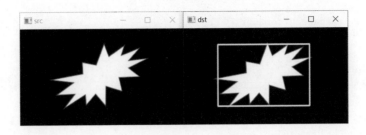

从上图可以看出矩形框比 ch16_2.py 所用的矩形框面积大许多，下一节将介绍使用最小的矩形框将爆炸轮廓框起来。

16-1-2　最小包围矩形

OpenCV 提供的 minAreaRect( ) 函数可以将图像内的轮廓使用最小矩形框起来，该函数语法如下：

```
retval = cv2.minAreaRect(points)
```

上述函数参数意义如下：

❑ retval：函数返回值，数据类型是元组，格式是 ((x, y), (w, h),angle)，*x* 和 *y* 分别代表矩形中心的 *x* 轴坐标和 *y* 轴坐标，w 是 width 代表矩形的宽度，h 是 height 代表矩形的高度，angle 代表旋转角度，如果是正值代表顺时针，如果是负值代表逆时针。

❑ points：灰度图像或轮廓。

有了上述返回矩形中心点坐标、宽与高以及旋转角度，仍然无法绘制此矩形，此时需要借助 boxPoints( ) 函数获得矩形的 4 个顶点坐标，因此又称 boxPoints( ) 函数为旋转矩形辅助函数。此函数的语法如下：

```
points = cv2.boxPoints(box)
```

上述函数参数意义如下：

❑ box：minAreaRect( ) 函数的返回元组。

❑ points：矩形的顶点坐标。

程序实例 ch16_4.py：打开 explode2.jpg，使用最小矩形框列出包围轮廓的矩形框坐标、宽度和高度。同时也将此矩形包围起来。

```
1   # ch16_4.py
2   import cv2
3   import numpy as np
4
5   src = cv2.imread("explode2.jpg")
6   cv2.imshow("src",src)
7   src_gray = cv2.cvtColor(src,cv2.COLOR_BGR2GRAY)          # 转换成灰度图像
8   # 二值化处理图像
9   ret, dst_binary = cv2.threshold(src_gray,127,255,cv2.THRESH_BINARY)
10  # 寻找图像内的轮廓
11  contours, hierarchy = cv2.findContours(dst_binary,
```

```
12                            cv2.RETR_LIST,
13                            cv2.CHAIN_APPROX_SIMPLE)
14
15   box = cv2.minAreaRect(contours[0])                    # 构建最小矩形
16   print(f"转换前的矩形顶点 = \n {box}")
17   points = cv2.boxPoints(box)                           # 获取顶点坐标
18   points = np.int0(points)                              # 转为整数
19   print(f"转换后的矩形顶点 = \n {points}")
20   dst = cv2.drawContours(src,[points],0,(0,255,0),2)    # 绘制轮廓
21   cv2.imshow("dst",dst)
22
23   cv2.waitKey(0)
24   cv2.destroyAllWindows()
```

执行结果

```
================= RESTART: D:\OpenCV_Python\ch16\ch16_4.py =================
转换前的矩形顶点 =
 ((154.83755493164062, 88.25508880615234), (91.39300537109375, 174.2678070068359
4), 56.449337005615234)
转换后的矩形顶点 =
 [[ 56  98]
 [202   2]
 [252  78]
 [107 174]]
```

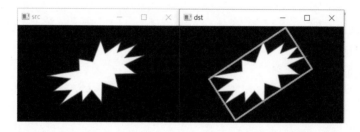

上述程序第 18 行的 np.int0( ) 函数可以将 points 的坐标由实数转为整数。

16-1-3　最小包围圆形

OpenCV 提供的 minEnclosingCircle( ) 函数可以将图像内的轮廓使用最小圆形框起来，该函数语法如下：

center, radius = cv2.minEnclosingCircle(points)

上述函数参数意义如下：

❑　center 代表圆中心的 x 轴坐标和 y 轴坐标，radius 代表圆的半径。

❑　points：灰度图像或轮廓。

程序实例 ch16_5.py：打开 explode3.jpg，使用 minEnclosingCircle( ) 函数将爆炸轮廓用最小圆框起来。

```
1   # ch16_5.py
2   import cv2
3   import numpy as np
4
5   src = cv2.imread("explode3.jpg")
6   cv2.imshow("src",src)
7   src_gray = cv2.cvtColor(src,cv2.COLOR_BGR2GRAY)        # 转换成灰度图像
8   # 二值化处理图像
9   ret, dst_binary = cv2.threshold(src_gray,127,255,cv2.THRESH_BINARY)
10  # 寻找图像内的轮廓
11  contours, hierarchy = cv2.findContours(dst_binary,
12                          cv2.RETR_LIST,
13                          cv2.CHAIN_APPROX_SIMPLE)
14  # 取得圆中心坐标和圆半径
15  (x, y), radius = cv2.minEnclosingCircle(contours[0])
16  center = (int(x), int(y))                         # 圆中心坐标取整数
17  radius = int(radius)                              # 圆半径取整数
18  dst = cv2.circle(src,center,radius,(0,255,255),2)  # 绘制圆
19  cv2.imshow("dst",dst)
20
21  cv2.waitKey(0)
22  cv2.destroyAllWindows()
```

执行结果

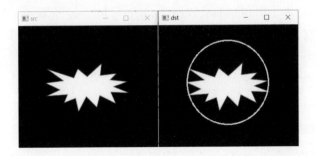

有时候轮廓太靠近边界，所绘制的圆可以是不完整的，可以参考下列实例。

程序实例 ch16_6.py：使用 explode1.jpg 重新设计 ch16_5.py，读者可以观察执行结果。

```
5   src = cv2.imread("explode1.jpg")
```

执行结果

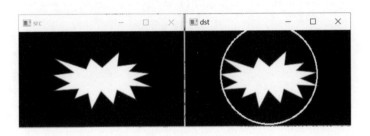

16-1-4　最优拟合椭圆

OpenCV 提供的 fitEllipse( ) 函数可以将图像内的轮廓使用最优化的椭圆形框起来，该函数语法如下：

```
retval = cv2.fitEllipse(points)
```

上述函数参数意义如下：

❑ retval：函数返回值，数据类型是元组，该数据是椭圆的外接矩形，内容为 ((x, y), (a, b), angle)，其中 (x, y) 是椭圆中心点的坐标，(a, b) 是长短轴的直径，angle 代表旋转角度。

❑ points：灰度图像或是轮廓。

将上述返回的 retval 数据代入 7-6 节的 ellipse( ) 函数，就可以绘制最优拟合椭圆。

程序实例 ch16_7.py：打开 cloud.jpg，使用 fitEllipse( ) 函数将云朵轮廓用最优拟合椭圆框起来。

```python
1   # ch16_7.py
2   import cv2
3   import numpy as np
4
5   src = cv2.imread("cloud.jpg")
6   cv2.imshow("src",src)
7   src_gray = cv2.cvtColor(src,cv2.COLOR_BGR2GRAY)        # 转换成灰度图像
8   # 二值化处理图像
9   ret, dst_binary = cv2.threshold(src_gray,127,255,cv2.THRESH_BINARY)
10  # 寻找图像内的轮廓
11  contours, hierarchy = cv2.findContours(dst_binary,
12                          cv2.RETR_LIST,
13                          cv2.CHAIN_APPROX_SIMPLE)
14  # 取得圆中心坐标和圆半径
15  ellipse = cv2.fitEllipse(contours[0])                 # 取得最优拟合椭圆数据
16  print(f"数据类型    = {type(ellipse)}")
17  print(f"椭圆中心    = {ellipse[0]}")
18  print(f"长短轴直径 = {ellipse[1]}")
19  print(f"旋转角度    = {ellipse[2]}")
20  dst = cv2.ellipse(src,ellipse,(0,255,0),2)            # 绘制椭圆
21  cv2.imshow("dst",dst)
22
23  cv2.waitKey(0)
24  cv2.destroyAllWindows()
```

执行结果

```
================ RESTART: D:\OpenCV_Python\ch16\ch16_7.py ================
数据类型    = <class 'tuple'>
椭圆中心    = (142.57275390625, 87.38111114501953)
长短轴直径 = (82.66155242919922, 206.0122528076172)
旋转角度    = 71.17364501953125
```

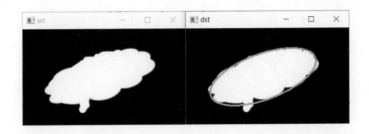

16-1-5　最小包围三角形

OpenCV 提供的 minEnclosingTriangle( ) 函数可以将图像内的轮廓使用最小三角形框起来，该函数语法如下：

```
area, triangle = cv2.minEnclosingTriangle(points)
```

上述函数参数意义如下：

❑ area：函数返回值，最小包围三角形的面积。

❑ triangle：函数返回值，最小包围三角形的 3 个顶点坐标，返回的数据类型是数组。返回值是实数，可以使用 np.int0( ) 函数将实数转换成整数，然后使用 line( ) 函数将三角形的顶点连接形成实际的三角形。

❑ points：灰度图像或轮廓。

程序实例 ch16_8.py：打开 heart.jpg，使用 minEnclosingTriangle( ) 函数，将心形轮廓用最小三角形框起来。

```
1   # ch16_8.py
2   import cv2
3   import numpy as np
4
5   src = cv2.imread("heart.jpg")
6   cv2.imshow("src",src)
7   src_gray = cv2.cvtColor(src,cv2.COLOR_BGR2GRAY)          # 转换成灰度图像
8   # 二值化处理图像
9   ret, dst_binary = cv2.threshold(src_gray,127,255,cv2.THRESH_BINARY)
10  # 寻找图像内的轮廓
11  contours, hierarchy = cv2.findContours(dst_binary,
12                          cv2.RETR_LIST,
13                          cv2.CHAIN_APPROX_SIMPLE)
14  # 取得三角形面积与顶点坐标
15  area, triangle = cv2.minEnclosingTriangle(contours[0])
16  print(f"三角形面积    = {area}")
17  print(f"三角形顶点坐标数据类型 = {type(triangle)}")
18  print(f"三角顶点坐标 = \n{triangle}")
19  triangle = np.int0(triangle)                             # 转换为整数
20  dst = cv2.line(src,tuple(triangle[0][0]),tuple(triangle[1][0]),(0,255,0),2)
21  dst = cv2.line(src,tuple(triangle[1][0]),tuple(triangle[2][0]),(0,255,0),2)
22  dst = cv2.line(src,tuple(triangle[0][0]),tuple(triangle[2][0]),(0,255,0),2)
23  cv2.imshow("dst",dst)
24
25  cv2.waitKey(0)
26  cv2.destroyAllWindows()
```

执行结果

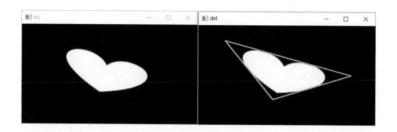

```
================= RESTART: D:\OpenCV_Python\ch16\ch16_8.py =================
三角形面积     = 15638.060546875
三角形顶点坐标数据类型 = <class 'numpy.ndarray'>
三角顶点坐标 =
[[[361.3784   115.48649 ]]

 [[ 63.809917  35.371902]]

 [[176.73334  170.88     ]]]
```

上述程序第 20～22 行为了方便读者理解，笔者直接用 line( ) 函数将三角形的顶点连接，更好的办法是用循环方式将三角形三个顶点连接，这将是本章习题的第 2 题。

16-1-6　近似多边形

前面笔者介绍了最小包围矩形、最小包围圆和最小包围三角形将轮廓框起来，OpenCV 提供的 approxPolyDP( ) 函数可以将图像内的轮廓使用最小包围多边形框起来，该函数语法如下：

approx = cv2.approxPolyDP(curve, epsilon, closed)

上述函数参数意义如下：

❑　approx：函数返回值，多边形顶点的坐标集合。该坐标集合可以使用 7-7 节的 polylines( ) 函数连接，产生多边形。

❑　epsilon：原始轮廓与近似多边形之间的最大距离，不同的设定会有不同的结果。

❑　closed：布尔值，如果是 True 则多边形是闭合的，如果是 False 则多边形不闭合。

程序实例 ch16_9.py：打开 multiple.jpg，使用 approxPolyDP( ) 函数分别设定 epsilon 为 3 和 15，将多个图像轮廓用近似多边形框起来。

```
1   # ch16_9.py
2   import cv2
3   import numpy as np
4
5   src = cv2.imread("multiple.jpg")
6   cv2.imshow("src",src)
7   src_gray = cv2.cvtColor(src,cv2.COLOR_BGR2GRAY)        # 转换成灰度图像
8   # 二值化处理图像
9   ret, dst_binary = cv2.threshold(src_gray,127,255,cv2.THRESH_BINARY)
10  # 寻找图像内的轮廓
11  contours, hierarchy = cv2.findContours(dst_binary,
12                        cv2.RETR_LIST,
13                        cv2.CHAIN_APPROX_SIMPLE)
```

```
14   # 近似多边形包围
15   n = len(contours)                                           # 轮廓数量
16   src1 = src.copy()                                           # 复制src图像
17   src2 = src.copy()                                           # 复制src图像
18   for i in range(n):
19       approx = cv2.approxPolyDP(contours[i], 3, True)          # epsilon=3
20       dst1 = cv2.polylines(src1,[approx],True,(0,255,0),2)     # dst1
21       approx = cv2.approxPolyDP(contours[i], 15, True)         # epsilon=15
22       dst2 = cv2.polylines(src2,[approx],True,(0,255,0),2)     # dst2
23   cv2.imshow("dst1 - epsilon = 3",dst1)
24   cv2.imshow("dst2 - epsilon = 15",dst2)
25
26   cv2.waitKey(0)
27   cv2.destroyAllWindows()
```

执行结果　　下列分别是原始图像，epsilon=3 和 epsilon=15 的近似多边形。

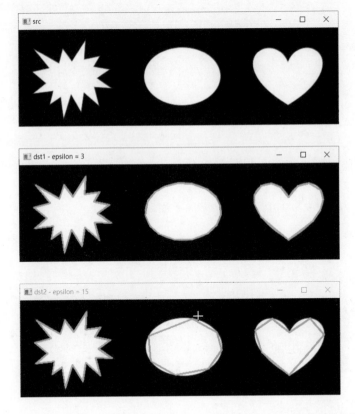

　　注：approxPolyDP( ) 函数所使用的是道格拉斯 - 普克算法 (Douglas-Peucker algorithm)，也称迭代端点拟合算法 (iterative end-point fit algorithm)，这是一种将线段组成的曲线降采样点数的类似曲线方法。

16-1-7　最优拟合直线

OpenCV 提供的 fitLine( ) 函数可以将图像内的轮廓使用直线拟合，该函数语法如下：

```
line = cv2.fitLine(points, distType, distType, param, reps, aeps)
```

上述函数参数意义如下：

❑ line：函数返回值，直线参数，前 2 个元素是共线 (collinear) 的正规化向量 (normailize vector)，代表直线的方向。后 2 个元素代表直线的点。最后会利用这个参数计算最左边点的坐标和最右边点的坐标，最后可以使用 7-2 节的 line( ) 函数绘制此拟合直线。

❑ points：点的集合或外形轮廓。

❑ distType：距离类型，拟合直线时要让输入点到拟合直线距离最小化，有下表所示几种选项。

具名参数	说明
DIST_USER	使用者自定距离
DIST_L1	dist = |x1 - x2| + |y1 - y2|
DIST_L2	欧氏距离，与最小平方法相同
DIST_C	dist = max(|x1 - x2| + |y1 - y2|)
DIST_L12	dist = s(sqrt(1+x*x/2) - 1))
DIST_FAIR	dist = c^2(|x|/c - log(1+|x|/c)), c = 1.3998
DIST_WELSCH	dist = c^2/2(1 - exp(-(x/c)^2)), c = 2.9846
DIST_HUBER	dist = |x| < c ? x^2/2 : c(|x|-c/2), c = 1.345

❑ param：距离参数，和前一项距离类型有关，当设为 0 时，会自动选择最佳结果。

❑ reps：一般将此设为 0.01，这是拟合直线所需要的径向精度。

❑ aeps：一般将此设为 0.01，这是拟合直线所需要的径向角度。

程序实例 ch16_10.py：打开 unregular.jpg，使用 fitLine( ) 函数将图像轮廓用直线表达。

```
1   # ch16_10.py
2   import cv2
3   import numpy as np
4
5   src = cv2.imread("unregular.jpg")
6   cv2.imshow("src",src)
7   src_gray = cv2.cvtColor(src,cv2.COLOR_BGR2GRAY)        # 转换成灰度图像
8   # 二值化处理图像
9   ret, dst_binary = cv2.threshold(src_gray,127,255,cv2.THRESH_BINARY)
10  # 寻找图像内的轮廓
11  contours, hierarchy = cv2.findContours(dst_binary,
12                        cv2.RETR_LIST,
13                        cv2.CHAIN_APPROX_SIMPLE)
14  # 拟合一条线
15  rows, cols = src.shape[:2]                             # 轮廓大小
16  vx,vy,x,y = cv2.fitLine(contours[0],cv2.DIST_L2,0,0.01,0.01)
17  print(f"共线正规化向量 = {vx}, {vy}")
18  print(f"直线经过的点　 = {x}, {y}")
19  lefty = int((-x * vy / vx) + y)                        # 左边点的 y 坐标
20  righty = int(((cols - x) * vy / vx) + y)               # 右边点的 y 坐标
21  dst = cv2.line(src,(0,lefty),(cols-1,righty),(0,255,0),2)   # 左到右绘线
22  cv2.imshow("dst",dst)
23
24  cv2.waitKey(0)
25  cv2.destroyAllWindows()
```

执行结果

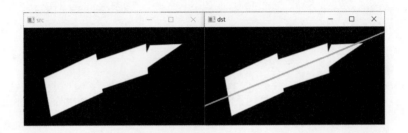

```
================ RESTART: D:\OpenCV_Python\ch16\ch16_10.py ================
共线正规化向量 = [0.9303164], [-0.36675796]
直线经过的点   = [165.38216], [96.899315]
```

16-2　凸包

所谓凸包 (convex hull) 是指包含轮廓最外层的凸集合，也可以说是凸多边形。其实它和 16-1-6 节的近似多边形类似，不过凸包是轮廓的最外层，从下图中可以看出凸包与近似多边形的差异。

从上述 3 个图的正上方可以看出，凸包不会有线条往内，近似多边形则会往内。另外近似多边形会有线条在轮廓内，凸包则不会有。

16-2-1　获得凸包

OpenCV 提供的 convexHull( ) 函数可以获得轮廓的凸包，该函数语法如下：

```
hull = cv2.convexHull(points, clockwise, returnPoints)
```

上述函数参数意义如下：

❑ hull：函数返回值，凸包的顶点坐标，使用 line( ) 函数将这些点连接就可以产生凸包。

❑ points：点的集合或外形轮廓。

❑ clockwise：可选参数，布尔值，默认是 True，表示凸包的点是顺时针排列，如果是 False 表示凸包的点是逆时针排列。

❑ returnPoints：可选参数，布尔值，默认是 True，表示可以返回凸包点的坐标 (x, y)，如果是 False 可以返回轮廓凸包点的索引。

程序实例 ch16_11.py：使用 heart1.jpg 建立凸包。

```
1   # ch16_11.py
2   import cv2
3
4   src = cv2.imread("heart1.jpg")
5   cv2.imshow("src",src)
6   src_gray = cv2.cvtColor(src,cv2.COLOR_BGR2GRAY)        # 转换成灰度图像
7   # 二值化处理图像
8   ret, dst_binary = cv2.threshold(src_gray,127,255,cv2.THRESH_BINARY)
9   # 寻找图像内的轮廓
10  contours, hierarchy = cv2.findContours(dst_binary,
11                          cv2.RETR_LIST,
12                          cv2.CHAIN_APPROX_SIMPLE)
13  # 凸包
14  hull = cv2.convexHull(contours[0])                     # 获得凸包顶点坐标
15  dst = cv2.polylines(src, [hull], True, (0,255,0),2)  # 将凸包连线
16  cv2.imshow("dst",dst)
17
18  cv2.waitKey(0)
19  cv2.destroyAllWindows()
```

执行结果

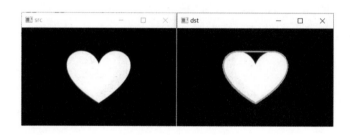

程序实例 ch16_12.py：使用 hand1.jpg，将凸包应用在手势图像。

```
1   # ch16_12.py
2   import cv2
3
4   src = cv2.imread("hand1.jpg")
5   cv2.imshow("src",src)
6   src_gray = cv2.cvtColor(src,cv2.COLOR_BGR2GRAY)        # 转成灰度图像
7   # 二值化处理图像
8   ret, dst_binary = cv2.threshold(src_gray,127,255,cv2.THRESH_BINARY)
9   # 寻找图像内的轮廓
10  contours, hierarchy = cv2.findContours(dst_binary,
11                          cv2.RETR_LIST,
12                          cv2.CHAIN_APPROX_SIMPLE)
13  # 凸包
14  hull = cv2.convexHull(contours[0])                     # 获得凸包顶点坐标
15  dst = cv2.polylines(src, [hull], True, (0,255,0),2)  # 将凸包连线
16  cv2.imshow("dst",dst)
17
18  cv2.waitKey(0)
19  cv2.destroyAllWindows()
```

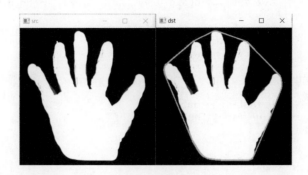

有了凸包后可以使用 15-4-4 节的 contourArea( ) 函数计算凸包面积。

程序实例 ch16_12_1.py：扩充 ch16_12.py，增加计算凸包面积。

```
1   # ch16_12_1.py
2   import cv2
3
4   src = cv2.imread("hand1.jpg")
5   cv2.imshow("src",src)
6   src_gray = cv2.cvtColor(src,cv2.COLOR_BGR2GRAY)        # 转换成灰度图像
7   # 二值化处理图像
8   ret, dst_binary = cv2.threshold(src_gray,127,255,cv2.THRESH_BINARY)
9   # 寻找图像内的轮廓
10  contours, hierarchy = cv2.findContours(dst_binary,
11                          cv2.RETR_LIST,
12                          cv2.CHAIN_APPROX_SIMPLE)
13  # 凸包
14  hull = cv2.convexHull(contours[0])                    # 获得凸包顶点坐标
15  dst = cv2.polylines(src, [hull], True, (0,255,0),2)   # 将凸包连线
16  cv2.imshow("dst",dst)
17  convex_area = cv2.contourArea(hull)                   # 计算凸包面积
18  print(f"凸包面积 = {convex_area}")
19
20  cv2.waitKey(0)
21  cv2.destroyAllWindows()
```

　这个实例省略打印原始图像与凸包图像。

```
=============== RESTART: D:\OpenCV_Python\ch16\ch16_12_1.py ===============
凸包面积 = 53848.0
```

程序实例 ch16_13.py：使用 hand2.jpg，手势图像有多个凸包的应用。

```
1   # ch16_13.py
2   import cv2
3
4   src = cv2.imread("hand2.jpg")
5   cv2.imshow("src",src)
6   src_gray = cv2.cvtColor(src,cv2.COLOR_BGR2GRAY)        # 转换成灰度图像
```

```
7  # 二值化处理图像
8  ret, dst_binary = cv2.threshold(src_gray,127,255,cv2.THRESH_BINARY)
9  # 寻找图像内的轮廓
10 contours, hierarchy = cv2.findContours(dst_binary,
11                         cv2.RETR_LIST,
12                         cv2.CHAIN_APPROX_SIMPLE)
13 # 凸包
14 n = len(contours)                              # 轮廓数量
15 for i in range(n):
16     hull = cv2.convexHull(contours[i])         # 获得凸包顶点坐标
17     dst = cv2.polylines(src, [hull], True, (0,255,0),2) # 将凸包连线
18 cv2.imshow("dst",dst)
19
20 cv2.waitKey(0)
21 cv2.destroyAllWindows()
```

执行结果

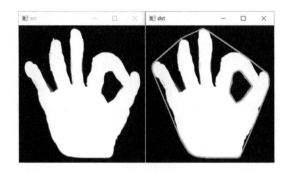

16-2-2 凸缺陷

所谓凸缺陷(convexity defects)是指凸包与轮廓之间的区域，可以参考下图。

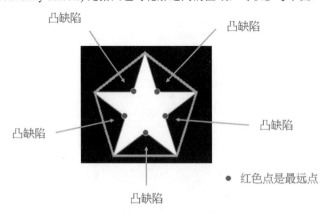

每个凸缺陷有 4 个特征：起始点 (startPoint)、结束点 (endPoint)、距离凸包最远点 (farPoint)、最远点到凸包的距离 (depth)。

OpenCV 提供的 convexityDefects( ) 函数可以获得上述凸缺陷的特征，该函数语法如下：

```
convexityDefects = cv2. convexityDefects(contour, convexhull)
```

上述函数参数意义如下：

❑ convexityDefects：函数返回值，类型是数组，元素就是凸缺陷的特征点。

❑ contour：轮廓。

❑ convexhull：凸包的索引，在取得凸包过程中必须设定 returnPoints 为 False，可以参考下列
实例第 15 行。

从上述可以知道要获得凸缺陷必须先获得图像内的外形轮廓，然后是凸包的索引。

程序实例 ch16_14.py：使用 star.jpg 建立凸包和凸缺陷的最远点，用红色圆标记最远点。

```
1   # ch16_14.py
2   import cv2
3
4   src = cv2.imread("star.jpg")
5   cv2.imshow("src",src)
6   src_gray = cv2.cvtColor(src,cv2.COLOR_BGR2GRAY)          # 转换成灰度图像
7   # 二值化处理图像
8   ret, dst_binary = cv2.threshold(src_gray,127,255,cv2.THRESH_BINARY)
9   # 寻找图像内的轮廓
10  contours, hierarchy = cv2.findContours(dst_binary,
11                         cv2.RETR_LIST,
12                         cv2.CHAIN_APPROX_SIMPLE)
13  # 凸包 -> 凸包缺陷
14  contour = contours[0]                                    # 轮廓
15  hull = cv2.convexHull(contour,returnPoints = False)      # 获得凸包
16  defects = cv2.convexityDefects(contour,hull)             # 获得凸包缺陷
17  n = defects.shape[0]                                     # 缺陷数量
18  print(f"缺陷数量 = {n}")
19  for i in range(n):
20  # s是startPoint, e是endPoint, f是farPoint, d是depth
21      s, e, f, d = defects[i,0]
22      start = tuple(contour[s][0])                         # 取得startPoint坐标
23      end = tuple(contour[e][0])                           # 取得endPoint坐标
24      far = tuple(contour[f][0])                           # 取得farPoint坐标
25      dst = cv2.line(src,start,end,[0,255,0],2)            # 凸包连线
26      dst = cv2.circle(src,far,3,[0,0,255],-1)             # 绘制farPoint
27  cv2.imshow("dst",dst)
28
29  cv2.waitKey(0)
30  cv2.destroyAllWindows()
```

执行结果

```
================== RESTART: D:\OpenCV_Python\ch16\ch16_14.py ==================
缺陷数量 = 5
```

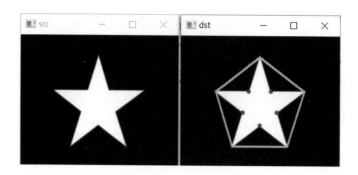

16-3 轮廓的几何测试

16-3-1 测试轮廓包围线是否为凸形

前面两节笔者介绍了轮廓的拟合与凸包，本节将讲解测试轮廓包围线是否为凸形。OpenCV 提供的 isContourConvex( ) 函数可以测试轮廓是否为凸形，该函数的语法如下：

```
retval = cv2.isContourConvex(contour)
```

上述函数各参数意义如下：

❏ retval：函数返回值，如果是 True 表示轮廓包围线是凸形，如果是 False 表示轮廓包围线不是凸形。

❏ contour：轮廓。

程序实例 ch16_15.py：使用 heart1.jpg，测试凸包与近似多边形是否为凸形。

```
1   # ch16_15.py
2   import cv2
3
4   src = cv2.imread("heart1.jpg")
5   cv2.imshow("src",src)
6   src_gray = cv2.cvtColor(src,cv2.COLOR_BGR2GRAY)        # 转换成灰度图像
7   # 二值化处理图像
8   ret, dst_binary = cv2.threshold(src_gray,127,255,cv2.THRESH_BINARY)
9   # 寻找图像内的轮廓
10  contours, hierarchy = cv2.findContours(dst_binary,
11                          cv2.RETR_LIST,
12                          cv2.CHAIN_APPROX_SIMPLE)
13  # 凸包
14  src1 = src.copy()                                      # 复制src图像
15  hull = cv2.convexHull(contours[0])                     # 获得凸包顶点坐标
16  dst1 = cv2.polylines(src1, [hull], True, (0,255,0),2) # 将凸包连线
17  cv2.imshow("dst1",dst1)
18  isConvex = cv2.isContourConvex(hull)                   # 是否为凸形
19  print(f"凸包是凸形        = {isConvex}")
20  # 近似多边形包围
21  src2 = src.copy()                                      # 复制src图像
22  approx = cv2.approxPolyDP(contours[0], 10, True)       # epsilon=10
```

```
23  dst2 = cv2.polylines(src2,[approx],True,(0,255,0),2)   # 近似多边形连线
24  cv2.imshow("dst2 - epsilon = 10",dst2)
25  isConvex = cv2.isContourConvex(approx)                       # 是否为凸形
26  print(f"近似多边形是凸形 = {isConvex}")
27
28  cv2.waitKey(0)
29  cv2.destroyAllWindows()
```

执行结果

================= RESTART: D:\OpenCV_Python\ch16\ch16_15.py =================
凸包是凸形   = True
近似多边形是凸形 = False

16-3-2 计算任意坐标点与轮廓包围线的最短距离

OpenCV 提供的 pointPolygonTest( ) 函数可以测试图像上任一点至轮廓包围线的距离，该函数的语法如下：

```
retval = cv2.pointPolygonTest(contour,pt,measureDist)
```

上述函数各参数意义如下：

❑ retval：函数返回值，计算任意点与轮廓包围线的距离，计算方式会依 measureDist 的取值而定。

❑ contour：轮廓。

❑ pt：图像内任意点坐标。

❑ measureDist：布尔值，可以参考下列说明。

如果 measureDist 是 True，retval 会返回实际距离，如果坐标点在轮廓包围线外会返回负值距离，如果坐标点在轮廓包围线上会返回 0，如果坐标点在轮廓包围线内会返回正值距离。

如果 measureDist 是 False，retval 会返回 -1、0 或 1，如果坐标点在轮廓包围线外会返回 -1，如果坐标点在轮廓包围线上会返回 0，如果坐标点在轮廓包围线内会返回 1。

程序实例 ch16_16.py：测试 3 个点，一个是凸包内的点、一个是凸包线上的点、一个是凸包外的点。在这个实例 measureDist 设为 True，然后计算坐标点到凸包线的距离。这个实例要抓到坐标点在凸包线上，需要参考第 15 行的 "print(hull)" 才比较容易。

```
1   # ch16_16.py
2   import cv2
3   src = cv2.imread("heart1.jpg")
4   cv2.imshow("src",src)
5   src_gray = cv2.cvtColor(src,cv2.COLOR_BGR2GRAY)         # 转换成灰度图像
6   # 二值化处理图像
7   ret, dst_binary = cv2.threshold(src_gray,127,255,cv2.THRESH_BINARY)
8   # 寻找图像内的轮廓
9   contours, hierarchy = cv2.findContours(dst_binary,
10                          cv2.RETR_LIST,
11                          cv2.CHAIN_APPROX_SIMPLE)
12  # 凸包
13  hull = cv2.convexHull(contours[0])                      # 获得凸包顶点坐标
14  dst = cv2.polylines(src, [hull], True, (0,255,0),2)    # 将凸包连线
15  # print(hull)      可以用这个指令了解凸包坐标点
16  # 点在凸包线上
17  pointa = (231,85)                                       # 点在凸包线上
18  dist_a = cv2.pointPolygonTest(hull,pointa, True)        # 检测距离
19  font = cv2.FONT_HERSHEY_SIMPLEX
20  pos_a = (236,95)                                        # 文字输出位置
21  dst = cv2.circle(src,pointa,3,[0,0,255],-1)            # 用圆标记点 A
22  cv2.putText(dst,'A',pos_a,font,1,(0,255,255),2)       # 输出文字 A
23  print(f"dist_a = {dist_a}")
24  # 点在凸包内
25  pointb = (150,100)                                      # 点在凸包内
26  dist_b = cv2.pointPolygonTest(hull,pointb, True)        # 检测距离
27  font = cv2.FONT_HERSHEY_SIMPLEX
28  pos_b = (160,110)                                       # 文字输出位置
29  dst = cv2.circle(src,pointb,3,[0,0,255],-1)            # 用圆标记点 B
30  cv2.putText(dst,'B',pos_b,font,1,(255,0,0),2)         # 输出文字 B
31  print(f"dist_b = {dist_b}")
32  # 点在凸包外
33  pointc = (80,85)                                        # 点在凸包外
34  dist_c = cv2.pointPolygonTest(hull,pointc, True)        # 检测距离
35  font = cv2.FONT_HERSHEY_SIMPLEX
36  pos_c = (50,95)                                         # 文字输出位置
37  dst = cv2.circle(src,pointc,3,[0,0,255],-1)            # 用圆标记点 C
38  cv2.putText(dst,'C',pos_c,font,1,(0,255,255),2)       # 输出文字 C
39  print(f"dist_c = {dist_c}")
40  cv2.imshow("dst",dst)
41  cv2.waitKey(0)
42  cv2.destroyAllWindows()
```

执行结果

```
=================== RESTART: D:/OpenCV_Python/ch16/ch16_16.py ===================
dist_a = -0.0
dist_b = 35.65165808180456
dist_c = -16.829141392239833
```

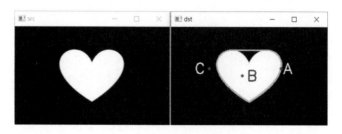

程序实例 ch16_17.py：将 measureDist 设为 False，重新设计 ch16_16.py。

```python
1   # ch16_17.py
2   import cv2
3   src = cv2.imread("heart1.jpg")
4   cv2.imshow("src",src)
5   src_gray = cv2.cvtColor(src,cv2.COLOR_BGR2GRAY)          # 转换成灰度图像
6   # 二值化处理图像
7   ret, dst_binary = cv2.threshold(src_gray,127,255,cv2.THRESH_BINARY)
8   # 寻找图像内的轮廓
9   contours, hierarchy = cv2.findContours(dst_binary,
10                          cv2.RETR_LIST,
11                          cv2.CHAIN_APPROX_SIMPLE)
12  # 凸包
13  hull = cv2.convexHull(contours[0])                       # 获得凸包顶点坐标
14  dst = cv2.polylines(src, [hull], True, (0,255,0),2) # 将凸包连线
15  # print(hull)    可以用这个指令了解凸包坐标点
16  # 点在凸包线上
17  pointa = (231,85)                                        # 点在凸包线上
18  dist_a = cv2.pointPolygonTest(hull,pointa, False)        # 检测距离
19  font = cv2.FONT_HERSHEY_SIMPLEX
20  pos_a = (236,95)                                         # 文字输出位置
21  dst = cv2.circle(src,pointa,3,[0,0,255],-1)             # 用圆标记点 A
22  cv2.putText(dst,'A',pos_a,font,1,(0,255,255),2)         # 输出文字 A
23  print(f"dist_a = {dist_a}")
24  # 点在凸包内
25  pointb = (150,100)                                       # 点在凸包内
26  dist_b = cv2.pointPolygonTest(hull,pointb, False)        # 检测距离
27  font = cv2.FONT_HERSHEY_SIMPLEX
28  pos_b = (160,110)                                        # 文字输出位置
29  dst = cv2.circle(src,pointb,3,[0,0,255],-1)             # 用圆标记点 B
30  cv2.putText(dst,'B',pos_b,font,1,(255,0,0),2)          # 输出文字 B
31  print(f"dist_b = {dist_b}")
32  # 点在凸包外
33  pointc = (80,85)                                         # 点在凸包外
34  dist_c = cv2.pointPolygonTest(hull,pointc, False)        # 检测距离
35  font = cv2.FONT_HERSHEY_SIMPLEX
36  pos_c = (50,95)                                          # 文字输出位置
37  dst = cv2.circle(src,pointc,3,[0,0,255],-1)             # 用圆标记点 C
38  cv2.putText(dst,'C',pos_c,font,1,(0,255,255),2)        # 输出文字 C
39  print(f"dist_c = {dist_c}")
40  cv2.imshow("dst",dst)
41  cv2.waitKey(0)
42  cv2.destroyAllWindows()
```

执行结果　图像画面与 ch16_16.py 相同。

```
================= RESTART: D:/OpenCV_Python/ch16/ch16_17.py =================
dist_a = 0.0
dist_b = 1.0
dist_c = -1.0
```

习题

1. 更改 ch16_2.py，不使用 rectangle( ) 函数建立最小矩形框，改为读者自行使用 Numpy 模块建立图像，然后绘制最小矩形框。

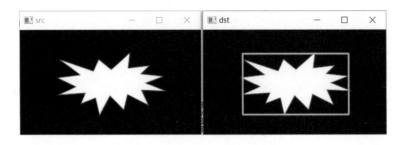

2. 请使用 explode4.jpg，参考 ch16_8.py 绘制最小三角形包围，但是这个程序必须使用 for 循环将三角形用红色线条连接。

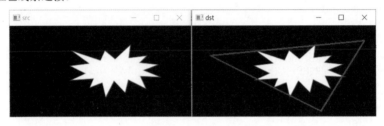

3. 请使用 hand3.jpg，绘制凸包，同时列出所有的轮廓的缺陷数量和凸缺陷。

```
==================== RESTART: D:\OpenCV_Python\ex\ex16_3.py ====================
缺陷数量 = 13
缺陷数量 = 30
```

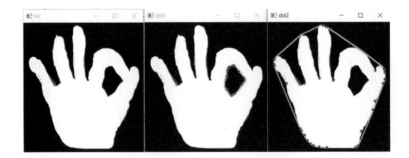

4. 请使用 mutistars.jpg，绘制凸包，同时列出所有的轮廓的缺陷数量和凸缺陷。

```
==================== RESTART: D:\OpenCV_Python\ex\ex16_4.py ====================
缺陷数量 = 4
缺陷数量 = 5
缺陷数量 = 7
```

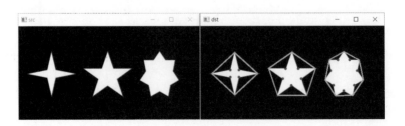

第 17 章

轮廓的特征

本章将针对与图像轮廓有关的特征做一下说明。

17-1 宽高比

在 16-1-1 节有说明使用 boundingRect( ) 函数可以将图像内的轮廓使用矩形框起来，同时返回值的元组格式是 (x,y,w,h)，将 w(width) 除以 h(height) 就可以得到轮廓的宽高比 (Aspect Ratio)。

程序实例 ch17_1.py：重新设计 ch16_2.py，列出轮廓的宽高比。

```
1   # ch17_1.py
2   import cv2
3
4   src = cv2.imread("explode1.jpg")
5   cv2.imshow("src",src)
6   src_gray = cv2.cvtColor(src,cv2.COLOR_BGR2GRAY)       # 转换成灰度图像
7   # 二值化处理图像
8   ret, dst_binary = cv2.threshold(src_gray,127,255,cv2.THRESH_BINARY)
9   # 寻找图像内的轮廓
10  contours, hierarchy = cv2.findContours(dst_binary,
11                          cv2.RETR_LIST,
12                          cv2.CHAIN_APPROX_SIMPLE)
13
14  x, y, w, h = cv2.boundingRect(contours[0])           # 建构矩形
15  dst = cv2.rectangle(src,(x, y),(x+w, y+h),(0,255,255),2)
16  cv2.imshow("dst",dst)
17  aspectratio = w / h                                  # 计算宽高比
18  print(f"宽高比 = {aspectratio}")
19
20  cv2.waitKey(0)
21  cv2.destroyAllWindows()
```

执行结果

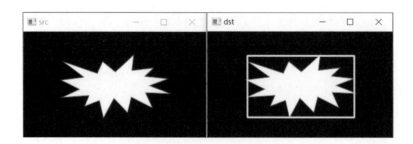

```
================== RESTART: D:\OpenCV_Python\ch17\ch17_1.py ==================
宽高比 = 1.78
```

17-2　轮廓的极点

17-2-1　认识轮廓点坐标

所谓轮廓的极点是指最上方点、最下方点、最左边点和最右边点。在 15-1-1 节当使用 findContours( ) 函数后，所返回的 contours 其实就是轮廓点坐标的数组。

程序实例 ch17_2.py：认识轮廓点坐标的数据格式。

```
1   # ch17_2.py
2   import cv2
3
4   src = cv2.imread("explode1.jpg")
5   cv2.imshow("src",src)
6   src_gray = cv2.cvtColor(src,cv2.COLOR_BGR2GRAY)        # 转换成灰度图像
7   # 二值化处理图像
8   ret, dst_binary = cv2.threshold(src_gray,127,255,cv2.THRESH_BINARY)
9   # 寻找图像内的轮廓
10  contours, hierarchy = cv2.findContours(dst_binary,
11                      cv2.RETR_LIST,
12                      cv2.CHAIN_APPROX_SIMPLE)
13  cnt = contours[0]                                      # 建立轮廓变量
14  print(f"数据格式 = {type(cnt)}")
15  print(f"数据维度 = {cnt.ndim}")
16  print(f"数据长度 = {len(cnt)}")
17  for i in range(3):                                    # 打印 3 个坐标点
18      print(cnt[i])
19
20  cv2.waitKey(0)
21  cv2.destroyAllWindows()
```

执行结果

```
================== RESTART: D:\OpenCV_Python\ch17\ch17_2.py ==================
数据格式 = <class 'numpy.ndarray'>
数据维度 = 3
数据长度 = 383
[[186  39]]
[[181  44]]
[[180  44]]
```

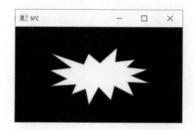

从上述可以得到数组数据维度是三维，轮廓点使用数组方式存储。

17-2-2　Numpy 模块的 argmax( ) 函数和 argmin( ) 函数

Numpy 模块的 argmax( ) 函数可以返回数组的最大值索引，argmin( ) 函数可以返回数组的最小值索引。

程序实例 ch17_3.py：从简单的数组认识 argmax( ) 函数和 argmin( ) 函数的用法。

```
1   # ch17_3.py
2   import numpy as np
3
4   data = np.array([3, 9, 8, 5, 2])
5   print(f"data = {data}")
6   max_i = np.argmax(data)
7   print(f"最大值索引 = {max_i}")
8   print(f"最大值     = {data[max_i]}")
9   min_i = np.argmin(data)
10  print(f"最小值索引 = {min_i}")
11  print(f"最小值     = {data[min_i]}")
```

执行结果

```
=============== RESTART: D:/OpenCV_Python/ch17/ch17_3.py ===============
data = [3 9 8 5 2]
最大值索引 = 1
最大值     = 9
最小值索引 = 4
最小值     = 2
```

上述是传统程序语言调用 argmax( ) 函数和 argmin( ) 函数的方式，也可以使用面向对象方式调用此函数。

程序实例 ch17_4.py：使用面向对象方式调用 argmax( ) 函数和 argmin( ) 函数，重新设计 ch17_3.py。

```
1   # ch17_4.py
2   import numpy as np
3
4   data = np.array([3, 9, 8, 5, 2])
5   print(f"data = {data}")
6   max_i = data.argmax()
7   print(f"最大值索引 = {max_i}")
8   print(f"最大值     = {data[max_i]}")
9   min_i = data.argmin()
10  print(f"最小值索引 = {min_i}")
11  print(f"最小值     = {data[min_i]}")
```

执行结果　　与 ch17_3.py 相同。

现在将概念扩充到二维数组，读者可以参考如何取出极大值，同时转换成元组数据。

程序实例 ch17_5.py：将 argmax( ) 函数应用在二维数组。

```
1   # ch17_5.py
2   import numpy as np
3
4   data = np.array([[3, 9],
5                    [8, 2],
6                    [5, 3]]
7                   )
8   print(f"data = {data}")
9   max_i = data[:,0].argmax()
10  print(f"最大值索引 = {max_i}")
11  print(f"最大值     = {data[max_i][0]}")
12  print(f"对应值     = {data[max_i][1]}")
13  max_val = tuple(data[data[:,0].argmax()])
14  print(f"最大值配对 = {max_val}")
```

执行结果

```
================= RESTART: D:\OpenCV_Python\ch17\ch17_5.py =================
data = [[3 9]
 [8 2]
 [5 3]]
最大值索引 = 1
最大值     = 8
对应值     = 2
最大值配对 = (8, 2)
```

从 17-2-1 节可以知道轮廓点坐标是三维数组，所以可以扩充 ch17_5.py 为三维数组数据。

程序实例 ch17_6.py：使用 ch17_2.py 的前 3 组数组数据，将本节概念扩展到三维数组。

```
1   # ch17_6.py
2   import numpy as np
3
4   data = np.array([[[186, 39]],
5                    [[181, 44]],
6                    [[180, 44]]]
7                   )
8   print(f"原始数据data = \n{data}")
9   n = len(data)
10  print("取三维内的数组数据")
11  for i in range(n):                              # 打印 3 个坐标点
12      print(data[i])
13  print(f"数据维度    = {data.ndim}")            # 维度
14  max_i = data[:,:,0].argmax()                    # x轴最大值索引
15  print(f"x轴最大值索引 = {max_i}")               # 打印x轴最大值索引
16  right = tuple(data[data[:,:,0].argmax()][0])    # 最大值元组
17  print(f"最大值元组 = {right}")                  # 打印最大值元组
18  min_i = data[:,:,0].argmin()                    # x轴最小值索引
19  print(f"x轴最小值索引 = {min_i}")               # 打印x轴最小值索引
20  left = tuple(data[data[:,:,0].argmin()][0])     # 最小值元组
21  print(f"最小值元组 = {left}")                   # 打印最小值元组
```

执行结果

```
================= RESTART: D:\OpenCV_Python\ch17\ch17_6.py =================
原始数据data =
[[[186  39]]

 [[181  44]]

 [[180  44]]]
取三维内的数组数据
[[184  39]]
[[181  44]]
[[180  44]]
数据维度    = 3
x轴最大值索引 = 0
最大值元组 = (186, 39)
x轴最小值索引 = 2
最小值元组 = (180, 44)
```

从上述实例可以了解 argmax( ) 函数和 argmin( ) 函数在三维数组中找出极大值与极小值的方法。

17-2-3 找出轮廓极点坐标

继续 17-2-2 节的实例，使用如下索引找出轮廓的极大值与极小值，假设轮廓定义是 cnt，如下是索引定义：

轮廓 x 轴极大值相当于轮廓最右点的坐标：cnt[cnt[:,:,0].argmax( )][0]

轮廓 x 轴极小值相当于轮廓最左点的坐标：cnt[cnt[:,:,0].argmin( )][0]

轮廓 y 轴极大值相当于轮廓最下点的坐标：cnt[cnt[:,:,1].argmax( )][0]

轮廓 y 轴极小值相当于轮廓最上点的坐标：cnt[cnt[:,:,1].argmin( )][0]

程序实例 ch17_7.py：使用黄色点标出轮廓最上点和最下点，使用绿色点标出轮廓最左点和最右点。

```
1   # ch17_7.py
2   import cv2
3
4   src = cv2.imread("explode1.jpg")
5   cv2.imshow("src",src)
6   src_gray = cv2.cvtColor(src,cv2.COLOR_BGR2GRAY)        # 转换成灰度图像
7   # 二值化处理图像
8   ret, dst_binary = cv2.threshold(src_gray,127,255,cv2.THRESH_BINARY)
9   # 寻找图像内的轮廓
10  contours, hierarchy = cv2.findContours(dst_binary,
11                          cv2.RETR_LIST,
12                          cv2.CHAIN_APPROX_SIMPLE)
13  cnt = contours[0]                                     # 建立轮廓变量
14  left = tuple(cnt[cnt[:,:,0].argmin()][0])             # left
15  right = tuple(cnt[cnt[:,:,0].argmax()][0])            # right
16  top = tuple(cnt[cnt[:,:,1].argmin()][0])              # top
17  bottom = tuple(cnt[cnt[:,:,1].argmax()][0])           # bottom
18  print(f"最左点 = {left}")
19  print(f"最右点 = {right}")
20  print(f"最上点 = {top}")
21  print(f"最下点 = {bottom}")
22  dst = cv2.circle(src,left,5,[0,255,0],-1)
23  dst = cv2.circle(src,right,5,[0,255,0],-1)
24  dst = cv2.circle(src,top,5,[0,255,255],-1)
25  dst = cv2.circle(src,bottom,5,[0,255,255],-1)
26  cv2.imshow("dst",dst)
27
28  cv2.waitKey(0)
29  cv2.destroyAllWindows()
```

执行结果

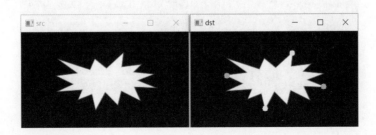

```
================= RESTART: D:\OpenCV_Python\ch17\ch17_7.py =================
最左点 = (66, 79)
最右点 = (243, 99)
最上点 = (186, 39)
最下点 = (136, 138)
```

17-3 Extent

在轮廓的特征中所谓的 Extent 是指轮廓面积与包围轮廓的矩形的面积比，概念如下：

    Extent ＝ 轮廓面积 / 矩形面积

轮廓面积可以参考 15-4-4 节的 contourArea( ) 函数，矩形面积可以参考 16-1-1 节的 boundingRect( ) 函数所返回的 w 和 h。

程序实例 ch17_8.py：计算 explode1.jpg 图像内轮廓面积与外接矩形的比值。

```python
1   # ch17_8.py
2   import cv2
3
4   src = cv2.imread("explode1.jpg")
5   cv2.imshow("src",src)
6   src_gray = cv2.cvtColor(src,cv2.COLOR_BGR2GRAY)      # 转换成灰度图像
7   # 二值化处理图像
8   ret, dst_binary = cv2.threshold(src_gray,127,255,cv2.THRESH_BINARY)
9   # 寻找图像内的轮廓
10  contours, hierarchy = cv2.findContours(dst_binary,
11                          cv2.RETR_LIST,
12                          cv2.CHAIN_APPROX_SIMPLE)
13  dst = cv2.drawContours(src,contours,-1,(0,255,0),3) # 绘制轮廓
14  con_area = cv2.contourArea(contours[0])             # 轮廓面积
15  x, y, w, h = cv2.boundingRect(contours[0])          # 建构矩形
16  dst = cv2.rectangle(src,(x, y),(x+w, y+h),(0,255,255),2)
17  cv2.imshow("dst",dst)
18  square_area = w * h                                 # 计算矩形面积
19  extent = con_area / square_area                     # 计算Extent
20  print(f"Extent = {extent}")
21
22  cv2.waitKey(0)
23  cv2.destroyAllWindows()
```

执行结果

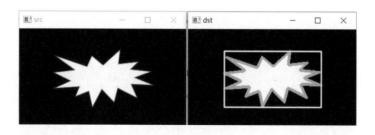

```
================= RESTART: D:\OpenCV_Python\ch17\ch17_8.py =================
Extent = 0.4125561797752809
```

17-4 Solidity

在轮廓的特征中所谓的 Solidity 是指轮廓面积与包围轮廓的凸包面积比，概念如下：

Solidity = 轮廓面积 / 凸包面积

轮廓面积可以参考 15-4-4 节的 contourArea( ) 函数，凸包面积可以参考 16-2-1 节的程序实例 ch16_12_1.py。

程序实例 ch17_9.py：计算 explode1.jpg 图像内轮廓面积与外接矩形面积的比值。

```
1   # ch17_9.py
2   import cv2
3
4   src = cv2.imread("explode1.jpg")
5   cv2.imshow("src",src)
6   src_gray = cv2.cvtColor(src,cv2.COLOR_BGR2GRAY)        # 转换成灰度图像
7   # 二值化处理图像
8   ret, dst_binary = cv2.threshold(src_gray,127,255,cv2.THRESH_BINARY)
9   # 寻找图像内的轮廓
10  contours, hierarchy = cv2.findContours(dst_binary,
11                          cv2.RETR_LIST,
12                          cv2.CHAIN_APPROX_SIMPLE)
13  dst = cv2.drawContours(src,contours,-1,(0,255,0),3) # 绘制轮廓
14  con_area = cv2.contourArea(contours[0])               # 轮廓面积
15  # 凸包
16  hull = cv2.convexHull(contours[0])                    # 获得凸包顶点坐标
17  dst = cv2.polylines(src, [hull], True, (0,255,255),2) # 将凸包连线
18  cv2.imshow("dst",dst)
19  convex_area = cv2.contourArea(hull)                   # 凸包面积
20  solidity = con_area / convex_area                     # 计算Solidity
21  print(f"Solidity = {solidity}")
22
23  cv2.waitKey(0)
24  cv2.destroyAllWindows()
```

执行结果

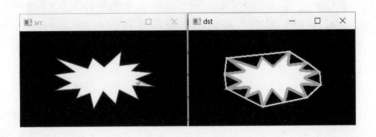

17-5 等效直径

所谓等效直径 (Equivalent Diameter) 是指与轮廓面积相等的圆形的直径，公式如下：

$$equivalent\_diameter = \sqrt{\frac{4 \times contour\_area}{\pi}}$$

程序实例 ch17_10.py：绘制与轮廓面积相等的圆，同时列出等效直径。

```
1   # ch17_10.py
2   import cv2
3   import numpy as np
4
5   src = cv2.imread("star1.jpg")
6   cv2.imshow("src",src)
7   src_gray = cv2.cvtColor(src,cv2.COLOR_BGR2GRAY)        转换成灰度图像
8   # 二值化处理图像
9   ret, dst_binary = cv2.threshold(src_gray,127,255,cv2.THRESH_BINARY)
10  # 寻找图像内的轮廓
11  contours, hierarchy = cv2.findContours(dst_binary,
12                          cv2.RETR_LIST,
13                          cv2.CHAIN_APPROX_SIMPLE)
14  dst = cv2.drawContours(src,contours,-1,(0,255,0),3) # 绘制轮廓
15  con_area = cv2.contourArea(contours[0])              # 轮廓面积
16  ed = np.sqrt(4 * con_area / np.pi)                   # 计算等效直径
17  print(f"等效直径 = {ed}")
18  dst = cv2.circle(src,(260,110),int(ed/2),(0,255,0),3)   # 绘制圆
19  cv2.imshow("dst",dst)
20
21  cv2.waitKey(0)
22  cv2.destroyAllWindows()
```

执行结果

```
================ RESTART: D:\OpenCV_Python\ch17\ch17_10.py ================
等效直径 = 70.62067187961067
```

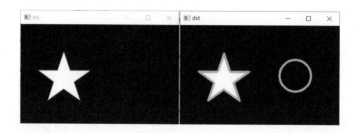

17-6 掩膜和非 0 像素点的坐标信息

经过了前面的解说相信读者已经完全了解了获得图像内轮廓的方法，同时也了解了图像轮廓像素点的坐标。使用 drawContours( ) 函数可以绘制图像轮廓。如果将 thickness 设为 -1，可以获得实心的轮廓，其实这个实心的轮廓也可以当作图像处理时的掩膜，本节将说明获得掩膜内部像素点的坐标信息。

17-6-1 使用 Numpy 的数组获得非 0 像素点坐标信息

本节将从使用矩阵仿真图像说起。对于一个二值图像而言，所谓的图像其实就是非 0 的像素点的组合，Numpy 模块有 nonzero( ) 函数可以返回非 0 像素点的坐标。

程序实例 ch17_11.py：产生 3×5 的矩阵，然后列出非 0 元素的坐标。

```
1   # ch17_11.py
2   import cv2
3   import numpy as np
4
5   height = 3                                          # 矩阵高度
6   width = 5                                           # 矩阵宽度
7   img = np.random.randint(2,size=(height,width))      # 建立0，1矩阵
8   print(f"矩阵内容 = \n{img}")
9   nonzero_img = np.nonzero(img)                       # 获得非0像素点坐标
10  print(f"非0像素点的坐标 \n{nonzero_img}")
```

执行结果

```
================= RESTART: D:\OpenCV_Python\ch17\ch17_11.py =================
矩阵内容 =
[[1 0 1 1 1]
 [0 1 1 1 0]
 [1 1 1 1 0]]
非0像素点的坐标
(array([0, 0, 0, 0, 1, 1, 1, 2, 2, 2, 2], dtype=int32), array([0, 2, 3, 4, 1, 2,
3, 0, 1, 2, 3], dtype=int32))
```

从上述实例我们可以看出返回内含两个数组的元组，将这两个数组组织起来就是非 0 像素点的坐标，坐标格式是 (row, column)。Numpy 模块提供的 transpose( ) 函数是转置函数，该函数可以将上述返回内含坐标的元组组织成元素格式 (row, column)，也可以组织成坐标格式。

程序实例 ch17_12.py：扩充设计 ch17_11.py，增加转置函数 transpose( )。

```
1   # ch17_12.py
2   import numpy as np
3
4   height = 3                                              # 矩阵高度
5   width = 5                                               # 矩阵宽度
6   img = np.random.randint(2,size=(height,width))         # 建立0, 1矩阵
7   print(f"矩阵内容 = \n{img}")
8   nonzero_img = np.nonzero(img)                          # 获得非0像素点坐标
9   loc_img = np.transpose(nonzero_img)                   # 执行矩阵转置
10  print(f"非0像素点的坐标 \n{loc_img}")
```

执行结果

```
================== RESTART: D:\OpenCV_Python\ch17\ch17_12.py ==================
矩阵内容 =
[[0 1 0 0 0]
 [1 1 0 1 1]
 [0 1 1 1 1]]
非0像素点的坐标
[[0 1]
 [1 0]
 [1 1]
 [1 3]
 [1 4]
 [2 1]
 [2 2]
 [2 3]
 [2 4]]
```

17-6-2　获得空心与实心非 0 像素点坐标信息

使用 drawContours( ) 函数时，如果 thickness 设定为 -1，则绘制实心轮廓，相当于 contours 是整个实心轮廓的数组内容，下面用一个实例解说，读者可以看到实心轮廓的像素点比空心轮廓的像素点要大许多。

程序实例 ch17_13.py：这个程序会绘制空心与实心轮廓，同时列出空心与实心轮廓像素点的坐标。

```
1   # ch17_13.py
2   import cv2
3   import numpy as np
4
5   src = cv2.imread("simple.jpg")
6   cv2.imshow("src",src)
7   src_gray = cv2.cvtColor(src,cv2.COLOR_BGR2GRAY)        # 图像转换成灰阶
8   # 二值化处理图像
9   ret, dst_binary = cv2.threshold(src_gray,127,255,cv2.THRESH_BINARY)
10  # 寻找图像内的轮廓
11  contours, hierarchy = cv2.findContours(dst_binary,
12                       cv2.RETR_LIST,
13                       cv2.CHAIN_APPROX_SIMPLE)
14  cnt = contours[0]                                      # 取得轮廓数据
15  mask1 = np.zeros(src_gray.shape,np.uint8)              # 建立画布
```

```
16  dst1 = cv2.drawContours(mask1,[cnt],0,255,1)          # 绘制空心轮廓
17  points1 = np.transpose(np.nonzero(dst1))
18  mask2 = np.zeros(src_gray.shape,np.uint8)              # 建立画布
19  dst2 = cv2.drawContours(mask2,[cnt],0,255,-1)          # 绘制实心轮廓
20  points2 = np.transpose(np.nonzero(dst2))
21  print(f"空心像素点长度 = {len(points1)},    实心像素点长度 = {len(points2)}")
22  print("空心像素点")
23  print(points1)
24  print("实心像素点")
25  print(points2)
26  cv2.imshow("dst1",dst1)
27  cv2.imshow("dst2",dst2)
28
29  cv2.waitKey(0)
30  cv2.destroyAllWindows()
```

执行结果

17-6-3　使用 OpenCV 提供的函数获得非 0 像素点坐标信息

OpenCV 提供的 findNonZero( ) 函数可以获得非 0 像素点的坐标信息，该函数的语法如下：

```
idx = cv2.findNonZero(src)
```

上述函数参数说明如下：

❏ idx：返回像素点的坐标信息，格式是 (column, row)。

❏ src：原始图像。

程序实例 ch17_14.py：使用 findNoneZero( ) 函数获得矩阵仿真图像非 0 像素点的坐标信息。

```
1   # ch17_14.py
2   import cv2
3   import numpy as np
4
5   height = 3                                          # 矩阵高度
6   width = 5                                           # 矩阵宽度
7   img = np.random.randint(2,size=(height,width))      # 建立0，1矩阵
8   print(f"矩阵内容 = \n{img}")
9   loc_img = cv2.findNonZero(img)                      # 获得非0像素点坐标
10  print(f"非0像素点的坐标 \n{loc_img}")
```

执行结果

```
================ RESTART: D:\OpenCV_Python\ch17\ch17_14.py ================
矩阵内容 =
[[0 0 1 0 0]
 [0 0 1 0 1]
 [0 0 1 0 1]]
非0像素点的坐标
[[[2 0]]

 [[2 1]]

 [[4 1]]

 [[2 2]]

 [[4 2]]]
```

程序实例 ch17_15.py：使用 findNonZero( ) 函数重新设计 ch17_13.py。

```
1   # ch17_15.py
2   import cv2
3   import numpy as np
4
5   src = cv2.imread("simple.jpg")
6   cv2.imshow("src",src)
7   src_gray = cv2.cvtColor(src,cv2.COLOR_BGR2GRAY)        # 转换成灰阶图像
8   # 二值化处理图像
9   ret, dst_binary = cv2.threshold(src_gray,127,255,cv2.THRESH_BINARY)
10  # 找寻图像内的轮廓
11  contours, hierarchy = cv2.findContours(dst_binary,
12                          cv2.RETR_LIST,
13                          cv2.CHAIN_APPROX_SIMPLE)
14  cnt = contours[0]                                      # 取得轮廓数据
15  mask1 = np.zeros(src_gray.shape,np.uint8)              # 建立画布
16  dst1 = cv2.drawContours(mask1,[cnt],0,255,1)          # 绘制空心轮廓
17  points1 = cv2.findNonZero(dst1)
18  mask2 = np.zeros(src_gray.shape,np.uint8)              # 建立画布
19  dst2 = cv2.drawContours(mask2,[cnt],0,255,-1)         # 绘制实心轮廓
20  points2 = cv2.findNonZero(dst2)
21  print(f"空心像素点长度 = {len(points1)},   实心像素点长度 = {len(points2)}")
22  print("空心像素点")
23  print(points1)
24  print("实心像素点")
25  print(points2)
26  cv2.imshow("dst1",dst1)
27  cv2.imshow("dst2",dst2)
28
29  cv2.waitKey(0)
30  cv2.destroyAllWindows()
```

执行结果

```
================ RESTART: D:\OpenCV_Python\ch17\ch17_15.py ================
空心像素点长度 = 282,    实心像素点长度 = 4835
空心像素点

  Squeezed text (563 lines).

实心像素点
[[[154  41]]

 [[155  41]]

 [[154  42]]

 ...

 [[205 129]]

 [[206 129]]

 [[207 129]]]
```

从上述执行结果可以看出空心像素点长度和实心像素点长度与 ch17_13.py 相同。

17-7 寻找图像对象最小值与最大值以及它们的坐标

在轮廓特征中，有一个很重要的概念是寻找轮廓内图像的最小值、最大值以及它们的坐标。这类需求看似复杂，但是 OpenCV 提供的 minMaxLoc( ) 函数可以很方便地处理这类问题，语法如下：

```
minVal, maxVal, minLoc, maxLoc = cv2.minMaxLoc(image, mask=mask)
```

上述函数参数说明如下：

❑ minVal：最小值。

❑ maxVal：最大值。

❑ minLoc：最小值坐标 (column, row)。

❑ maxLoc：最大值坐标 (column, row)。

❑ image：单通道的图像。

❑ mask：可选参数，掩膜，可以寻找此掩膜的最大值、最小值以及它们的坐标。

17-7-1 从数组中找最小值与最大值以及它们的坐标

将矩阵想象成缩小版的图像就比较容易理解了。

程序实例 ch17_16.py：使用 0 ～ 255 的多随机数建立一个 3×5 的矩阵，然后列出这个矩阵内最小值元素、最大值元素以及它们的坐标。

```
1  # ch17_16.py
2  import cv2
3  import numpy as np
4
5  height = 3                                   # 矩阵高度
```

```
6   width = 5                                          # 矩阵宽度
7   img = np.random.randint(256,size=(height,width))   # 建立矩阵
8   print(f"矩阵内容 = \n{img}")
9   minVal, maxVal, minLoc, maxLoc = cv2.minMaxLoc(img)
10  print(f"最小值 = {minVal},  位置 = {minLoc}")        # 最小值与其位置
11  print(f"最大值 = {maxVal},  位置 = {maxLoc}")        # 最大值与其位置
```

执行结果

```
================ RESTART: D:\OpenCV_Python\ch17\ch17_16.py ================
矩阵内容 =
[[219  45  91   6  77]
 [ 73 249  74  72 255]
 [154  43 216 102 174]]
最小值 = 6.0,  位置 = (3, 0)
最大值 = 255.0,  位置 = (4, 1)
```

17-7-2　图像实操与医学应用说明

有一个文件 hand1.jpg 是手掌的图像，手掌上有一个黑点，还有一个白点，如图所示。

程序实例 ch17_17.py：使用 hand.jpg，圈选手部图像最大像素值与最小像素值，同时列出此值，最后用红色圆圈出最大像素值，绿色圆圈出最小像素值，这个程序须使用两个掩膜，同步打印这两个掩膜。

```
1   # ch17_17.py
2   import cv2
3   import numpy as np
4
5   src = cv2.imread('hand.jpg')
6   cv2.imshow("src",src)
7   src_gray = cv2.cvtColor(src,cv2.COLOR_BGR2GRAY)
8   ret, binary = cv2.threshold(src_gray,50,255,cv2.THRESH_BINARY)
9   contours, hierarchy = cv2.findContours(binary,
10                         cv2.RETR_EXTERNAL,
11                         cv2.CHAIN_APPROX_SIMPLE)
12  cnt = contours[0]
13  mask = np.zeros(src_gray.shape,np.uint8)       # 建立mask
14  mask = cv2.drawContours(mask,[cnt],-1,(255,255,255),-1)
15  cv2.imshow("mask",mask)
16  # 在src_gray图像的mask区域找寻最大像素值与最小像素值
17  minVal, maxVal, minLoc, maxLoc = cv2.minMaxLoc(src_gray,mask=mask)
18  print(f"最小像素值 = {minVal}")
19  print(f"最小像素值坐标 = {minLoc}")
```

```
20    print(f"最大像素值 = {maxVal}")
21    print(f"最大像素值坐标 = {maxLoc}")
22    cv2.circle(src,minLoc,20,[0,255,0],3)          # 最小像素值用绿色圆圈出
23    cv2.circle(src,maxLoc,20,[0,0,255],3)          # 最大像素值用红色圆圈出
24    # 建立mask未来可以显示此感兴趣的屏蔽区域
25    mask1 = np.zeros(src.shape,np.uint8)           # 建立mask
26    mask1 = cv2.drawContours(mask1,[cnt],-1,(255,255,255),-1)
27    cv2.imshow("mask1",mask1)
28    dst = cv2.bitwise_and(src,mask1)               # 显示感兴趣区域
29    cv2.imshow("dst",dst)
30
31    cv2.waitKey()
32    cv2.destroyAllWindows()
```

执行结果

```
================= RESTART: D:\OpenCV_Python\ch17\ch17_17.py =================
最小像素值 = 15.0
最小像素值坐标 = (178, 242)
最大像素值 = 250.0
最大像素值坐标 = (275, 283)
```

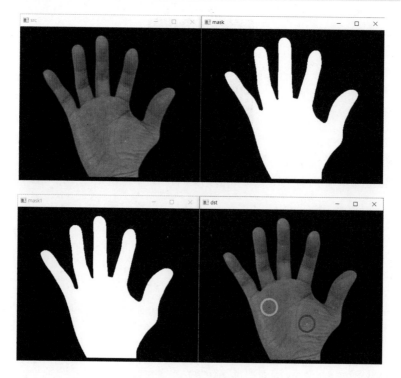

这个实例是使用斑点做说明，在医学中使用 X 光检查人体内部器官时，异常部位的像素点通常会以极值出现，可以将此概念应用在医学领域。

17-8　计算图像像素的均值与标准偏差

17-8-1　计算图像的像素均值

OpenCV 提供的 mean( ) 函数可以计算图像的像素均值，语法如下：

```
meanVal = cv2.mean(img, mask = mask)
```

上述函数参数说明如下：

❑ meanVal：返回图像 BGR 通道的均值和透明度。

❑ img：轮廓或图像。

❑ mask：可选参数，可以计算掩膜图像的均值。

17-8-2　图像的像素均值简单实例

程序实例 ch17_18.py：计算图像 forest.png 的像素均值。

```
1  # ch17_18.py
2  import cv2
3
4  src = cv2.imread('forest.png')
5  cv2.imshow("src",src)
6  channels = cv2.mean(src)          # 计算像素均值
7  print(channels)
8
9  cv2.waitKey(0)
10 cv2.destroyAllWindows()
```

执行结果　下列可以得到 BGR 通道均值与透明度。

```
================== RESTART: D:/OpenCV_Python/ch17/ch17_18.py ==================
(115.71672000948317, 146.2766417733523, 193.18572190611664, 0.0)
```

17-8-3 使用掩膜概念计算像素均值

程序实例 ch17_19.py：使用 hand.jpg 重新设计 ch17_18.py，观察执行结果，本程序只是修改所读取的图像。

```
4  src = cv2.imread('hand.jpg')
```

执行结果

```
=================== RESTART: D:\OpenCV_Python\ch17\ch17_19.py ===================
(30.416906450749465, 31.98867438436831, 36.23228943611706, 0.0)
```

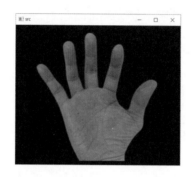

读者可能会奇怪为什么 BGR 通道均值只有 30 ~ 36？这是因为上述图像背景是黑色，造成均值降低。如果想要计算手部的颜色均值，可以使用掩膜。

程序实例 ch17_20.py：重新设计 ch17_19.py，计算手部的颜色均值。

```
1  # ch17_20.py
2  import cv2
3  import numpy as np
4
5  src = cv2.imread('hand.jpg')
6  cv2.imshow("src",src)
7  src_gray = cv2.cvtColor(src,cv2.COLOR_BGR2GRAY)
8  ret, binary = cv2.threshold(src_gray,50,255,cv2.THRESH_BINARY)
9  contours, hierarchy = cv2.findContours(binary,
10                         cv2.RETR_EXTERNAL,
11                         cv2.CHAIN_APPROX_SIMPLE)
12 cnt = contours[0]
13 # 在src_gray图像的mask区域计算均值
14 mask = np.zeros(src_gray.shape,np.uint8)       # 建立mask
15 mask = cv2.drawContours(mask,[cnt],-1,(255,255,255),-1)
16 channels = cv2.mean(src, mask = mask)          # 计算mask的均值
17 print(channels)
18
19 cv2.waitKey(0)
20 cv2.destroyAllWindows()
```

执行结果 本实例省略打印 hand.jpg，此图像可以参考 ch17_19.py。

```
================= RESTART: D:/OpenCV_Python/ch17/ch17_20.py =================
(94.03740757612924, 99.0534218733574, 112.47610120194835, 0.0)
```

上述程序的通道均值才是手部的像素均值。

17-8-4 计算图像的像素标准偏差

OpenCV 提供的 meanStdDev( ) 函数可以计算图像像素的均值和标准偏差，语法如下：

```
mean, std = cv2.meanStdDev(img, mask = mask)
```

上述函数参数说明如下：

❑ mean：返回图像 BGR 通道的均值。

❑ std：返回图像 BGR 通道的标准偏差。

❑ img：轮廓或图像。

❑ mask：可选参数，可以计算掩膜图像的均值和标准偏差。

程序实例 ch17_21.py：计算图像 forest.png 的像素均值和标准偏差。

```
1   # ch17_21.py
2   import cv2
3
4   src = cv2.imread('forest.png')
5   cv2.imshow("src",src)
6   mean, std = cv2.meanStdDev(src)              # 计算均值和标准偏差
7   print(f"均值    = \n{mean}")
8   print(f"标准偏差 = \n{std}")
9
10  cv2.waitKey(0)
11  cv2.destroyAllWindows()
```

执行结果 所计算的 forest.png 图像可以参考 ch19_18.py。

```
================= RESTART: D:\OpenCV_Python\ch17\ch17_21.py =================
均值    =
[[115.71672001]
 [146.27664177]
 [193.18572191]]
标准偏差 =
[[77.58289784]
 [67.7995626 ]
 [53.17259724]]
```

17-9 方向

轮廓有一个特征是方向。

在 16-1-4 节笔者有介绍 fitEllipse( ) 函数，该函数可以将图像内的轮廓使用最优化的椭圆形框起来，同时在执行时会返回 retval 元组数据，该元组包含如下 3 个元素：

❑ (x, y)：椭圆中心点坐标。

❑ (a, b)：长短轴的直径。

❑ angle：旋转角度。

本节所述的方向就是指 angle 这个信息，相关实例可以参考 ch16_7.py。

习题

1. 列出 hand.jpg 的手部图像的最左点、最右点、最上点、最下点，同时最上点与最下点用黄色，最左点与最右点用黑色。注：需使用不同的阈值，同时检测最外围轮廓。

```
=================== RESTART: D:\OpenCV_Python\ex\ex17_1.py ===================
最左点 = (60, 114)
最右点 = (401, 164)
最上点 = (206, 21)
最下点 = (182, 372)
```

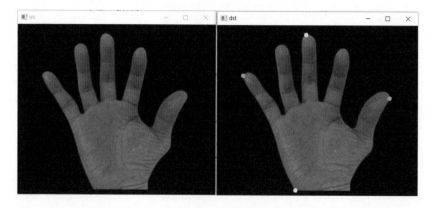

2. 计算 cloud.jpg 的宽高比和 Solidity，同时用红色绘制凸包，用黄色绘制矩形框。

```
=================== RESTART: D:\OpenCV_Python\ex\ex17_2.py ===================
宽高比   = 0.553000404776361
Solidity = 0.9116653459565417
```

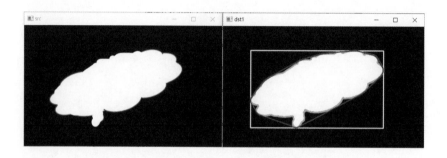

3. 计算 eagle.jpg 图像的像素均值和标准偏差。

```
=================== RESTART: D:\OpenCV_Python\ex\ex17_3.py ===================
均值    =
[[128.4420397 ]
 [124.98758446]
 [121.26858108]]
标准偏差 =
[[77.74507497]
 [75.45591533]
 [71.65635805]]
```

4. 使用 minn.jpg 图像，绘制绿色的图像轮廓，将此图像轮廓当作掩膜，计算此掩膜区图像的像素均值和标准偏差。

```
=================== RESTART: D:\OpenCV_Python\ex\ex17_4.py ===================
屏蔽像素值均值    =
[[ 98.36293341]
 [128.00936984]
 [137.50727848]]
屏蔽像素值标准偏差 =
[[55.57886707]
 [60.92981344]
 [62.16573621]]
```

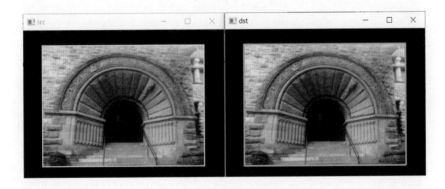

第 18 章

从直线检测到无人驾驶车道检测

霍夫变换 (Hough Transform) 是 1962 年由霍夫提出的专利申请，专利全称是识别复杂图案的方法 (Method and Means for Recognizing Complex Patterns)，该方法的主要概念是任何一条直线可以用斜率 (slope) 和截距 (intercept) 表示，同时使用斜率和截距将一条直线参数化。

现在广泛使用的霍夫变换是 1972 年由 Richard Duda 和 Peter Hart 提出的，经典的霍夫变换是检测图像中的直线，之后版本的霍夫变换不仅能识别直线，也能识别其他简单的形状，例如，圆形和椭圆形。

1981 年 Dana H. Ballard 发表了 *Generalizing the Hough Transform to Detect Arbitrary Shapes*，自此计算机视觉领域开始流行应用霍夫变换。目前最流行的自动驾驶技术，也使用霍夫变换对行车的车道进行检测。

18-1　霍夫变换的基础原理解说

OpenCV 已经将霍夫变换理论隐藏，直接提供的函数可以方便地识别图像内的直线，即使不懂原理也可以直接使用。笔者觉得如果读者了解理论，所设计的程序将更具说服力，所以本章仍从基础原理说起。

18-1-1　认识笛卡儿坐标系与霍夫坐标系

笛卡儿坐标系其实就是直角坐标系，如下图所示。

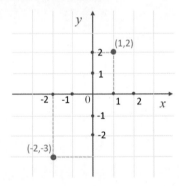

在直角坐标系中，一条直线可以用下列方程式表示：

$$y = m_0 x + b_0$$

在上述方程式中 m_0 代表斜率，b_0 代表截距。在霍夫坐标系中，横坐标是斜率 m，纵坐标是截距 b，如下图所示。其实霍夫坐标系也可称为霍夫空间。

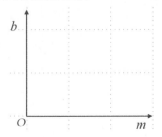

18-1-2 映射

霍夫变换的基础原理其实就是映射。

❑ 笛卡儿坐标系中的直线映射到霍夫空间。

在笛卡儿坐标系中，有一条直线 $y = m_0 x + b_0$，映射到霍夫空间，会变成一个点 (m_0, b_0)。

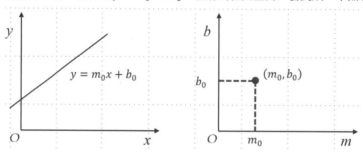

上述概念也可以解释为，霍夫空间上的一个点映射到笛卡儿坐标系中就是一条直线。

❑ 笛卡儿坐标系中的点映射到霍夫空间。

假设笛卡儿坐标系中有一个点 (x_0, y_0)，则可用 $y_0 = mx_0 + b$ 代表通过这一点的直线，现在可以将公式推导，得到如下结果。

$$b = -x_0 m + y_0$$

所以将笛卡儿坐标系中的点 (x_0, y_0)，映射到霍夫空间是一条斜率为 $-x_0$、截距为 y_0 的直线。

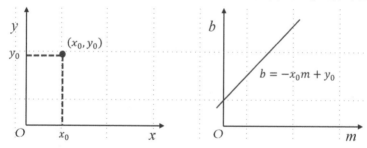

上述概念也可以解释为，霍夫空间上的一条线映射到笛卡儿坐标系中就是一个点。

❑ 笛卡儿坐标系中的两个点映射到霍夫空间。

现将笛卡儿坐标系中的两个点 (x_0, y_0) 和 (x_1, y_1)，映射到霍夫空间。

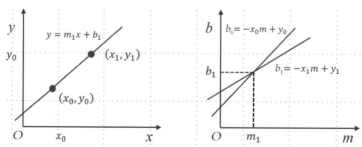

从上述可以得出结论，笛卡儿坐标系中的两个点，可以映射到霍夫空间成两条交叉的直线，分别如下：

$$b_0 = -x_0 m + y_0$$

$$b_1 = -x_1 m + y_1$$

笛卡儿坐标系中的两个点 (x_0, y_0) 和 (x_1, y_1) 可以连成一条直线，假设这条直线是 $y = m_1 x + b_1$，这条线的斜率与截距分别是 m_1 和 b_1，可以推导得到这条直线所映射的点是 (m_1, b_1)。

将上述概念扩充到笛卡儿坐标系中的 3 个点，这 3 个点映射到霍夫空间是 3 条直线，如果这 3 个点可以连成一条直线 $y = m_1 x + b_1$，在霍夫空间中会有 3 条线在点 (m_1, b_1) 交叉。现在整个概念已经很清楚了，可以扩充到笛卡儿坐标系中的 n 个点，假设这 n 个点可以连成一条线，则会有 n 条线经过点 (m_1, b_1)。我们也可以假设霍夫空间中有一个点是由许多直线交叉所组成，则在笛卡儿坐标系中映射的直线是由许多点所组成。假设在笛卡儿坐标系中只选择两个点，如果一个点是错误的，将会产生错误的线，为了避免此现象，在笛卡儿坐标系中建议多找几个点建立直线，可以得到更可靠的直线。也可以说在霍夫空间所找的点，应该有尽可能多的直线在此交会。

18-1-3　认识极坐标的基本定义

极坐标 (polar coordinate system) 是一个二维的坐标系统，在该坐标系统中，每一个点的位置使用夹角和相对原点的距离表示：

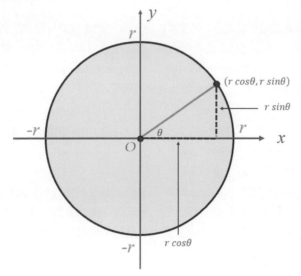

18-1-4　霍夫变换与极坐标

在笛卡儿坐标系中，直线方程式 $y = m_0 x + b_0$ 的最大问题是无法表示一条垂直线，因为会造成斜率值无限大，如下图所示。

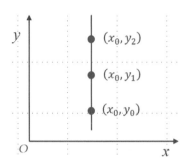

因此 Richard Duda 和 Peter Hart 发明了使用极坐标方式表示直线的参数，如下方左图所示，下方右图则是霍夫空间，相当于极坐标上的线映射到霍夫空间也是一个点(ρ, θ)。

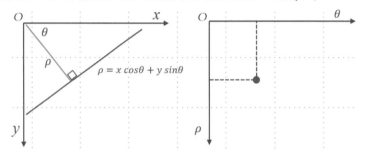

在上图中 ρ 代表点距原点的距离，ρ 符号可称为 rho。θ 代表极坐标内与红色线条垂直的线与水平轴的角度。如果线在原点下方通过，将会有正的 ρ (rho) 值和小于 180 度的角度。如果线在原点上方通过，不是采用大于 180 度，而是采用小于 180 度，同时用负值表示。如果线条是垂直线，则 θ 是 0。如果线条是水平线，则 θ 是 90 度。极坐标的线条公式如下：

$$\rho = x\,cos\theta + y\,sin\theta$$

上述公式在霍夫空间会产生曲线效果，这时极坐标与霍夫坐标系的映射关系如下：

- ❏ 极坐标的一个点映射到霍夫坐标系是一条线。
- ❏ 极坐标的一条线映射到霍夫坐标系是一个点。

即使是使用极坐标取代原先的笛卡儿坐标系，概念也没有变，在霍夫空间中如果有多条曲线在某一个点相交，则这个点映射回极坐标就是一条直线。因此霍夫变换判断图像内含直线的标准就是尽可能选择多条曲线相交的点。下列是笛卡儿坐标系中直线上的 3 个点与霍夫空间中 3 条交于一点的曲线示意图。

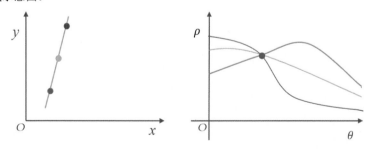

18-2　HoughLines( ) 函数

OpenCV 提供了两种用于检测直线的霍夫变换函数：HoughLines( ) 函数和 HoughLinesP( ) 函数，本节先说明基本版的 HoughLines( )，该函数的语法如下：

```
lines = cv2.HoughLines(image, rho, theta, threshold)
```

上述函数参数意义如下：

❑ lines：函数返回值，直线参数，格式是 (ρ, θ)，元素类型是 Numpy 数组。

❑ image：要识别的图像，是二值的图像，相当于先将要识别的图像二值化处理。可以参考 13-5 节，先将图像使用 Canny 边缘检测。

❑ rho：以像素为单位的距离是 ρ，常将此值设为 1，表示检测所有可能的半径长度。

❑ theta：检测角度 θ，常将此值设为 π/180，表示检测所有可能的角度。

❑ threshold：阈值，此值越小，所检测的直线就会越多。

程序实例 ch18_1.py：使用 calendar.jpg 当作图像，然后用 HoughLines( ) 函数检测此图像内的直线。在检测之前先将原始图像转换成灰度，然后使用 Canny 执行边缘检测。

```python
1  # ch18_1.py
2  import cv2
3  import numpy as np
4
5  src = cv2.imread('calendar.jpg', cv2.IMREAD_COLOR)
6  cv2.imshow("src", src)
7  src_gray = cv2.cvtColor(src, cv2.COLOR_BGR2GRAY)      # 转换成灰度
8  edges = cv2.Canny(src_gray, 100, 200)                # 使用Canny边缘检测
9  cv2.imshow("Canny", edges)                           # 显示Canny边缘线条
10 lines cv2.HoughLines(edges, 1, np.pi/180, 200)       # 检测直线
11 # 绘制直线
12 for line in lines:
13     rho, theta = line[0]                             # lines回传
14     a = np.cos(theta)                                # cos(theta)
15     b = np.sin(theta)                                # sin(theta)
16     x0 = rho * a
17     y0 = rho * b
18     x1 = int(x0 + 1000*(-b))                         # 建立 x1
19     y1 = int(y0 + 1000*(a))                          # 建立 y1
20     x2 = int(x0 - 1000*(-b))                         # 建立 x2
21     y2 = int(y0 - 1000*(a))                          # 建立 y2
22     cv2.line(src,(x1,y1),(x2,y2),(0,255,0),2)        # 绘制绿色线条
23 cv2.imshow("dst", src)
24
25 cv2.waitKey(0)
26 cv2.destroyAllWindows()
```

执行结果

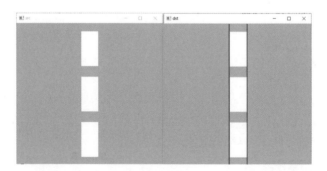

读者须留意，上述是一个简单的图像，可以获得不错的效果。对于一个复杂的图像，可能需要不断地调整 HoughLines( ) 函数的 threshold 参数。在无人驾驶的发展前期，常看到有些无人驾驶车在封闭道路移动，在地面上可以看到贴有白色胶带，其实这些白色胶带就是道路识别的标记。

程序实例 ch18_2.py：使用 lane.jpg 图像，设计仓库道路识别。

```
5   src = cv2.imread('lane.jpg', cv2.IMREAD_COLOR)
```

执行结果

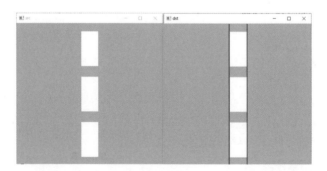

18-3 HoughLinesP( ) 函数

本节将说明进阶版的 HoughLinesP( )，该函数是 18-2 节 HoughLines( ) 函数的改良，主要是增加了 minLineLength 和 maxLineGap 两个参数，细节可以参考下列解说，此函数所采用的方法称为概率霍夫变换法。该函数的语法如下：

```
lines = cv2.HoughLinesP(image,rho,theta,threshold,minLineLength,maxLineGap)
```

上述函数参数意义如下：

❑ lines：函数返回值，直线参数是 (x1,y1) 和 (x2,y2)，只要将这两个参数连起来就构成直线了。

❑ image：要识别的图像，是二值的图像，相当于先将要识别的图像二值化处理。建议可以参考 13-5 节，先将图像使用 Canny 边缘检测。

❑ rho：以像素为单位的距离ρ，常将此值设为 1，表示检测所有可能的半径长度。

❑ theta：检测角度θ，常将此值设为$\pi/180$，表示检测所有可能的角度。

❑ threshold：阈值，此值越小，所检测的直线就会越多。

❑ minLineLength：检测直线的最小长度，短于该长度的直线会被舍弃。

❑ maxLineGap：线段之间最大的允许间隙，短于该长度会被视为一条直线。

程序实例 ch18_3.py：无人驾驶汽车的道路检测。

```
1   # ch18_3.py
2   import cv2
3   import numpy as np
4
5   src = cv2.imread('roadtest.jpg', cv2.IMREAD_COLOR)
6   cv2.imshow("src", src)
7   src_gray = cv2.cvtColor(src, cv2.COLOR_BGR2GRAY)        # 转换成灰阶
8   edges = cv2.Canny(src_gray, 50, 200)                    # 使用Canny边缘检测
9   cv2.imshow("Canny", edges)                              # 显示Canny边缘线条
10  lines = cv2.HoughLinesP(edges,1,np.pi/180,50,minLineLength=10,maxLineGap=100)
11  # 绘制检测到的直线
12  for line in lines:
13      x1, y1, x2, y2 = line[0]
14      cv2.line(src, (x1, y1), (x2, y2), (255, 0, 0), 3)   # 绘制蓝色线条
15  cv2.imshow("dst", src)
16
17  cv2.waitKey(0)
18  cv2.destroyAllWindows()
```

执行结果

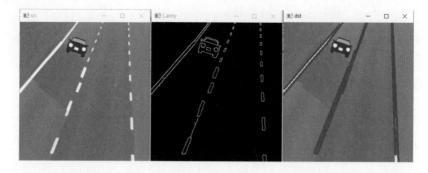

上述是检测所有的车道。当无人车在自动驾驶时，更重要的是检测目前车子所在的车道，这时可以使用阈值处理，将目前所在车道或要专注的车道处理成 ROI 区域，该 ROI 区域用掩膜处理。

注：实际应用不同图像时，必须适度调整 HoughLinesP( ) 函数的参数。

18-4 霍夫变换圆形检测

霍夫变换除了可以检测直线，还可以用于检测其他形状的物体，本节将讲解检测圆形的 HoughCircles( ) 函数。在霍夫圆形检测中，其实就是要检测圆心的坐标 (x, y) 和圆形的半径 (r)。该函数的语法如下：

```
circles = cv2.HoughCircles(image, method, dp, minDist,
    circles, param1, param2, minRadius, maxRadius)
```

上述函数参数意义如下：

❑ circles：函数返回值，圆心和半径所组成的 numpy.ndarray 数组，数据格式是 [(x1, y1, r1), (x2, y2, r2), …]。

❑ image：要识别的图像，是二值的图像，相当对要识别的图像先二值化处理。

❑ method：目前该参数可以使用 HOUGH_GRADIENT，该方法首先会对图像执行 Canny 边缘检测，然后对于非 0 的像素点使用 Sobel 算法计算区域梯度 (gradient)，由梯度方向得到实际圆切线的法线 (垂直于切线)，三条法线就可以得到圆心。同时对圆心进行累加，就可以得到圆形。

❑ dp：累加器分辨率，累加器允许比输入图像分辨率低。例如，如果 dp=1，累加器与输入图像有相同的分辨率。如果 dp=2，累加器有输入图像一半的宽度和高度。

❑ minDist：两个不同圆之间最小的距离，如果此值太小多个邻接的圆会被检测为一个圆，如果此值太大部分圆会无法被检测出来。

❑ param1：method 方法参数相对应的参数，所传递的是高阈值，该高阈值是传递给 Canny 方法做边缘检测，该参数的默认值是 100，一般低阈值是高阈值的一半。

❑ param2：method 方法参数相对应的参数，所传递的是低阈值，该低阈值是传递给 Canny 方法做边缘检测，该参数的默认值是 100。

❑ minRadius：表示圆半径的最小值，小于此半径的圆将被舍弃，默认值是 0。

❑ maxRadius：表示圆半径的最大值，大于此半径的圆将被舍弃，默认值是 0。

在使用 HoughCircles( ) 函数时，为了降低图像噪声，建议可以先用 meidanBlur( ) 函数去除图像噪声。

程序实例 ch18_4.py：有一个图像内含多个圆，这个程序会将半径大于 70 的圆圈起来。半径小于 70 或其他外形的对象则不理会。

```
1  # ch18_4.py
2  import cv2
3  import numpy as np
4
5  src = cv2.imread('shapes.jpg')
6  cv2.imshow("src", src)
7  image = cv2.medianBlur(src,5)                          # 过滤噪声
8  src_gray = cv2.cvtColor(image, cv2.COLOR_BGR2GRAY)     # 转换成灰度
9  circles = cv2.HoughCircles(src_gray,cv2.HOUGH_GRADIENT,1,100,param1=50,
10                          param2=30,minRadius=70,maxRadius=200)
11 circles = np.uint(np.around(circles))                  # 转换成整数
12 # 绘制检测到的直线
```

```
13  for c in circles[0]:
14      x, y, r = c
15      cv2.circle(src,(x, y), r, (0,255,0),3)              # 绿色绘圆外圈
16      cv2.circle(src,(x, y), 2, (0,0,255),2)              # 红色绘圆中心
17  cv2.imshow("dst", src)
18
19  cv2.waitKey(0)
20  cv2.destroyAllWindows()
```

执行结果

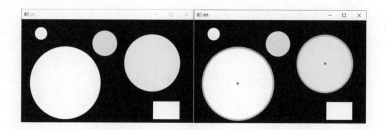

习题

1. 使用 lane2.jpg，重新设计 ch18_2.py，建立仓库道路图像。

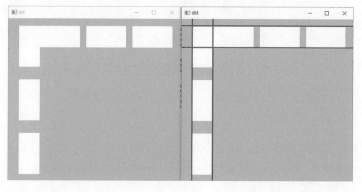

2. 请重新设计 ch18_4.py，将所有圆圈起来。

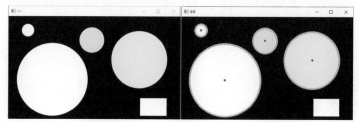

第 19 章

直方图均衡化 —— 增强图像对比度

直方图均衡化是图像处理中非常重要的一环，主要是将一幅图像的色彩强度平均化，也可以说将原始图像从比较集中的某一区域，平均分布扩展到全部区域，这样可以增强对比度，让图像细节更细致、更明显，整个功能效果如下：

(1) 整体图像不会太暗或太亮。

(2) 达到图像的去雾效果。

本章将从直方图基本概念说起，讲解直方图均衡化原理，最后讲解案例实操。

19-1　认识直方图

19-1-1　直方图的定义

在计算机视觉领域，所谓的直方图是一个色彩灰度值的统计次数，例如，有一个 3×3 的图像如下所示。

1	5	1
3	4	5
2	3	5

如果要计算每一个像素值出现的次数，可以得到下表所示结果。

像素值	1	2	3	4	5
出现次数	2	1	2	1	3

现在使用"Python + matplotlib"模块设计直方图，这时像素值可用 x 轴表示，出现次数可用 y 轴表示。

程序实例 ch19_1.py：使用折线图 plot( ) 函数，绘制上述像素值出现的次数。

```
1  # ch19_1.py
2  import matplotlib.pyplot as plt
3
4  seq = [1, 2, 3, 4, 5]          # 像素值
5  times = [2, 1, 2, 1, 3]        # 出现次数
6  plt.plot(seq, times, "-o")     # 绘含标记的图
7  plt.axis([0, 6, 0, 4])         # 建立轴大小
8  plt.xlabel("Pixel Value")      # 像素值
9  plt.ylabel("Times")            # 出现次数
10 plt.show()
```

执行结果

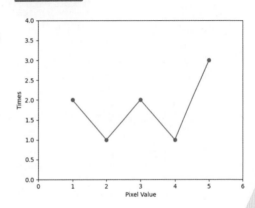

程序实例 ch19_2.py：使用直方图 bar( ) 函数重新设计 ch19_1.py，产生直方图。

```
1   # ch19_2.py
2   import matplotlib.pyplot as plt
3   import numpy as np
4
5   times = [2, 1, 2, 1, 3]           # 出现次数
6   N = len(times)                     # 计算长度
7   x = np.arange(N)                   # 直方图x轴坐标
8   width = 0.35                       # 直方图宽度
9   plt.bar(x, times, width)           # 绘制直方图
10
11  plt.xlabel("Pixel Value")         # 像素值
12  plt.ylabel("Times")               # 出现次数
13  plt.xticks(x, ('1', '2', '3', '4', '5'))
14  plt.show()
```

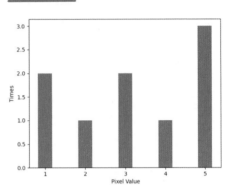

上述 ch19_1.py 和 ch19_2.py 虽然分别称折线图和直方图，但是在机器视觉中，可以统称为直方图。

19-1-2　归一化直方图

所谓的归一化直方图是指 x 轴仍是像素值，y 轴则是特定像素出现的频率。

若是继续使用 19-1-1 节的实例，整个频率如下表所示。

像素值	1	2	3	4	5
出现次数	2/9	1/9	2/9	1/9	3/9

上述频率加总，结果为 1。

程序实例 ch19_3.py：使用归一化概念重新设计 ch19_1.py。

```
1   # ch19_3.py
2   import matplotlib.pyplot as plt
3
4   seq = [1, 2, 3, 4, 5]             # 像素值
5   freq = [2/9, 1/9, 2/9, 1/9, 3/9]  # 出现频率
6   plt.plot(seq, freq, "-o")         # 绘含标记的图
7   plt.axis([0, 6, 0, 0.5])          # 建立轴大小
8   plt.xlabel("Pixel Value")         # 像素值
9   plt.ylabel("Frequency")           # 出现频率
10  plt.show()
```

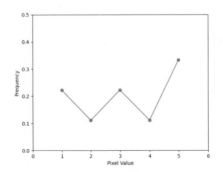

程序实例 ch19_4.py：使用归一化概念重新设计 ch19_2.py。

```
1  # ch19_4.py
2  import matplotlib.pyplot as plt
3  import numpy as np
4
5  freq = [2/9, 1/9, 2/9, 1/9, 3/9]      # 出现频率
6  N = len(freq)                          # 计算长度
7  x = np.arange(N)                       # 直方图x轴坐标
8  width = 0.35                           # 直方图宽度
9  plt.bar(x, freq, width)                # 绘制直方图
10
11 plt.xlabel("Pixel Value")              # 像素值
12 plt.ylabel("Freqency")                 # 出现频率
13 plt.xticks(x, ('1', '2', '3', '4', '5'))
14 plt.show()
```

执行结果

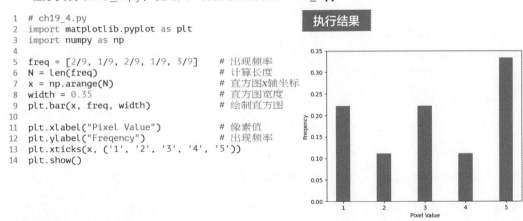

19-2 绘制直方图

19-2-1 使用 matplotlib 绘制直方图

19-1 节所述的数据量比较少，所以笔者分别使用了 plot( ) 函数和 bar( ) 函数绘制直方图，如果是整个图像，则建议使用 hist( ) 函数。

程序实例 ch19_5.py：绘制 snow.jpg 图像文件的直方图。

```
1  # ch19_5.py
2  import cv2
3  import matplotlib.pyplot as plt
4
5  src = cv2.imread("snow.jpg",cv2.IMREAD_GRAYSCALE)
6  cv2.imshow("Src", src)
7  plt.hist(src.ravel(),256)             # 降维再绘制直方图
8  plt.show()
9
10 cv2.waitKey(0)
11 cv2.destroyAllWindows()
```

执行结果

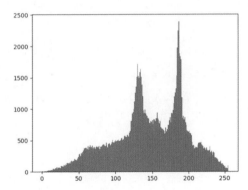

请参考上述程序第 7 行 hist( ) 函数的第 2 个参数是 256，该参数是将整体 x 轴的像素区分成 256 个区域，从上述右图的执行结果可以看出所有像素出现的次数。另外，上述程序第 7 行 ravel( ) 函数可以将图像从二维矩阵降至一维数组，所以可以使用 hist( ) 绘制整个直方图。上述 x 轴是将每个像素当作一个单位，如果想要将 0 ~ 255 的像素切割成区间范围，例如，切割成 20 个区间，这相当于设定 bins = 20，则可以使用下列程序设计。

程序实例 ch19_6.py：重新设计 ch19_5.py，设定 20 个区间。

```
1  # ch19_6.py
2  import cv2
3  import matplotlib.pyplot as plt
4
5  src = cv2.imread("snow.jpg",cv2.IMREAD_GRAYSCALE)
6  cv2.imshow("Src", src)
7  plt.hist(src.ravel(),20)          # 降维再绘制直方图
8  plt.show()
9
10 cv2.waitKey(0)
11 cv2.destroyAllWindows()
```

执行结果

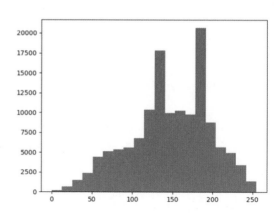

19-2-2 使用 OpenCV 取得直方图数据

OpenCV 模块提供的 calcHist( ) 函数可以统计直方图所需要的数据，使用该函数可以获得每个像素点出现的次数，函数的语法如下：

```
hist = cv2.calcHist(src, channels, mask, histSize, ranges, accumulate)
```

上述函数各参数意义如下：

❑ hist：返回各像素值统计结果，是 Numpy 的数组数据结构。

❑ src：来源图像或称为原始图像。

❑ channels：图像通道，如果是灰度图像此部分是 [0]。如果是彩色图像可以设定 [0]、[1]、[2] 分别代表 B、G、R。

❑ mask：设 None 表示统计整幅图像，如果有此参数代表只计算掩膜部分。

❑ histSize：这个其实就是 hist( ) 函数的 bins 数量，可以设定图像像素区域，如果设为 [256] 表示所有像素。

❑ ranges：像素值的范围，一般设定为 [0,256]。

❑ accumulate：选项参数，默认是 False。如果是多幅图像，可以将此设为 True，这时可以累加像素值。

程序实例 ch19_7.py：取得直方图 snow.jpg 图像的直方图数据。

```
1   # ch19_7.py
2   import cv2
3
4   src = cv2.imread("snow.jpg",cv2.IMREAD_GRAYSCALE)
5   cv2.imshow("Src", src)
6   hist = cv2.calcHist([src],[0],None,[256],[0,256])    # 直方图统计数据
7   print(f"数据类型 = {type(hist)}")
8   print(f"数据外观 = {hist.shape}")
9   print(f"数据大小 = {hist.size}")
10  print(f"数据内容 \n{hist}")
```

执行结果　本实例省略输出 snow.jpg，读者可以参考 ch19_6.jpg。

```
================ RESTART: D:\OpenCV_Python\ch19\ch19_7.py ================
数据类型 = <class 'numpy.ndarray'>
数据外观 = (256, 1)
数据大小 = 256

Squeezed text (257 lines).
```

上述数据大小是 256，相当于 0 ~ 255 的所有像素，至于数组内容则是每个像素点出现的次数。

程序实例 ch19_8.py：使用 plot( ) 函数绘制 snow.jpg 图像的像素直方图。

```
1   # ch19_8.py
2   import cv2
3   import matplotlib.pyplot as plt
4
5   src = cv2.imread("snow.jpg",cv2.IMREAD_GRAYSCALE)
6   cv2.imshow("Src", src)
7   hist = cv2.calcHist([src],[0],None,[256],[0,258])    # 直方图统计数据
8   plt.plot(hist)                                       # 用plot()绘直方图
9   plt.show()
```

执行结果

 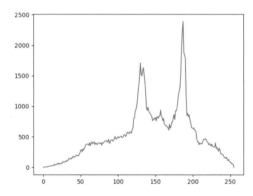

19-2-3　绘制彩色图像的直方图

将 19-2-3 节的概念扩充到显示 BGR 通道像素值的直方图。

程序实例 ch19_9.py：绘制 macau.jpg 图像的 BGR 通道像素值的直方图。

```
1   # ch19_9.py
2   import cv2
3   import matplotlib.pyplot as plt
4
5   src = cv2.imread("macau.jpg",cv2.IMREAD_COLOR)
6   cv2.imshow("Src", src)
7   b = cv2.calcHist([src],[0],None,[256],[0,256])    # B 通道统计数据
8   g = cv2.calcHist([src],[1],None,[256],[0,256])    # G 通道统计数据
9   r = cv2.calcHist([src],[2],None,[256],[0,256])    # R 通道统计数据
10  plt.plot(b, color="blue", label="B channel")      # 用plot()绘 B 通道
11  plt.plot(g, color="green", label="G channel")     # 用plot()绘 G 通道
12  plt.plot(r, color="red", label="R channel")       # 用plot()绘 R 通道
13  plt.legend(loc="best")
14  plt.show()
```

执行结果

 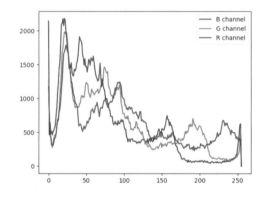

19-2-4　绘制掩膜的直方图

对整个图像而言，有时候只需要分析特定区域的像素，这时可以将掩膜应用在 calcHist( ) 函数。

程序实例 ch19_10.py：先建立一个图像区域，然后在此图像区域建立掩膜。

```
1  # ch19_10.py
2  import cv2
3  import numpy as np
4
5  src = np.zeros([200,400],np.uint8)          # 建立图像
6  src[50:150,100:300] = 255                    # 在图像内建立mask
7  cv2.imshow("Src", src)
8
9  cv2.waitKey(0)
10 cv2.destroyAllWindows()
```

执行结果

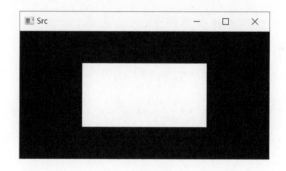

程序实例 ch19_11.py：扩充 ch19_10.py，在 macau.jpg 图像内建立掩膜，然后观察执行结果。

```
1  # ch19_11.py
2  import cv2
3  import numpy as np
4
5  src = cv2.imread("macau.jpg",cv2.IMREAD_GRAYSCALE)
6  cv2.imshow("Src", src)
7  mask = np.zeros(src.shape[:2],np.uint8)        # 建立mask图像
8  mask[20:200,50:400] = 255                      # 在mask图像内设定255
9  masked = cv2.bitwise_and(src, src, mask=mask)  # and运算
10 cv2.imshow("After Mask", masked)
11
12 cv2.waitKey(0)
13 cv2.destroyAllWindows()
```

执行结果 下方右图是 macau.jpg 图像的掩膜区。

程序实例 ch19_12.py：为整幅图像和掩膜区的图像建立像素值的直方图。

```
1   # ch19_12.py
2   import cv2
3   import numpy as np
4   import matplotlib.pyplot as plt
5
6   src = cv2.imread("macau.jpg",cv2.IMREAD_GRAYSCALE)
7   cv2.imshow("Src", src)
8   mask = np.zeros(src.shape[:2],np.uint8)              # 建立mask
9   mask[20:200,50:400] = 255                            # 在mask内设定255
10  hist = cv2.calcHist([src],[0],None,[256],[0,256])   # 灰阶统计数据
11  hist_mask = cv2.calcHist([src],[0],mask,[256],[0,256]) # mask统计数据
12  plt.plot(hist, color="blue", label="Src Image")     # 用plot()绘图像直方图
13  plt.plot(hist_mask, color="red", label="Mask")      # 用plot()绘mask直方图
14  plt.legend(loc="best")
15  plt.show()
16
17  cv2.waitKey(0)
18  cv2.destroyAllWindows()
```

执行结果

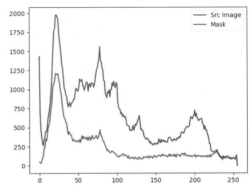

程序实例 ch19_13.py：将 ch19_11.py 和 ch19_12.py 整合为一张图表，该程序主要是使用 subplot( ) 函数，读者可以参考第 14 行和 15 行的注释。

```python
1   # ch19_13.py
2   import cv2
3   import numpy as np
4   import matplotlib.pyplot as plt
5
6   src = cv2.imread("macau.jpg",cv2.IMREAD_GRAYSCALE)
7   # 建立屏蔽
8   mask = np.zeros(src.shape[:2],np.uint8)               # 建立mask
9   mask[20:200,50:400] = 255                             # 设定mask值
10  aftermask = cv2.bitwise_and(src,src,mask=mask)
11
12  hist = cv2.calcHist([src],[0],None,[256],[0,256])          # 灰度统计数据
13  hist_mask = cv2.calcHist([src],[0],mask,[256],[0,256])     # mask统计数据
14  # subplot()第一个 2 是代表垂直有 2 张图，第二个 2 是代表左右有 2 张图
15  # subplot()第三个参数是代表子图编号
16  plt.subplot(221)                                      # 建立子图 1
17  plt.imshow(src, 'gray')                               # 灰度显示第1张图
18  plt.subplot(222)                                      # 建立子图 2
19  plt.imshow(mask,'gray')                               # 灰度显示第2张图
20  plt.subplot(223)                                      # 建立子图 3
21  plt.imshow(aftermask, 'gray')                         # 灰度显示第3张图
22  plt.subplot(224)                                      # 建立子图 4
23  plt.plot(hist, color="blue", label="Src Image")
24  plt.plot(hist_mask, color="red", label="Mask")
25  plt.legend(loc="best")
26  plt.show()
```

执行结果

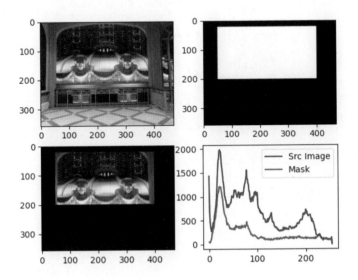

19-3 直方图均衡化

如果图像灰度值集中在一个窄的区域，容易造成图像细节不清楚。所谓的直方图均衡化就是对图像灰度值拉宽，重新分配灰度值散布在所有像素空间，可以增强图像细节。

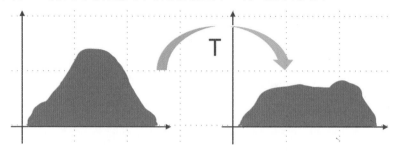

通常过暗或过亮的图往往是灰度值过度集中某一区域的结果，下图是过暗的图像与直方图。

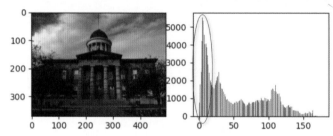

从上方右图可以看出灰度值集中在左边。下图是过亮的图像与直方图。

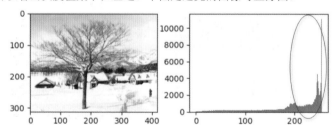

从上方右图可以看出灰度值集中在右边。

19-3-1 直方图均衡化算法

直方图均衡化有 2 个步骤：

1. 计算累积的直方图数据。

2. 将累积的直方图执行区间转换。

下列将以一个 5×5 的图像为例作解说，假设图像的灰度值是 [0, 7]，该图像内容如下图所示。

0	0	2	1	0
1	1	1	2	1
3	5	0	0	4
0	7	7	3	5
2	6	4	6	3

上述灰度值统计数据如下表所示。

灰度值级	0	1	2	3	4	5	6	7
像素个数	6	5	3	3	2	2	2	2

将上述表格归一化，可以得到下表所示结果。

灰度值级	0	1	2	3	4	5	6	7
像素个数	6	5	3	3	2	2	2	2
出现概率	6/25	5/25	3/25	3/25	2/25	2/25	2/25	2/25

使用小数点列出概率，结果如下表所示。

灰度值级	0	1	2	3	4	5	6	7
像素个数	6	5	3	3	2	2	2	2
出现概率	0.24	0.2	0.12	0.12	0.08	0.08	0.08	0.08

计算累计概率，结果如下表所示。

灰度值级	0	1	2	3	4	5	6	7
像素个数	6	5	3	3	2	2	2	2
出现概率	0.24	0.2	0.12	0.12	0.08	0.08	0.08	0.08
累计概率	0.24	0.44	0.56	0.68	0.76	0.84	0.92	1.00

接着有两种均衡化的方法：

❑　在原有范围执行均衡化。

❑　在更广泛的范围执行均衡化。

下列将分别解说。

1. 在原有范围执行均衡化。

计算方式是用最大灰度值级，此例是 7，乘以累积概率可以得到最新的灰度值级，使用四舍五入，最后可以得到下表所示结果。

灰度值级	0	1	2	3	4	5	6	7
像素个数	6	5	3	3	2	2	2	2
出现概率	0.24	0.2	0.12	0.12	0.08	0.08	0.08	0.08
累计概率	0.24	0.44	0.56	0.68	0.76	0.84	0.92	1.00
新灰度值级	2	3	4	5	5	6	6	7

上表中新灰度值级就是均衡化的结果，重新整理可以得到下表所示结果。

灰度值级	0	1	2	3	4	5	6	7
像素个数	0	0	6	5	3	5	4	2

如下是直方图的比较图，下方左图是原始图像，下方右图是均衡化结果。

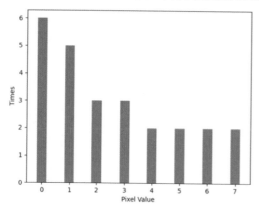 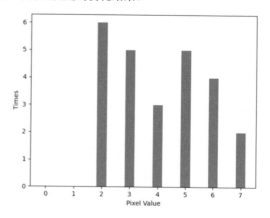

2. 在更广泛的范围执行均衡化。

使用更广泛的灰度值级乘以累计概率，即可以获得更广泛的灰度值级，例如，将上述灰度值级扩展到 [0, 255]，可以用 255 乘以累计概率，这时可以得到下表所示结果。

灰度值级	0	1	2	3	4	5	6	7
像素个数	6	5	3	3	2	2	2	2
出现概率	0.24	0.2	0.12	0.12	0.08	0.08	0.08	0.08
累计概率	0.24	0.44	0.56	0.68	0.76	0.84	0.92	1.00
新灰度值级	61	112	143	173	194	214	234	255

如下是原先的直方图。

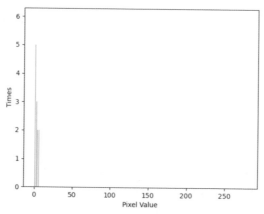

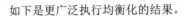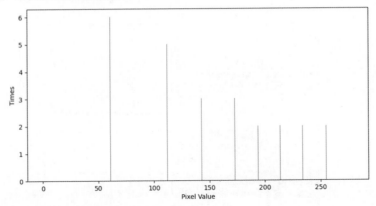

如下是更广泛执行均衡化的结果。

19-3-2　直方图均衡化

19-3-1 节讲解了直方图均衡化的原理，其实 OpenCV 已经将均衡化方法封装在 equalizeHist( ) 函数内，可以直接调用，该函数的语法如下：

```
dst = cv2.equalizeHist(src)
```

上述 src 是 8 位的单通道图像，dst 是直方图均衡化的结果。

程序实例 ch19_14.py：打开 snow1.py，该文件是过度曝光太亮的图像，使用直方图均衡化，同时列出执行结果。

```
1   # ch19_14.py
2   import cv2
3   import matplotlib.pyplot as plt
4
5   src = cv2.imread("snow1.jpg",cv2.IMREAD_GRAYSCALE)
6   plt.subplot(221)                      # 建立子图 1
7   plt.imshow(src, 'gray')               # 灰度显示第1张图
8   plt.subplot(222)                      # 建立子图 2
9   plt.hist(src.ravel(),256)             # 降维再绘制直方图
10  plt.subplot(223)                      # 建立子图 3
11  dst = cv2.equalizeHist(src)           # 均衡化处理
12  plt.imshow(dst, 'gray')               # 显示执行均衡化的结果图像
13  plt.subplot(224)                      # 建立子图 4
14  plt.hist(dst.ravel(),256)             # 降维再绘制直方图
15  plt.tight_layout()
16  plt.show()
```

执行结果

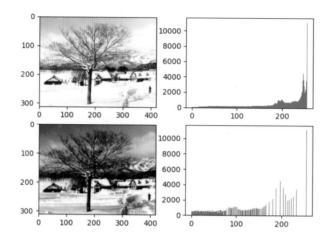

程序实例 ch19_15.py：打开 springfield.py，该文件是过暗的图像，使用直方图均衡化，同时列出执行结果，这一实例只是将所读取的 snow1.jpg 改成 springfield.jpg 文件。

```
5   src = cv2.imread("springfield.jpg",cv2.IMREAD_GRAYSCALE)
```

执行结果

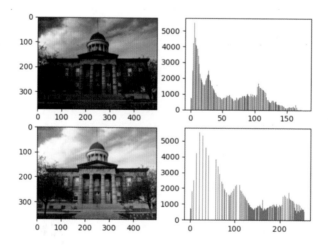

如果一张图像因为雾气太重，造成部分内容被雾遮挡以至图像不是太清楚，也可以使用直方图均衡化达到去雾的效果。

注：如果雾遮住后面的物体，则会导致无法显示雾后的图像。

程序实例 ch19_16.py：去除雾的实例。

```
5   src = cv2.imread("highway1.png",cv2.IMREAD_GRAYSCALE)
```

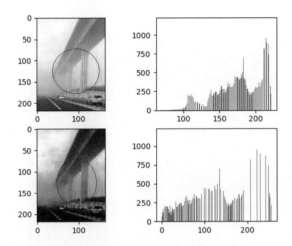

从上述执行结果可以看到所圈选的区域原先的雾已经散去不少。

19-3-3　直方图均衡化应用在彩色图像

直方图也可以应用在彩色图像，可以参考下列实例。

程序实例 ch19_17.py：打开 springfield.jpg，执行彩色图像的直方图均衡化。

```
1   # ch19_17.py
2   import cv2
3
4   src = cv2.imread("springfield.jpg",cv2.IMREAD_COLOR)
5   cv2.imshow("Src", src)
6   (b, g, r) = cv2.split(src)                  # 拆开彩色图像通道
7   blue = cv2.equalizeHist(b)                  # 均衡化 B 通道
8   green = cv2.equalizeHist(g)                 # 均衡化 G 通道
9   red = cv2.equalizeHist(r)                   # 均衡化 R 通道
10  dst = cv2.merge((blue, green, red))         # 合并通道
11  cv2.imshow("Dst", dst)
12  cv2.waitKey(0)
13  cv2.destroyAllWindows()
```

　下方右图是彩色图均衡化的结果。

19-4 限制自适应直方图均衡化方法

限制自适应直方图均衡化方法 (Contrast Limited Adaptive Histogram Equalization，CLAHE) 是直方图均衡化方法的改良，该方法有时候也简称自适应直方图均衡化。

19-4-1 直方图均衡化的优缺点

直方图通过扩展图像的强度分布范围，增加图像的对比度，可以处理过亮/过暗的图像以达到去雾效果，但是也产生了以下缺点：

1. 因为是全局处理，背景噪声对比度会增加。

2. 有用信号对比度降低，例如，特别暗或特别亮的有用信号对比度会降低。

限制自适应直方图均衡化方法正是为了解决这类问题。

19-4-2 直方图均衡化的缺点实例

本节将从简单的实例说起。有一幅图像 office.jpg，其背景有一点暗，想要让图像背景变亮，可以参考如下实例。

程序实例 ch19_18.py：使用直方图均衡化处理 office.jpg。

```
1  # ch19_18.py
2  import cv2
3
4  src = cv2.imread("office.jpg",cv2.IMREAD_GRAYSCALE)
5  cv2.imshow("Src",src)
6  equ = cv2.equalizeHist(src)              # 直方图均衡化
7  cv2.imshow("euualizeHist",equ)
8
9  cv2.waitKey(0)
10 cv2.destroyAllWindows()
```

执行结果

上方右图是直方图均衡化处理结果，因为是全局图像的处理，可以看到背景变亮了，缺点是所圈起来的脸部也变亮了，同时脸部细节也消失了。

19-4-3 自适应直方图函数 createCLAHE( ) 和 apply( )

自适应直方图函数 createCLAHE( ) 可以改良 ch19_18.py 中的缺点，此函数语法如下：

```
clahe = cv2.createCLAHE(clipLimit, tileGridSize)
```

上述函数各参数意义如下：

❑ clahe：可产生自适应直方图对象。

❑ clipLimit：可选参数，每次对比度大小，建议使用 2。

❑ tileGridSize：可选参数，每次处理区域的大小，建议是 (8, 8)。

上述可以返回自适应直方图 clahe 对象，然后将此对象与灰度图像关联即可，可以参考 clahe.apply( ) 函数，该函数语法如下。

```
dst = clahe.apply(src_gray)
```

参数 src_gray 是灰度图像对象。

程序实例 ch19_19.py：使用自适应直方图函数，重新设计 ch19_18.py。

```
1  # ch19_19.py
2  import cv2
3  import matplotlib.pyplot as plt
4
5  src = cv2.imread("office.jpg",cv2.IMREAD_GRAYSCALE)
6  cv2.imshow("Src",src)
7  # 自适应直方图均衡化
8  clahe = cv2.createCLAHE(clipLimit=2.0, tileGridSize=(8,8))
9  dst = clahe.apply(src)              # 灰度影像与clahe对象关联
10 cv2.imshow("CLAHE",dst)
11
12 cv2.waitKey(0)
13 cv2.destroyAllWindows()
```

执行结果

从上述右图的执行结果可以看到图像背景变亮了，同时脸部细节也保留下来了。

习题

1. 使用 springfield.jpg 文件，将图像使用自适应直方图均衡化处理，同时列出灰度值的直方图。

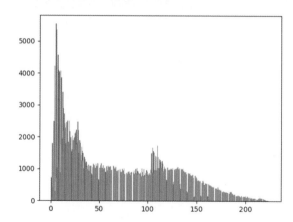

注：上述橘色部分的灰度强度分布是自适应直方图的灰度强度结果。

2. 扩充设计 ch19_18.py 和 ch19_19.py，建立原始图像、直方图均衡化图像和自适应直方图均衡化图像，最后同时列出 3 种图像的直方图。

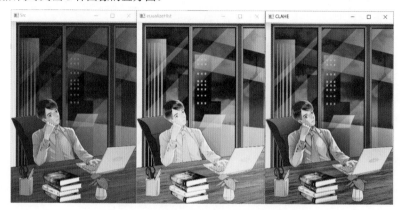

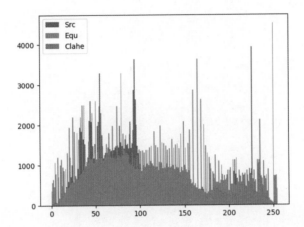

第 20 章

模板匹配

20-1 模板匹配的基础概念

假设原始图像是 A，模板图像是 B，在执行模板匹配时先决条件是 A 图像必须大于或等于 B 图像。所谓的模板匹配，是指将 B 图像在 A 图像中移动遍历完成匹配的方法。

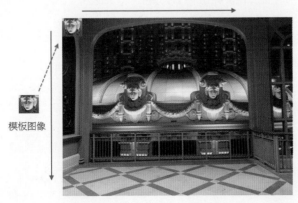

模板图像

原始图像

假设原始图像的宽和高分别用 W 和 H 代表，模板图像的宽和高分别用 w 和 h 代表，模板图像在往右移的匹配中必须比较 $(W - w + 1)$ 次，笔者用下列简单的图形说明，读者也可以手动计算。

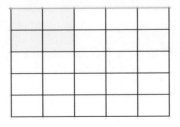

上述假设图像宽度是 5，模板宽度是 2，则模板在往右移动中需要比较次数计算方式如下：

```
5 - 2 + 1 = 4
```

在往下移动过程必须比较 $(H - h + 1)$ 次，所以也是必须比较 4 次。因此整个比较过程是要比较 $(W - w + 1) \times (H - h + 1) = 16$ 次。

20-2 模板匹配函数 matchTemplate( )

20-2-1 认识匹配函数 matchTemplate( )

OpenCV 提供的 matchTemplate( ) 函数可以在一个较大图像中寻找模板图像，这个函数的语法如下：

```
result = cv2.matchTemplate(image, temp1, method, mask)
```

上述函数各参数意义如下：

❑ result：比较结果的数组。

❑ image：原始图像。

❑ temp1：模板图像。

❑ method：搜寻匹配程度的方法，有 6 个可能方法，见下表。

具名常数	值	说明
TM_SQDIFF	0	平方差匹配法，完全匹配时值是 0，匹配越差值越大
TM_SQDIFF_NORMED	1	归一化平方匹配法
TM_CCORR	2	相关匹配法，这是乘法操作，将模板图像与输入图像相乘，数值越大匹配越好，如果是 0 表示匹配最差
TM_CCORR_NORMED	3	归一化相关匹配法
TM_CCOEFF	4	相关系数匹配法，采用相关匹配法对模板减去均值的结果和原始图像减去均值结果进行匹配，1 表示最好匹配，0 表示没有相关，-1 表示最差匹配
TM_CCOEFF_NORMED	5	归一化相关系数匹配法

❑ mask：模板使用的掩膜，该掩膜须与 temp1 有相同的大小，不过也可以直接使用默认值。

20-2-2 模板匹配结果

假设原始图像的宽和高分别用 W 和 H 代表，模板图像的宽和高分别用 w 和 h 代表，matchTemplate( ) 函数的返回值是一个宽与高分别是 $(W - w + 1)$ 和 $(H - h + 1)$ 的矩阵。

程序实例 ch20_1.py：使用 TM_SQDIFF 方法，了解 matchTemplate( ) 函数的返回结果。

```
1   # ch20_1.py
2   import cv2
3
4   src = cv2.imread("macau_hotel.jpg", cv2.IMREAD_COLOR)
5   cv2.imshow("Src", src)                    # 显示原始图像
6   H, W = src.shape[:2]
7   print(f"原始图像高 H = {H}，宽 W = {W}")
8   temp1 = cv2.imread("head.jpg")
9   cv2.imshow("Temp1", temp1)                # 显示模板图像
10  h, w = temp1.shape[:2]
11  print(f"模板图像高 h = {h}，宽 w = {w}")
12  result = cv2.matchTemplate(src, temp1, cv2.TM_SQDIFF)
13  print(f"result大小 = {result.shape}")
14  print(f"数组内容 \n{result}")
15
16  cv2.waitKey(0)
17  cv2.destroyAllWindows()
```

执行结果 下列数组内容就是每个匹配位置的比较结果值。

上述程序笔者列出了原始图像与模板图像的高与宽,以及结果 result 的矩阵大小,读者可以验证,公式如下:

```
H - h + 1 = 462 - 45 + 1 = 418
W - w + 1 = 621 - 51 + 1 = 571
```

读者可以从执行结果看出上述公式计算结果,此外,上述程序也返回了比较结果的数组内容,此例第 12 行使用 TM_SQDIFF 方法匹配,这是平方差匹配法,完全匹配时值是 0,匹配越差值越大。

20-3 单模板匹配

所谓的单模板匹配是指模板图像数量有一个,可能会有一个、二个或更多个与模板相类似的原始图像。如果在原始图像中只选一个最相似的图案当作结果,称为单目标匹配;如果要将原始图像中所有相类似的图案都选出来,则称多目标匹配。

20-3-1 回顾 minMaxLoc( ) 函数

在 17-7 节介绍过 minMaxLoc( ) 函数。

```
minVal, maxVal, minLoc, maxLoc = cv2.minMaxLoc(src, mask=mask)
```

如果使用 matchTemplate( ) 函数参数 TM_SQDIFF 方法寻找匹配结果,所用到的就是 minMaxLoc( ) 返回的 minVal 和 minLoc 的结果,这两个参数分别是最小值与最小值的坐标。

20-3-2 单目标匹配的实例

程序实例 ch20_2.py：原始图像是 shapes.jpg，模板图像是 heart.jpg，找出最匹配的图案，同时加上外框。

注：该实例使用 TM_SQDIFF_NORMED 归一化平方匹配法，所以返回数值会小于 1.0，读者可以体会不同匹配法的结果差异。

注：TM_SQDIFF_NORMED 是归一化平方差匹配法，完全匹配时值是 0，匹配越差值越接近 1。

```python
1  # ch20_2.py
2  import cv2
3
4  src = cv2.imread("shapes.jpg", cv2.IMREAD_COLOR)
5  cv2.imshow("Src", src)                                    # 显示原始图像
6  temp1 = cv2.imread("heart.jpg", cv2.IMREAD_COLOR)
7  cv2.imshow("Temp1", temp1)                                # 显示模板图像
8  height, width = temp1.shape[:2]                           # 获得模板图像的高与宽
9  # 使用cv2.TM_SQDIFF_NORMED执行模板匹配
10 result = cv2.matchTemplate(src, temp1, cv2.TM_SQDIFF_NORMED)
11 minVal, maxVal, minLoc, maxLoc = cv2.minMaxLoc(result)
12 upperleft = minLoc                                        # 左上角坐标
13 lowerright = (minLoc[0] + width, minLoc[1] + height)      # 右下角坐标
14 dst = cv2.rectangle(src,upperleft,lowerright,(0,255,0),3) # 绘置最相似外框
15 cv2.imshow("Dst", dst)
16 print(f"result大小 = {result.shape}")
17 print(f"数组内容 \n{result}")
18
19 cv2.waitKey(0)
20 cv2.destroyAllWindows()
```

执行结果

```
================ RESTART: D:\OpenCV_Python\ch20\ch20_2.py ================
result大小 = (206, 474)
数组内容
[[0.6339986  0.63401806 0.6340383  ... 0.5972567  0.5953633  0.5933481 ]
 [0.6327533  0.63277274 0.6327973  ... 0.5894378  0.5875915  0.585662  ]
 [0.6314225  0.6314491  0.6314756  ... 0.581289   0.57951427 0.5776712 ]
 ...
 [0.68617016 0.6862076  0.68625    ... 0.43820098 0.4382517  0.43829173]
 [0.6853466  0.6853575  0.6854015  ... 0.4389129  0.43894047 0.43894982]
 [0.6845917  0.6845848  0.6846453  ... 0.4396748  0.43968388 0.43967718]]
```

如下分别是模板图像与原始图像。

如下是执行结果，可以看到相似度最高的心形图案已经被框起来了。

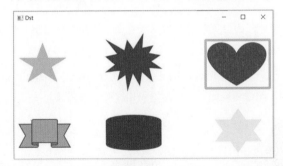

其实模板匹配也可以应用于在人群中寻找某个人，相当于进行人脸匹配，达到简单人脸识别的效果。

程序实例ch20_3.py：重新修订程序ch20_2.py，进行人脸识别，如下分别是模板图像与原始图像。

```python
1  # ch20_3.py
2  import cv2
3
4  src = cv2.imread("g5.jpg", cv2.IMREAD_COLOR)
5  temp1 = cv2.imread("face1.jpg", cv2.IMREAD_COLOR)
6  height, width = temp1.shape[:2]                          # 获得模板图像的高与宽
7  # 使用cv2.TM_SQDIFF_NORMED执行模板匹配
8  result = cv2.matchTemplate(src, temp1, cv2.TM_SQDIFF_NORMED)
9  minVal, maxVal, minLoc, maxLoc = cv2.minMaxLoc(result)
10 upperleft = minLoc                                        # 左上角坐标
11 lowerright = (minLoc[0] + width, minLoc[1] + height)      # 右下角坐标
12 dst = cv2.rectangle(src,upperleft,lowerright,(0,255,0),3) # 绘制最相似外框
13 cv2.imshow("Dst", dst)
14
15 cv2.waitKey(0)
16 cv2.destroyAllWindows()
```

执行结果

20-3-3　找出比较接近的图像

有时候会有一系列照片，读者可以将此想象成有多张原始图像，然后找出哪一张图像与模板图像比较接近。

程序实例 ch20_4.py：此程序所使用的 2 张原始图像分别是 knight0.jpg、knight1.jpg，所使用的模板图像是 knight.jpg，图像内容如下，最后输出比较接近的图像。

knight.jpg

knight0.jpg

knight1.jpg

```
1   # ch20_4.py
2   import cv2
3
4   src = []                                                    # 建立原始图像数组
5   src1 = cv2.imread("knight0.jpg", cv2.IMREAD_COLOR)
6   src.append(src1)                                            # 加入原始图像列表
7   src2 = cv2.imread("knight1.jpg", cv2.IMREAD_COLOR)
8   src.append(src2)                                            # 加入原始图像列表
9   temp1 = cv2.imread("knight.jpg", cv2.IMREAD_COLOR)
10  # 使用cv2.TM_SQDIFF_NORMED执行模板匹配
11  minValue = 1                                                # 设定默认的最小值
12  index = -1                                                  # 设定最小值的索引
13  # 采用归一化平方匹配法
14  for i in range(len(src)):
15      result = cv2.matchTemplate(src[i], temp1, cv2.TM_SQDIFF_NORMED)
16      minVal, maxVal, minLoc, maxLoc = cv2.minMaxLoc(result)
17      if minValue > minVal:
18          minValue = minVal                                  # 记录目前的最小值
19          index = i                                          # 记录目前的索引
20  seq = "knight" + str(index) + ".jpg"
21  print(f"{seq} 比较类似")
22  cv2.imshow("Dst", src[index])
23
24  cv2.waitKey(0)
25  cv2.destroyAllWindows()
```

执行结果

```
================= RESTART: D:\OpenCV_Python\ch20\ch20_4.py =================
knight1.jpg 比较类似
```

20-3-4 多目标匹配的实例

OpenCV 所提供的模板匹配函数 matchTemplate( ) 有许多方法可以使用，本节笔者将使用归一化相关系数匹配法，该方法参数是 TM_CCOEFF_NORMED，该方法的特色是完全相同的图案返回值是 1，匹配越差值越接近 -1。

本节的主题是原始图像有多个图案与模板图像相同，需要找出所有相同的图案。

程序实例 ch20_5.py：一个原始图像有多个图案与模板图像相同，这时也可以使用 matchTemplate( ) 函数寻找，在获得 result 返回值时，先逐列再逐行找出大于 0.95 的值，所得结果就是所需要的图案。

```
1   # ch20_5.py
2   import cv2
3
4   src = cv2.imread("mutishapes.jpg", cv2.IMREAD_COLOR)
5   cv2.imshow("Src", src)                              # 显示原始图像
6   temp1 = cv2.imread("heart.jpg", cv2.IMREAD_COLOR)
7   cv2.imshow("Temp1", temp1)                          # 显示模板图像
8   height, width = temp1.shape[:2]                     # 获得模板图像的高与宽
9   # 使用cv2.TM_CCOEFF_NORMED执行模板匹配
10  result = cv2.matchTemplate(src, temp1, cv2.TM_CCOEFF_NORMED)
11  for row in range(len(result)):                      # 寻找row
12      for col in range(len(result[row])):            # 寻找column
13          if result[row][col] > 0.95:                # 值大于0.95就算找到了
14              dst = cv2.rectangle(src,(col,row),(col+width,row+height),(0,255,0),3)
15  cv2.imshow("Dst",dst)
16
17  cv2.waitKey(0)
18  cv2.destroyAllWindows()
```

执行结果 如下分别是模板图像与原始图像。

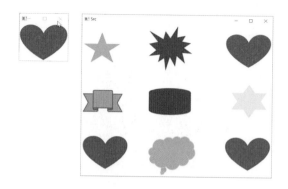

如下是执行结果，可以看到所有相似的心形图案已经被框起来了。

20-3-5 在地图搜寻山脉

下方左图的山脉符号可以当作模板图像，下方右图的地图可以视作原始图像，这个程序可以将所有山脉框起来。

mountain_mark.jpg

baidu.jpg

程序实例 ch20_6.py：将山脉用红色方框框起来。

```
1   # ch20_6.py
2   import cv2
3
4   src = cv2.imread("baidu.jpg", cv2.IMREAD_COLOR)
5   temp1 = cv2.imread("mountain_mark.jpg", cv2.IMREAD_COLOR)
6   h, w = temp1.shape[:2]                          # 获得模板图像的高与宽
7   # 使用cv2.TM_CCOEFF_NORMED执行模板匹配
8   result = cv2.matchTemplate(src, temp1, cv2.TM_CCOEFF_NORMED)
9   for row in range(len(result)):                  # 寻找 row
10      for col in range(len(result[row])):         # 寻找 column
11          if result[row][col] > 0.95:             # 值大于0.95就算找到了
12              dst = cv2.rectangle(src,(col,row),(col+w,row+h),(0,0,255),3)
13  cv2.imshow("Dst",dst)
14
15  cv2.waitKey(0)
16  cv2.destroyAllWindows()
```

执行结果

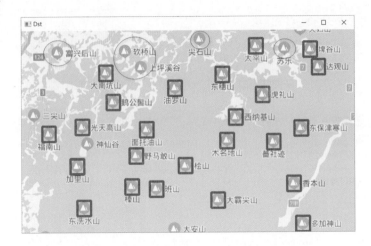

　　如上框出了大部分的山脉，但是部分山脉的底色不是匹配图像的绿色 (上图圆圈圈住部分)，因此匹配结果值小于 0.95，无法被框出来。将所有的山脉框出来将是读者的习题。

20-4　多模板匹配

　　所谓的多模板匹配就是模板图像有多个，处理这类问题可以建立一个匹配函数，用 for 循环将所读取的模板图像送入匹配函数，再将匹配成功的图像存入指定列表。本程序所使用的模板图像为 star.jpg 与 heart1.jpg，原始图像为 mutishapes1.jpg，内容如下。

star.jpg   heart1.jpg

mutishapes1.jpg

程序实例 ch20_7.py：多模板匹配的应用，所有匹配成功的图案使用绿色框框起来。

```
1   # ch20_7.py
2   import cv2
3
4   def myMatch(image,tmp):
5       ''' 执行匹配 '''
6       h, w = tmp.shape[0:2]                           # 返回height, width
7       result = cv2.matchTemplate(src, tmp, cv2.TM_CCOEFF_NORMED)
8       for row in range(len(result)):                  # 寻找row
9           for col in range(len(result[row])):         # 寻找column
10              if result[row][col] > 0.95:             # 值大于0.95就算找到了
11                  match.append([(col,row),(col+w,row+h)]) # 左上点与右下点加入列表
12      return
13
14  src = cv2.imread("mutishapes1.jpg", cv2.IMREAD_COLOR)   # 读取原始图像
15  temps = []
16  temp1 = cv2.imread("heart1.jpg", cv2.IMREAD_COLOR)      # 读取模板图像
17  temps.append(temp1)                                     # 加入匹配列表temps
18  temp2 = cv2.imread("star.jpg", cv2.IMREAD_COLOR)        # 读取模板图像
19  temps.append(temp2)                                     # 加入匹配列表temps
20  match = []                                              # 符合模板的图案
21  for t in temps:
22      myMatch(src,t)                                      # 调用 myMatch
23  for img in match:
24      dst = cv2.rectangle(src,(img[0]),(img[1]),(0,255,0),1)  # 绘外框
25  cv2.imshow("Dst",dst)
26
27  cv2.waitKey(0)
28  cv2.destroyAllWindows()
```

执行结果

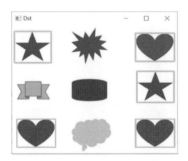

习题

1. 扩充 ch4_4.py，增加框住比较类似的侠客。

2. 修正设计，框出所有山脉。

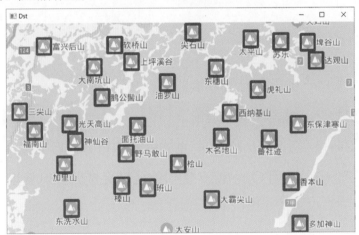

第 21 章

傅里叶变换

在图像处理中可以将图像区分为空间域和频率域，至今所有图像皆是在空间域处理。

本章将简单介绍傅里叶变换，这是一种将图像从空间域转换到频率域的方法，然后我们可以在频率域内进行图像处理，最后再使用逆傅里叶运算将图像从频率域转换回空间域。

21-1　数据坐标轴转换的基础知识

本章将从简单的数据着手，假设要调制中国台湾冬天最流行的烧仙草，慢火调制过程需要下表步骤。

时间	0	1	2	3	4	5	6	7	8	9	10	11
水	1	1	1	1	1	1	1	1	1	1	1	1
糖	2	0	2	0	2	0	2	0	2	0	2	0
仙草	4	0	0	4	0	0	4	0	0	4	0	0
黑珍珠	3	0	0	0	3	0	0	0	3	0	0	0

上表的数据概念如下：

1. 每 1 分钟放 1 杯水。

2. 每 2 分钟放 2 份糖。

3. 每 3 分钟放 4 份仙草。

4. 每 4 分钟放 3 颗黑珍珠。

上表是读者熟知的数据表达方式，浅显易懂。但是在数据处理过程，可以从时域的角度处理表达信息。

程序实例 ch21_1.py：使用时域角度表达上述烧仙草的调制过程。横轴是时间，纵轴是调制的配料份数。

```
1  # ch21_1.py
2  import matplotlib.pyplot as plt
3  plt.rcParams["font.family"] = ["Microsoft JhengHei"] # 正黑体
4
5  seq = [0,1,2,3,4,5,6,7,8,9,10,11]            # 时间值
6  water = [1,1,1,1,1,1,1,1,1,1,1,1]            # 水
7  sugar = [2,0,2,0,2,0,2,0,2,0,2,0]            # 糖
8  grass = [4,0,0,4,0,0,4,0,0,4,0,0]            # 仙草
9  pearl = [3,0,0,0,3,0,0,0,3,0,0,0]            # 黑珍珠
10 plt.plot(seq,water,"-o",label="水")         # 绘含标记的water折线图
11 plt.plot(seq,sugar,"-x",label="糖")         # 绘含标记的sugar折线图
12 plt.plot(seq,grass,"-s",label="仙草")       # 绘含标记的grass折线图
13 plt.plot(seq,pearl,"-p",label="黑珍珠")     # 绘含标记的pearl折线图
14 plt.legend(loc="best")
15 plt.axis([0, 12, 0, 5])                      # 建立轴大小
16 plt.xlabel("时间/分钟")                       # 时间轴
17 plt.ylabel("份数")                            # 份数
18 plt.show()
```

执行结果

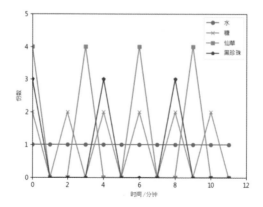

如果将上述题目的横轴改为周期 (频率的倒数)，纵轴仍是份数，可以使用柱形图表示。

程序实例 ch21_2.py：使用横轴表示周期，纵轴表示份数，重新设计 ch21_1.py，执行结果是烧仙草的频率域图。

注：该程序实例只是为了绘制频率域图，并不是它们之间的转换方式。

```python
1   # ch21_2.py
2   import matplotlib.pyplot as plt
3   import numpy as np
4   plt.rcParams["font.family"] = ["Microsoft JhengHei"] # 正黑体
5
6   copies = [1,2,4,3]                        # 份数
7   N = len(copies)
8   x = np.arange(N)
9   width = 0.35
10  plt.bar(x,copies,width)                   # 柱形图
11  plt.xlabel(" 周期/分钟")                    # 周期
12  plt.ylabel("份数")                         # 份数
13  plt.xticks(x,('1','2','3','4'))
14  plt.grid(axis="y")
15  plt.show()
```

执行结果

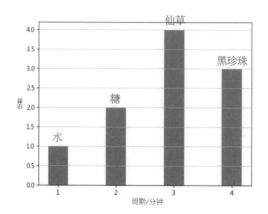

注：上述红色的文字即水、糖、仙草、黑珍珠，是笔者后来加上去的。

从数据表格、ch21_1.py 的时域图与上述 ch21_2.py 的频率图，可以看出相同的数据可以有不同的表达方式，也就是它们之间是等价关系。

21-2　傅里叶基础理论

21-2-1　认识傅里叶

傅里叶 (1768 年 3 月 21 日 — 1830 年 5 月 16 日) 全名是 Jean Baptiste Joseph Fourier，法国数学、物理学家。

1807 年傅里叶发表了固体的热传学 (On the Propagation of Hear in Solid Bodies)，创立了傅里叶分析的概念。1822 年傅里叶出版了《热的解析理论》，在这本著作里详述了完整傅里叶理论。

21-2-2　认识弦波

在数学中所谓的正弦波是指 $\sin(x)$ 函数所产生的波形；余弦波是由 $\cos(x)$ 函数所产生的波形；弦波则是指 $\sin(x)$ 或 $\cos(x)$ 所产生的波形。由弦波组成的函数称为弦函数。仔细观察，弦波其实就是一个圆周运动在一条直线上的投影。

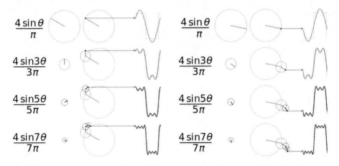

上图取材网址：https://en.wikipedia.org/wiki/File:Fourier_series_square_wave_circles_animation.gif

21-2-3 正弦函数的时域图与频率域图

本节先建立一个正弦函数，然后绘制此函数的曲线。

程序实例 ch21_3.py：在 0 和 1 之间，绘制正弦函数 "$y = \sin(25*x)$" 的时域图，横轴表示时间，纵轴表示振幅。

```python
1   # ch21_3.py
2   import matplotlib.pyplot as plt
3   import numpy as np
4   plt.rcParams["font.family"] = ["Microsoft JhengHei"] # 正黑体
5   plt.rcParams["axes.unicode_minus"] = False           # 可以显示负数
6
7   start = 0
8   end = 1
9   x = np.linspace(start, end, 500)        # x 轴区间
10  y = np.sin(2*np.pi*4*x)                  # 建立正弦曲线
11  plt.plot(x, y)
12  plt.xlabel("时间/秒")                     # 时间
13  plt.ylabel("振幅")                        # 振幅
14  plt.title("正弦曲线",fontsize=16)         # 标题
15  plt.show()
```

执行结果

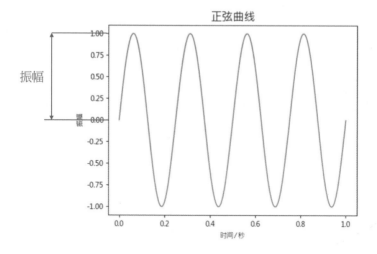

如果从频率域的角度看上述正弦函数，这时的横坐标表示频率，纵坐标表示振幅，可以得到频率域图。

程序实例 ch21_4.py：建立相同正弦函数 "$y = \sin(25*x)$" 的频率域图。

注：该程序实例只是为了要绘制频率域图，并不是它们之间的转换方式。

```
1   # ch21_4.py
2   import matplotlib.pyplot as plt
3   import numpy as np
4   plt.rcParams["font.family"] = ["Microsoft JhengHei"] # 正黑体
5
6   amplitude = [0,0,0,1,0,0,0]
7   N = len(amplitude)
8   x = np.arange(N)
9   width = 0.3
10  plt.bar(x,amplitude,width)                # 柱形图
11  plt.xlabel("频率")                         # 频率
12  plt.ylabel("振幅")                         # 振幅
13  plt.xticks(x,('1','2','3','4','5','6','7'))
14  plt.grid(axis="y")
15  plt.show()
```

执行结果

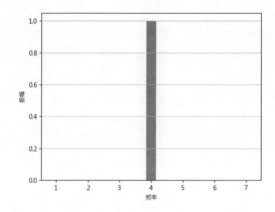

程序 ch21_3.py 是时域图和 ch21_4.py 频率域图相同的正弦函数的不同表达方式。笔者在 ch21_4.py 中使用已经知道的结果绘制了频率域图，这只是为了在频率域中表达正弦波的结果，在实践中要贯穿时域与频率域所使用的是傅里叶分析。

21-2-4　傅里叶变换理论基础

傅里叶定理：任何连续的周期性函数都可以由不同频率的正弦函数 (sin) 以及余弦函数 (cos) 所组成。

上述论点诞生时产生了极大的争议，当时著名数学家分成两派，第 13 章所介绍的拉普拉斯认同傅里叶定理的观点。不过另一位著名学者拉格朗日 (Lagrange，1736 年 1 月 25 日 — 1813 年 4 月 10 日) 则持反对意见，他的理由是正弦曲线无法组成一个含有棱角的信号。

其实不论是傅里叶还是拉格朗日的立场皆是正确的，因为有限的正弦曲线的确无法组合成有棱角的信号，但是无限的正弦曲线则可以组成有棱角的信号。

下图对于傅里叶整个理论以及时域与频率域的对应有着非常好的诠释。

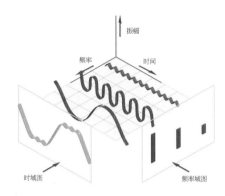

上图取材网址：https://www.ifm.com/de/en/shared/technologies/real-time-maintenance/technology/ frequency-domain

上述蓝色、紫色与粉色的曲线就是弦函数，这 3 条弦函数组合成绿色的弦函数，从时域图可以看出最后组成的函数结果。

从时域图中看到了复杂弦函数的组成，但是从频率域图中所看到的其实就是几条直线而已。

程序实例 ch21_5.py：将两个正弦波相加，然后列出结果。

```python
1   # ch21_5.py
2   import matplotlib.pyplot as plt
3   import numpy as np
4   plt.rcParams["font.family"] = ["Microsoft JhengHei"]  # 正黑体
5   plt.rcParams["axes.unicode_minus"] = False            # 可以显示负数
6
7   start = 0;                                            # 起始时间
8   end = 5;                                              # 结束时间
9   # 两个正弦波的信号频率
10  freq1 = 5;                                            # 频率是 5 Hz
11  freq2 = 8;                                            # 频率是 8 Hz
12  # 建立时间轴的Numpy数组，用500个点
13  time = np.linspace(start, end, 500);
14  # 建立2个正弦波
15  amplitude1 = np.sin(2*np.pi*freq1*time)
16  amplitude2 = np.sin(2*np.pi*freq2*time)
17  # 建立子图
18  figure, axis = plt.subplots(3,1)
19  plt.subplots_adjust(hspace=1)
20  # 时间域的 sin 波 1
21  axis[0].set_title('频率是 5 Hz的 sin 波')
22  axis[0].plot(time, amplitude1)
23  axis[0].set_xlabel('时间')
24  axis[0].set_ylabel('振幅')
25  # 时间域的 sin 波 2
26  axis[1].set_title('频率是 8 Hz的 sin 波')
27  axis[1].plot(time, amplitude2)
28  axis[1].set_xlabel('时间')
29  axis[1].set_ylabel('振幅')
30  # 加总sin波
31  amplitude = amplitude1 + amplitude2
32  axis[2].set_title('2个不同频率正弦波的结果')
33  axis[2].plot(time, amplitude)
34  axis[2].set_xlabel('时间')
35  axis[2].set_ylabel('振幅')
36  plt.show()
```

执行结果

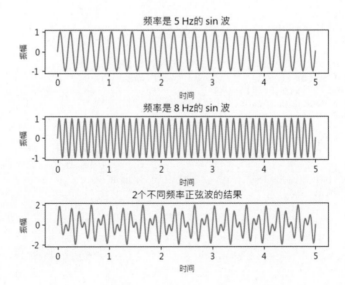

21-3 使用 Numpy 提供的函数执行傅里叶变换

21-3-1 实操傅里叶变换

Numpy 模块所提供的傅里叶变换函数为 np.fft.fft2( )，该函数主要是将图像从空间域转换成频率域：

```
f = np.fft.fft2(src, s=None, axes=(-2, -1))
```

上述函数各参数意义如下：

❑ src：输入图像，或是数组，是灰度图像。

❑ s：整数序列，输出数组的大小。如果省略则输出大小与输入大小一致。

❑ axes：整数轴，如果省略则使用最后 2 个轴。

❑ f：返回值，这是含复数的数组 (complex ndarray)。

图像经过傅里叶变换函数处理后，可以得到频率域图，但是 0 频率分量的中心位置会出现在左上角，通常需要使用 Numpy 模块的 np.fft.fftshift( ) 函数将 0 频率分量的中心位置移到中间，语法如下：

```
fshift = np.fft.fftshift(f)
```

上述函数得到的是复数数组，接下来要将此复数数组转为 [0,255] 的灰度值，将此称为傅里叶频谱，简称频谱，语法如下：

```
fimg = 20 * np.log(np.abs(fshift))
```

程序实例 ch21_6.py：使用傅里叶变换，绘制 jk.jpg 图像的频率域图，又称为频谱图。

```
1   # ch21_6.py
2   import cv2
3   import numpy as np
4   from matplotlib import pyplot as plt
5   plt.rcParams["font.family"] = ["Microsoft JhengHei"]
6
7   src = cv2.imread('jk.jpg',cv2.IMREAD_GRAYSCALE)
8   f = np.fft.fft2(src)                          # 转换成频率域
9   fshift = np.fft.fftshift(f)                   # 0 频率分量移至中心
10  spectrum = 20*np.log(np.abs(fshift))          # 转换成频谱
11  plt.subplot(121)                              # 绘制左边原图
12  plt.imshow(src,cmap='gray')                   # 灰度显示
13  plt.title('原始图像')
14  plt.axis('off')                               # 不显示坐标轴
15  plt.subplot(122)                              # 绘制右边频谱图
16  plt.imshow(spectrum,cmap='gray')              # 灰度显示
17  plt.title('频谱图')
18  plt.axis('off')                               # 不显示坐标轴
19  plt.show()
```

执行结果

原始图像

频谱图

在上述频谱图中，越靠近中心，频率越低，灰度值越高，频谱图越亮，代表该频率的信号振幅越大。

下列分别是 ch21_6_1.py 与 ch21_6_2.py 转换不同图像的结果。

原始图像

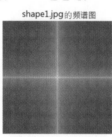
shape1.jpg的频谱图

原始图像

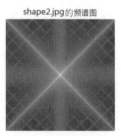
shape2.jpg的频谱图

程序实例 ch21_6_3.py：重新设计 ch21_6.py，观察没有将 0 频率分量的中心位置移到中间的结果。

```
7   src = cv2.imread('jk.jpg',cv2.IMREAD_GRAYSCALE)
8   f = np.fft.fft2(src)                          # 转换成频率域
9   #fshift = np.fft.fftshift(f)                  # 0 频率分量移至中心
10  spectrum = 20*np.log(np.abs(f))              # 转换成频谱
```

执行结果

原始图像　　　　　　　　频谱图

21-3-2 逆傅里叶变换

可以使用傅里叶变换将原始图像切换到频率域，也可以使用逆傅里叶变换将频谱图切换回原始图像。Numpy 模块的 np.fft.ifftshift( ) 函数是 np.fft.shift( ) 的逆运算，可以将频率 0 的中心位置移回左上角，语法如下：

```
ifshift = np.fft.ifftshift(fshift)
```

Numpy 模块的 np.fft.ifft2( ) 函数是 np.fft.fft2( ) 的逆运算，可以执行逆傅里叶变换，语法如下：

```
img_tmp = np.fft.ifft2(ifshift)
```

上述返回值仍是一个复数数组，所以须取绝对值，语法如下：

```
img_back = np.abs(img_tmp)
```

程序实例 ch21_7.py：执行逆傅里叶变换。

```
1   # ch21_7.py
2   import cv2
3   import numpy as np
4   from matplotlib import pyplot as plt
5   plt.rcParams["font.family"] = ["Microsoft JhengHei"]
6
7   src = cv2.imread('jk.jpg',cv2.IMREAD_GRAYSCALE)
8   # 傅里叶变换
9   f = np.fft.fft2(src)                        # 转换成频率域
10  fshift = np.fft.fftshift(f)                 # 0 频率分量移至中心
11  # 逆傅里叶变换
12  ifshift = np.fft.ifftshift(fshift)          # 0 频率频率移回左上角
13  src_tmp = np.fft.ifft2(ifshift)            # 逆傅里叶变换
14  src_back = np.abs(src_tmp)                  # 取绝对值
15
16  plt.subplot(121)                           # 绘制左边原图
17  plt.imshow(src,cmap='gray')                # 灰度显示
18  plt.title('原始图像')
19  plt.axis('off')                            # 不显示坐标轴
20  plt.subplot(122)                           # 绘制右边逆运算图
21  plt.imshow(src_back,cmap='gray')           # 灰度显示
22  plt.title('逆变换图像')
23  plt.axis('off')                            # 不显示坐标轴
24  plt.show()
```

执行结果

原始图像　　　　　　　　　逆变换图像

21-3-3　高频信号与低频信号

一幅图像使用傅里叶转为频率域后，可以将信号分成高频信号与低频信号。

高频信号：如果振幅在短时间内变化很快，就可以称此为高频信号，一幅图像通常会在图案边缘或是噪声处产生高频信号。例如，雪中的深色物体、草原上的动物。

低频信号：如果振幅在短时间内变化不大，就可以称此为低频信号，例如，雪地景象、大海景象或是草原景象。

21-3-4　高通滤波器与低通滤波器

在频率域中，也可以设计下列两种滤波器。

高通滤波器：如果设计的滤波器只让高频信号通过，则称为高通滤波器，在此情况下可以让图像的细节增强。所谓的细节增强就是增强图像灰度变化激烈的部分，因此可以利用高频信号获得图像的边缘和纹理信息。

低通滤波器：如果设计的滤波器只让低频信号通过，则称为低通滤波器，这时可以去除噪声，但是也会抑制图像的边缘信息，因此会产生图像模糊的结果。例如，在第 11 章有介绍均值滤波器（空间域），可以删除噪声。

在 21-3-1 节使用 np.fft.fftshift( ) 函数将 0 频率分量的中心位置移到中间，所以可以使用下列代码获得 0 频率分量的坐标。

```
rows, cols = image.shape
row, col = rows // 2, cols // 2                     # 除法运算，只保留整数部分
```

假设要设计高通滤波器，可以设定中心点上下左右各是 30，30 是 OpenCV 官方手册建议值，设计语法如下：

```
fshift[row-30:row+30, col-30:col+30] = 0
```

程序实例 ch21_8.py：使用 snow.jpg 图像，用使用高通滤波器的概念重新设计 ch21_7.py。

```
1   # ch21_8.py
2   import cv2
3   import numpy as np
4   from matplotlib import pyplot as plt
5   plt.rcParams["font.family"] = ["Microsoft JhengHei"]
6
7   src = cv2.imread('snow.jpg',cv2.IMREAD_GRAYSCALE)
8   # 傅里叶变换
9   f = np.fft.fft2(src)                         # 转换成频率域
10  fshift = np.fft.fftshift(f)                  # 0 频率分量移至中心
11  # 高通滤波器
12  rows, cols = src.shape                       # 取得图像外形
13  row, col = rows // 2, cols // 2              # rows, cols的中心
14  fshift[row-30:row+30,col-30:col+30] = 0      # 设定区块为低频率分量是0
15  # 逆傅里叶变换
16  ifshift = np.fft.ifftshift(fshift)          # 0 频率分量移回左上角
17  src_tmp = np.fft.ifft2(ifshift)             # 逆傅里叶变换
18  src_back = np.abs(src_tmp)                   # 取绝对值
19
20  plt.subplot(131)                             # 绘制左边原图
21  plt.imshow(src,cmap='gray')                  # 灰度显示
22  plt.title('原始图像')
23  plt.axis('off')                              # 不显示坐标轴
24  plt.subplot(132)                             # 绘制中间图
25  plt.imshow(src_back,cmap='gray')             # 灰度显示
26  plt.title('高通滤波灰阶图像')
27  plt.axis('off')                              # 不显示坐标轴
28  plt.subplot(133)                             # 绘制右边图
29  plt.title('高通滤波图像')
30  plt.imshow(src_back)                         # 显示图像
31  plt.axis('off')                              # 不显示坐标轴
32  plt.show()
```

执行结果

原始图像　　　　　高通滤波灰阶图像　　　　　高通滤波图像

21-4　使用 OpenCV 提供的函数完成傅里叶变换

21-4-1　使用 dft( ) 函数执行傅里叶变换

OpenCV 有提供 dft( ) 函数执行傅里叶变换，该函数的语法如下：

```
dft = cv2.dft(src, flags)
```

上述函数各参数意义如下：

❑ src：输入图像或数组，是灰度图像。不过在使用前必须先转换为 np.float32 格式，如下是实例：

```
np.float32(src)
```

❑ flags：转换标记，建议可以使用 DFT_COMPLEX_OUTPUT，其他可以参考下表。

具名参数	值	说明
DFT_INVERSE	1	对一维或二维数组做逆变换
DFT_SCALE	2	缩放标记，输出除以元素数目 N
DFT_ROWS	4	对输入变量的每一行进行变换或逆变换
DFT_COMPLEX_OUTPUT	16	建议使用，输出含有实数与虚数
DFT_REAL_OUTPUT	32	输出是复数矩阵
DFT_COMPLEX_INPUT	64	输入是复数矩阵

❑ dft：返回值，含复数的数组 (complex ndarray)，它的返回值有 2 个通道，一个是实数部分，另一个是虚数部分。

由于上述返回结果是频谱信息，和 21-3 节一样，由于 0 频率分量在左上角，所以须使用 np.fft.fftshift( ) 函数将 0 频率分量移到中间位置，如下是实例：

```
dftshift = np.fft.fftshift(dft)
```

上述的输出结果仍是复数，这时需要使用 OpenCV 中的 magnitude( ) 函数计算振幅值，语法如下：

```
result = cv2.magnitude(x, y)
```

上述函数参数意义如下：

❑ x：浮点数的 x 坐标值，相当于实数部分，引用方式如下：

```
dftshift[ :, :, 0]
```

❑ y：浮点数的 y 坐标值，相当于虚数部分，引用方式如下：

```
dftshift[ :, :, 1]
```

最后输出结果的振幅值，其实就是实数和虚数平方和，然后再开平方根：

$$mag(I) = \sqrt{x(I)^2 + y(I)^2}$$

由于要将振幅值映射到 [0,255] 的灰度空间，所以实际的处理方式如下：

```
dst = 20 * np.log(cv2.magnitude(dftshift[ :, :, 0], dftshift[ :, :, 1]))
```

程序实例 ch21_9.py：使用 OpenCV 中的 dft( ) 函数重新设计 ch21_6.py。

```
1   # ch21_9.py
2   import cv2
3   import numpy as np
4   from matplotlib import pyplot as plt
5   plt.rcParams["font.family"] = ["Microsoft JhengHei"]
6
7   src = cv2.imread('jk.jpg',cv2.IMREAD_GRAYSCALE)
8   # 转换成频率域
9   dft = cv2.dft(np.float32(src),flags=cv2.DFT_COMPLEX_OUTPUT)
10  dftshift = np.fft.fftshift(dft)              # 0 频率分量移至中心
11  # 计算映射到[0,255]的振幅
12  spectrum = 20*np.log(cv2.magnitude(dftshift[:,:,0],dftshift[:,:,1]))
13  plt.subplot(121)                             # 绘制左边原图
14  plt.imshow(src,cmap='gray')                  # 灰度显示
15  plt.title('原始图像')
16  plt.axis('off')                              # 不显示坐标轴
17  plt.subplot(122)                             # 绘制右边频谱图
18  plt.imshow(spectrum,cmap='gray')             # 灰度显示
19  plt.title('频谱图')
20  plt.axis('off')                              # 不显示坐标轴
21  plt.show()
```

执行结果

原始图像　　　　　　频谱图

21-4-2　使用 OpenCV 提供的函数执行逆傅里叶变换

OpenCV 有提供逆傅里叶变换函数 idft( )，该函数可以执行 **dft( )** 的逆运算，语法如下：

```
dst = cv2.idft(src, flags)
```

上述函数参数意义如下：

❑　src：原始图像。

❑　dst：目标图像。

❑　flags：可以参考转换标记，建议可以使用默认 DFT_COMPLEX_OUTPUT。

程序实例 ch21_10.py：使用 shapes2.jpg 图像，绘制该图像和频谱图，最后执行逆傅里叶变换绘制此图像。

```
1   # ch21_10.py
2   import cv2
3   import numpy as np
```

```
4  from matplotlib import pyplot as plt
5  plt.rcParams["font.family"] = ["Microsoft JhengHei"]
6
7  src = cv2.imread('shape2.jpg',cv2.IMREAD_GRAYSCALE)
8  # 转换成频率域
9  dft = cv2.dft(np.float32(src),flags=cv2.DFT_COMPLEX_OUTPUT)
10 dftshift = np.fft.fftshift(dft)              # 0 频率分量移至中心
11 # 计算映射到[0,255]的振幅
12 spectrum = 20*np.log(cv2.magnitude(dftshift[:,:,0],dftshift[:,:,1]))
13 # 执行逆傅里叶
14 idftshift = np.fft.ifftshift(dftshift)
15 tmp = cv2.idft(idftshift)
16 dst = cv2.magnitude(tmp[:, :, 0], tmp[:, :, 1])
17
18 plt.subplot(131)                             # 绘制左边原图
19 plt.imshow(src,cmap='gray')                  # 灰度显示
20 plt.title('原始图像shape2.jpg')
21 plt.axis('off')                              # 不显示坐标轴
22 plt.subplot(132)                             # 绘制中间频谱图
23 plt.imshow(spectrum,cmap='gray')             # 灰度显示
24 plt.title('频谱图')
25 plt.axis('off')                              # 不显示坐标轴
26 plt.subplot(133)                             # 绘制右边逆傅里叶图
27 plt.imshow(dst,cmap='gray')                  # 灰度显示
28 plt.title('逆傅里叶图像')
29 plt.axis('off')                              # 不显示坐标轴
30 plt.show()
```

执行结果

原始图像shape2.jpg　　　　　频谱图　　　　　逆傅里叶图像

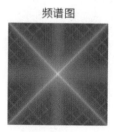

21-4-3　高通滤波器与低通滤波器

21-3-4 节笔者讲解了高通滤波器与低通滤波器的原理，其实 21-3-4 节概念仍可以应用在本节，不过本节笔者将讲解低通滤波器的实例。其实对于低通滤波器，相当于要建立如下滤波器。

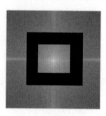

原始图像　　　　　　　　　频谱图　　　　　　　　低通滤波器

建立低通滤波器概念是，先建立一个与原始图像大小相同的图像，像素值先设为 0。然后建立掩膜区，将此掩膜区设为 1。用此含掩膜区的图像与频谱图像执行计算，图解说明如下：

上述概念可以使用如下指令完成：

```
rows, cols = image.shape
row, col = rows // 2, cols // 2          # 除法运算，只保留整数部分
mask = np.zeros(rows, cols,2), np.uint8)
mask[row-30:row+30, col-30:col+30] = 1   # OpenCV 手册建议取 30
result = dftshift * mask                 # 运算
```

程序实例 ch21_11.py：使用 OpenCV 建立低通滤波器的实例，在该实例可以看到图像的边缘信息变弱，所以造成图像模糊。

```
1   # ch21_11.py
2   import cv2
3   import numpy as np
4   from matplotlib import pyplot as plt
5   plt.rcParams["font.family"] = ["Microsoft JhengHei"]
6
7   src = cv2.imread('jk.jpg',cv2.IMREAD_GRAYSCALE)
8   # 傅里叶变换
9   dft = cv2.dft(np.float32(src),flags=cv2.DFT_COMPLEX_OUTPUT)
10  dftshift = np.fft.fftshift(dft)             # 0 频率分量移至中心
11  # 低通滤波器
12  rows, cols = src.shape                      # 取得图像外形
13  row, col = rows // 2, cols // 2             # rows, cols的中心
14  mask = np.zeros((rows,cols,2),np.uint8)
15  mask[row-30:row+30,col-30:col+30] = 1       # 设定区域为低频率分量是1
16
17  fshift = dftshift * mask
18  ifshift = np.fft.ifftshift(fshift)          # 0 频率分量移回左上角
19  src_tmp = cv2.idft(ifshift)                 # 逆傅里叶
20  src_back = cv2.magnitude(src_tmp[:,:,0],src_tmp[:,:,1])
21
22  plt.subplot(131)                            # 绘制左边原图
23  plt.imshow(src,cmap='gray')                 # 灰度显示
24  plt.title('原始图像')
25  plt.axis('off')                             # 不显示坐标轴
26  plt.subplot(132)                            # 绘制中间图
27  plt.imshow(src_back,cmap='gray')            # 灰度显示
28  plt.title('低通滤波灰度图像')
29  plt.axis('off')                             # 不显示坐标轴
30  plt.subplot(133)                            # 绘制右边图
31  plt.imshow(src_back)                        # 显示
32  plt.title('低通滤波图像')
33  plt.axis('off')                             # 不显示坐标轴
34  plt.show()
```

执行结果

原始图像	低通滤波灰度图像	低通滤波图像

习题

1. 使用 lena.jpg 代入 ch21_8.py，体会不同图像的感觉。

原始图像	高通滤波灰度图像	高通滤波图像

2. 使用 lena.jpg 图像和 Numpy 模块，设计低通滤波灰度图像和低通滤波图像。

原始图像	低通滤波灰度图像	低通滤波图像

3. 使用 lena.jpg 图像和 OpenCV 模块，设计高通滤波灰度图像和高通滤波图像。

原始图像	高通滤波灰度图像	高通滤波图像

  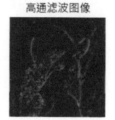

第 22 章

使用分水岭算法分割图像

22-1 概述

前面的章节笔者介绍了阈值、形态学、图像检测、边缘检测、轮廓检测等技术，运用这些技术可以很容易取得单一图像的轮廓。假设有两个图像内容如下。

上图左边是 5 个硬币紧邻在一起的图像，上图右边除了硬币紧邻，还有硬币重叠的状况，如果想要使用前面所学的知识取得上述图像的轮廓，会得到单一轮廓，而不是多个硬币个别的轮廓。

程序实例 ch22_1.py：使用 coin1.jpg 图像，获得紧邻硬币的轮廓图像。

```python
1  # ch22_1.py
2  import cv2
3  import numpy as np
4
5  src = cv2.imread('coin1.jpg',cv2.IMREAD_GRAYSCALE)
6  cv2.imshow("Src", src)
7  ret, dst = cv2.threshold(src,0,255,cv2.THRESH_BINARY_INV+cv2.THRESH_OTSU)
8  cv2.imshow("Dst", dst)
9
10 cv2.waitKey(0)
11 cv2.destroyAllWindows()
```

执行结果

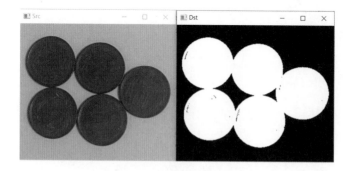

上述执行结果，验证了紧邻硬币只产生一个轮廓，本章将介绍分割紧邻硬币的图像为独立轮廓的方法，所使用的是分水岭算法 (Watershed Algorithm)。

22-2　分水岭算法与 OpenCV 官方推荐网页

22-2-1　认识分水岭算法

分水岭算法的基础概念是将图像视为地形表面，其中高强度像素值代表山峰或丘陵，低强度像素值代表山谷。

用不同颜色的水 (标签) 填充每个孤立的山谷 (局部最小值)，随着水位上升，来自不同山谷的不同颜色的水，会明显地开始融合。为了避免不同颜色的水融合，可以在水汇集的位置建立障碍，然后继续灌水和建立障碍，直到所有的山峰都在水下，最后建立的障碍就是分水岭线，因此可以得到整个分割的结果。

22-2-2　OpenCV 官方推荐网页

有关分水岭算法的动态图像细节，OpenCV 官网推荐了法国巴黎高等矿业科技大学的 CMM 实验室网页：https://people.cmm.minesparis.psl.eu/users/beucher/wtshed.html，本小节的图像内容主要取材自该网页。该网页的第一幅图像内容如下。其中左图是一幅图像，右图是将图像视作地形表面。

第二幅图像内容如下。其中左图是动态图像，表示将水灌入的过程，将水灌注完成后可以得到右图的结果。

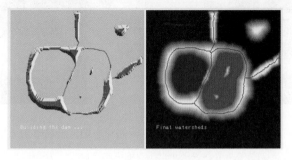

上述图像中的红线就是分水岭算法所建立的障碍，该障碍就是分水岭线。将上述方法应用在均匀灰度图像时，理论上可以得到很好的结果，如下图所示。

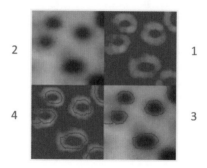

上述各图像编号意义如下：

1. 原始图像。

2. 梯度图像。

3. 梯度图像的分水岭。

4. 最后的图像轮廓。

但是有时在执行时，因为梯度图像有噪声，或是局部不规则，可能会产生过度分割，如下图所示。

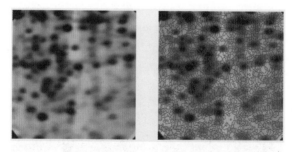

为了避免出现上述状况，可以标记部分淹没的图像区域，这些被标记的区域就会被分割在同一区，可以参考下图。

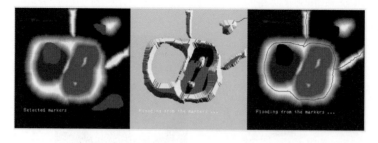

上述左图的红色区域是标记 (marker) 区域；中间是动态图，可以看到原始图像、选择标记、灌水过程的整个执行结果；右图是分水岭算法的执行结果。

使用上述标记区域的分水岭方法后，可以得到比较好的分水岭结果，如下图所示。

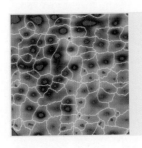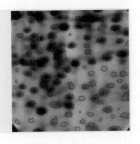

22-3　分水岭算法步骤 1：认识 distanceTransform( ) 函数

如果图像内的对象是独立的，例如，假设所有硬币独立，没有相邻，则可以使用 12-1 节所述的腐蚀 (Erosion) 操作获得所有硬币的轮廓。可是如果硬币是紧邻在一起或是部分重叠，例如，程序实例 ch22_1.py 的 coin1.jpg 或是 ch22_1_1.py 的 coin2.jpg，则无法使用腐蚀操作获得所有硬币的轮廓。

这时可以使用本节要介绍的 distanceTransform( ) 函数，中文可以译为距离变换函数，该函数的功能是计算二值图像的前景图案内任一点 (非零像素值点) 到最近的背景图案点 (零像素值点) 的距离。这个函数的输出则是非零点与最近零点的距离信息，如果输出位置是 0，代表这是背景点，距离是 0。如果用图像显示输出，则越亮的点代表距离越远。分水岭算法的第一步就是要取得图像的距离变换函数信息。

distanceTransform( ) 函数的语法如下：

```
dst = distanceTransform(src, distanceType, maskSize, dstType)
```

上述函数各参数意义如下：

- ❑ dst：目标图像，长宽和 src 相同，是 8 位或 32 位浮点数。
- ❑ src：输入图像，此图像格式是 8 位的二值图像。
- ❑ distanceType：计算距离的整数数据类型参数，可以参考下表。

具名参数	说明
DIST_USER	使用者自定义距离
DIST_L1	distance = |x1-x2| + |y1-y2|
DIST_L2	欧几里得距离，简称欧氏距离
DIST_C	distance = max(|x1-x2|,|y1-y2|)
DIST_L12	distance = 2(sqrt(1+x*x/2) - 1))
DIST_FAIR	distance = c^2(|x|/c-log(1+|x|/c)), c = 1.3998
DIST_WELSCH	distance = c^2/2(1-exp(-(x/c)^2)), c = 2.9846
DIST_HUBER	distance = |x|<c ? x^2/2:c(|x|-c/2), c = 1.345

- ❑ maskSize：掩膜的大小，可以参考下表。

具名参数	说明
DIST_MASK_3	mask = 3
DIST_MASK_5	mask = 5
DIST_MASK_PRECISE	目前尚未支持

注：如果 distanceType 是 DIST_L1 或 DIST_C 时此参数一定是 3。

❑ dstType：可选参数，默认是 CV_32F。

程序实例 ch22_2.py：获得距离变换函数信息，同时显示此结果和阈值的结果。

注：本程序实例所使用的 opencv_coin.jpg 取材自 OpenCV 官方网站。

```
1   # ch22_2.py
2   import cv2
3   import numpy as np
4   import matplotlib.pyplot as plt
5   plt.rcParams["font.family"] = ["Microsoft JhengHei"]
6
7   src = cv2.imread('opencv_coin.jpg',cv2.IMREAD_COLOR)
8   gray = cv2.cvtColor(src,cv2.COLOR_BGR2GRAY)
9   # 因为在matplotlib模块显示，所以必须转换成 RGB 色彩
10  rgb_src = cv2.cvtColor(src,cv2.COLOR_BGR2RGB)
11  # 二值化
12  ret, thresh = cv2.threshold(gray,0,255,cv2.THRESH_BINARY_INV+cv2.THRESH_OTSU)
13  # 执行开运算 Opening
14  kernel = np.ones((3,3),np.uint8)
15  opening = cv2.morphologyEx(thresh,cv2.MORPH_OPEN,kernel,iterations=2)
16  # 获得距离转换函数结果
17  dst = cv2.distanceTransform(opening,cv2.DIST_L2,5)
18  # 读者也可以更改下列 0.7 为其他值，会影响前景大小
19  ret, sure_fg = cv2.threshold(dst,0.7*dst.max(),255,0)   # 前景图案
20  plt.subplot(131)
21  plt.title("原始图像")
22  plt.imshow(rgb_src)
23  plt.axis('off')
24  plt.subplot(132)
25  plt.title("距离变换图像")
26  plt.imshow(dst)
27  plt.axis('off')
28  plt.subplot(133)
29  plt.title("阈值化图像")
30  plt.imshow(sure_fg)
31  plt.axis('off')
32  plt.show()
```

执行结果

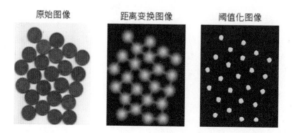

原始图像　　　距离变换图像　　　阈值化图像

上述阈值化图像是第 19 行 "0.7*dst.max( )" 的结果，其中 0.7 是参考 OpenCV 官方网站的建议，如果将此值更改为 0.5，可以获得较大的前景图案区域，可以参考 ch22_2_1.py 的设定，如下是执行结果。

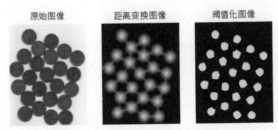

同样的 ch21_2.py 程序，如果图像质量不佳或是噪声太多，会得到比较差的结果，如下是 ch22_2_2.py 程序使用 coin1.jpg 的执行结果。

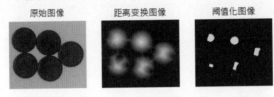

22-4　分水岭算法步骤 2：找出未知区域

一张图像若是确定了前景区域，程序 ch22_2.py 第 19 行的 "sure_fg" 就是确定的前景。下一步要找出确定的背景区域，可以使用形态学的膨胀 (Dilate) 概念让前景放大，这时前景以外的区域就是背景，而且所获得的背景一定小于实际背景，该背景就是确定背景，假设用 sure_bg 表示。可以用下列 Python 程序代码表达：

```
sure_bg = cv2.dilate(opening, kernel, iterations=2)
```

最后寻找未知区域的方法如下：

```
sure_fg = np.uint8(sure_fg)
unknown = cv2.(sure_bg, sure_fg)
```

程序实例 ch22_3.py：扩充 ch22_2.py，绘制未知区域，可以参考执行结果的最右图。

```
1   # ch22_3.py
2   import cv2
3   import numpy as np
4   import matplotlib.pyplot as plt
5   plt.rcParams["font.family"] = ["Microsoft JhengHei"]
6
7   src = cv2.imread('opencv_coin.jpg',cv2.IMREAD_COLOR)
8   gray = cv2.cvtColor(src,cv2.COLOR_BGR2GRAY)
9   # 因为在matplotlib模块显示，所以必须转换成 RGB 色彩
10  rgb_src = cv2.cvtColor(src,cv2.COLOR_BGR2RGB)
11  # 二值化
```

```
12    ret, thresh = cv2.threshold(gray,0,255,cv2.THRESH_BINARY_INV+cv2.THRESH_OTSU)
13    # 执行开运算 Opening
14    kernel = np.ones((3,3),np.uint8)
15    opening = cv2.morphologyEx(thresh,cv2.MORPH_OPEN,kernel,iterations=2)
16    # 执行膨胀操作
17    sure_bg = cv2.dilate(opening,kernel,iterations=3)
18    # 获得距离转换函数结果
19    dst = cv2.distanceTransform(opening,cv2.DIST_L2,5)
20    # 读者也可以更改下列 0.7 为其他值，会影响前景大小
21    ret, sure_fg = cv2.threshold(dst,0.7*dst.max(),255,0)   # 前景图案
22    # 计算未知区域
23    sure_fg = np.uint8(sure_fg)
24    unknown = cv2.subtract(sure_bg,sure_fg)
25    plt.subplot(141)
26    plt.title("原始图像")
27    plt.imshow(rgb_src)
28    plt.axis('off')
29    plt.subplot(142)
30    plt.title("距离变换图像")
31    plt.imshow(dst)
32    plt.axis('off')
33    plt.subplot(143)
34    plt.title("阈值化图像")
35    plt.imshow(sure_fg)
36    plt.axis('off')
37    plt.subplot(144)
38    plt.title("未知区域")
39    plt.imshow(unknown)
40    plt.axis('off')
41    plt.show()
```

执行结果

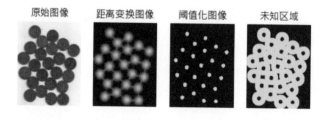

原始图像　　距离变换图像　　阈值化图像　　未知区域

读者须留意上方最右图的黄色区是未知区域，黄色区内的小圆圈是确定前景。

22-5　分水岭算法步骤 3：建立标记

现在已知道硬币区、背景区和整个图像，下一步是建立标记，这时需要使用 connectedComponents( ) 函数。该函数会用 0 标记背景，其他对象则按 1、2…依次标记。不同的数字代表不同的连通区域。此函数语法如下：

```
ret, labels = cv2.connectedComponents(image)
```

上述函数各参数意义如下：

❑ ret：函数返回的标记数量。

❑ labels：图像上每一个像素的标记，不同数字代表不同的连通区域。

❑ image：输入图像，这是 8 位需要标记的图像。

程序实例 ch22_4.py：扩充设计 ch22_3.py，绘制标记区域。

```
1   # ch22_4.py
2   import cv2
3   import numpy as np
4   import matplotlib.pyplot as plt
5   plt.rcParams["font.family"] = ["Microsoft JhengHei"]
6
7   src = cv2.imread('opencv_coin.jpg',cv2.IMREAD_COLOR)
8   gray = cv2.cvtColor(src,cv2.COLOR_BGR2GRAY)
9   # 因为在matplotlib模块显示，所以必须转换成 RGB 色彩
10  rgb_src = cv2.cvtColor(src,cv2.COLOR_BGR2RGB)
11  # 二值化
12  ret, thresh = cv2.threshold(gray,0,255,cv2.THRESH_BINARY_INV+cv2.THRESH_OTSU)
13  # 执行开运算 Opening
14  kernel = np.ones((3,3),np.uint8)
15  opening = cv2.morphologyEx(thresh,cv2.MORPH_OPEN,kernel,iterations=2)
16  # 执行膨胀操作
17  sure_bg = cv2.dilate(opening,kernel,iterations=3)
18  # 获得距离转换函数结果
19  dst = cv2.distanceTransform(opening,cv2.DIST_L2,5)
20  # 读者也可以更改下列 0.7 为其他值，会影响前景大小
21  ret, sure_fg = cv2.threshold(dst,0.7*dst.max(),255,0)  # 前景图案
22  # 计算未知区域
23  sure_fg = np.uint8(sure_fg)
24  unknown = cv2.subtract(sure_bg,sure_fg)
25  # 标记
26  ret, markers = cv2.connectedComponents(sure_fg)
27  plt.subplot(131)
28  plt.title("原始图像")
29  plt.imshow(rgb_src)
30  plt.axis('off')
31  plt.subplot(132)
32  plt.title("未知区域")
33  plt.imshow(unknown)
34  plt.axis('off')
35  plt.subplot(133)
36  plt.title("标记区")
37  plt.imshow(markers)
38  plt.axis('off')
39  plt.show()
```

执行结果

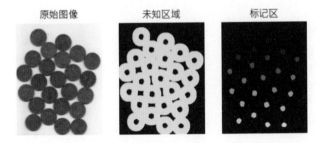

在此笔者先整理一下使用 connectedComponents( ) 函数所获得标记，如下：

0：代表背景。

1、2 …：代表不同的前景区域。

在分水岭算法中，0 代表未知区域，1 代表背景，使用 2、3 …代表不同的前景区域，所以还须调整，将所有的 markers 加 1，程序代码如下：

```
markers = markers + 1
```

将未知区域设为 0，程序代码如下：

```
markers[unknown==255] = 0
```

程序实例 ch22_5.py：扩充设计 ch22_4.py，增加修正标记，同时列出执行结果，该程序也将输出色彩改为"jet"，方便看清楚标记区与标记修订区的差异。

```
1   # ch22_5.py
2   import cv2
3   import numpy as np
4   import matplotlib.pyplot as plt
5   plt.rcParams["font.family"] = ["Microsoft JhengHei"]
6
7   src = cv2.imread('opencv_coin.jpg',cv2.IMREAD_COLOR)
8   gray = cv2.cvtColor(src,cv2.COLOR_BGR2GRAY)
9   # 因为在matplotlib模块显示，所以必须转换成 RGB 色彩
10  rgb_src = cv2.cvtColor(src,cv2.COLOR_BGR2RGB)
11  # 二值化
12  ret, thresh = cv2.threshold(gray,0,255,cv2.THRESH_BINARY_INV+cv2.THRESH_OTSU)
13  # 执行开运算 Opening
14  kernel = np.ones((3,3),np.uint8)
15  opening = cv2.morphologyEx(thresh,cv2.MORPH_OPEN,kernel,iterations=2)
16  # 执行膨胀操作
17  sure_bg = cv2.dilate(opening,kernel,iterations=3)
18  # 获得距离转换函数结果
19  dst = cv2.distanceTransform(opening,cv2.DIST_L2,5)
20  # 读者也可以更改下列 0.7 为其他值，会影响前景大小
21  ret, sure_fg = cv2.threshold(dst,0.7*dst.max(),255,0)   # 前景图案
22  # 计算未知区域
23  sure_fg = np.uint8(sure_fg)
24  unknown = cv2.subtract(sure_bg,sure_fg)
25  # 标记
26  ret, markers = cv2.connectedComponents(sure_fg)
27  # 先复制再标记修订
28  sure_fg_copy = sure_fg.copy()
29  ret, markers_new = cv2.connectedComponents(sure_fg_copy)
30  markers_new += 1                                        # 标记修订
31  markers_new[unknown==255] = 0
32  plt.subplot(131)
33  plt.title("未知区域")
34  plt.imshow(unknown)
35  plt.axis('off')
36  plt.subplot(132)
37  plt.title("标记区")
38  plt.imshow(markers, cmap="jet")
39  plt.axis('off')
40  plt.subplot(133)
41  plt.title("标记修订区")
42  plt.imshow(markers_new, cmap="jet")
43  plt.axis('off')
44  plt.show()
```

执行结果

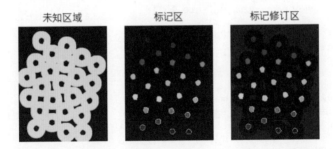

尽管本书使用彩色印刷，读者可能还是看不出标记区与标记修订区的差异，如果仔细看执行结果屏幕，读者会看到黑色区包围前景区，黑色区就是未知的黄色区域，可以参考上方左图。

22-6 完成分水岭算法

完成先前的准备工作后，最后一步就是使用 OpenCV 提供的 watershed( ) 函数完成图像分割，该函数语法如下：

```
markers = cv2.watershed(img, markers)
img[markers == -1] = [255,0,0]
```

函数参数意义如下：

❑ img：原始读取的彩色图像。

❑ markers：标注的结果，边界区域将被标记为 -1。

程序实例 ch22_6.py：完成分水岭分割图像。

```
1  # ch22_6.py
2  import cv2
3  import numpy as np
4  import matplotlib.pyplot as plt
5  plt.rcParams["font.family"] = ["Microsoft JhengHei"]
6
7  src = cv2.imread('opencv_coin.jpg',cv2.IMREAD_COLOR)
8  gray = cv2.cvtColor(src,cv2.COLOR_BGR2GRAY)
9  # 因为在matplotlib模块显示，所以必须转换成 RGB 色彩
10 rgb_src = cv2.cvtColor(src,cv2.COLOR_BGR2RGB)
11 # 二值化
12 ret, thresh = cv2.threshold(gray,0,255,cv2.THRESH_BINARY_INV+cv2.THRESH_OTSU)
13 # 执行开运算 Opening
14 kernel = np.ones((3,3),np.uint8)
15 opening = cv2.morphologyEx(thresh,cv2.MORPH_OPEN,kernel,iterations=2)
16 # 执行膨胀操作
17 sure_bg = cv2.dilate(opening,kernel,iterations=3)
18 # 获得距离转换函数结果
19 dst = cv2.distanceTransform(opening,cv2.DIST_L2,5)
20 # 读者也可以更改下列 0.7 为其他值，会影响前景大小
21 ret, sure_fg = cv2.threshold(dst,0.7*dst.max(),255,0)  # 前景图案
```

```
22    # 计算未知区域
23    sure_fg = np.uint8(sure_fg)
24    unknown = cv2.subtract(sure_bg,sure_fg)
25    # 标记
26    ret, markers = cv2.connectedComponents(sure_fg)
27    markers = markers + 1
28    markers[unknown==255] = 0
29    # 正式执行分水岭函数
30    dst = rgb_src.copy()
31    markers = cv2.watershed(dst,markers)
32    dst[markers == -1] = [255,0,0]                        # 使用红色
33    plt.subplot(121)
34    plt.title("原始图像")
35    plt.imshow(rgb_src)
36    plt.axis('off')
37    plt.subplot(122)
38    plt.title("分割结果")
39    plt.imshow(dst)
40    plt.axis('off')
41    plt.show()
```

执行结果

原始图像

分割结果

习题

请自行对重叠硬币图像用分水岭算法做分割，下列是原始图像与笔者的执行结果。

原始图像

分割结果

第 23 章

图像撷取

23-1 认识图像撷取的原理

图像撷取技术最早于 2004 年由微软公司英国剑桥研究院的 C. Rother、V. Kolmogorov 和 A. Blake 等人发表，题目是 *GrabCut: Interactive Foreground Extraction Using Iterated Graph Cuts*(使用迭代切割技术交互式撷取图像前景)。随后这项技术也被应用在 Microsoft 的软件内，例如，PowerPoint、小画家。

该技术的基本概念是，最初用户在图像内绘制一块矩形，所要撷取的前景必须在此矩形内，然后对此进行迭代分割，最后将前景图像撷取出来。

下列是 GrabCut 算法的步骤：

1. 在图像内定义一个包含要撷取图像的矩形。

2. 矩形区以外当作确定背景。

3. 可以将矩形区以外的资料区分为矩形区以内的前景和背景资料。

4. 使用高斯混合模型 (Gaussians Mixture Model, GMM) 对前景和背景建模，GMM 方法会对用户输入的信息建立像素点的分布，同时对未定义的像素点标记为可能前景或背景。图形会根据像素分布建构，另外建立两个节点：Source node 和 Sink node，每个前景像素点会连接到 Source 节点，每个背景像素点会连接到 Sink 节点。

5. 图像中每一个像素点连接到 Source 节点或是 Sink 节点。像素点也会与周围的像素点彼此间有连接，两个像素点连接的权重由它们之间的相似度决定，像素颜色值越接近，权重值越大。

6. 节点完成连接后，如果节点之间的边一个属于前景，另一个属于背景，则可依据权重对边做切割，最后所有连接到 Source 节点的就是前景，所有连接到 Sink 节点的就是背景，这样就可以将像素点划分为前景与背景。

7. 重复上述过程直到分类收敛，就可以完成图像撷取。

23-2 OpenCV 提供的 grabCut( ) 函数

OpenCV 提供的 grabCut( ) 函数可以撷取图像，语法如下：

```
mask, bgdModel, fgdModel = cv2.grabCut(img, mask, rect, bgdModel,
fgdModel, iterCount, mode)
```

上述函数各参数意义如下：

- ❑ img：3 个颜色通道，8 位的输入图像。未来此图像含执行结果。
- ❑ mask：掩膜，掩膜元素可以是下表所示的值。

具名参数	说明
GC_BGD	定义明显的背景元素，也可以用 0 表示
GC_FGD	定义明显的前景元素，也可以用 1 表示
GC_PR_BGD	定义可能的背景元素，也可以用 2 表示
GC_PR_FGD	定义可能的前景元素，也可以用 3 表示

❑ rect：使用 ROI 定义前景矩形对象，数据格式是 (x,y,w,h)。该参数只有当 mode 参数设为 GC_INIT_WITH_RECT 时才有意义。

❑ bgdModel：内部计算用的数组，只需设定 (1,65) 大小的 np.float64 类型的数组。

❑ fgdModel：内部计算用的数组，只需设定 (1,65) 大小的 np.float64 类型的数组。

❑ iterCount：运算法的迭代次数，迭代次数越多所需运行时间越长。

❑ mode：可选参数，表示操作模式。当设为 GC_INIT_WITH_RECT 时，表示使用矩形；当设为 GC_INIT_WITH_MASK 时，表示使用所提供的掩膜当作初始化，然后 ROI 以外的区域会被自动初始化为 GC_BGD。

注：GC_INIT_WITH_RECT 和 GC_INIT_WITH_MASK 可以共享。

上述函数的返回值内容如下：

❑ mask：执行 grabCut( ) 函数后的掩膜，其实调用 grabCut( ) 函数时所使用的 mask 内容也会同步更新，其实这个返回的 mask 值也就是更新的 mask 值。更多细节读者可以参考程序实例 ch23_1.py 的说明。

❑ bgdModel：建立背景的临时建模。

❑ fgdModel：建立前景的临时建模。

23-3　grabCut( ) 函数基础实操

程序实例 ch23_1.py：图像撷取，原始图像是 hung.jpg，请建立元素为 0 的掩膜，使用 grabCut( ) 函数执行图像撷取。该实例第 11 行设定 ROI 如下：

```
rect = (10, 30, 380, 360)
```

不同的 ROI 设定会影响所撷取的内容，这将是读者的习题。

```
1   # ch23_1.py
2   import cv2
3   import numpy as np
4   import matplotlib.pyplot as plt
5   plt.rcParams["font.family"] = ["Microsoft JhengHei"]
6
7   src = cv2.imread('hung.jpg')                     # 读取图像
8   mask = np.zeros(src.shape[:2],np.uint8)          # 建立屏蔽，大小和src相同
9   bgdModel = np.zeros((1,65),np.float64)           # 建立内部用暂时计算数组
10  fgdModel = np.zeros((1,65),np.float64)           # 建立内部用暂时计算数组
11  rect = (10,30,380,360)                           # 建立ROI区域
12  # 调用grabCut()进行分割，迭代 3 次，返回mask1
13  # 其实mask1 = mask，因为mask也会同步更新
14  mask1, bgd, fgd = cv2.grabCut(src,mask,rect,bgdModel,fgdModel,3,
15                          cv2.GC_INIT_WITH_RECT)
16  # 将 0, 2设为0 --- 1, 3设为1
17  mask2 = np.where((mask1==0)|(mask1==2),0,1).astype('uint8')
18  dst = src * mask2[:,:,np.newaxis]                # 计算输出图像
19  src_rgb = cv2.cvtColor(src,cv2.COLOR_BGR2RGB)    # 将BGR转RGB
20  dst_rgb = cv2.cvtColor(dst,cv2.COLOR_BGR2RGB)    # 将BGR转RGB
21  plt.subplot(121)
22  plt.title("原始图像")
```

```
23  plt.imshow(src_rgb)
24  plt.axis('off')
25  plt.subplot(122)
26  plt.title("撷取图像")
27  plt.imshow(dst_rgb)
28  plt.axis('off')
29  plt.show()
```

执行结果

原始图像   撷取图像

ch23_1.py 第 14 行和第 17 行也可以使用下列方式简化：

```
cv2.grabCut(src, mask, rect, bgdModel, fgdModel, 5, cv2.GC_INIT_WITH_RECT)
    ...
mask = np.where((mask==0)|(mask==2), 0, 1)
```

读者可能会对第 17 行的 np.where( ) 函数感到陌生，该函数的语法如下：

```
np.where(condition, x, y)
```

如果 condition 是 True，则返回 x。如果 condition 是 False，则返回 y。ch23_1.py 第 8 行先建立全部元素内容是 0 的 mask，当使用 grabCut( ) 函数后，会产生元素内容是 0, 1, 2, 3 的 mask，请参考 23-2 节的解说：

用 0 表示明显的背景元素；

用 1 表示明显的前景元素；

用 2 表示可能的背景元素；

用 3 表示可能的前景元素。

使用 np.where( ) 函数对整个运算结果分类，语法如下：

```
mask2 = np.where((mask1==0)|(mask1==2), 0, 1)
```

上述相当于若是 0 或 2 的元素内容，结果是 0，也就是此像素点归为背景。1 或 3 的内容结果是 1，也就是此像素点归为前景。

ch23_1.py 第 18 行内容如下：

```
dst = src * mask2[ :, :, np.newaxis]
```

因为 src 是彩色读取所以是三维数组，mask2 是二维数组，两者无法相乘，但是 mask2 内使用

np.newaxis 可以提升 mask2 为三维数组，这样就可以相乘了。

程序 ch23_1.py 并没有获得完整的撷取效果，为了改进可以将图像进行标注，要保留的部分标记为白色，要删除的背景标记为黑色，可以参考如下 jk_mask.jpg。

jk_mask.jpg

程序实例 ch23_2.py：调用 grabCut( ) 函数时，使用简化方式处理。

```python
1   # ch23_2.py
2   import cv2
3   import numpy as np
4   import matplotlib.pyplot as plt
5   plt.rcParams["font.family"] = ["Microsoft JhengHei"]
6
7   src = cv2.imread('hung.jpg')                    # 读取图像
8   mask = np.zeros(src.shape[:2],np.uint8)         # 建立mask，大小和src相同
9   bgdModel = np.zeros((1,65),np.float64)          # 建立内部用暂时计算数组
10  fgdModel = np.zeros((1,65),np.float64)          # 建立内部用暂时计算数组
11  rect = (10,30,380,360)                          # 建立ROI区域
12  # 调用grabCut()进行分割
13  cv2.grabCut(src,mask,rect,bgdModel,fgdModel,3,cv2.GC_INIT_WITH_RECT)
14  maskpict = cv2.imread('hung_mask.jpg')          # 读取图像
15  newmask = cv2.imread('hung_mask.jpg',cv2.IMREAD_GRAYSCALE)   # 灰度读取
16  mask[newmask == 0] = 0                          # 白色内容则确定是前景
17  mask[newmask == 255] = 1                        # 黑色内容则确定是背景
18  cv2.grabCut(src,mask,None,bgdModel,fgdModel,3,cv2.GC_INIT_WITH_MASK)
19  mask = np.where((mask==0)|(mask==2),0,1).astype('uint8')
20  dst = src * mask[:,:,np.newaxis]                # 计算输出图像
21  src_rgb = cv2.cvtColor(src,cv2.COLOR_BGR2RGB)   # 将BGR转RGB
22  maskpict_rgb = cv2.cvtColor(maskpict,cv2.COLOR_BGR2RGB)
23  dst_rgb = cv2.cvtColor(dst,cv2.COLOR_BGR2RGB)   # 将BGR转RGB
24  plt.subplot(131)
25  plt.title("原始图像")
26  plt.imshow(src_rgb)
27  plt.axis('off')
28  plt.subplot(132)
29  plt.title("mask图像")
30  plt.imshow(maskpict_rgb)
31  plt.axis('off')
32  plt.subplot(133)
33  plt.title("撷取图像")
34  plt.imshow(dst_rgb)
35  plt.axis('off')
36  plt.show()
```

执行结果

原始图像	mask图像	撷取图像

23-4 自定义掩膜实例

在说明本节主题前，笔者将以 lena.jpg 图像为例建立图像撷取。

程序实例 ch23_3.py：重新设计 ch23_1.py，建立 lena.jpg 图像撷取。

```
1   # ch23_3.py
2   import cv2
3   import numpy as np
4   import matplotlib.pyplot as plt
5   plt.rcParams["font.family"] = ["Microsoft JhengHei"]
6
7   src = cv2.imread('lena.jpg')                        # 读取图像
8   mask = np.zeros(src.shape[:2],np.uint8)             # 建立mask，大小和src相同
9   bgdModel = np.zeros((1,65),np.float64)              # 建立内部用暂时计算数组
10  fgdModel = np.zeros((1,65),np.float64)              # 建立内部用暂时计算数组
11  rect = (30,30,280,280)                              # 建立ROI区域
12  # 调用grabCut()进行分割，迭代 3 次，返回mask1
13  # 其实mask1 = mask，因为mask也会同步更新
14  mask1, bgd, fgd = cv2.grabCut(src,mask,rect,bgdModel,fgdModel,3,
15                      cv2.GC_INIT_WITH_RECT)
16  # 将 0，2设为0 --- 1，3设为1
17  mask2 = np.where((mask1==0)|(mask1==2),0,1).astype('uint8')
18  dst = src * mask2[:,:,np.newaxis]                   # 计算输出图像
19  src_rgb = cv2.cvtColor(src,cv2.COLOR_BGR2RGB)       # 将BGR转RGB
20  dst_rgb = cv2.cvtColor(dst,cv2.COLOR_BGR2RGB)       # 将BGR转RGB
21  plt.subplot(121)
22  plt.title("原始图像")
23  plt.imshow(src_rgb)
24  plt.axis('off')
25  plt.subplot(122)
26  plt.title("撷取图像")
27  plt.imshow(dst_rgb)
28  plt.axis('off')
29  plt.show()
```

执行结果

原始图像

撷取图像

从上述执行结果可以看出所撷取的图像缺了身体、帽子上半部等。grabCut( ) 函数也可以自定义掩膜，方式是先定义图像可能前景区域为 3，参考下列程序代码：

```
mask[30:324,30:300] = 3                          # 定义可能前景区域
```

然后定义确定前景区域为 1，可以参考下列程序代码：

```
mask[90:200,90:200] = 1                          # 定义确定前景区域
```

然后将上述区域代入 grabCut( ) 函数，在代入过程中就可以省略 ROI 的设定，同时 mode 参数须改为 GC_INIT_WITH_MASK。

程序实例 ch23_4.py：使用自定义掩膜重新设计 ch23_3.py。

```
1  # ch23_4.py
2  import cv2
3  import numpy as np
4  import matplotlib.pyplot as plt
5  plt.rcParams["font.family"] = ["Microsoft JhengHei"]
6
7  src = cv2.imread('lena.jpg')                    # 读取图像
8  bgdModel = np.zeros((1,65),np.float64)          # 建立内部用暂时计算数组
9  fgdModel = np.zeros((1,65),np.float64)          # 建立内部用暂时计算数组
10 rect = (30,30,280,280)                          # 建立ROI区域
11 mask = np.zeros(src.shape[:2],np.uint8)         # 建立mask，大小和src相同
12 mask[30:324,30:300]=3
13 mask[90:200,90:200]=1
14 # 调用grabCut()进行分割，迭代 3 次，返回mask1
15 # 其实mask1 = mask，因为mask也会同步更新
16 mask1, bgd, fgd = cv2.grabCut(src,mask,None,bgdModel,fgdModel,3,
17                               cv2.GC_INIT_WITH_MASK)
18 # 将 0, 2设为0 --- 1, 3设为1
19 mask2 = np.where((mask1==0)|(mask1==2),0,1).astype('uint8')
20 dst = src * mask2[:,:,np.newaxis]               # 计算输出图像
21 src_rgb = cv2.cvtColor(src,cv2.COLOR_BGR2RGB)   # 将BGR转RGB
22 dst_rgb = cv2.cvtColor(dst,cv2.COLOR_BGR2RGB)   # 将BGR转RGB
23 plt.subplot(121)
24 plt.title("原始图像")
25 plt.imshow(src_rgb)
26 plt.axis('off')
27 plt.subplot(122)
28 plt.title("撷取图像")
29 plt.imshow(dst_rgb)
30 plt.axis('off')
31 plt.show()
```

执行结果

原始图像　　　　　　　　撷取图像

习题

1. 请将 ch23_1.py 的 ROI 设定更改如下：

```
rect = (10,30,300,300)
```

列出执行结果。

原始图像　　　　　　　　撷取图像

2. 重新设计 ch23_2.py，将所撷取的图像背景改为白色。

原始图像　　　　　mask 图像　　　　　撷取图像

第 24 章

图像修复：抢救《蒙娜丽莎的微笑》

实体照片放在家中久了，上面可能会有污点，在手工修复时，最多只能遮盖污点。本章主要讲解应该如何使用 OpenCV + Python 做图像修复。OpenCV 的图像修复主要概念是使用相邻的像素值代替污点，让污点看起来就像是图像内容。

24-1 图像修复的算法

OpenCV 所提供的修复图像的算法有 2 个。

24-1-1 Navier-Stroke 算法

Navier-Stroke 算法来自 2001 年 Bertlmio、Marcelo、Andrea L. Bertozzi 和 Guillermo Sapiro 发表的论文：*Navier-Stokes, Fluid Dynamic, and Image and Video Inpainting*。

这篇论文所采用的是流体动力学，同时使用微分方程式，基本原理是启发式的，因为边缘是连续的，Navier-Stroke 算法会沿着边缘从已知区域传播到未知区域，保持边缘在线的点具有等高的像素强度，同时匹配修复区域边界生成的向量，为此，使用流体力学的方法得到颜色后，填充颜色以减少区域内的最小差异。

24-1-2 Alexander 算法

Alexander 算法来自 2004 年 Alexandru Telea 发表的论文：*An Image Inpainting Technique Based on the Fast Marching Method*。

Alexander 算法使用快速行进法 (Fast Marching Method，FMM) 建构与维护形成轮廓的像素列表。该方法在考虑要修复的图像区域时，从区域边界开始，然后向区域内部逐渐填充所有内容。

该方法会对所有要修复像素点的周围像素进行加权平均，周围的大小由函数的参数 *inpaintRadius* 半径决定，这个值应该要接近要修复区域的厚度，权重值依据如下方式决定。

1. 要修复点与周围相邻点的距离，越近的相邻点权重越大。

2. 靠近边界法线权重较大。

3. 靠近边界轮廓线权重较大。

一旦像素点被修复，它会使用快速行进法 (FMM) 移动到下一个像素点，直到所有像素点被修复完成。

24-2 图像修复函数 inpaint( )

OpenCV 有关修复图像的方法在 24-1 节已有介绍，方法封装在 inpaint( ) 函数内，该函数的语法如下：

```
dst = cv2.inpaint(src, mask, inpaintRadius, flags)
```

上述函数各参数意义如下：

❑ dst：修复结果图像。

❑ src：可以是 8 位的单通道或是 3 通道图像。

❑ mask：掩膜，表示要修复的区域。

❑ inpaintRadius：考虑要修复点的圆形半径区域。

❑ flags：可以参考下表。

具名常数	值	说明
INPAINT_NS	0	使用 Navier-Stokes 算法，可以参考 24-1-1 节
INPAINT_TELEA	1	使用 Alexandru Telea 算法，可以参考 24-1-2 节

24-3　修复《蒙娜丽莎的微笑》

程序实例 ch24_1.py：使用 INPAINT_NS 方法修复《蒙娜丽莎的微笑》，同时列出执行结果。

```python
1   # ch24_1.py
2   import cv2
3   import matplotlib.pyplot as plt
4   plt.rcParams["font.family"] = ["Microsoft JhengHei"]
5
6   lisa = cv2.imread('lisaE1.jpg')
7   ret, mask = cv2.threshold(lisa, 250, 255, cv2.THRESH_BINARY)
8   # mask处理，适度增加要处理的表面
9   kernal = cv2.getStructuringElement(cv2.MORPH_RECT, (3, 3))
10  mask = cv2.dilate(mask, kernal)
11  dst = cv2.inpaint(lisa, mask[:, :, -1], 5, cv2.INPAINT_NS)
12  # 输出执行结果
13  lisa_rgb = cv2.cvtColor(lisa,cv2.COLOR_BGR2RGB)      # 将BGR转RGB
14  mask_rgb = cv2.cvtColor(mask,cv2.COLOR_BGR2RGB)      # 将BGR转RGB
15  dst_rgb = cv2.cvtColor(dst,cv2.COLOR_BGR2RGB)        # 将BGR转RGB
16  plt.subplot(131)
17  plt.title("原始图像")
18  plt.imshow(lisa_rgb)
19  plt.axis('off')
20  plt.subplot(132)
21  plt.title("Mask图像")
22  plt.imshow(mask_rgb)
23  plt.axis('off')
24  plt.subplot(133)
25  plt.title("图像修复结果")
26  plt.imshow(dst_rgb)
27  plt.axis('off')
28  plt.show()
```

执行结果

原始图像

mask图像

图像修复结果

程序实例 ch24_2.py：使用 INPAINT_TELEA 方法修复《蒙娜丽莎的微笑》，同时列出执行结果。

```
6   lisa = cv2.imread('lisaE2.jpg')
7   ret, mask = cv2.threshold(lisa, 250, 255, cv2.THRESH_BINARY)
8   # mask处理，适度增加要处理的表面
9   kernal = cv2.getStructuringElement(cv2.MORPH_RECT, (3, 3))
10  mask = cv2.dilate(mask, kernal)
11  dst = cv2.inpaint(lisa, mask[:, :, -1], 5, cv2.INPAINT_TELEA)
```

执行结果

原始图像   mask图像   图像修复结果

注：上述 ch24_1.py 笔者是用红色标记，ch24_2.py 是用白色标记，所以可以很容易取得掩膜图像。第 7 行就是二值化处理取得掩膜图像的第一步，第 9 行和第 10 行则是适度增加掩膜宽度，最后达到图像修复的目的。

如果使用非接近 255 像素值的色彩标记图像，则会比较难取得掩膜图像。

习题

分别使用 INPAINT_NS 和 INPAINT_TELEA 方法修复 jkError.jpg 图像。

原始图像   mask图像   NS修复   TELEA修复

第 25 章

识别手写数字

本章将使用 *K*-NN 算法识别手写数字。

25-1 认识 *K*-NN 算法

K-NN 全称是 *K*-Nearest Neighbor，可以翻译为 *K*- 最近邻算法。

25-1-1 数据分类的基础概念

有一家公司的人力部门录取了一位新员工，同时为新员工做了英文和社会的性向测验，这位新员工的得分分别是英文 60 分、社会 55 分。

公司的编辑部门有人力需求，参考过去编辑部门员工的性向测验，英文是 80 分、社会是 60 分。

营销部门也有人力需求，参考过去营销部门员工的性向测验，英文是 40 分、社会是 80 分。

如果你是主管，应该将新员工先转给哪一个部门？

这类问题可以使用坐标轴分析，将 *x* 轴定义为英文，*y* 轴定义为社会，整个坐标说明如下图所示。

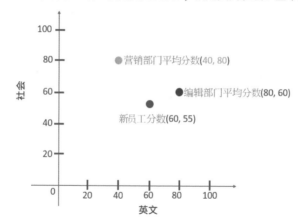

这时可以观察新员工的分数点比较靠近哪一个部门平均分数点，然后将此新员工安排至性向比较接近的部门。

1. 计算新员工分数和编辑部门平均分数的距离。

可以使用勾股定理执行新员工分数与编辑部门平均分数的距离分析：

dist ●编辑部门平均分数 (80, 60)

新员工分数 (60, 55)

计算方式如下：

$$dist = \sqrt{(80-60)^2 + (60-55)^2} = \sqrt{425} = 20.6$$

2. 计算新员工分数和营销部门平均分数的距离。

可以使用勾股定理执行新员工分数与营销部门平均分数的距离分析：

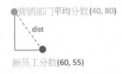

计算方式如下：

$$dist = \sqrt{(40-60)^2 + (80-55)^2} = \sqrt{1025} = 32.0$$

3. 结论。

因为新员工的性向测验分数与编辑部门比较接近，所以新员工比较适合进入编辑部门。

25-1-2　手写数字的特征

25-1-1 节使用考试分数当作特征值相对容易，假设现在想要取得手写数字的特征，会相对复杂一些，不过 OpenCV 已经提供了实际文件供读者使用，所以复杂的部分已经隐藏了。假设有一个数字使用 5 列 4 行表示，如下图所示。

上述数字共由 20 个方块组成，假设将每个方块又拆成 10×10 个像素点，这时可以使用此手写数字所占据的像素点数量当作数字 5 的特征。以上述数字 5 为例，可以得到下列从左到右、从上到下的像素点数量（笔者估计）：

第 1 个小方块：18。

第 2 个小方块：30。

第 3 个小方块：30。

第 4 个小方块：6。

第 5 个小方块：30。

第 6 个小方块：0。

……

依据上述概念可以得到上述数字 5 的相关数据，如下图所示。

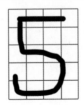

18	30	30	6
30	0	0	0
12	30	36	5
6	0	6	26
32	30	40	5

如果将上述数字转换成列表表示，可以得到如下结果。

[18,30,30,6,30,0,0,0,12,30,36,5,6,0,6,26,32,30,40,5]

上述列表就可以视为手写数字 5 的特征值。

25-1-3　不同数字特征值的比较

其他 0 ~ 9 的数字也可以依此方式计算特征值，如下是数字 5 与数字 8 的特征值比较。

18	30	30	6
30	0	0	0
12	30	36	5
6	0	6	26
32	30	40	5

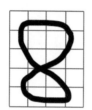

20	30	30	12
34	0	2	36
12	32	40	6
12	35	40	4
12	32	46	20

25-1-4　手写数字分类原理

假设有一个数字特征如下图右边所示。

18	30	30	6
30	0	0	0
12	30	36	5
6	0	6	26
32	30	40	5

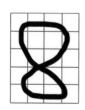

20	30	30	12
34	0	2	36
12	32	40	6
12	35	40	4
12	32	46	20

需要识别的手写数字

18	30	6	0
30	0	0	0
10	30	36	10
0	0	0	42
0	26	32	8

数字特征

上图右边需要识别的数字比较接近左边哪一个数字，这时就必须使用勾股定理，因为有 20 个特征数字，所以上图右边数字与 5 的距离计算公式如下：

$$dist = \sqrt{(18-18)^2 + (30-30)^2 + \cdots + (5-8)^2}$$

上图右边数字与 8 的距离计算公式如下：

$$dist = \sqrt{(20-18)^2 + (30-30)^2 + \cdots + (20-8)^2}$$

可以根据上述计算结果，判断待识别数字是 5 还是 8。

25-1-5　简化特征比较

假设简化特征值为 2×2 特征，如下图所示。

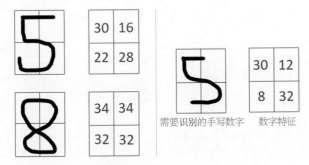

需要识别的手写数字　　数字特征

这时可以得到上图右边数字与 5 的距离计算公式如下：

$$dist = \sqrt{(30-30)^2 + (16-12)^2 + (22-8)^2 + (28-32)^2} \approx 15.1$$

上图右边数字与 8 的距离计算公式如下：

$$dist = \sqrt{(34-30)^2 + (34-12)^2 + (32-8)^2 + (32-32)^2} \approx 32.8$$

因为上图右边数字距离 5 比较近，所以将需要识别的手写数字分类为 5。

25-2　认识 Numpy 与 K-NN 算法相关的知识

本书第 3 章已介绍过 Numpy 模块，本节则是补充说明。

在正式介绍使用 K-NN 算法执行数字识别之前，笔者想先介绍基础的 Numpy 知识，这样接下来读者在看到正式的手写数字识别程序时，可以快速了解相关语法与掌握知识。

25-2-1　Numpy 的 seed( ) 函数

请参考 3-3-7 节的 randint( ) 函数，当使用 randint( ) 函数时，可以建立指定维度的数组，但是每次执行时，均会产生不同元素的数组。

程序实例 ch25_1.py：建立含 5 个元素的一维数组 (数组元素是整数) 或称 1×5 数组，然后建立 5×1 的矩阵 (或称二维数组)，同时笔者也示范了取得第 0 个元素的方法。

```
1  # ch25_1.py
2  import numpy as np
3
4  data1 = np.random.randint(0, 10, size = 5)
5  print(f"数组外形 = {data1.shape}")
6  print(f"输出数组 = {data1}")
7  print(f"data1[0] = {data1[0]}")
8  data2 = np.random.randint(0, 10, size = (5, 1))
9  print(f"矩阵外形 = {data2.shape}")
10 print(f"输出矩阵 = \n{data2}")
11 print(f"data2[0] = {data2[0]}")
12 print(f"data2[0,0] = {data2[0,0]}")
```

执行结果

```
================== RESTART: D:\OpenCV_Python\ch25\ch25_1.py ==================
数组外形 = (5,)
输出数组 = [7 3 4 6 8]
data1[0] = 7
矩阵外形 = (5, 1)
输出矩阵 =
[[5]
 [2]
 [5]
 [2]
 [4]]
data2[0] = [5]
data2[0,0] = 5
>>>
================== RESTART: D:\OpenCV_Python\ch25\ch25_1.py ==================
数组外形 = (5,)
输出数组 = [4 3 7 9 8]
data1[0] = 4
矩阵外形 = (5, 1)
输出矩阵 =
[[5]
 [2]
 [3]
 [3]
 [2]]
data2[0] = [5]
data2[0,0] = 5
```

上述笔者执行了 2 次，每一次执行结果皆产生了不一样的随机数。Numpy 提供了 seed(n) 函数，也可称该函数为种子函数，*n* 是种子值，可以是 32 位无符号整数，当设了种子值后，未来将产生固定的随机数。

程序实例 ch25_2.py：使用 **np.random.seed(5)**，未来可以产生固定的随机数。

```
1  # ch25_2.py
2  import numpy as np
3  np.random.seed(5)
4  data1 = np.random.randint(0, 10, size = 5)
5  print(f"数组外形 = {data1.shape}")
6  print(f"输出数组 = {data1}")
7  print(f"data1[0] = {data1[0]}")
8  data2 = np.random.randint(0, 10, size = (5, 1))
9  print(f"矩阵外形 = {data2.shape}")
10 print(f"输出矩阵 = \n{data2}")
11 print(f"data2[0] = {data2[0]}")
12 print(f"data2[0,0] = {data2[0,0]}")
```

执行结果

```
================ RESTART: D:\OpenCV_Python\ch25\ch25_2.py ================
数组外形 = (5,)
输出数组 = [3 6 6 0 9]
data1[0] = 3
矩阵外形 = (5, 1)
输出矩阵 =
[[8]
 [4]
 [7]
 [0]
 [0]]
data2[0] = [8]
data2[0,0] = 8
>>>
================ RESTART: D:\OpenCV_Python\ch25\ch25_2.py ================
数组外形 = (5,)
输出数组 = [3 6 6 0 9]
data1[0] = 3
矩阵外形 = (5, 1)
输出矩阵 =
[[8]
 [4]
 [7]
 [0]
 [0]]
data2[0] = [8]
data2[0,0] = 8
```

上述程序执行了两次，每次执行结果皆相同，若是读者继续尝试，还是可以得到相同的结果。

25-2-2　Numpy 的 ravel( ) 函数

Numpy 的 ravel( ) 函数可以将多维数组转为一维数组。

程序实例 ch25_3.py：将二维数组转为一维数组。

```
1  # ch25_3.py
2  import numpy as np
3
4  data = np.random.randint(0, 10, size = (5, 1))
5  print(f"输出二维数组 = \n{data}")
6  print(f"转成一维数组 = \n{data.ravel()}")
```

执行结果

```
================ RESTART: D:\OpenCV_Python\ch25\ch25_3.py ================
输出二维数组 =
[[5]
 [8]
 [6]
 [5]
 [4]]
转成一维数组 =
[5 8 6 5 4]
```

25-2-3　数据分类

在机器学习领域常常需要将数据分类，本节将简单讲解使用 Numpy 执行数据随机分类的方法。

程序实例 ch25_4.py：建立一个 5×2 的二维数组，然后建立一个 1×5 的分类数组（也可以作为分类器）索引，此分类器的值是 0 或 1，如果值是 0 则将相对应的 5×2 数组索引内容归到红色 (red) 类，如果值是 1 则将相对应的 5×2 数组索引内容归到蓝色 (blue) 类。

```
1   # ch25_4.py
2   import numpy as np
3
4   np.random.seed(1)
5   trains = np.random.randint(0, 10, size = (5, 2))
6   print(f"列出二维数组 \n{trains}")
7   np.random.seed(5)
8   # 建立分类，未来 0 代表 red，1 代表 blue
9   labels = np.random.randint(0,2,(5,1))
10  print(f"列出颜色分类数组 \n{labels}")
11  # 列出 0 代表的红色
12  red = trains[labels.ravel() == 0]
13  print(f"输出红色的二维数组 \n{red}")
14  print(f"配对取出 \n{red[:,0], red[:,1]}")
15  # 列出 1 代表的蓝色
16  blue = trains[labels.ravel() == 1]
17  print(f"输出蓝色的二维数组 \n{blue}")
18  print(f"配对取出 \n{blue[:,0], blue[:,1]}")
```

执行结果

```
================= RESTART: D:\OpenCV_Python\ch25\ch25_4.py =================
列出二维数组
[[5 8]
 [9 5]
 [0 0]
 [1 7]
 [6 9]]
列出颜色分类数组
[[1]
 [0]
 [1]
 [1]
 [0]]
输出红色的二维数组
[[9 5]
 [6 9]]
配对取出
(array([9, 6]), array([5, 9]))
输出蓝色的二维数组
[[5 8]
 [0 0]
 [1 7]]
配对取出
(array([5, 0, 1]), array([8, 0, 7]))
```

25-2-4　建立与分类 30 笔训练数据

程序实例 ch25_5.py：假设 (x, y) 代表数据的特征，该程序会绘制 30 笔训练数据，然后也会用随机数产生 0 或 1 的值，0 或 1 分别标记为红色方块或蓝色三角形，最后绘制此图。

```
1   # ch25_5.py
2   import numpy as np
3   import matplotlib.pyplot as plt
4
5   num = 30                                              # 数据数量
6   np.random.seed(5)
7   trains = np.random.randint(0, 100, size = (num, 2))
8   np.random.seed(1)
9   # 建立分类，未来 0 代表 red， 1 代表 blue
10  labels = np.random.randint(0,2,(num,1))
11  # 列出红色方块训练数据
12  red = trains[labels.ravel() == 0]
13  plt.scatter(red[:, 0], red[:, 1], 50, 'r', 's')       # 50是绘图点大小
14  # 列出蓝色三角形训练数据
15  blue = trains[labels.ravel() == 1]
16  plt.scatter(blue[:, 0], blue[:, 1], 50, 'b', '^')     # 50是绘图点大小
17
18  plt.show()
```

执行结果

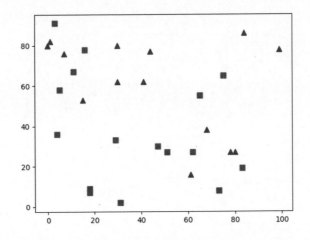

25-3 OpenCV 的 K-NN 算法函数

25-3-1 基础实操

要使用 K-NN 算法需要首先使用 cv2.ml.Knearest_create( ) 函数建立 K-NN 对象，可以使用下列语法：

```
knn = cv2.ml.Knearest_create( )
```

接着使用 train( ) 函数训练数据，语法如下：

```
knn.train(train, cv2.ml.ROW_SAMPLE, labels)
```

上述函数参数意义如下：

❑ train 是训练的数据。

❑ cv2.ml.ROW_SAMPLE 是将整个数组的长度视为 1 行。

❑ labels 是分类的结果，该函数执行成功会返回 True。

假设测试数据是 test，可以使用下列语法执行 K-NN 算法的测试数据分类：

```
ret, results, neighbours, dist = knn.findNearest(test, k=n)
```

上述函数返回值内容如下：

❑ results：数据分类的结果。

❑ neighbours：目前相邻数据的分类。

❑ dist：目前相邻数据的距离。

上述函数参数内容如下：

❑ test：测试数据。

❑ k：设定依据多少组数据作判断，如果 k = 1 代表是 1-K-NN 算法，如果 k = 3 代表是 3-K-NN 算法，其他依此类推。

其实 k 值会影响判断结果，假设有一个测试数据用绿色圆表示，此数据的特征如下图所示。

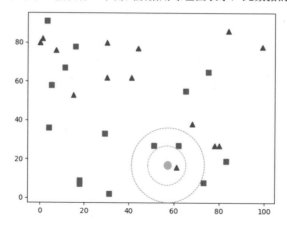

上述情况，如果 k = 1 则测试数据将分类出蓝色三角形类别，如果 k = 3 则测试数据将分类出红色方块类别。

程序实例 ch25_6.py：设定 k = 3，延续 ch25_5.py 执行 K-NN 算法的测试数据分类，将测试数据用绿色圆表示。

```
1  # ch25_6.py
2  import cv2
3  import numpy as np
4  import matplotlib.pyplot as plt
5
6  num = 30                                        # 数据数量
7  np.random.seed(5)
8  # 建立训练数据 train, 需转为 32位浮点数
9  trains = np.random.randint(0, 100, size = (num, 2)).astype(np.float32)
```

```
10  np.random.seed(1)
11  # 建立分类，未来 0 代表 red， 1 代表 blue
12  labels = np.random.randint(0,2,(num,1)).astype(np.float32)
13  # 列出红色方块训练数据
14  red = trains[labels.ravel() == 0]
15  plt.scatter(red[:, 0],red[:,1],50,'r','s')              # 50是绘图点大小
16  # 列出蓝色三角形训练数据
17  blue = trains[labels.ravel() == 1]
18  plt.scatter(blue[:, 0],blue[:,1],50,'b','^')            # 50是绘图点大小
19  # test 为测试数据，需转为 32位浮点数
20  np.random.seed(10)
21  test = np.random.randint(0, 100, (1, 2)).astype(np.float32)
22  plt.scatter(test[:,0],test[:,1],50,'g','o')             # 50大小的绿色圆
23  # 建立 KNN 对象
24  knn = cv2.ml.KNearest_create()
25  knn.train(trains, cv2.ml.ROW_SAMPLE,labels)             # 训练数据
26  # 执行 KNN 分类
27  ret, results, neighbours, dist = knn.findNearest(test, k=3)
28  print(f"最后分类                  result = {results}")
29  print(f"最近邻3个点的分类 neighbours = {neighbours}")
30  print(f"与最近邻的距离         distance = {dist}")
31
32  plt.show()
```

执行结果

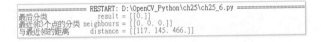

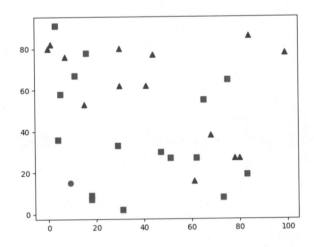

上图左下方可以看到测试数据的位置，很明显可以看到数据是分类为 0，也就是红色方块类别。

25-3-2　更常见的分类

在机器学习过程中有时候已经看到数据被分类了，可以将 0 ~ 50 的随机数归为一类，将 50 ~ 100 的随机数归为另一类，然后使用 np.vstack( ) 将数据合并，相关细节可以参考下列实例。

程序实例 ch25_7.py：重新设计 ch25_6.py，本节的实例会建立两个群聚的类别，然后使用 np.vstack( ) 函数将两个群聚的类别合并，最后再测试数据，因为本实例的种子值已更改为 np.random.seed(8)，所以可以得到不同的测试数据位置。

```python
1   # ch25_7.py
2   import cv2
3   import numpy as np
4   import matplotlib.pyplot as plt
5
6   num = 30                                        # 数据数量
7   np.random.seed(5)
8   # 建立 0 ～ 50 间的训练数据 train0，需转为 32位浮点数
9   train0 = np.random.randint(0, 50, (num // 2, 2)).astype(np.float32)
10  # 建立 50 ～ 100 间的训练数据 train1，需转为 32位浮点数
11  train1 = np.random.randint(50, 100, (num // 2, 2)).astype(np.float32)
12  trains = np.vstack((train0, train1))            # 合并训练数据
13  # 建立分类，未来 0 代表 red，1 代表 blue
14  label0 = np.zeros((num // 2, 1)).astype(np.float32)
15  label1 = np.ones((num // 2, 1)).astype(np.float32)
16  labels = np.vstack((label0, label1))
17  # 列出红色方块训练数据
18  red = trains[labels.ravel() == 0]
19  plt.scatter(red[:, 0],red[:,1],50,'r','s')      # 50是绘图点大小
20  # 列出蓝色三角形训练数据
21  blue = trains[labels.ravel() == 1]
22  plt.scatter(blue[:, 0],blue[:,1],50,'b','^')      # 50是绘图点大小
23  # test 为测试数据，需转为 32位浮点数
24  np.random.seed(8)
25  test = np.random.randint(0, 100, (1, 2)).astype(np.float32)
26  plt.scatter(test[:,0],test[:,1],50,'g','o')      # 50大小的绿色圆
27  # 建立 KNN 对象
28  knn = cv2.ml.KNearest_create()
29  knn.train(trains, cv2.ml.ROW_SAMPLE,labels)      # 训练数据
30  # 执行 KNN 分类
31  ret, results, neighbours, dist = knn.findNearest(test, k=3)
32  print(f"最后分类                    result = {results}")
33  print(f"最近邻3个点的分类 neighbours = {neighbours}")
34  print(f"与最近邻的距离        distance = {dist}")
35
36  plt.show()
```

执行结果

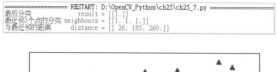

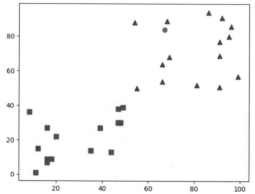

25-4 有关手写数字识别的 Numpy 基础知识

25-4-1 vsplit( ) 函数垂直方向分割数据

vsplit( ) 函数可以在垂直 (row) 方向分割数据，语法如下：

```
np.vsplit(ary, indices_or_section)
```

上述函数参数意义如下：

❑ ary：数组，该函数不考虑维度，默认是依 axis = 0 方向分割数据。

❑ indices_or_sections：分割多少份。

程序实例 ch25_8.py：使用 vsplit( ) 函数，将数据依垂直方向分割。

```
1  # ch25_8.py
2  import numpy as np
3
4  data = np.arange(16).reshape(4,4)
5  print(f"data = \n {data}")
6  print(f"split = \n{np.vsplit(data,2)}")
```

执行结果

```
==================== RESTART: D:\OpenCV_Python\ch25\ch25_8.py ====================
data =
 [[ 0  1  2  3]
 [ 4  5  6  7]
 [ 8  9 10 11]
 [12 13 14 15]]
split =
[array([[0, 1, 2, 3],
       [4, 5, 6, 7]]), array([[ 8,  9, 10, 11],
       [12, 13, 14, 15]])]
```

程序实例 ch25_9.py：使用 vsplit( ) 函数，将三维数组做分割。

```
1  # ch25_9.py
2  import numpy as np
3
4  data = np.arange(8).reshape(2,2,2)
5  print(f"data = \n {data}")
6  print(f"split = \n{np.vsplit(data,2)}")
```

执行结果

```
==================== RESTART: D:\OpenCV_Python\ch25\ch25_9.py ====================
data =
 [[[0 1]
   [2 3]]

  [[4 5]
   [6 7]]]
split =
[array([[[0, 1],
        [2, 3]]]), array([[[4, 5],
        [6, 7]]])]
```

程序实例 ch25_10.py：使用 vsplit( ) 函数，将四维度数组做分割。

```
1  # ch25_10.py
2  import numpy as np
3
4  data = np.arange(16).reshape(2,2,2,2)
5  print(f"data = \n {data}")
6  print(f"data = \n {np.vsplit(data,2)}")
```

执行结果

```
================= RESTART: D:/OpenCV_Python/ch25/ch25_10.py =================
data =
[[[[ 0  1]
   [ 2  3]]

  [[ 4  5]
   [ 6  7]]]


 [[[ 8  9]
   [10 11]]

  [[12 13]
   [14 15]]]]
data =
[array([[[[0, 1],
         [2, 3]],

        [[4, 5],
         [6, 7]]]]), array([[[[ 8,  9],
         [10, 11]],

        [[12, 13],
         [14, 15]]]])]
```

25-4-2 hsplit( ) 函数水平方向分割数据

hsplit( ) 函数可以在水平 (column) 方向分割数据，语法如下：

```
np.hsplit(ary, sections)
```

上述函数参数内容如下：

❏ ary：数组，该函数不考虑维度，默认是依 axis = 1 方向分割数据。

❏ indices_or_sections：分割多少份。

程序实例 ch25_11.py：使用 hsplit( ) 函数，将数据依水平方向分割。

```
1  # ch25_11.py
2  import numpy as np
3
4  data = np.arange(16).reshape(4,4)
5  print(f"data = \n {data}")
6  print(f"split = \n{np.hsplit(data,2)}")
```

执行结果

```
================ RESTART: D:/OpenCV_Python/ch25/ch25_11.py ================
data =
 [[ 0  1  2  3]
 [ 4  5  6  7]
 [ 8  9 10 11]
 [12 13 14 15]]
split =
[array([[ 0,  1],
        [ 4,  5],
        [ 8,  9],
        [12, 13]]), array([[ 2,  3],
        [ 6,  7],
        [10, 11],
        [14, 15]])]
```

25-4-3　元素重复 repeat( )

repeat( ) 函数可以执行元素重复，语法如下：

```
np.repeat(a, repeat, axis)
```

上述函数参数内容如下：

❑ a：数组。

❑ repeat：整数或整数数组代表重复次数。

❑ axis：轴，默认是 0。

程序实例 ch25_11_1.py：repeat( ) 函数的基础应用。

```
1  # ch25_11_1.py
2  import numpy as np
3
4  data = np.arange(3)
5  print(f"data = \n {data}")
6  x = np.repeat(data, 3)
7  print(f"After repeat = \n{x}")
```

执行结果

```
================ RESTART: D:/OpenCV_Python/ch25/ch25_11_1.py ================
data =
 [0 1 2]
After repeat =
[0 0 0 1 1 1 2 2 2]
```

程序实例 ch25_11_2.py：repeat( ) 函数更进一步的应用。

```
1  # ch25_11_2.py
2  import numpy as np
3
4  data = np.array([[1,2],[3,4]])
5  print(f"data = \n {data}")
6  x1 = np.repeat(data, 3, axis=1)
7  print(f"After axis=1 repeat  = \n{x1}")
8  x2 = np.repeat(data, 3, axis=0)
9  print(f"After axis=0 repeat = \n{x2}")
```

执行结果

```
=============== RESTART: D:/OpenCV_Python/ch25/ch25_11_2.py ===============
data =
 [[1 2]
 [3 4]]
After axis=1 repeat  =
[[1 1 1 2 2 2]
 [3 3 3 4 4 4]]
After axis=0 repeat =
[[1 2]
 [1 2]
 [1 2]
 [3 4]
 [3 4]
 [3 4]]
```

程序实例 ch25_11_3.py：repeat( ) 函数的应用。

```
1  # ch25_11_3.py
2  import numpy as np
3
4  data = np.arange(3)
5  print(f"data = \n {data}")
6  x = np.repeat(data, 3)[:,np.newaxis]
7  print(f"After repeat = \n{x}")
```

执行结果

```
=============== RESTART: D:/OpenCV_Python/ch25/ch25_11_3.py ===============
data =
 [0 1 2]
After repeat =
[[0]
 [0]
 [0]
 [1]
 [1]
 [1]
 [2]
 [2]
 [2]]
```

上述程序对于了解 ch25_12.py 的第 16 行和第 17 行有帮助。

25-5 识别手写数字实战

25-5-1 实际设计识别手写数字

在 OpenCV 的安装中，有一个 digits.png 手写数字文件，包含 0 ~ 9 的手写数字，每个数字重复写了 500 次，所以共有 5000 个手写数字，此数字文件如下所示。

如果放大图像局部可以看到如下内容。

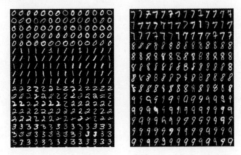

如果读者看到上述图像模糊，可以打开屏幕检视，即可以很清楚地看到上述图像，如果需要将上述当作训练和测试数据，可以将上述图像拆解为 5000 个数字图像。图像中每个数字是由 20×20 的像素组成，如果将数字图像展开，可以得到 1×400 的一维数组，这个就是特征数据集，以及所有数字像素点的灰度值。

程序实例 ch25_12.py：使用 k = 5 的 K-NN 算法，然后使用 digits.png 数字图像文件的前 2500 个当作样本训练数据，使用后 2500 个手写数字当作测试数据，最后列出后 2500 个手写数字的识别成功率。

```
1   # ch25_12.py
2   import cv2
3   import numpy as np
4
5   img = cv2.imread('digits.png')
6   gray = cv2.cvtColor(img, cv2.COLOR_BGR2GRAY)
7
8   # 将digits拆成 5000 张，20 x 20 的数字图像
9   cells = [np.hsplit(row, 100) for row in np.vsplit(gray, 50)]
10  # 将 cells 转成 50 x 100 x 20 x 20 的数组
11  x = np.array(cells)
12  # 将数据转为训练数据 size=(2500,400)和测试数据 size=(2500,400)
13  train = x[:,:50].reshape(-1,400).astype(np.float32)
14  test = x[:,50:100].reshape(-1,400).astype(np.float32)
15  # 建立训练数据和测试数据的分类 labels
16  k = np.arange(10)
17  train_labels = np.repeat(k,250)[:,np.newaxis]
18  test_labels = train_labels.copy()
19  # 最初化KNN或称建立KNN对象，训练数据、使用 k=5 测试KNN算法
20  knn = cv2.ml.KNearest_create()
21  knn.train(train, cv2.ml.ROW_SAMPLE, train_labels)
22  ret, result, neighbours, dist = knn.findNearest(test, k=5)
23  # 统计识别结果
24  matches = result==test_labels                    # 执行匹配
25  correct = np.count_nonzero(matches)              # 正确次数
26  accuracy = correct * 100.0 / result.size         # 精确度
27  print(f"测试数据识别成功率 = {accuracy}")
```

执行结果

```
================== RESTART: D:\OpenCV_Python\ch25\ch25_12.py ==================
测试数据识别成功率 = 91.76
```

25-5-2　存储训练和分类数据

当成功地训练手写数字识别的数据后，可以将训练数据 train 和分类数据 train_labels 存储，接下来要执行一般数字图像识别时，就可以直接拿出来使用。存储方式是使用 np.savez( ) 函数，此函数语法如下：

```
np.savez('name.npz', train=train,train_labels=train_labels)
```

上述函数第 1 个参数 name.npz 是所存储的名称，读者可以自定义。第 2 个和第 3 个则是分别设定存储训练数据和分类数据。

程序实例 ch25_13.py：扩充设计 ch25_12.py，存储训练数据到文件 knn_digit.npz。

```
28  np.savez('knn_digit.npz',train=train, train_labels=train_labels)
```

执行结果　　该程序的执行结果与 ch25_12.py 相同，不过在 ch25 文件夹可以看到 knn_digit.npz 文件。

25-5-3　下载训练和分类数据

可以使用 np.load( ) 函数下载训练和分类数据，整个格式如下：

```
with np.load('knn.digit.npz') as data:
train = data['train']
train_labels = data['train_labels']
```

程序实例 ch25_14.py：执行 8.png 图像测试，同时响应执行结果。

```
1   # ch25_14.py
2   import cv2
3   import numpy as np
4
5   # 下载数据
6   with np.load('knn_digit.npz') as data:
7       train = data['train']
8       train_labels = data['train_labels']
9   # 读取数字图像
10  test_img = cv2.imread('8.png', cv2.IMREAD_GRAYSCALE)
11  cv2.imshow('img', test_img)
12  img = cv2.resize(test_img, (20, 20)).reshape((1, 400))
13  test_data = img.astype(np.float32)          #   将数据转换成foat32
14  # 最初化KNN或称建立KNN对象，训练数据、使用 k=5 测试KNN算法
15  knn = cv2.ml.KNearest_create()
16  knn.train(train, cv2.ml.ROW_SAMPLE, train_labels)
17  ret, result, neighbours, dist = knn.findNearest(test_data, k=5)
18  print(f"识别的数字是 = {int(result[0,0])}")
```

```
=================== RESTART: D:\OpenCV_Python\ch25\ch25_14.py ===================
识别的数字是 = 8
```

习题

请建立 0 ~ 9 共 10 张图像，然后使用 ch25_14.py 做测试，如下是笔者使用 3.png 测试的结果。

```
=================== RESTART: D:\OpenCV_Python\ex\ex25_1.py ===================
识别的数字是 = 3
```

第 26 章

OpenCV 的摄像功能

26-1　启用摄像机功能 VideoCapture 类别

一般笔记本电脑在屏幕上方皆有内置摄像头，台式计算机则须自购摄像设备，OpenCV 有提供功能可以读取和显示摄像机镜头的内容。

26-1-1　初始化 VideoCapture

OpenCV 提供的 VideoCapture 类别的构造函数 VideoCapture( ) 可以完成初始化启用摄像功能，该函数的语法如下：

```
capture = cv2.VideoCapture(index)
```

上述函数参数 index 是指摄像机镜头的索引编号，一般笔记本电脑或是台式计算机可以连接多个摄像机镜头，不过 OpenCV 并没有提供功能可以检索多个摄像机镜头。对 Windows 操作系统的笔记本电脑而言，index 设为 0 表示是使用笔记本电脑内置的摄像头，所以一般可以使用如下指令启用摄像功能。

```
capture = cv2.VideoCapture(0)
```

上述初始化启用摄像功能之后，相当于建立一个 VideoCapture 类别对象，如果有加装额外摄像头，其他摄像头的索引编号按 1、2 … 顺序依次编号。

26-1-2　检测摄像功能是否打开成功

OpenCV 提供的 isOpened( ) 函数可以检测摄像功能是否打开，假设 VideoCapture 类别已经建立了 capture 对象，则该函数的语法如下：

```
retval = capture.isOpened( )
```

如果摄像功能打开成功，isOpened( ) 会返回 True，如果失败会返回 False。

26-1-3　读取摄像镜头的图像

可以认为影片是由一系列的图像组成。OpenCV 的 VideoCapture 类别提供的 read( ) 函数可以读取图像，假设 VideoCapture 类别已经建立了 capture 对象，该函数的语法如下：

```
retval, frame = capture.read( )      # capture是初始化摄像功能的对象
```

上述函数所返回的参数如下：

❑ retval：如果读取图像成功返回 True，否则返回 False。
❑ frame：如果读取图像成功，frame 可以显示返回的结果，可以使用 OpenCV 提供的 imshow( ) 函数显示图像。

注：在摄像术语中通常将单一图像称为帧 (Frame)。

26-1-4 关闭摄像功能

OpenCV 官方手册特别强调在摄像功能使用结束后，需要关闭摄像功能，假设 VideoCapture 类别已经建立了 capture 对象，这时可以使用如下函数关闭摄像功能：

```
cv2.capture.release( )
```

由此可知启用摄像功能的程序语法如下：

```
capture = cv2.VideoCapture(0)
...
cv2.capture.release( )
```

26-1-5 读取图像的基础实例

程序实例 ch26_1.py：读取图像的基础实例，该程序在执行时屏幕会打开一个 Frame 窗口显示所录制的图像，当按 Esc 键时可以结束执行程序。

```
1  # ch26_1.py
2  import cv2
3
4  capture = cv2.VideoCapture(0)        # 初始化摄像功能
5  while(capture.isOpened()):
6      ret, frame = capture.read()      # 读取摄像镜头的图像
7      cv2.imshow('Frame',frame)        # 显示摄像镜头的图像
8      c = cv2.waitKey(1)               # 等待时间 1 毫秒
9      if c == 27:                      # 按 Esc 键，结束
10         break
11 capture.release()                    # 关闭摄像功能
12 cv2.destroyAllWindows()
```

执行结果

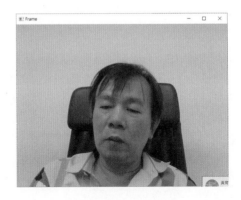

程序实例 ch26_2.py：重新设计 ch26_1.py，显示 2 个窗口，一个显示彩色图像，另一个显示灰度图像。

```python
1  # ch26_2.py
2  import cv2
3
4  capture = cv2.VideoCapture(0)           # 初始化摄像功能
5  while(capture.isOpened()):
6      ret, frame = capture.read()         # 读取摄像镜头的图像
7      cv2.imshow('Frame',frame)           # 显示彩色图像
8  # 转灰度显示
9      gray_frame = cv2.cvtColor(frame, cv2.COLOR_BGR2GRAY)
10     cv2.imshow('Gray Frame',gray_frame)  # 显示灰度图像
11     c = cv2.waitKey(1)                   # 等待时间 1 毫秒
12     if c == 27:                          # 按 Esc 键，结束
13         break
14 capture.release()                        # 关闭摄像功能
15 cv2.destroyAllWindows()
```

执行结果

26-1-6　图像翻转

OpenCV 提供的 flip( ) 函数可以执行图像翻转，该函数的语法如下：

```
new_image = cv2.flip(image, flipCode)
```

上述返回值 new_image 返回的是翻转的图像。flipCode 参数意义如下：

1：水平翻转。

0：垂直翻转。

-1：水平垂直翻转。

程序实例 ch26_3.py：图像水平翻转。

```
1  # ch26_3.py
2  import cv2
3
4  capture = cv2.VideoCapture(0)          # 初始化摄像功能
5  while(capture.isOpened()):
6      ret, frame = capture.read()        # 读取摄像镜头的图像
7      cv2.imshow('Frame',frame)          # 显示彩色图像
8
9      h_frame = cv2.flip(frame, 1)       # 水平翻转
10     cv2.imshow('Flip Frame',h_frame)   # 显示水平翻转
11     c = cv2.waitKey(1)                 # 等待时间 1 毫秒
12     if c == 27:                        # 按 Esc 键，结束
13         break
14 capture.release()                      # 关闭摄像功能
15 cv2.destroyAllWindows()
```

执行结果

26-1-7　保存某一时刻的帧

可以使用 OpenCV 提供的 imwrite( ) 函数保存摄像时某一时刻的帧，或说拍摄特定时刻的图像，简称拍照。

程序实例 ch26_4.py：当按下 Enter 键时，可以存储当下的帧，同时存入 mypict.png。

```
1  # ch26_4.py
2  import cv2
3
4  capture = cv2.VideoCapture(0)          # 初始化摄像功能
5  while(capture.isOpened()):
6      ret, frame = capture.read()        # 读取摄像镜头的图像
7      cv2.imshow('Frame',frame)          # 显示摄像镜头的图像
8      c = cv2.waitKey(1)                 # 等待时间 1 毫秒
9      if c == 13:                        # 按 Enter 键
10         cv2.imwrite("mypict.png", frame)    # 拍照
11         cv2.imshow('My Picture',frame)      # 开窗口显示
12     if c == 27:                        # 按 Esc 键，结束
13         break
14 capture.release()                      # 关闭摄像功能
15 cv2.destroyAllWindows()
```

执行结果

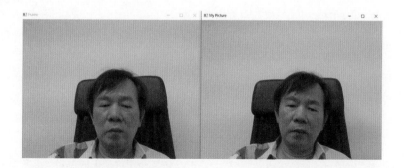

上图右边是拍照的图像，程序执行后可以在 ch26 文件夹看到 mypict.png 文件。

26-2　使用 VideoWriter 类别执行录像

如果要录制摄像机所拍摄的过程，可以使用图像保存 VideoWriter 类别。

26-2-1　VideoWriter 类别

OpenCV 提供的 VideoWriter 类别的构造函数 VideoWriter( ) 可以初始化执行保存图像，然后建立 VideoWriter 对象，语法如下：

```
video_out = cv2.VideoWriter(filename, fourcc, fps, frameSize, isColor)
```

上述函数可以建立 video_out 输出对象，其他各参数意义如下：

❏ filename：输出对象未来要存储的文件名。
❏ fourcc：用 4 个字符表示拍摄像片的编码 / 译码格式。
❏ fps：帧的速度，常用设定是 20.0。
❏ frameSize：帧的宽与高，这是元组数据格式，例如使用 (640, 480)。
❏ isColor：可选参数，是否彩色，默认是 True。

26-2-2　拍摄影片的编码格式 VideoWriter_fourcc( ) 函数

想要设定录像时的编码格式还需要 VideoWriter_fourcc( ) 函数，该函数需要传递 4 个字符，下表所示是常见格式。

语法	扩展名	说明
VideoWriter_fourcc('I' , '4' , '2' , '0')	.avi	这是 YUV 编码，兼容性好，但是需较多内存空间
VideoWriter_fourcc('P' , 'I' , 'M' , 'I')	.avi	MPEG-1 编码
VideoWriter_fourcc('X' , 'V' , 'I' , 'D')	.avi	MPEG-4 编码
VideoWriter_fourcc('T' , 'H' , 'E' , 'O')	.ogv	Ogg Vobis 编码
VideoWriter_fourcc('F' , 'L' , 'V' , '1')	.flv	Flash 视频

若使用 MPEG-4 编码格式，上述"VideoWriter_fourcc('X','V','I','D')"也可以写成下列格式：

```
VideoWriter_fourcc(*'XVID')
```

VideoWriter_fourcc( ) 和 videoWriter( ) 函数语法如下：

```
forucc = cv2.VideoWriter_fourcc(*'XVID')
video_out = VideoWriter('out.avi', fourcc, 20.0, (640,480))
```

26-2-3　写入帧的功能 write( ) 函数

OpenCV 提供的 write( ) 函数可以执行将帧写入 VideoWriter 对象，假设对象名称是 video_out，该函数的语法如下：

```
video_out.write(frame)
```

26-2-4　保存录制影片实例

程序实例 ch26_5.py：将启动以后的影片保留，存储在 out26_5.avi。

```
1   # ch26_5.py
2   import cv2
3
4   capture = cv2.VideoCapture(0)                    # 初始化摄像功能
5   fourcc = cv2.VideoWriter_fourcc(*'XVID')         # MPEG-4
6   # 建立输出对象
7   video_out = cv2.VideoWriter('out26_5.avi',fourcc, 20.0, (640,480))
8   while(capture.isOpened()):
9       ret, frame = capture.read()
10      if ret:
11          video_out.write(frame)                   # 写入影片文件
12          cv2.imshow('frame',frame)                # 显示摄像镜头的图像
13      c = cv2.waitKey(1)                           # 等待时间 1 毫秒
14      if c == 27:                                  # 按 Esc 键，结束
15          break
16  capture.release()                                # 关闭摄像功能
17  video_out.release()                              # 关闭输出对象
18  cv2.destroyAllWindows()
```

执行结果

434

26-3　播放影片

26-3-1　播放所录制的影片

播放影片所使用的是 VideoCapture 类别，26-1 节已经叙述过此类别的基础用法，如果要播放影片，这时的构造函数 VideoCapture( ) 用法如下：

```
video = VideoCapture(fn)
```

上述函数参数 fn 是所要打开的影片文件。

程序实例 ch26_6.py：播放 out26_5.avi 影片文件。

```
1  # ch26_6.py
2  import cv2
3
4  video = cv2.VideoCapture('out26_5.avi')        # 打开影片文件
5
6  while(video.isOpened()):
7      ret, frame = video.read()                  # 读取影片文件
8      if ret:
9          cv2.imshow('frame',frame)              # 显示影片
10     else:
11         break
12     c = cv2.waitKey(50)                         # 可以控制播放速度
13     if c == 27:                                 # 按 Esc 键，结束
14         break
15
16 video.release()                                # 关闭输出对象
17 cv2.destroyAllWindows()
```

执行结果

435

26-3-2　播放 iPhone 所录制的影片

OpenCV 支持影片播放的格式有许多，例如，使用 iPhone 录制的影片扩展名是 .mov，也可以使用上述方式播放。

程序实例 ch26_7.py：播放 iceocean.mov 文件，这是笔者一个人到南极所拍摄的影片。

```
4  video = cv2.VideoCapture('iceocean.mov')      # 打开影片文件
```

执行结果

26-3-3　播放灰度影片

如果想要显示灰度影片，概念和 ch26_2.py 相同。

程序实例 ch26_8.py：该程序会同时显示彩色影片和灰度影片。

```
1  # ch26_8.py
2  import cv2
3
4  video = cv2.VideoCapture('iceocean2.mov')    # 打开影片文件
5
6  while(video.isOpened()):
7      ret, frame = video.read()                # 读取影片文件
8      if ret==True:
9          cv2.imshow('frame',frame)            # 显示彩色影片
10         gray_frame = cv2.cvtColor(frame, cv2.COLOR_BGR2GRAY)
11         cv2.imshow('gray_frame',gray_frame)  # 显示灰度影片
12     else:
13         break
14     c = cv2.waitKey(50)                       # 可以控制播放速度
15     if c == 27:                               # 按 Esc 键，结束
16             break
17
18 video.release()                              # 关闭输出对象
19 cv2.destroyAllWindows()
```

26-3-4 暂停与继续播放

程序实例 ch26_9.py：当按下空格键时可以暂停播放，如果再按一次空格键可以恢复播放。

```
1   # ch26_9.py
2   import cv2
3
4   video = cv2.VideoCapture('iceocean.mov')    # 打开影片文件
5
6   while(video.isOpened()):
7       ret, frame = video.read()               # 读取影片文件
8       if ret:
9           cv2.imshow('frame',frame)           # 显示影片
10          c = cv2.waitKey(50)                  # 可以控制播放速度
11      else:
12          break
13      if c == 32:                             # 是否按空格键
14          cv2.waitKey(0)                      # 等待按键发生
15          continue
16      if c == 27:                             # 按 Esc 键，结束
17          break
18
19  video.release()                             # 关闭输出对象
20  cv2.destroyAllWindows()
```

26-3-5　更改显示窗口大小

OpenCV 提供的 resizeWindow( ) 函数可以更改所显示窗口的大小，该函数的语法如下：

```
cv2.resizeWindow(window_name, width, height)
```

上述函数参数意义如下：

❑　window_name：窗口名称。

❑　width：窗口宽度。

❑　height：窗口高度。

在更改窗口大小前，须使用 1-3-4 节的 namedWindow( ) 函数建立窗口。

程序实例 ch26_10.py：将窗口更改为宽 300，高 200，显示 iceocean.mov 文件。

```
1  # ch26_10.py
2  import cv2
3
4  video = cv2.VideoCapture('iceocean.mov')      # 打开影片文件
5
6  while(video.isOpened()):
7      ret, frame = video.read()                 # 读取影片文件
8      if ret:
9          cv2.namedWindow('myVideo', 0)
10         cv2.resizeWindow('myVideo', 300, 200)
11         cv2.imshow('myVideo',frame)           # 显示影片
12     else:
13         break
14     c = cv2.waitKey(50)                        # 可以控制播放速度
15     if c == 27:                                # 按 Esc 键，结束
16         break
17
18 video.release()                               # 关闭输出对象
19 cv2.destroyAllWindows()
```

执行结果

26-4　认识摄像功能的属性

26-4-1　获得摄像功能的属性

OpenCV 提供的 get( ) 函数可以获得目前摄像功能的属性，假设 VideoCapture 类别已经建立了 capture 对象，该函数的语法如下：

```
retval = cv2.capture.get(propId)
```

上述函数主要是由参数 propId 获得想了解的属性信息，此参数内容可以参考下表。

具名参数	propId	说明
CAP_PROP_POS_MSEC	0	影片目前的位置，以 ms 为单位
CAP_PROP_POS_FRAMES	1	从 0 开始索引接下来要译码或捕捉的帧
CAP_PROP_POS_AVI_RATIO	2	影片相对位置，0 表示开始，1 表示结束

续表

具名参数	propId	说明
CAP_PROP_FRAME_WIDTH	3	帧的宽度
CAP_PROP_FRAME_HEIGHT	4	帧的高度
CAP_PROP_FPS	5	帧速度 (帧数 / 秒)
CAP_PROP_FOURCC	6	用 4 个符号表示影片的编码格式，读者可以参考 fourcc.org 获得所有编码格式
CAP_PROP_FRAME_COUNT	7	帧的数量

程序实例 ch26_11.py：获得目前帧 (Frame) 的宽度和高度。

```
1   # ch26_11.py
2   import cv2
3
4   capture = cv2.VideoCapture(0)          # 初始化摄像功能
5   while(capture.isOpened()):
6       ret, frame = capture.read()        # 读取摄像镜头的图像
7       cv2.imshow('Frame',frame)          # 显示摄像镜头的图像
8       width = capture.get(cv2.CAP_PROP_FRAME_WIDTH)    # 宽度
9       height = capture.get(cv2.CAP_PROP_FRAME_HEIGHT)  # 高度
10      c = cv2.waitKey(1)                 # 等待时间 1 毫秒
11      if c == 27:                        # 按 Esc 键，结束
12          break
13  print(f"Frame 的宽度 = {width}")       # 输出Frame 的宽度
14  print(f"Frame 的高度 = {height}")      # 输出Frame 的高度
15  capture.release()                      # 关闭摄像功能
16  cv2.destroyAllWindows()
```

执行结果　本程序省略显示图像窗口。

```
================== RESTART: D:\OpenCV_Python\ch26\ch26_11.py ==================
Frame 的宽度 = 640.0
Frame 的高度 = 480.0
```

程序实例 ch26_12.py：了解目前影片 iceocean.mov 的宽度、高度、帧速度和帧数量。

```
1   # ch26_12.py
2   import cv2
3
4   video = cv2.VideoCapture('iceocean.mov')    # 打开影片文件
5   while(video.isOpened()):
6       ret, frame = video.read()               # 读取影片文件
7       cv2.imshow('Frame',frame)               # 显示图像
8       width = video.get(cv2.CAP_PROP_FRAME_WIDTH)    # 宽度
9       height = video.get(cv2.CAP_PROP_FRAME_HEIGHT)  # 高度
10      video_fps = video.get(cv2.CAP_PROP_FPS)        # 帧速度
11      video_frames = video.get(cv2.CAP_PROP_FRAME_COUNT)  # 帧数量
12      c = cv2.waitKey(50)                     # 等待时间
13      if c == 27:                             # 按 Esc键,结束
14          break
15  print(f"Video 的宽度   = {width}")         # 输出 Video 的宽度
16  print(f"Video 的高度   = {height}")        # 输出 Video 的高度
17  print(f"Video 的速度   = {video_fps}")     # 输出 Video 的速度
18  print(f"Video 的帧数   = {video_frames}")  # 输出 Video 的帧数
19  video.release()                            # 关闭摄像功能
20  cv2.destroyAllWindows()
```

```
================== RESTART: D:\OpenCV_Python\ch26\ch26_12.py ==================
Video 的宽度   = 640.0
Video 的高度   = 360.0
Video 的速度   = 24.0
Video 的帧数   = 366.0
```

26-4-2　设定摄像功能的属性

OpenCV 提供的 set( ) 函数可以设定目前摄像功能的属性，假设 VideoCapture 类别已经建立了
capture 对象，该函数的语法如下：

```
retval = cv2.capture.set(propId, value)
```

上述函数主要是由参数 propId 设定想摄像的属性，此参数内容可以参考 26-4-1 节。

程序实例 ch26_13.py：设定帧的宽度和高度分别是 1280、960。

```python
1   # ch26_13.py
2   import cv2
3
4   capture = cv2.VideoCapture(0)              # 初始化摄像功能
5   capture.set(cv2.CAP_PROP_FRAME_WIDTH, 1280)  # 设定宽度
6   capture.set(cv2.CAP_PROP_FRAME_HEIGHT,960)   # 设定高度
7   while(capture.isOpened()):
8       ret, frame = capture.read()           # 读取摄像镜头的图像
9       cv2.imshow('Frame',frame)             # 显示摄像镜头的图像
10      c = cv2.waitKey(1)                    # 等待时间 1 毫秒
11      if c == 27:                            # 按 Esc 键, 结束
12          break
13  capture.release()                         # 关闭摄像功能
14  cv2.destroyAllWindows()
```

26-4-3　显示影片播放进度

程序实例 ch26_14.py：输出影片，同时在影片左下角输出 Frames(帧数) 和 Seconds(秒数) 计
数器。

```
1   # ch26_14.py
2   import cv2
3
4   video = cv2.VideoCapture('iceocean.mov')      # 打开影片文件
5   video_fps = video.get(cv2.CAP_PROP_FPS)        # 计算速度
6   height = video.get(cv2.CAP_PROP_FRAME_HEIGHT)  # 影片高度
7   counter = 1                                    # 帧数计数器
8   font = cv2.FONT_HERSHEY_SIMPLEX                # 字型
9   while(video.isOpened()):
10      ret, frame = video.read()                  # 读取影片文件
11      if ret:
12          y = int(height - 50)                   # Frames计数器位置
13          cv2.putText(frame,'Frames  : ' + str(counter), (0, y),
14                      font,1,(255,0,0),2)        # 显示帧数
15          seconds = round(counter / video_fps, 2)    # 计算秒数
16          y = int(height - 10)                   # Seconds计数器位置
17          cv2.putText(frame,'Seconds : ' + str(seconds), (0, y),
18                      font,1,(255,0,0),2)         # 显示秒数
19          cv2.imshow('myVideo',frame)            # 显示影片
20      else:
21          break
22      c = cv2.waitKey(50)                        # 可以控制播放速度
23      counter += 1                               # 帧数加 1
24      if c == 27:                                # 按 Esc 键，结束
25          break
26
27  video.release()                               # 关闭输出对象
28  cv2.destroyAllWindows()
```

执行结果

26-4-4　裁剪影片

程序实例 ch26_15.py：将 iceocean.mov 裁剪为 5 秒长的 out26_15.avi 影片。

```
1   # ch26_15.py
2   import cv2
3
4   video = cv2.VideoCapture('iceocean.mov')      # 打开影片文件
5   video_fps = video.get(cv2.CAP_PROP_FPS)        # 计算速度
6   width = int(video.get(cv2.CAP_PROP_FRAME_WIDTH))    # 宽度
7   height = int(video.get(cv2.CAP_PROP_FRAME_HEIGHT))  # 高度
8   # 建立裁剪影片对象
9   fourcc = cv2.VideoWriter_fourcc(*'I420')       # 编码
10  new_video = cv2.VideoWriter('out26_15.avi', fourcc,
11                          video_fps, (width, height))
12  counter = video_fps * 5                        # 影片长度
13  while(video.isOpened() and counter >= 0):
14      ret, frame = video.read()                  # 读取影片文件
15      if ret:
16          new_video.write(frame)                 # 写入新影片
17          counter -= 1                           # 帧数减 1
18
19  video.release()                               # 关闭输出对象
20  cv2.destroyAllWindows()
```

执行结果　　可以在 ch26 文件夹看到 out26_15.avi 影片文件。

习题

1. 扩充 ch26_3.py，增加垂直翻转和水平垂直翻转。

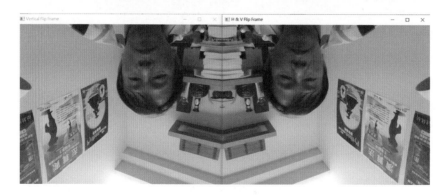

2. 重新修订程序 ch26_14.py，改为在屏幕右下角显示帧数 (Frames) 和秒数 (Seconds)，影片文件使用 iceocean3.mov。

第 27 章

认识对象检测原理与资源文件

人脸识别是计算机技术的一种，该技术可以测出人脸在图像中的位置，同时也可以找出多个人脸，在检测过程中基本上会忽略背景或其他物体，例如，身体、建筑物或树木等。OpenCV 有提供一系列训练测试过的资源文件，这些资源文件可以让技术人员用很简单的指令完成人脸、眼睛、路人、上半身、下半身、猫脸、车牌等检测，本章会先讲解基础原理，然后教导读者认识与使用这些资源文件。

27-1 对象检测原理

在正式进入计算机视觉的热门主题——人脸识别前，首先要判断目前的图像是否存在人脸，当图像存在人脸时，才可以更进一步分析此人脸是谁。

27-1-1 级联分类器原理

级联分类器 (Cascade Classifier) 的基本原理是使用排除法，从简单开始逐步排除不符合条件的检测体，经过多次条件检测后，最后符合所有条件的对象，就是所需的正样本对象。

例如，假设要检测对象是否是猫，首先可以检测所有样本是否有 4 条腿，如果样本没有 4 条腿，则排除此样本，该样本也称负样本，这样就可以将鸡、鸭、鱼等排除。下一步可以检测是否有尾巴，如果没有尾巴，则该对象又可以排除。整个概念如下图所示。

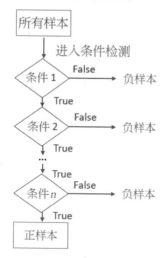

经过层层条件排除后，最后留下来的就是正样本，这也是技术人员所需要的数据。

27-1-2 Haar 特征缘由

哈尔特征 (Haar-like features) 是用于物体识别的数字图像特征，该名称来自匈牙利科学家 Afred Haar。基础原理是使用掩膜 (mask) 在图像内滑动，同时计算特征值。

OpenCV 所支持的层次式分类器所采用的算法是 2001 年 Paul Viola 和 Michael Jones 在论文 *Rapid Object Detection using a Boosted Cascade of Simple Features* 提出,这是一种机器学习的算法,所使用的函数是从大量的正样本图像和负样本图像中训练出来的,然后用来检测其他图像的样本。

27-1-3 哈尔特征原理

现在以使用人脸识别为例,最初需要大量的正样本图像 (人脸图像) 和负样本图像 (没有人脸的图像) 训练分类器,计算特征值的方法采用下列 Haar 特征说明,下图也像是卷积核。

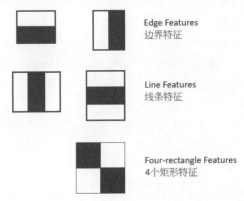

每个特征点计算方式是黑色 (笔者使用蓝色绘制) 部分的像素总和减去白色部分的像素总和。使用上述概念后,就会有许多特征值计算发生,假设一张图像使用 24×24 的感兴趣区域也会产生超过 160000 个特征值。为了解决这个庞大的计算量,Paul Viola 和 Michael Jones 就导入了积分图像的概念,不论图像多大,都会将特征值的计算减到只涉及 4 个像素点的操作。

在计算过程中,会发现大多数是无关紧要的,例如,参考下图,第一行显示了两个特征,第一个区域是集中在眼睛区域的通常比鼻子和脸颊区域更暗的特性。第二个特征应用在眼睛比鼻梁更暗的特性,但是应用在脸颊或其他区域相同的区域是无关紧要的。接着可以思考如何从 160000 个特征中选出最好的特征,所使用的方法是 Adaboost 方法。

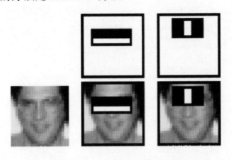

图片来源:OpenCV 官方网站

为此将每个特征应用到所有训练的图像上,对于每个特征,它会找到样本正面部分为正样本和负样本的最佳阈值。虽然会有错误或错误分类,可以选择最小错误率的特征,这样就可以准确地对人脸和非人脸做特征分类。

最后分类器就是这些弱分类器的加权总和，所谓的弱分类器是因为它本身不能对图像分类，但是将所有弱分类器加总就形成了强分类器，在 Paul Viola 和 Michael Jones 的论文中，即使是 200 个特征也可以提供约 95％的准确率，最终他们设定了 6000 个特征，所以所需计算的特征一下子从 160000 减少到 6000 个特征。

假设现在使用一张照片，取 24×24 感兴趣区域，对应到使用 6000 个特征，检查是否为人脸区域，其实也是一个繁重耗时的工作，因此 Paul Villa 和 Michael Jones 也提出了解决方法，概念是图像大部分是非人脸区域，所以最好由一个简单的方法检查区域是不是人脸区域，如果不是就当作负样本丢弃，让工作专注于可能是人脸的区域。

他们所引用的是级联分类器 (Cascade Classifier) 的概念，不是在区域使用所有 6000 个特征，而是将特征分组到分类器的不同阶段逐一应用，如果区域在第一阶段失败就丢弃，如果通过则往下继续检测，直到此区域通过所有的检测。根据作者的检测器有 6000 多个特征，分成 38 个阶段，前五个阶段有 1、10、25、25 和 50 个特征，根据作者的说法每个子区域平均评估 6000 多个中的 10 个特征。如果读者想要了解更多，建议可以参考该论文。

OpenCV 则参考该论文除了人脸外，也完成许多类别的级联分类器，这些已经训练好的分类器称为资源文件，下一节将介绍这些分类器的使用。

27-2 寻找 OpenCV 的资源文件来源

OpenCV 安装成功后，可以在所安装的文件夹内看到这些资源文件，以笔者的 Python 3.85 版为例，可以在下列文件夹路径看到资源文件。

~\Python38-32\Lib\site-packages\cv2\data

下图是文件夹的内容。

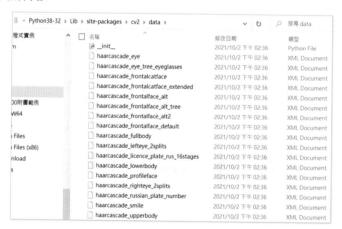

不同版本的 Python 可能路径有差异。若是以 Python 3.85 为例，安装路径重点是 Lib 文件夹中的 Python38-32 文件夹，找到此文件夹就可以找到上述文件。如果寻找不到上述文件夹，也可以到 OpenCV 的 GitHub 资源托管平台下载，网址如下：https://github.com/opencv/opencv/tree/master/data/haarcascades。

进入上述网址后，可以看到下图所示资源文件。

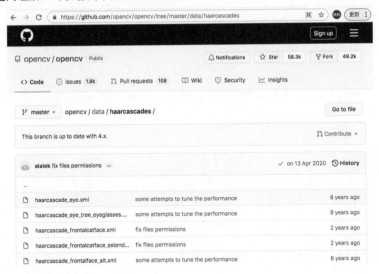

27-3　认识资源文件

27-2 节可以看到一系列的 XML 文件，每个 XML 文件就是一种已经使用哈尔 (Haar featured) 特征训练好的分类器，又可以称为级联分类器文件，每个分类器可以对不同对象进行检测，下表是 XML 文件的检测内容。

分类器文件名	检测内容
haarcascade_eye.xml	眼睛
haarcascade_eye_tree_eyeglasses.xml	戴眼镜的眼睛
haarcascade_frontalcatface.xml	正面的猫脸
haarcascade_frontalcatface_extended.xml	扩充版正面的猫脸
haarcascade_frontalface_alt.xml	正面人脸
haarcascade_frontalface_alt_tree.xml	正面人脸
haarcascade_frontalface_alt2.xml	正面人脸
haarcascade_frontalface_default.xml	正面的人脸
haarcascade_fullbody.xml	路人
haarcascade_lefteye_2splits.xml	左眼
haarcascade_lowerbody.xml	下半身
haarcascade_profileface.xml	侧面的人脸
haarcascade_righteye_2splits.xml	右眼
haarcascade_russian_plate_number.xml	车牌
haarcascade_smile.xml	笑脸 (测试效果不佳)
haarcascade_upperbody.xml	上半身

为了方便使用资源文件，笔者已经将资源文件改存至 "C:\opencv\data" 文件夹，所以本章所有实例皆须参考该文件夹。

27-4 人脸的检测

27-4-1 脸形级联分类器资源文件

在级联分类器资源文件中与正面脸形分类有关的有下列 4 个文件。

haarcascade_frontalface_alt.xml；

haarcascade_frontalface_alt_tree.xml；

haarcascade_frontalface_alt2.xml；

haarcascade_frontalface_default.xml。

上述文件是使用不同检测方法的脸形分类器资源文件，下一节笔者会用实例解说。

27-4-2 基础脸形检测程序

本节将讲解如何让程序使用 OpenCV 将图像文件的人脸标记出来，首先使用 CascadeClassifier( ) 类别下载检测脸形的分类器资源文件，语法如下：

```
pictPath = r'C:\opencv\data\haarcascade_frontalface_default.xml'
face_cascade = cv2.CascadeClassifier(pictPath)
```

上述 face_cascade 是识别对象，当然可以自行取名称。接着需要使用识别对象启动 detectMultiScale( ) 方法，语法如下：

```
faces = face_cascade.detectMultiScale(img, scaleFactor, minNeighbors, minSize, maxSize)
```

上述函数参数意义如下：
- ☐ img：要识别的图像文件。
- ☐ scaleFactor：如果没有指定一般是 1.1，主要是指在特征比对中，图像比例的缩小倍数，适度放大可以让匹配变严格，若是缩小此值 (必须是大于 1.0) 可以让匹配变宽松。
- ☐ minNeighbors：每个区域的特征皆会比对，设定达到多少个特征数才算匹配成功，默认值是 3。适度增加此值，可以让匹配变严格。
- ☐ minSize：可选参数，最小识别区域，小于此值将被忽略。如果有比较小的区域明显不是需要的区域，可以设定此将该区域抛弃。
- ☐ maxSize：可选参数，最大的识别区域，大于此值将被忽略。如果有比较大的区域明显不是需要的区域，可以设定此将该区域抛弃。

最常见的是设定前 3 个参数，例如，下列表示图像对象是 img，scaleFactor 是 1.1，minNeighbors 是 3。

```
faces = face_cascade.detectMultiScale(img, 1.1, 3)
```

　　上述执行成功后的返回值是 faces 列表，列表的元素是元组 (tuple)，每个元组内有 4 组数字分别代表脸部左上角的 x 轴坐标、y 轴坐标、脸部的宽 w 和脸部的高 h。有了这些数据就可以在图像中标出人脸，或是将人脸存储。可以用 len(faces) 获得几张人脸图片。

　　程序实例 ch27_1.py：使用第 4 行所载明的人脸特征文件，标示图像中的人脸，以及用蓝色框框住人脸，以及图像右下方标注所发现的人脸数量。下列程序可以应用在发现很多人脸的场合，主要是程序第 17~18 行，笔者将返回的列表 (元素是元组)，依次绘制矩形将人脸框起来。

```
1  # ch27_1.py
2  import cv2
3
4  pictPath = r'C:\opencv\data\haarcascade_frontalface_default.xml'
5  face_cascade = cv2.CascadeClassifier(pictPath)        # 建立识别对象
6  img = cv2.imread("jk.jpg")                            # 读取图像
7  faces = face_cascade.detectMultiScale(img, scaleFactor=1.1,
8          minNeighbors = 3, minSize=(20,20))
9  # 标注右下角底色是黄色
10 cv2.rectangle(img, (img.shape[1]-140, img.shape[0]-20),
11            (img.shape[1],img.shape[0]), (0,255,255), -1)
12 # 标注找到多少的人脸
13 cv2.putText(img, "Finding " + str(len(faces)) + " face",
14            (img.shape[1]-135, img.shape[0]-5),
15            cv2.FONT_HERSHEY_COMPLEX, 0.5, (255,0,0), 1)
16 # 将人脸框起来，由于有可能找到好几个脸所以用循环绘出来
17 for (x,y,w,h) in faces:
18     cv2.rectangle(img,(x,y),(x+w,y+h),(255,0,0),2)    # 蓝色框框住人脸
19 cv2.imshow("Face", img)                               # 显示图像
20
21 cv2.waitKey(0)
22 cv2.destroyAllWindows()
```

执行结果

　　程序实例 ch27_2.py：使用 g5.jpg 识别多张人脸的图像。

```
6  img = cv2.imread("jk.jpg")                            # 读取图像
```

执行结果

当然使用上述方法偶尔也会出现识别不太完美的情况，可以参考下一节实例。

27-4-3 史上最牛的物理科学家合照

在人脸检测过程中，如果有多人合照时，难免也会有一些不可预期的结果产生。下图是 1927 年世界著名科学家在比利时布鲁塞尔参加索维尔 (Solvay) 会议的合照，图片下方最中间的是爱因斯坦，下图共有 29 位科学家，其中 17 位是诺贝尔奖得主。

图片来源维基百科，地址：https://zh.wikipedia.org/wiki/%E9%98%BF%E5%B0%94%E4%BC%AF%E7%89%B9%C2%B7%E7%88%B1%E5%9B%A0%E6%96%AF%E5%9D%A6#/media/File:Solvay_conference_1927.jpg。

程序实例 ch27_3.py：重新设计 ch27_2.py，使用 solvay1927.jpg 图像检测人脸。

```
6   img = cv2.imread("solvay1927.jpg")                    # 读取图像
```

执行结果

上图可以看到一些不完美的地方，虽然从 29 位科学家中检测到了 28 位，但是也增加了 4 个非人脸的框。碰上这类状况可以修订 scaleFactor、minNeighbors 参数，对于人脸检测，也可以使用其他人脸分类器。

程序实例 ch27_3_1.py：将 minNeighbors 改为 5，也就是增加须符合特征点数量，重新设计 ch27_3.py。

```
7  faces = face_cascade.detectMultiScale(img, scaleFactor=1.1,
8          minNeighbors = 5, minSize=(20,20))
```

执行结果

情况有改善，但是有 3 个人没有被抓取到。另外，scaleFactor 是控制变量，如果更改为比较大的值可以减少检测的图像，也会造成部分数据没有被检测出来。

程序实例 ch27_4.py：改用 haarcascade_frontalface_alt.xml 文件执行检索人脸。

```
4  pictPath = r'C:\opencv\data\haarcascade_frontalface_alt.xml'
5  face_cascade = cv2.CascadeClassifier(pictPath)          # 建立识别对象
6  img = cv2.imread("solvay1927.jpg")                      # 读取图像
```

执行结果

从上图可以看出使用 haarcascade_frontalface_alt.xml 分类器文件，人脸检测改善许多，但是左边仍虚增了一个"人脸"。当左边多出一个虚增的"人脸"时，从屏幕看可以发现此框比较大，这时可以设定参数 maxSize=( )，也就是当大于特定数值时予以忽略。

程序实例 ch27_4_1.py：重新设计 ch27_4.py，设定当图像框大于 (50,50) 时，予以忽略。

```
4  pictPath = r'C:\opencv\data\haarcascade_frontalface_alt.xml'
5  face_cascade = cv2.CascadeClassifier(pictPath)          # 建立识别对象
6  img = cv2.imread("solvay1927.jpg")                      # 读取图像
7  faces = face_cascade.detectMultiScale(img, scaleFactor=1.1,
8          minNeighbors = 3, minSize=(20,20), maxSize=(50,50))
```

执行结果

如果使用 haarcascade_frontalface_alt2.xml 分类器文件则可以获得和上述一样的结果，可以参考实例 ch27_5.py。

程序实例 ch27_5.py：使用 haarcascade_frontalface_alt2.xml 分类器文件，重新设计 ch27_4_1.py。

```
4  pictPath = r'C:\opencv\data\haarcascade_frontalface_alt2.xml'
5  face_cascade = cv2.CascadeClassifier(pictPath)          # 建立识别对象
6  img = cv2.imread("solvay1927.jpg")                      # 读取图像
7  faces = face_cascade.detectMultiScale(img, scaleFactor=1.1,
8          minNeighbors = 3, minSize=(20,20), maxSize=(50,50))
```

执行结果　　与 ch27_4_1.py 相同。

程序实例 ch27_6.py：使用 haarcascade_frontalface_alt_tree.xml 分类器文件，重新设计 ch27_4.py。

```
4  pictPath = r'C:\opencv\data\haarcascade_frontalface_alt_tree.xml'
5  face_cascade = cv2.CascadeClassifier(pictPath)          # 建立识别对象
6  img = cv2.imread("solvay1927.jpg")                      # 读取图像
```

执行结果

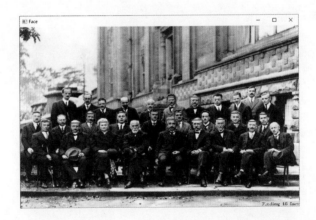

上述 haarcascade_frontalface_alt_tree.xml 分类器则有较多人脸没有被检测到。

27-5　检测侧面的人脸

27-5-1　基础概念

当一个人脸是侧面向着镜头时，使用 27-3 节的正面人脸分类器许多时候是无法检测到此人脸的。同样是 1927 年索维尔 (Solvay) 会议的合照，后排右起第 4 位因为拍照时往右看，使用 27-4 节的方法将无法检测到。

程序实例 ch27_6_1.py：使用 s_1927.jpg 文件重新设计 ch27_4.py。

```
4   pictPath = r'C:\opencv\data\haarcascade_frontalface_alt.xml'
5   face_cascade = cv2.CascadeClassifier(pictPath)        # 建立识别对象
6   img = cv2.imread("s_1927.jpg")                        # 读取图像
7   faces = face_cascade.detectMultiScale(img, scaleFactor=1.02,
8           minNeighbors = 3, minSize=(20,20))
```

执行结果

注：笔者有适度修改左下方科学家的衣领，因为衣领会造成额外圈选。

27-5-2 侧面脸形检测

在级联分类器资源文件中与侧面脸形分类有关的文件为 haarcascade_profileface.xml。

程序实例 ch27_6_2.py：重新设计 ch27_6_1.py，使用 haarcascade_profileface.xml 资源文件检测侧面人脸。

```
1   # ch27_6_2.py
2   import cv2
3
4   pictPath = r'C:\opencv\data\haarcascade_profileface.xml'
5   face_cascade = cv2.CascadeClassifier(pictPath)        # 建立识别对象
6   img = cv2.imread("s_1927.jpg")                        # 读取图像
7   faces = face_cascade.detectMultiScale(img, scaleFactor=1.3,
8           minNeighbors = 4, minSize=(20,20))
```

执行结果

上述笔者修改参数后，只检测到后排右起第 4 位科学家的人脸。

27-6 路人检测

特征文件使用的英文是 fullbody，可以翻译为身体，该分类器笔者感觉更类似追踪路人，因为近距离的图像无法检测，远距离的图像大体可以检测。

27-6-1 路人检测实战

路人检测的分类器文件是 haarcascade_fullbody.xml。

程序实例 ch27_7.py：路人检测的应用。

执行结果

```
1   # ch27_7.py
2   import cv2
3
4   pictPath = r'C:\opencv\data\haarcascade_fullbody.xml'
5   body_cascade = cv2.CascadeClassifier(pictPath)        # 建立识别对象
6   img = cv2.imread("people1.jpg")                       # 读取图像
7   bodies = body_cascade.detectMultiScale(img, scaleFactor=1.1,
8           minNeighbors = 3, minSize=(20,20))
9   # 标注身体
10  for (x,y,w,h) in bodies:
11      cv2.rectangle(img,(x,y),(x+w,y+h),(255,0,0),2)    # 蓝色框框住身体
12  cv2.imshow("Body", img)                               # 显示图像
13
14  cv2.waitKey(0)
15  cv2.destroyAllWindows()
```

程序实例 ch27_8.py：检测群聚的路人。

```
6   img = cv2.imread("people2.jpg")                          # 读取图像
```

执行结果

经过测试，笔者感觉该方法对不拥挤的路人检测有比较好的效果，另外，如果是近距离的人像检测效果则较差。

27-6-2 下半身的检测

下半身检测所使用的分类器文件为：haarcascade_lowerbody.xml。

程序实例 ch27_9.py：使用分类器文件为：haarcascade_lowerbody.xml，重新设计 ch27_7.py。

```
1   # ch27_9.py
2   import cv2
3
4   pictPath = r'C:\opencv\data\haarcascade_lowerbody.xml'
5   body_cascade = cv2.CascadeClassifier(pictPath)        # 建立识别对象
6   img = cv2.imread("people1.jpg")                       # 读取图像
7   bodies = body_cascade.detectMultiScale(img, scaleFactor=1.1,
8           minNeighbors = 3, minSize=(20,20))
9   # 标注身体
10  for (x,y,w,h) in bodies:
11      cv2.rectangle(img,(x,y),(x+w,y+h),(255,0,0),2)    # 蓝色框框住身体
12  cv2.imshow("Body", img)                               # 显示影像
13
14  cv2.waitKey(0)
15  cv2.destroyAllWindows()
```

执行结果

27-6-3 上半身的检测

上半身检测所使用的分类器文件为：haarcascade_upperbody.xml。

程序实例 ch27_10.py：使用分类器文件 haarcascade_upperbody.xml，重新设计 ch27_7.py，该实例笔者设置 minNeighbors = 9，否则会有多出来的上半身。

```
7   bodies = body_cascade.detectMultiScale(img, scaleFactor=1.1,
8           minNeighbors = 9, minSize=(20,20))
```

执行结果

27-7 眼睛的检测

27-7-1 眼睛分类器资源文件

在分类器资源文件中与眼睛分类有关的有下列 3 个文件。

haarcascade_eye.xml：检测双眼。

haarcascade_lefteye_2splits.xml：检测左眼。

haarcascade_righteye_2splits.xml：检测右眼。

27-7-2 检测双眼实例

程序实例 ch27_11.py：使用 haarcascade_eye.xml 文件，执行眼睛的检测。

执行结果

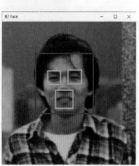

```python
1   # ch27_11.py
2   import cv2
3
4   pictPath1 = r'C:\opencv\data\haarcascade_frontalface_default.xml'
5   pictPath2 = r'C:\opencv\data\haarcascade_eye.xml'
6
7   face_cascade = cv2.CascadeClassifier(pictPath1)          # 建立人脸对象
8   img = cv2.imread("jk.jpg")                               # 读取图像
9   gray = cv2.cvtColor(img, cv2.COLOR_BGR2GRAY)
10  # 检测人脸
11  faces = face_cascade.detectMultiScale(img, scaleFactor=1.1,
12          minNeighbors = 3, minSize=(20,20))
13  # 检测双眼
14  eyes_cascade = cv2.CascadeClassifier(pictPath2)          # 建立双眼对象
15  eyes = eyes_cascade.detectMultiScale(img, scaleFactor=1.1,
16          minNeighbors = 3, minSize=(20,20))
17  # 将人脸框起来，由于有可能找到好几张脸所以用循环绘出来
18  for (x,y,w,h) in faces:
19          cv2.rectangle(img,(x,y),(x+w,y+h),(255,0,0),2)   # 蓝色框框住人脸
20  # 将双眼框起来，由于有可能找到好几个眼睛所以用循环绘出来
21  for (x,y,w,h) in eyes:
22          cv2.rectangle(img,(x,y),(x+w,y+h),(0,255,0),2)   # 绿色框框住眼睛
23  cv2.imshow("Face", img)                                  # 显示图像
24
25  cv2.waitKey(0)
26  cv2.destroyAllWindows()
```

上述程序第 16 行设定 minNeighbors = 3 时左边口部也被当作眼睛被检测到，如果改为 minNeighbors = 7 则可以得到下图的结果。另外，也可以设定 maxSize 参数，让大于特定的区域抛弃。

程序实例 ch27_12.py：设定 minNeighbors = 7，重新设计 ch27_9.py。

```
15  eyes = eyes_cascade.detectMultiScale(img, scaleFactor=1.1,
16          minNeighbors = ⑦ minSize=(20,20))
```

执行结果

27-7-3　检测左眼与右眼的实例

程序实例 ch27_13.py：使用 haarcascade_lefteye_2splits.xml 文件，执行左眼眼睛的检测。

```
1   # ch27_13.py
2   import cv2
3
4   pictPath1 = r'C:\opencv\data\haarcascade_frontalface_default.xml'
5   pictPath2 = r'C:\opencv\data\haarcascade_lefteye_2splits.xml'
6
7   face_cascade = cv2.CascadeClassifier(pictPath1)          # 建立人脸对象
8   img = cv2.imread("jk.jpg")                                # 读取图像
9   gray = cv2.cvtColor(img, cv2.COLOR_BGR2GRAY)
10  # 检测人脸
11  faces = face_cascade.detectMultiScale(img, scaleFactor=1.1,
12          minNeighbors = 3, minSize=(20,20))
13  # 检测左眼
14  eyes_cascade = cv2.CascadeClassifier(pictPath2)          # 建立左眼对象
15  eyes = eyes_cascade.detectMultiScale(img, scaleFactor=1.1,
16          minNeighbors = 7, minSize=(20,20))
17  # 将人脸框起来，由于有可能找到好几张脸所以用循环绘出来
18  for (x,y,w,h) in faces:
19      cv2.rectangle(img,(x,y),(x+w,y+h),(255,0,0),2)       # 蓝色框框住人脸
20  # 将左眼框起来，由于有可能找到好几个眼睛所以用循环绘出来
21  for (x,y,w,h) in eyes:
22      cv2.rectangle(img,(x,y),(x+w,y+h),(0,255,0),2)       # 绿色框框住眼睛
23  cv2.imshow("Face", img)                                   # 显示图像
24
25  cv2.waitKey(0)
26  cv2.destroyAllWindows()
```

执行结果

程序实例 ch27_14.py：使用 haarcascade_righteye_2splits.xml 文件，执行右眼眼睛的检测。

```
5   pictPath2 = r'C:\opencv\data\haarcascade_righteye_2splits.xml'
```

执行结果

27-8　检测猫脸

在分类器资源文件中与正面猫脸分类有关的文件为 haarcascade_frontalcatface.xml。
笔者在测试过程中也发现猫脸必须正面面向镜头，才比较容易被检测到。

程序实例 ch27_15.py：检测猫脸的应用。

```
1   # ch27_15.py
2   import cv2
3
4   pictPath = r'C:\opencv\data\haarcascade_frontalcatface.xml'
5   cat_cascade = cv2.CascadeClassifier(pictPath)          # 建立识别对象
6   img = cv2.imread("cat1.jpg")                            # 读取图像
7   faces = cat_cascade.detectMultiScale(img, scaleFactor=1.1,
8           minNeighbors = 3, minSize=(20,20))
9   # 将猫脸框起来，由于有可能找到好几张脸所以用循环绘出来
```

```
10  for (x,y,w,h) in faces:
11      cv2.rectangle(img,(x,y),(x+w,y+h),(255,0,0),2)          # 蓝色框框住猫脸
12  cv2.imshow("Face", img)                                     # 显示图像
13
14  cv2.waitKey(0)
15  cv2.destroyAllWindows()
```

执行结果

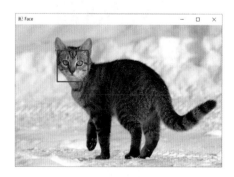

注：上述照片取自英文版的维基网站，拍摄者是 Von.grzanka，网址如下：
https://en.wikipedia.org/wiki/Cat#/media/File:Felis_catus-cat_on_snow.jpg。

程序实例 ch27_16.py：检测多数猫脸的图像。

```
6  img = cv2.imread("cat2.jpg")                                # 读取图像
7  faces = cat_cascade.detectMultiScale(img, scaleFactor=1.1,
8          minNeighbors = 9, minSize=(20,20))
```

执行结果

注：上述照片取自英文版的维基网站，拍摄者从左到右、从上到下分别是 Alvesgaspar、Martin

Bahmann、Hisashi、Martin Bahmann、Von Grzanka、Dovenetel，网址如下：

　　https://en.wikipedia.org/wiki/Cat#/media/File:Cat_poster_1.jpg。

　　上述程序笔者在第 8 行设定 minNeighbors = 9，如果保持原先的 minNeighbors=3，则会有非猫脸被检测到。

27-9 **俄罗斯车牌识别**

　　在分类器资源文件中与俄罗斯车牌分类有关的文件为 haarcascade_russian_plate_number.xml。

　　笔者在测试过程中发现中国台湾车牌几乎无法识别，为了测试此方法，笔者自行参考不同格式的俄罗斯车牌进行设计，可以正常识别。

　　注：笔者将在第 30 章讲解自行设计哈尔 (Haar) 分类器文件，检测中国台湾的车牌。

　　程序实例 ch27_17.py：检测中国台湾车牌，结果无法识别。

```
1   # ch27_17.py
2   import cv2
3
4   pictPath = r'C:\opencv\data\haarcascade_russian_plate_number.xml'
5   car_cascade = cv2.CascadeClassifier(pictPath)          # 建立识别对象
6   img = cv2.imread("car.jpg")                            # 读取图像
7   plates = car_cascade.detectMultiScale(img, scaleFactor=1.1,
8           minNeighbors = 3, minSize=(20,20))
9   # 将车牌框起来，由于有可能找到好几个对象所以用循环绘出来
10  for (x,y,w,h) in plates:
11      cv2.rectangle(img,(x,y),(x+w,y+h),(255,0,0),2)    # 蓝色框住车牌
12  cv2.imshow("Car Plate", img)                          # 显示图像
13
14  cv2.waitKey(0)
15  cv2.destroyAllWindows()
```

执行结果

　　程序实例 ch27_18.py：检测俄罗斯车牌的应用，只是改了图像文件，可以成功地读取车牌区域。

```
6   img = cv2.imread("car1.jpg")                          # 读取图像
```

执行结果

程序实例 ch27_19.py：更改另一种俄罗斯车牌格式。

```
6   img = cv2.imread("car2.jpg")                        # 读取图像
```

执行结果

习题

1. 请使用 g4.jpg 图像执行人脸识别，可能会获得有瑕疵的结果，请输出此结果。

2. 请自行调整上述有瑕疵的程序，让识别成功。

3. 请使用 dogcat.jpg 图像识别猫脸，自行设计与调整参数，调整到可以识别 2 个猫脸。

4. 请调整上述图像到可以识别 4 个猫脸。

5. 整合 ch27_6_1.py 和 ch27_6_2.py，使用 s_1927.jpg 框选所有的人脸。

第 28 章

摄像机与人脸文件

第 26 章笔者介绍了使用 OpenCV 的摄像功能，第 27 章笔者介绍了人脸检测，本章将对这 2 个功能做整合性应用解说，当读者了解本章内容后，下一章将正式介绍人脸识别。

28-1　撷取相同大小的人脸存储

第 27 章笔者介绍了检测人脸的方法，由于所检测的人脸返回的宽 (w) 和高 (h) 每次大小不一定相同，实践中做人脸识别时所需的图像一定要宽 (w) 和高 (h) 相同，这时可以使用 OpenCV 提供的 resize( ) 函数处理。

有了相同大小的人脸图像后，就可以使用 Numpy 的切片概念撷取图像，最后可以将这些图像存储起来作为未来图像识别的数据库。

程序实例 ch28_1.py：扩充设计 ch27_2.py，使用 g5.jpg 辨别人脸，同时将人脸宽与高皆设置为 160 像素点，存储在 ch28\facedata 文件夹。

注：本程序第 5 ~ 6 行是检查 facedata 文件夹是否存在，如果不存在则建立此文件夹。

```
1   # ch28_1.py
2   import cv2
3   import os
4
5   if not os.path.exists("facedata"):            # 如果不存在文件夹
6       os.mkdir("facedata")                      # 就建立facedata
7
8   pictPath = r'C:\opencv\data\haarcascade_frontalface_alt2.xml'
9   face_cascade = cv2.CascadeClassifier(pictPath)    # 建立识别文件对象
10  img = cv2.imread("g5.jpg")                     # 读取图像
11  faces = face_cascade.detectMultiScale(img, scaleFactor=1.1,
12          minNeighbors = 3, minSize=(20,20))     # 检测图像
13  # 标注右下角底色是黄色
14  cv2.rectangle(img, (img.shape[1]-140, img.shape[0]-20),
15              (img.shape[1],img.shape[0]), (0,255,255), -1)
16  # 标注找到多少的人脸
17  cv2.putText(img, "Finding " + str(len(faces)) + " face",
18              (img.shape[1]-135, img.shape[0]-5),
19              cv2.FONT_HERSHEY_COMPLEX, 0.5, (255,0,0), 1)
20  # 将人脸框起来，由于有可能找到好几张脸所以用循环绘出来
21  # 同时将图像存储在facedata文件夹，但是必须先建立此文件夹
22  num = 1                                        # 文件编号
23  for (x,y,w,h) in faces:
24      cv2.rectangle(img,(x,y),(x+w,y+h),(255,0,0),2)  # 蓝色框框住人脸
25      filename = "facedata\\face" + str(num) + ".jpg"  # 路径 + 文件名
26      imageCrop = img[y:y+h,x:x+w]               # 裁切
27      imageResize = cv2.resize(imageCrop,(160,160))    # 重置大小
28      cv2.imwrite(filename, imageResize)         # 存储图像
29      num += 1                                    # 文件编号
30
31  cv2.imshow("Face", img)                        # 显示图像
32  cv2.waitKey(0)
33  cv2.destroyAllWindows()
```

执行结果

从上图可以看出所检测的人脸外框大小不一致，但是在"ch28\facedata"文件夹可以看到 5 个外框一样大的图像，因为程序第 23 行将所检测的人脸外框 (width, height) 设为 (160,160)。

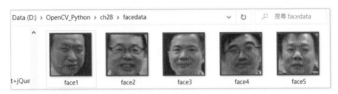

28-2 使用摄像机撷取人脸图像

本节叙述的是程序设计技巧，所以直接使用程序实例解说。

程序实例 ch28_2.py：使用摄像机撷取人脸图像，该程序在执行时会要求输入英文名字，然后按 A 键可以拍照，最后将所拍的照片 (facePhoto) 和人脸图像 (faceName) 存储在 ch28_2 文件夹，以所输入的名字和 .jpg 为扩展名存储。

```
1   # ch28_2.py
2   import cv2
3   import os
4
5   if not os.path.exists("ch28_2"):                  # 如果不存在ch28_2文件夹
6       os.mkdir("ch28_2")                            # 就建立ch28_2
7   name = input("请输入英文名字 : ")
8   faceName = "ch28_2\\" + name + ".jpg"             # 人脸图像
9   facePhoto = "ch28_2\\" + name + "photo.jpg"       # 拍摄图像
10  pictPath = r'C:\opencv\data\haarcascade_frontalface_alt2.xml'
11  face_cascade = cv2.CascadeClassifier(pictPath)    # 建立识别文件对象
12  cap = cv2.VideoCapture(0)                         # 打开摄像机
13  while(cap.isOpened()):                            # 摄像机打开后就执行循环
14      ret, img = cap.read()                         # 读取图像
15      cv2.imshow("Photo", img)                      # 显示图像在OpenCV窗口
16      if ret == True:                               # 读取图像如果成功
17          key = cv2.waitKey(200)                    # 0.2秒检查一次
18          if key == ord("a") or key == ord("A"):    # 如果按A键
19              cv2.imwrite(facePhoto, img)           # 将图像写入facePhoto
20              break
21  cap.release()                                     # 关闭摄像机
22
```

```
23  img = cv2.imread(facePhoto)                    # 读取图像facePhoto
24  faces = face_cascade.detectMultiScale(img, scaleFactor=1.1,
25          minNeighbors = 3, minSize=(20,20))
26
27  # 将人脸框起来
28  for (x,y,w,h) in faces:
29      cv2.rectangle(img,(x,y),(x+w,y+h),(255,0,0),2)   # 蓝色框框住人脸
30      imageCrop = img[y:y+h,x:x+w]                      # 裁切
31      imageResize = cv2.resize(imageCrop,(160,160))     # 重置大小
32      cv2.imwrite(faceName, imageResize)                # 存储人脸图像
33
34  cv2.imshow("FaceRecognition", img)
35  cv2.waitKey(0)
36  cv2.destroyAllWindows()
```

执行结果　下列是要求输入英文名字的过程。

```
=================== RESTART: D:\OpenCV_Python\ch28\ch28_2.py ===================
请输入英文名字：hung
```

当进入摄像机后，可以按 A 键执行拍照，下图可以看出拍照后人脸被框住。

最后检查"ch28\ch28_2"文件夹可以看到所存储的图像。

28-3　自动化摄像和撷取人像

本节也是叙述程序设计技巧，所以直接使用程序实例解说。

程序实例 ch28_3.py：使用摄像机撷取人脸图像，该程序在执行时会要求输入英文名字，然后

可以看到摄像机拍摄图像时，人脸已经自动被框住了，按 A 键可以拍照，最后将所拍摄的人脸图像 (faceName) 存储在 ch28_3 文件夹，以所输入的名字和 .jpg 为扩展名存储。

注：该程序无法按其他键关闭摄像机，这将是读者的习题。

```
1   # ch28_3.py
2   import cv2
3   import os
4
5   if not os.path.exists("ch28_3"):                       # 如果不存在ch28_3文件夹
6       os.mkdir("ch28_3")                                 # 就建立ch28_3
7   name = input("请输入英文名字 ： ")
8   faceName = "ch28_3\\" + name + ".jpg"                  # 人脸图像
9   pictPath = r'C:\opencv\data\haarcascade_frontalface_alt2.xml'
10  face_cascade = cv2.CascadeClassifier(pictPath)         # 建立识别文件对象
11  cap = cv2.VideoCapture(0)                              # 打开摄像机
12  while(cap.isOpened()):                                 # 摄像机打开后就执行循环
13      ret, img = cap.read()                              # 读取图像
14      faces = face_cascade.detectMultiScale(img, scaleFactor=1.1,
15          minNeighbors = 3, minSize=(20,20))
16      for (x, y, w, h) in faces:
17          cv2.rectangle(img,(x,y),(x+w,y+h),(255,0,0),2)  # 蓝色框框住人脸
18      cv2.imshow("Photo", img)                           # 显示图像在OpenCV窗口
19      if ret == True:                                    # 读取图像如果成功
20          key = cv2.waitKey(200)                         # 0.2秒检查一次
21          if key == ord("a") or key == ord("A"):         # 如果按A键
22              imageCrop = img[y:y+h,x:x+w]                       # 裁切
23              imageResize = cv2.resize(imageCrop,(160,160))     # 重置大小
24              cv2.imwrite(faceName, imageResize)         # 存储人脸图像
25              break
26  cap.release()                                          # 关闭摄像机
27
28  cv2.waitKey(0)
29  cv2.destroyAllWindows()
```

执行结果　下列是要求输入英文姓名的过程。

```
================== RESTART: D:\OpenCV_Python\ch28\ch28_3.py ==================
请输入英文名字 ： hung
```

当进入摄像机后，人脸自动被检测同时被框住，可以按 A 键执行拍照，下列是撷取的图像。

最后检查"ch28\ch28_3"文件夹可以看到所存储的图像。

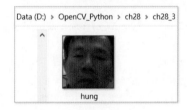

28-4 半自动拍摄多张人脸的实例

在执行人脸识别前最好可以针对人脸建立多个图像，方便训练人脸数据库，下列实例是设计手动拍摄多张人脸的实例。

程序实例 ch28_4.py：扩充设计 ch28_3.py，当按下 A 键时可以拍照，同时将所拍的照片用加上编号方式存储，每次拍摄成功会在 Python Shell 窗口显示拍摄第几次成功字符串，当拍摄 5 次后可以自动结束程序。

```python
1  # ch28_4.py
2  import cv2
3  import os
4
5  if not os.path.exists("ch28_4"):              # 如果不存在ch28_4文件夹
6      os.mkdir("ch28_4")                        # 就建立ch28_4
7  name = input("请输入英文名字 ： ")
8  pictPath = r'C:\opencv\data\haarcascade_frontalface_alt2.xml'
9  face_cascade = cv2.CascadeClassifier(pictPath)  # 建立识别文件对象
10 cap = cv2.VideoCapture(0)                     # 打开摄像机
11 num = 1                                       # 图像编号
12 while(cap.isOpened()):                        # 摄像机有打开就执行循环
13     ret, img = cap.read()                     # 读取图像
14     faces = face_cascade.detectMultiScale(img, scaleFactor=1.1,
15             minNeighbors = 3, minSize=(20,20))
16     for (x, y, w, h) in faces:
17         cv2.rectangle(img,(x,y),(x+w,y+h),(255,0,0),2)  # 蓝色框框住人脸
18     cv2.imshow("Photo", img)                  # 显示图像在OpenCV窗口
19     if ret == True:                           # 读取图像如果成功
20         key = cv2.waitKey(200)                # 0.2秒检查一次
21         if key == ord("a") or key == ord("A"):  # 如果按A键
22             imageCrop = img[y:y+h,x:x+w]                  # 裁切
23             imageResize = cv2.resize(imageCrop,(160,160))  # 重制大小
24             faceName = "ch28_4\\" + name + str(num) + ".jpg"  # 存储图像
25             cv2.imwrite(faceName, imageResize)  # 存储人脸图像
26             if num >= 5:                      # 拍 5 张人脸后才终止
27                 if num == 5:
28                     print(f"拍摄第 {num} 次人脸成功")
29                 break
30             print(f"拍摄第 {num} 次人脸成功")
31             num += 1
32 cap.release()                                 # 关闭摄像机
33 cv2.destroyAllWindows()
```

执行结果 有关拍摄的图像可以参考 ch28_3.py，下列是 Python Shell 窗口的执行结果。

```
================= RESTART: D:\OpenCV_Python\ch28\ch28_4.py =================
请输入英文名字：hung
拍摄第 1 次人脸成功
拍摄第 2 次人脸成功
拍摄第 3 次人脸成功
拍摄第 4 次人脸成功
拍摄第 5 次人脸成功
```

下列是 "ch28\ch28_4" 文件夹的结果。

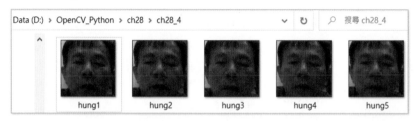

28-5 全自动拍摄人脸图像

建立自动化拍摄环境，连续自动拍摄人脸图像，这个时候如下指令将是连续拍摄的关键。

```
cv2.waitKey(200)
```

前面的实例中，waitKey( ) 函数的参数皆使用 200，这表示 0.2 秒检查一次键盘输入，可以直接用此时间拍摄并存储一次人脸。

程序实例 ch28_5.py：重新设计 ch28_4.py，每隔 0.2 秒拍摄一次人脸并存储，存储的人脸张数可以由 Python Shell 窗口设定，当达到拍摄张数后，程序自动结束。

```
1   # ch28_5.py
2   import cv2
3   import os
4
5   if not os.path.exists("ch28_5"):                    # 如果不存在ch28_5文件夹
6       os.mkdir("ch28_5")                              # 就建立ch28_5
7   name = input("请输入英文名字        ：")
8   total = eval(input("请输入人脸需求数量 ："))
9   pictPath = r'C:\opencv\data\haarcascade_frontalface_alt2.xml'
10  face_cascade = cv2.CascadeClassifier(pictPath)  # 建立识别文件对象
11  cap = cv2.VideoCapture(0)                       # 打开摄像机
12  num = 1                                         # 图像编号
13  while(cap.isOpened()):                          # 摄像机有打开就执行循环
14      ret, img = cap.read()                       # 读取图像
15      faces = face_cascade.detectMultiScale(img, scaleFactor=1.1,
16              minNeighbors = 3, minSize=(20,20))
17      for (x, y, w, h) in faces:
18          cv2.rectangle(img,(x,y),(x+w,y+h),(255,0,0),2)  # 蓝色框框住人脸
19      cv2.imshow("Photo", img)                    # 显示图像在OpenCV窗口
20      key = cv2.waitKey(200)
```

```
21        if ret == True:                                    # 读取图像如果成功
22            imageCrop = img[y:y+h,x:x+w]                    # 裁切
23            imageResize = cv2.resize(imageCrop,(160,160))  # 重置大小
24            faceName = "ch28_5\\" + name + str(num) + ".jpg"  # 存储图像
25            cv2.imwrite(faceName, imageResize)             # 存储人脸图像
26            if num >= total:                               # 拍指定人脸数后才终止
27                if num == total:
28                    print(f"拍摄第 {num} 次人脸成功")
29                break
30            print(f"拍摄第 {num} 次人脸成功")
31            num += 1
32 cap.release()                                             # 关闭像影机
33 cv2.destroyAllWindows()
```

执行结果 下列是 Python Shell 窗口的执行结果，假设笔者要存储 10 张人脸。

```
================ RESTART: D:\OpenCV_Python\ch28\ch28_5.py ================
请输入英文名字     : hung
请输入人脸需求数量 : 10
拍摄第 1 次人脸成功
拍摄第 2 次人脸成功
拍摄第 3 次人脸成功
拍摄第 4 次人脸成功
拍摄第 5 次人脸成功
拍摄第 6 次人脸成功
拍摄第 7 次人脸成功
拍摄第 8 次人脸成功
拍摄第 9 次人脸成功
拍摄第 10 次人脸成功
```

如下是"ch28\ch28_5"文件夹的存储结果。

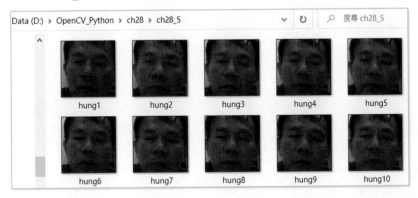

习题

1. 扩充 ch28_3.py 的功能，增加按 Q 键可以关闭摄像机，如果有拍摄人脸，请将人脸建立在 "ex28_1" 文件夹，执行过程图像可以参考 ch28_3.py。

2. 扩充 ch28_4.py，每次窗口皆会在右下方显示目前要拍摄第几张人脸，同时 Python Shell 窗口会显示目前拍摄的进度。

```
================== RESTART: D:\OpenCV_Python\ex\ex28_2.py ==================
请输入英文名字 ： hung
拍摄第 1 次人脸成功
拍摄第 2 次人脸成功
拍摄第 3 次人脸成功
拍摄第 4 次人脸成功
拍摄第 5 次人脸成功
```

第 29 章

人脸识别

笔者曾经编著《Python 王者归来 (增强版)》，在该书中笔者使用简单的 histogram( ) 方法执行人脸识别。本章笔者将介绍 OpenCV 提供的用来人脸识别的方法，有如下 3 种：

1. LBPH 人脸识别。

2. Fisherfaces 人脸识别。

3. EigenFaces 人脸识别。

每一种识别方法采用的算法不一样，不过步骤概念基本相同，有如下 3 步：

1. 建立识别器。

2. 训练识别器。

3. 执行识别。

注：要执行本章程序必须同时安装扩展模块，相当于使下列方式安装 Python，更多细节请参考附录 A(本书前言最后扫码获取)。

pip -m install opencv-contrib-python

29-1　LBPH 人脸识别

LBPH(Local Binary Pattern Histogram) 称为区域二值模式直方图，主要是使用区域 (或称局部) 的纹理特征完成人脸识别。

注：要识别的人脸必须有相同的大小，当读者要用人脸相片做测试时，可以使用 ch28_1.py 先将人脸撷取存储。

29-1-1　LBPH 原理

LBPH 是一个从图像提取局部特征的方法，起源于对 2D 纹理的分析，基本思维是将每个像素点与其相邻的像素点做比较，然后构成图像点的局部结构。方法以像素点为中心的强度当作阈值，并对其相邻的像素点设定阈值，概念如下：

1. 如果相邻像素点的强度大于或等于阈值，相邻像素点值是 1。

2. 如果相邻像素点的强度小于阈值，相邻像素点值是 0。

有了上述概念后，用 3×3 的像素点区域，就可以得到中心像素点周围的 8 个相邻像素点，相当于中心像素点的内容有 2^8 种组合，可以参考下图。

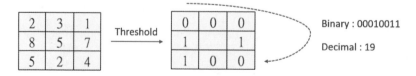

上述将相邻点二值化后，可以从相邻点任意位置开始将相邻点串行，例如，从左上角开始，可以得到如下转化的序列值：

00010011

上述相当于是值 19，这个 19 就是目前像素点的中心值。

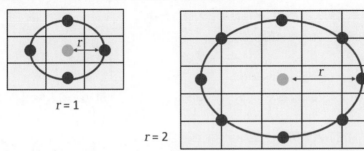

只要对图像的其他像素点用相同方式处理，就可以得到图像的特征图，该特征图的直方图又称
LBPH 直方图。

LBPH 算法的确可以捕捉图像的纹理细节，但是发布后不久，有科学家提出意见，一个固定的
相邻区域无法对规模不同的细节进行编码，因此提出了可变相邻区域的想法，该想法是使用圆形
相邻区域的概念，在可变的半径内，可以有任意数量的相邻点，用这种方式捕捉圆形相邻点，概
念如下：

1. 假设相邻点的数量是 P。

2. 允许圆的半径 r 可变，这样就可以拥有任意数量的相邻点。

例如，上述左图的 $r = 1$，相邻点的数量是 4，所以可以用 (4, 1) 表示。上述右图的 $r = 2$，相邻
点的数量是 8，所以可以用 (8, 2) 表示，不过上述右图可能无法很精确地取得某个像素点的值，这时
可以使用虚拟的像素值，取得方式可以用插值法。

上述笔者介绍了直方图的建立方式，至于图像的识别，可以用计算两个直方图的距离当作图像
的差异，最常用的是欧几里得距离。

$$Distance = \sqrt{\sum_{i=1}^{n} (hist1_i - hist2_i)^2}$$

图像比较结果值越小，代表彼此越相似。

29-1-2　LBPH 函数

OpenCV 提供了 3 个函数执行人脸识别，这 3 个函数功能分别如下：

face.LBPHFaceRecognizer_create( )：建立 LBPH 人脸识别对象。

recognizer.train( )：recognizer 是 LBPH 人脸识别对象，训练人脸识别。

recognizer.predict( )：recognizer 是 LBPH 人脸识别对象，执行人脸识别。

1. 建立人脸识别对象。

 recognizer = cv2.face.LBPHFaceRecognizer_create(radius, neighbors, grid_x, grid_y, threshold)

上述函数各参数意义如下，在初学阶段建议可以全部使用默认值：

❑ radius：可选参数，圆形局部的半径，默认是 1。

❑ neighbors：可选参数，圆形局部的相邻点个数，默认是 8。

❑ grid_x：可选参数，每个单元格在水平方向的个数，默认是 8。

❑ grid_y：可选参数，每个单元格在垂直方向的个数，默认是 8。

❑ threshold：可选参数，人脸识别时使用的阈值。

2. 训练人脸识别。

recognizer.train(src, labels)

上述 **recognizer** 是使用 cv2.face.LBPHFaceRecognizer_create( ) 所建立的人脸识别对象。函数各参数意义如下：

❑ src：用来学习的人脸图像，也可以称是人脸图像样本。

❑ labels：人脸图像样本对应的标签。

3. 执行人脸识别。

label, confidence = recognizer.predict(src)

上述 **recognizer** 是使用 cv2.face.LBPHFaceRecognizer_create( ) 所建立的人脸识别对象。函数各参数意义如下：

❑ src：需要识别的人脸图像。

返回值意义如下：

❑ label：与样本匹配最高的标签索引值。

❑ confidence：匹配度的评分，如果是 0 代表完全相同，大于 0 但是小于 50，代表匹配程度可以接受。如果大于 80 代表匹配程度比较差。

29-1-3　简单的人脸识别程序实操

本节将对下列人脸图像做识别，所使用的是比较简单的方法。

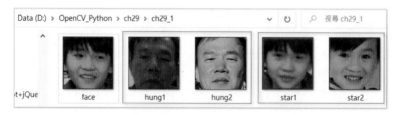

上述最左边是待识别的脸 face，然后有 2 组人脸，分别是 hung 和 star，在实际中可以建立至少 10 组人脸当作样本人脸，未来识别度会更精确。

程序实例 ch29_1.py：执行人脸识别匹配，最后列出最相近的人脸，同时列出此人脸的名字。

```
1   # ch29_1_1.py
2   import cv2
3   import numpy as np
4   import matplotlib.pyplot as plt
5
6   image = cv2.imread("ch29_1\\hung1.jpg",cv2.IMREAD_COLOR)    # 彩色读取
7   img = cv2.cvtColor(image, cv2.COLOR_BGR2RGB)               # 转RGB
8   plt.subplot(121)
9   plt.imshow(img)                                           # 显示人脸
10  gray = cv2.cvtColor(image, cv2.COLOR_BGR2GRAY)        # 转灰阶
11  recognizer = cv2.face.LBPHFaceRecognizer_create()     # 建立人脸识别对象
12  recognizer.train([gray], np.array([0]))               # 训练人脸识别
13  histogram = recognizer.getHistograms()[0][0]
14  axis_values = np.array([i for i in range(0, len(histogram))])
15  plt.subplot(122)
16  plt.bar(axis_values, histogram)
17  plt.show()
```

执行结果

```
================= RESTART: D:/OpenCV_Python/ch29/ch29_1.py =================
Name       = Unistar
Confidence = 53.96
```

注：本节内容是基本的人脸识别，在实际应用中一个人的样本数据最好有各种光照条件、背景场景和面部表情，这对于训练数据集更有帮助。

29-1-4　绘制 LBPH 直方图

OpenCV 提供的 getHistograms( ) 函数可以绘制 LBPH 直方图，可以使用 LBPH 人脸识别对象启用。

程序实例 ch29_1_1.py：绘制人脸 hung1.jpg 的直方图。

```
1   # ch29_1_1.py
2   import cv2
3   import numpy as np
4   import matplotlib.pyplot as plt
5
6   image = cv2.imread("ch29_1\\hung1.jpg",cv2.IMREAD_COLOR)    # 彩色读取
7   img = cv2.cvtColor(image, cv2.COLOR_BGR2RGB)               # 转RGB
8   plt.subplot(121)
9   plt.imshow(img)                                           # 显示人脸
10  gray = cv2.cvtColor(image, cv2.COLOR_BGR2GRAY)        # 转灰阶
11  recognizer = cv2.face.LBPHFaceRecognizer_create()     # 建立人脸识别对象
12  recognizer.train([gray], np.array([0]))               # 训练人脸识别
13  histogram = recognizer.getHistograms()[0][0]
14  axis_values = np.array([i for i in range(0, len(histogram))])
15  plt.subplot(122)
16  plt.bar(axis_values, histogram)
17  plt.show()
```

执行结果　　可以参考下方左图。

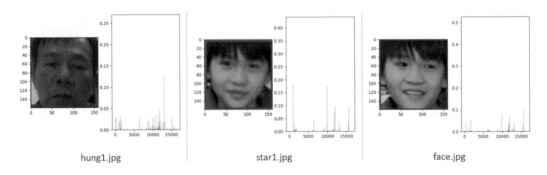

hung1.jpg　　　　　　　　　star1.jpg　　　　　　　　　face.jpg

上方中间的图是 ch29_1_2.py 的执行结果，所读取的是 star1.jpg 的人脸直方图。上方右边的图是 ch29_1_3.py 的执行结果，所读取的是待识别人脸 face.jpg 的人脸直方图。读者可以比较上述直方图，face.jpg 的直方图与 star1.jpg 的直方图比较类似。

29-1-5　人脸识别实操 —— 存储与打开训练数据

当人脸数据量很多时，如果每一次识别都要重新训练数据是一件很麻烦的事，这时可以使用将训练好的人脸数据模型存储，未来需要人脸要识别时，再打开训练数据。

存储人脸识别数据可以使用 save(filename) 函数，其中参数 filename 可以使用 .xml 或是 .yml 作为扩展名。

程序实例 ch29_2.py：使用与 ch29_1.py 相同的人脸数据，然后用 model.yml 存储已经训练好的人脸识别数据。

```
1  # ch29_2.py
2  import cv2
3  import numpy as np
4
5  face_db = [                                  # 人脸数据库
6              "ch29_2\\hung1.jpg",
7              "ch29_2\\hung2.jpg",
8              "ch29_2\\star1.jpg",
9              "ch29_2\\star2.jpg"
10            ]
11
12 faces = []                                   # 人脸空列表
13 for f in face_db:
14     img = cv2.imread(f,cv2.IMREAD_GRAYSCALE) # 读取人脸数据库
15     faces.append(img)                        # 加入人脸空列表
16 # 建立标签列表
17 labels = np.array([i for i in range(0, len(faces))])
18 # 建立对应名字的字典
19 model = cv2.face.LBPHFaceRecognizer_create() # 建立人脸识别对象
20 model.train(faces, np.array(labels))         # 训练人脸识别
21 model.save("ch29_2\\model.yml")              # 存储训练好的人脸数据
22 print("存储训练数据完成")
```

执行结果　在 Python Shell 窗口看得到下列结果。

```
================== RESTART: D:\OpenCV_Python\ch29\ch29_2.py ==================
存储训练数据完成
```

在 "ch29\ch29_2" 文件夹可以看到所存储的训练数据模型。

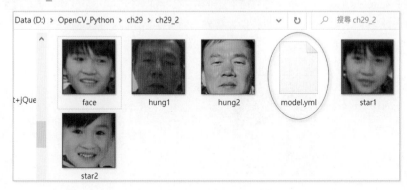

程序实例 ch29_3.py：打开已经存储的人脸识别数据模型，然后读取 face.jpg 执行匹配。

```
1  # ch29_3.py
2  import cv2
3
4  # 建立对应名字的字典
5  faceNames = {"0":"Hung", "1":"Hung", "2":"Unistar", "3":"Unistar"}
6  model = cv2.face.LBPHFaceRecognizer_create()    # 建立人脸识别对象
7  model.read("ch29_2\\model.yml")                  # 读取人脸识别数据模型
8  # 读取要识别的人脸
9  face = cv2.imread("ch29_2\\face.jpg",cv2.IMREAD_GRAYSCALE)
10 label,confidence = model.predict(face)          # 执行人脸识别
11 print(f"Name        = {faceNames[str(label)]}")
12 print(f"Confidence  = {confidence:6.2f}")
```

执行结果

```
================== RESTART: D:/OpenCV_Python/ch29/ch29_3.py ==================
Name        = Unistar
Confidence  =  53.96
```

29-2　Eigenfaces 人脸识别

Eigenfaces 处理的人脸通常称为特征脸，它主要是使用主成分分析 (Principle Component Anaysis, PCA) 将所有训练数据从高维降为低维，然后抛弃无关紧要的部分，只使用具有代表性的有用特征，再进行分析与处理，最后用这些特征可以得到人脸识别的结果。

29-2-1　Eigenfaces 原理

事实上当我们看一个人时，通常是用此人的独特特征来识别，例如，前额、眼睛、鼻子、口部、脸颊。也就是说需要关注哪些区域有最大的变化，例如，从前额到眼睛、从眼睛到鼻子、从鼻子到嘴巴的变化。当有许多数据时，可以对这些区域做比较，通过捕捉脸形区域的变化区分不同的人脸。

在应用 Eigenfaces 时，主要概念是将所有人的所有训练图像当作一个整体，方法是将每一个人脸用降维方式处理成一维的向量，假设人脸图像宽与高皆是 m（宽与高也可以不相等），可以展开成 $m \times m$ 的一维向量，如下图所示。

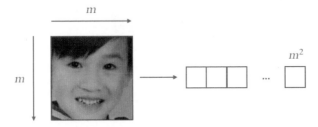

在整个数据集中，如果将所有图像降维，可以得到下列展开的所有图像矩阵，其中 n 是图像的总数。

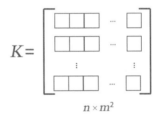

然后尝试提取相关和有用的部分，同时抛弃其余部分，这些有用的部分称主成分。主成分在人脸识别中也可以称为高变化区域、有用特征或方差，下列是 OpenCV 提供的人脸识别主成分的图像。

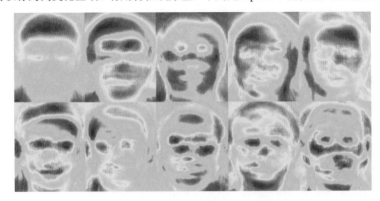

图像来源可以参考如下网址：https://docs.opencv.org/3.4/da/d60/tutorial_face_main.html。

每当有新的图像时，Eigenfaces 是通过提取主成分来训练自己，同时也会记录哪些特征是属于哪些人，然后重复执行下列相同的过程。

1. 从新的图像中提取主成分。

2. 将这些主成分与训练数据集的元素列做比较。

3. 找出最匹配元素。

4. 返回最匹配元素的关联标签。

29-2-2 Eigenfaces 函数

OpenCV 提供了 3 个函数执行人脸识别，这 3 个函数功能分别如下：

face.EigenFaceRecognizer_create( )：建立 Eigenfaces 人脸识别对象。

recognizer.train( )：recognizer 是 Eigenfaces 人脸识别对象，训练人脸识别。

recognizer.predict( )：recognizer 是 Eigenfaces 人脸识别对象，执行人脸识别。

1. 建立人脸识别对象。

recognizer = cv2.face.EigenFaceRecognizer_create(num_components, threshold)

上述函数各参数意义如下，在初学阶段建议可以全部使用默认值：

❑ num_components：可选参数，主要是 PCA 方法中要保留的分量个数。

❑ threshold：可选参数，人脸识别时使用的阈值。

2. 训练人脸识别。

recognizer.train(src, labels)

上述 recognizer 是使用 cv2.EigenFaceRecognizer_create( ) 所建立的人脸识别对象，各参数意义如下：

❑ src：用来学习的人脸图像，也可以称为人脸图像样本。

❑ labels：人脸图像样本对应的标签。

3. 执行人脸识别。

label, confidence = recognizer.predict(src)

上述 recognizer 是使用 cv2.face.EigenFaceRecognizer_create( ) 所建立的人脸识别对象，各参数意义如下：

❑ src：需要识别的人脸图像。

返回值意义如下：

❑ label：与样本匹配最高的标签索引值。

❑ confidence：匹配度的评分，值的范围是 0 ~ 20000，如果是 0 代表完全相同，大于 0 但是小于 5000，代表匹配程度可以接受。

29-2-3 简单的人脸识别程序实操

程序实例 ch29_4.py：使用 Eigenfaces 方法，重新设计 ch29_1.py 执行人脸识别。

```
1  # ch29_4.py
2  import cv2
3  import numpy as np
4
5  face_db = []                                           # 建立空列表
6  face_db.append(cv2.imread("ch29_1\\hung1.jpg",cv2.IMREAD_GRAYSCALE))
7  face_db.append(cv2.imread("ch29_1\\hung2.jpg",cv2.IMREAD_GRAYSCALE))
8  face_db.append(cv2.imread("ch29_1\\star1.jpg",cv2.IMREAD_GRAYSCALE))
9  face_db.append(cv2.imread("ch29_1\\star2.jpg",cv2.IMREAD_GRAYSCALE))
10
11 labels = [0,0,1,1]                                      # 建立标签列表
12 faceNames = {"0":"Hung", "1":"Unistar"}                # 建立对应名字的字典
13 # 使用EigenFaceRecognizer
14 recognizer = cv2.face.EigenFaceRecognizer_create()     # 建立人脸识别对象
15 recognizer.train(face_db, np.array(labels))            # 训练人脸识别
16 # 读取要识别的人脸
17 face = cv2.imread("ch29_1\\face.jpg",cv2.IMREAD_GRAYSCALE)
18 label,confidence = recognizer.predict(face)            # 执行人脸识别
19 print("使用Eigenfaces方法执行人脸辨识")
20 print(f"Name       = {faceNames[str(label)]}")
21 print(f"Confidence = {confidence:6.2f}")
```

执行结果

```
================== RESTART: D:\OpenCV_Python\ch29\ch29_4.py ==================
使用Eigenfaces方法执行人脸识别
Name       = Unistar
Confidence = 2198.37
```

29-3 Fisherfaces 人脸识别

Fisherfaces 人脸识别可以说是 Eigenfaces 算法的改良版本，该算法最早是由英国统计学家 Ronald Aylmer Fisher(1890 年 2 月 17 日 — 1962 年 7 月 29 日) 发表，这也是算法名称的由来。

29-3-1 Fisherfaces 原理

主成分分析 (PCA) 是 Eigenfaces 方法的核心，该方法会一次查看所有人的所有训练的脸，并从这些人中找到主成分，最后从这些组合中提取主成分，这个方法关注的不是一个人的特征，而是代表训练数据所有人的特征。

该方法的缺点是具有急剧变化的图像，例如，光线变化，这不是一个有用的特征，但是可能会主导其余的图像，最后所获得的主要成分可能是代表光线的变化，而不是实际上人脸的特征。

Fisherfaces 算法不是提取代表所有人脸的有用特征，而是提取区分一个人与其他人的有用特征，所以准确地说，Fisherfaces 人脸识别算法会防止一个人的特征成为主导。

29-3-2　Fisherfaces 函数

OpenCV 提供了 3 个函数执行人脸识别，这 3 个函数功能分别如下：

face.FisherFaceRecognizer_create( )：建立 Fisherfaces 人脸识别对象。

recognizer.train( )：recognizer 是 Fisherfaces 人脸识别对象，训练人脸识别。

recognizer.predict( )：recognizer 是 Fisherfaces 人脸识别对象，执行人脸识别。

1. 建立人脸识别对象。

recognizer = cv2.face.FisherFaceRecognizer_create(num_components, threshold)

上述函数各参数意义如下，在初学阶段建议可以全部使用默认值：

❑ num_components：可选参数，主要是使用 Fisherfaces 方法中要保留的分量个数。

❑ threshold：可选参数，人脸识别时使用的阈值。

2. 训练人脸识别。

recognizer.train(src, labels)

上述 **recognizer** 是使用 cv2.FisherFaceRecognizer_create( ) 所建立的人脸识别对象，各参数意义如下：

❑ src：用来学习的人脸图像，也可以称为人脸图像样本。

❑ labels：人脸图像样本对应的标签。

3. 执行人脸识别。

label, confidence = recognizer.predict(src)

上述 **recognizer** 是使用 cv2.face.FisherFaceRecognizer_create( ) 所建立的人脸识别对象，各参数意义如下：

❑ src：需要识别的人脸图像。

返回值意义如下：

❑ label：与样本匹配最高的标签索引值。

❑ confidence：匹配度的评分，评分值的范围与 Eigenfaces 方法相同，值的范围在 0 ~ 20000 之间，如果是 0 代表完全相同，大于 0 但是小于 5000，代表匹配程度可以接受。

29-3-3　简单的人脸识别程序实操

程序实例 ch29_5.py：使用 Fisherfaces 方法，重新设计 ch29_4.py 执行人脸识别。

```
1   # ch29_5.py
2   import cv2
3   import numpy as np
4
5   face_db = []                                         # 建立空列表
6   face_db.append(cv2.imread("ch29_1\\hung1.jpg",cv2.IMREAD_GRAYSCALE))
7   face_db.append(cv2.imread("ch29_1\\hung2.jpg",cv2.IMREAD_GRAYSCALE))
8   face_db.append(cv2.imread("ch29_1\\star1.jpg",cv2.IMREAD_GRAYSCALE))
9   face_db.append(cv2.imread("ch29_1\\star2.jpg",cv2.IMREAD_GRAYSCALE))
10
11  labels = [0,0,1,1]                                   # 建立标签列表
```

```
12   faceNames = {"0":"Hung", "1":"Unistar"}                # 建立对应名字的字典
13   # 使用FisherFaceRecognizer
14   recognizer = cv2.face.FisherFaceRecognizer_create() # 建立人脸识别对象
15   recognizer.train(face_db, np.array(labels))          # 训练人脸识别
16   # 读取要识别的人脸
17   face = cv2.imread("ch29_1\\face.jpg",cv2.IMREAD_GRAYSCALE)
18   label,confidence = recognizer.predict(face)          # 执行人脸识别
19   print("使用Fisherfaces方法执行人脸辨识")
20   print(f"Name        = {faceNames[str(label)]}")
21   print(f"Confidence = {confidence:6.2f}")
```

执行结果

```
================= RESTART: D:\OpenCV_Python\ch29\ch29_5.py =================
使用Fisherfaces方法执行人脸识别
Name        = Unistar
Confidence = 592.36
```

29-4 专题实操 —— 建立员工人脸识别登录系统

这个专题包含 2 个程序，分别是 ch29_6.py 和 ch29_7.py，将分成两小节解说。

29-4-1 建立与训练人脸数据库： ch29_6.py

ch29_6.py 程序在执行时可以建立人脸数据库，可以由不同人登录多次建立人脸数据库，如果应用在公司系统，可以让系统建立每个员工的人脸数据库。

程序执行时会要求输入英文名字，该英文名字未来会建立在 ch29_6 文件夹中，然后系统会开始建立 5 张人脸图像，每个人所需的人脸样本数可以在第 7 行使用变量 total 设定，所以读者可以使用此 total 变量更改所需要的人脸数。在建立人脸样本时，Python Shell 窗口会显示目前所拍摄的图像。下列是程序执行 2 次的过程，在 Python Shell 窗口可以看到如下内容。

```
================= RESTART: D:\OpenCV_Python\ch29\ch29_6.py =================
请输入英文名字 : hung
拍摄第 1 次人脸成功
拍摄第 2 次人脸成功
拍摄第 3 次人脸成功
拍摄第 4 次人脸成功
拍摄第 5 次人脸成功
标签名称 = ['hung']
标签序号 =[0, 0, 0, 0, 0]
建立人脸识别数据库
人脸识别数据库完成
>>>
================= RESTART: D:\OpenCV_Python\ch29\ch29_6.py =================
请输入英文名字 : jk
拍摄第 1 次人脸成功
拍摄第 2 次人脸成功
拍摄第 3 次人脸成功
拍摄第 4 次人脸成功
拍摄第 5 次人脸成功
标签名称 = ['hung', 'jk']
标签序号 =[0, 0, 0, 0, 0, 1, 1, 1, 1, 1]
建立人脸识别数据库
人脸识别数据库完成
```

如果现在检查 ch29_6 文件夹可以看到如下结果。

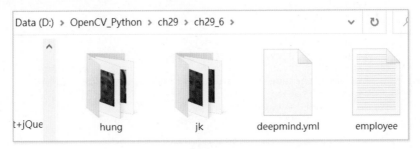

上述文件功能如下：

hung：笔者第一次建立的员工 hung 的人脸数据库，内容如下。

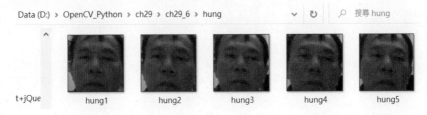

jk：笔者第二次建立的员工 jk 的人脸数据库。

deepmind.yml：已经训练的人脸数据库。

employee.txt：这是未来要识别人脸所需的标签，相当于员工姓名列表，内容如下。

> hung,jk

下列是整个程序内容，所有语法皆是前面已经叙述过的内容，只是整合处理。

```
1   # ch29_6.py
2   import cv2
3   import os
4   import glob
5   import numpy as np
6
7   total = 5                                         # 人脸取样数
8   pictPath = r'C:\opencv\data\haarcascade_frontalface_alt2.xml'
9   face_cascade = cv2.CascadeClassifier(pictPath)    # 建立识别文件对象
10  if not os.path.exists("ch29_6"):                  # 如果不存在ch29_6文件夹
11      os.mkdir("ch29_6")                            # 建立ch29_6文件夹
12  name = input("请输入英文名字 : ")
13  if os.path.exists("ch29_6\\" + name):
14      print("此名字的人脸数据已经存在")
15  else:
16      os.mkdir("ch29_6\\" + name)
17      cap = cv2.VideoCapture(0)                     # 开启摄像机
18      num = 1                                       # 图像编号
19      while(cap.isOpened()):                        # 摄像机打开就执行循环
20          ret, img = cap.read()                     # 读取图像
21          faces = face_cascade.detectMultiScale(img, scaleFactor=1.1,
22                  minNeighbors = 3, minSize=(20,20))
23          for (x, y, w, h) in faces:
```

```
24                  cv2.rectangle(img,(x,y),(x+w,y+h),(255,0,0),2)   # 蓝色框框住人脸
25              cv2.imshow("Photo", img)                        # 显示图像在OpenCV窗口
26              key = cv2.waitKey(200)
27              if ret == True:                                  # 读取图像如果成功
28                  imageCrop = img[y:y+h,x:x+w]                  # 裁切
29                  imageResize = cv2.resize(imageCrop,(160,160))    # 重置大小
30                  faceName = "ch29_6\\" + name + "\\" + name + str(num) + ".jpg"
31                  cv2.imwrite(faceName, imageResize)           # 存储人脸图像
32                  if num >= total:                             # 拍指定人脸数后才终止
33                      if num == total:
34                          print(f"拍摄第 {num} 次人脸成功")
35                          break
36                  print(f"拍摄第 {num} 次人脸成功")
37                  num += 1
38      cap.release()                                            # 关闭摄像机
39      cv2.destroyAllWindows()
40  # 读取人脸样本并放入faces_db，同时建立标签与人名列表
41  nameList = []                                                # 员工姓名
42  faces_db = []                                                # 存储所有人脸
43  labels = []                                                  # 建立人脸标签
44  index = 0                                                    # 员工编号索引
45  dirs = os.listdir('ch29_6')                                  # 取得所有文件夹及文件
46  for d in dirs:                                               # d是所有员工人脸的文件夹
47      if os.path.isdir('ch29_6\\' + d):                       # 获得文件夹
48          faces = glob.glob('ch29_6\\' + d + '\\*.jpg')   # 文件夹中所有人脸
49          for face in faces:                                  # 读取人脸
50              img = cv2.imread(face, cv2.IMREAD_GRAYSCALE)
51              faces_db.append(img)                            # 人脸存入列表
52              labels.append(index)                            # 建立数值标签
53          nameList.append(d)                                  # 将英文名字加入列表
54          index += 1
55  print(f"标签名称 = {nameList}")
56  print(f"标签序号 ={labels}")
57  # 存储人名列表，可在未来识别人脸时使用
58  f = open('ch29_6\\employee.txt', 'w')
59  f.write(','.join(nameList))
60  f.close()
61
62  print('建立人脸识别数据库')
63  model = cv2.face.LBPHFaceRecognizer_create()                # 建立LBPH人脸识别对象
64  model.train(faces_db, np.array(labels))                     # 训练LBPH人脸识别
65  model.save('ch29_6\\deepmind.yml')                          # 存储LBPH训练数据
66  print('人脸辨识数据库完成')
```

29-4-2　员工人脸识别：ch29_7.py

　　ch29_7.py 程序在执行时会在人脸数据库中找出最接近的员工标签，如果匹配度是 60 分则算是通过，否则算是失败，下列是程序执行过程与结果。

当准备好了以后可以按 A 键拍照，然后就进入匹配过程，下列是此程序的执行结果。

```
=============== RESTART: D:\OpenCV_Python\ch29\ch29_7.py ===================
欢迎Deepmind员工 hung 登录
匹配值是  38.13
```

下列是整个程序内容。

```python
1  # ch29_7.py
2  import cv2
3
4  pictPath = r'C:\opencv\data\haarcascade_frontalface_alt2.xml'
5  face_cascade = cv2.CascadeClassifier(pictPath)          # 建立识别对象
6
7  model = cv2.face.LBPHFaceRecognizer_create()
8  model.read('ch29_6\\deepmind.yml')                      # 读取已训练模型
9  f = open('ch29_6\\employee.txt', 'r')                   # 打开姓名标签
10 names = f.readline().split(',')                         # 将姓名存于列表
11
12 cap = cv2.VideoCapture(0)
13 while(cap.isOpened()):                                  # 如果打开摄像机成功
14     ret, img = cap.read()                               # 读取图像
15     faces = face_cascade.detectMultiScale(img, scaleFactor=1.1,
16                 minNeighbors = 3, minSize=(20,20))
17     for (x, y, w, h) in faces:
18         cv2.rectangle(img,(x,y),(x+w,y+h),(255,0,0),2)  # 蓝色框框住人脸
19     cv2.imshow("Face", img)                             # 显示图像
20     k = cv2.waitKey(200)                                # 0.2秒读键盘一次
21     if ret == True:
22         if k == ord("a") or k == ord("A"):             # 按A键
23             imageCrop = img[y:y+h,x:x+w]                # 裁切
24             imageResize = cv2.resize(imageCrop,(160,160))  # 重置大小
25             cv2.imwrite("ch29_6\\face.jpg", imageResize)   # 将测试人脸存储
26             break
27 cap.release()                                           # 关闭摄像机
28 cv2.destroyAllWindows()
29 # 读取员工人脸
30 gray = cv2.imread("ch29_6\\face.jpg", cv2.IMREAD_GRAYSCALE)
31 val = model.predict(gray)
32 if val[1] < 50:                                         # 人脸识别成功
33     print(f"欢迎Deepmind员工 {names[val[0]]} 登录")
34     print(f"匹配值是 {val[1]:6.2f}")
35 else:
36     print("对不起你不是员工，请联系人事部门")
```

习题

1. 使用一般照片，读者可以参考 ex29_1 文件夹，然后重新设计 ch29_2.py，所以这个程序必须增加设计，可以将一般照片处理成人脸照片。下列是 Python Shell 窗口的执行结果。

```
=================== RESTART: D:\OpenCV_Python\ex\ex29_1.py ===================
存储训练数据完成
```

如下是 ex29_1 文件夹的内容，以及所建立的已经训练好的人脸识别数据模型。

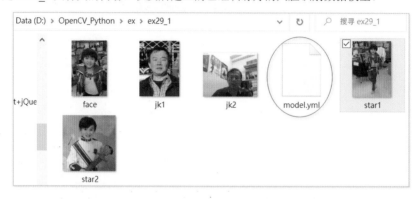

2. 请参考 ch29_3.py 扩充设计 ex29_2.py，然后读取 ex29_1 文件夹的 face.jpg 并进行识别，最后可以得到如下结果。

```
=================== RESTART: D:/OpenCV_Python/ex/ex29_2.py ===================
Name      = Unistar
Confidence =  53.52
```

第 30 章
建立哈尔特征分类器——
车牌识别

第 27 章笔者介绍了 OpenCV 所提供的哈尔 (Haar) 特征分类器资源文件、检测对象，本节将以程序实例带领读者自行设计哈尔特征分类器资源文件，一步步识别中国台湾汽车车牌。

30-1 准备正样本与负样本图像数据

本章的内容是要建立可以识别汽车车牌的哈尔 (Haar) 特征分类器资源文件，这时必须准备 2 类图像，其中含汽车车牌的图像称为正 (Positive) 样本图像，不含汽车车牌的图像称为负 (Negative) 样本图像。

30-1-1 准备正样本图像 —— 含汽车车牌图像

首先准备汽车车牌，这些图像数据又称正样本图像，如下方左图所示，然后设计程序将车牌框选住，可以参考下方右图。

目前中国台湾的汽车车牌有新旧两式，相当于有 7 码与 6 码，为了简单化，笔者选择使用 7 码当作车牌识别的样本图像。许多车牌识别的停车场会将摄像机架在与车身引擎盖相同的高度或是略高一点，所以在拍摄汽车图像时，最好也是如此，建议拍摄汽车图像时注意如下三点：

1. 固定高度。
2. 固定距离。
3. 光线良好，可以清楚显示车身与车牌。

受实际情况所限，笔者所准备的图像无法保持一定高度与距离，本章实例笔者只准备了约 50 张图像，部分图像则是相同图像裁剪不同部位而成，最后处理成 90 张图像。

正样本图像数不够，最大的缺点是影响识别车牌的精确度，所以读者学会本章概念可以使用本章汽车图像为基础，自行扩充拍摄汽车图像，这样可以获得更精确的结果，建议有 500 张图像以上。

此外，本书所有汽车图像皆是使用 7 码的汽车图像做测试，笔者参考目前新式车牌大小，设定宽高比是 7：2。

30-1-2 准备负样本图像 —— 不含汽车车牌图像

所谓的负样本图像就是指不含汽车车牌的图像，由于要训练计算机可以识别汽车车牌，所以要准备一系列不含汽车车牌的图像告诉系统这些图像是不含汽车车牌，这些图像最好包罗万象，越多越好，本书笔者准备了约 295 张图像。

建议读者学会本章内容后，可以准备 1000 张以上的图像。

30-2 处理正样本图像

这本书笔者将原始拍摄的图像放在 ch30/srcCar 文件夹，如下图所示。

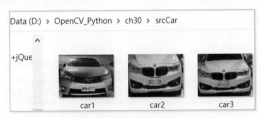

30-2-1 将正样本图像处理成固定宽度与高度

停车场的摄像机由于固定在入口位置，所以可以保持一定高度与距离拍摄车辆，最后取得固定大小的图像。本章的图像是用手机拍摄，高度与距离无法完全相同，所以只能使用裁剪方式处理正样本图像。

程序实例 ch30_1.py：将 ch30/srcCar 文件夹内的所有文件，处理成宽与高分别是 320 和 240像素的图像，然后存储在 ch30/dstCar 文件夹。因为程序会有多次测试，所以该程序第 12 ~ 15 行笔者会先删除原文件夹内的图像。

```python
1   # ch30_1.py
2   import cv2
3   import os
4   import glob
5   import time
6   import shutil
7
8   srcDir = "srcCar"
9   dstDir = "dstCar"
10  width = 320
11  height = 240
12  if os.path.isdir(dstDir):                        # 检查是否存在
13  # 因为dstCar文件夹可能含数据，所以使用shutil.rmtree()函数删除
14      shutil.rmtree(dstDir)                        # 先删除文件夹
15      time.sleep(3)                                # 休息让系统处理
16  os.mkdir(dstDir)                                 # 建立文件夹
17  # 取得文件夹底下所有车子图像名称
18  cars = glob.glob(srcDir + "/*.jpg")
19  print(f"执行 {srcDir} 文件夹内尺寸的转换 ... ")
20  for index, car in enumerate(cars, 1):            # 从1开始
21      img_car = cv2.imread(car,cv2.IMREAD_COLOR)   # 读车子图像
22      img_car_resize = cv2.resize(img_car, (width, height))
23      car_name = "car" + str(index) + ".jpg"       # 车子图像命名
24      fullpath = dstDir + "\\" + car_name          # 完成路径
25      cv2.imwrite(fullpath, img_car_resize)        # 写入车子图像
26  print(f"存储 {dstDir} 文件夹内尺寸的转换 ... ")
```

执行结果

```
================= RESTART: D:\OpenCV_Python\ch30\ch30_1.py =================
执行 srcCar 文件夹内尺寸的转换 ...
存储 dstCar 文件夹内尺寸的转换 ...
```

打开 *ch30/dstCar* 文件夹可以得到下列结果，同时每张图像宽与高分别是 320 和 240 像素。

Data (D:) › OpenCV_Python › ch30 › dstCar

+jQue

car1　　　　　car2　　　　　car3

30-2-2　将正样本图像转换成 bmp 文件

为了记录笔者建立哈尔特征分类器的过程，采用逐步说明，使用不同文件夹存储每一阶段的执行结果。在讲解程序实例 ch30_3.py 之前，笔者先介绍将含路径的字符串拆成文件夹与文件名。

程序实例 ch30_2.py：由于要将 dstCar 文件夹中所有汽车图像由 jpg 文件转换成 bmp 文件，必须要读取 dstCar 文件夹所有的文件，这时需要使用 glob 模块的 glob( ) 函数，该函数可以得到文件列表，这个实例是将文件列表的路径与文件名拆开。

```
1  # ch30_2.py
2  import os
3  import glob
4
5  dstDir = "dstCar"
6  allcars = dstDir + "/*.JPG"              # 建立文件模式
7  cars = glob.glob(allcars)               # 获得文件名
8  print(f"目前文件夹文件名 = \n{cars}")     # 打印文件名称
9  # 拆解文件夹符号
10 for car in cars:
11     carname = car.split("\\")           # 将字符串转换成列表
12     print(carname)
```

执行结果　下列是部分结果。

```
================ RESTART: D:\OpenCV_Python\ch30\ch30_2.py ================
目前文件夹文件名 =
['dstCar\\car1.jpg', 'dstCar\\car10.jpg', 'dstCar\\car11.jpg', 'dstCar\\car12.jp
g', 'dstCar\\car13.jpg', 'dstCar\\car14.jpg', 'dstCar\\car15.jpg', 'dstCar\\car1
6.jpg', 'dstCar\\car17.jpg', 'dstCar\\car18.jpg', 'dstCar\\car19.jpg', 'dstCar\\
car2.jpg', 'dstCar\\car20.jpg', 'dstCar\\car21.jpg', 'dstCar\\car22.jpg', 'dstCa
r\\car23.jpg', 'dstCar\\car24.jpg', 'dstCar\\car25.jpg', 'dstCar\\car26.jpg', 'd
stCar\\car27.jpg', 'dstCar\\car28.jpg', 'dstCar\\car29.jpg', 'dstCar\\car3.jpg',
 'dstCar\\car30.jpg', 'dstCar\\car31.jpg', 'dstCar\\car32.jpg', 'dstCar\\car33.j
pg', 'dstCar\\car34.jpg', 'dstCar\\car35.jpg', 'dstCar\\car36.jpg', 'dstCar\\car
37.jpg', 'dstCar\\car38.jpg', 'dstCar\\car39.jpg', 'dstCar\\car4.jpg', 'dstCar\\
car40.jpg', 'dstCar\\car41.jpg', 'dstCar\\car42.jpg', 'dstCar\\car43.jpg', 'dstC
ar\\car44.jpg', 'dstCar\\car45.jpg', 'dstCar\\car46.jpg', 'dstCar\\car47.jpg', '
dstCar\\car48.jpg', 'dstCar\\car49.jpg', 'dstCar\\car5.jpg', 'dstCar\\car50.jpg'
, 'dstCar\\car51.jpg', 'dstCar\\car52.jpg', 'dstCar\\car53.jpg', 'dstCar\\car54.
jpg', 'dstCar\\car55.jpg', 'dstCar\\car56.jpg', 'dstCar\\car57.jpg', 'dstCar\\ca
r58.jpg', 'dstCar\\car59.jpg', 'dstCar\\car6.jpg', 'dstCar\\car60.jpg', 'dstCar\
\car61.jpg', 'dstCar\\car62.jpg', 'dstCar\\car63.jpg', 'dstCar\\car64.jpg', 'dst
Car\\car65.jpg', 'dstCar\\car66.jpg', 'dstCar\\car67.jpg', 'dstCar\\car68.jpg',
'dstCar\\car69.jpg', 'dstCar\\car7.jpg', 'dstCar\\car70.jpg', 'dstCar\\car71.jpg
', 'dstCar\\car72.jpg', 'dstCar\\car73.jpg', 'dstCar\\car74.jpg', 'dstCar\\car75
.jpg', 'dstCar\\car76.jpg', 'dstCar\\car77.jpg', 'dstCar\\car78.jpg', 'dstCar\\c
ar79.jpg', 'dstCar\\car8.jpg', 'dstCar\\car80.jpg', 'dstCar\\car81.jpg', 'dstCar
\\car82.jpg', 'dstCar\\car83.jpg', 'dstCar\\car84.jpg', 'dstCar\\car85.jpg', 'ds
tCar\\car86.jpg', 'dstCar\\car87.jpg', 'dstCar\\car88.jpg', 'dstCar\\car89.jpg',
 'dstCar\\car9.jpg', 'dstCar\\car90.jpg']
['dstCar', 'car1.jpg']
['dstCar', 'car10.jpg']
['dstCar', 'car11.jpg']
```

了解上述程序后，读者可以比较容易了解下列程序。

程序实例 ch30_3.py：将所有 ch30/dstCar 文件夹内的 jpg 图像文件转换成 bmp 图像文件，同时存入 ch30/bmpCar 文件夹。

```python
1   # ch30_3.py
2   import cv2
3   import os
4   import glob
5   import time
6   import shutil
7
8   dstDir = "dstCar"
9   bmpDir = "bmpCar"
10  if os.path.isdir(bmpDir):                          # 检查是否存在
11  # 因为bmpDir文件夹可能含数据，所以使用shutil.rmtree()函数删除
12      shutil.rmtree(bmpDir)                          # 先删除文件夹
13      time.sleep(3)                                  # 休息让系统处理
14  os.mkdir(bmpDir)
15
16  allcars = dstDir + "/*.JPG"                        # 建立文件模式
17  cars = glob.glob(allcars)                          # 获得文件名称
18  #print(f"目前文件夹文件名 = \n{cars}")              # 打印文件名称
19  # 拆解文件夹符号
20  for car in cars:
21      carname = car.split("\\")                      # 将字符串转换成列表
22      #print(carname)
23      car_img = cv2.cv2.imread(car,cv2.IMREAD_COLOR) # 读车子图像
24      outname = carname[1].replace(".jpg", ".bmp")   # 将jpg改为bmp
25      fullpath = bmpDir + "\\" + outname             # 完整文件名
26      cv2.imwrite(fullpath, car_img)                 # 写入文件夹
27  print("在 bmpCar 文件夹重新命名车辆扩展名成功")
```

执行结果

```
================= RESTART: D:\OpenCV_Python\ch30\ch30_3.py =================
在 bmpCar 文件夹重新命名车辆扩展名成功
```

在 ch30/bmpCar 文件夹可以看到结果。

30-3 处理负样本图像

如前所述，负样本图像就是不含有汽车的图像，但是可以有与汽车相关的图像，例如，车道。当然为了能让哈尔特征分类器可以识别哪些图像不含汽车，所以负样本图像也是越丰富越好，在实操上建议有 1000 张以上的图像，这些图像必须转换成灰度图像，同时负样本图像的宽与高必须大于正样本图像。

笔者准备的负样本图像存储在 ch30/notCar 文件夹中。

程序实例 ch30_4.py：将 ch30/notCar 文件夹的所有负样本图像转为灰度图像，文件名改为 notcar*.jpg，其中 * 是文件编号，同时将宽与高改为 500 和 400 像素，然后存至 ch30/notCarGray 文件夹。

```
1   # ch30_4.py
2   import cv2
3   import os
4   import glob
5   import shutil
6   import time
7
8   srcDir = "notCar"
9   dstDir = "notCarGray"
10  width = 500                                    # 负样本宽
11  height = 400                                   # 负样本高
12  if os.path.isdir(dstDir):                      # 检查是否存在
13  # 因为notCarDir文件夹可能含有数据，所以使用shutil.rmtree()函数删除
14      shutil.rmtree(dstDir)                      # 先删除文件夹
15      time.sleep(3)                              # 休息让系统处理
16  os.mkdir(dstDir)
17
18  allcars = srcDir + "/*.JPG"                    # 建立文件模式
19  cars = glob.glob(allcars)                      # 获得文件名
20  for index, car in enumerate(cars, 1):
21      img = cv2.imread(car,cv2.IMREAD_GRAYSCALE) # 灰阶读车子图像
22      img_resize = cv2.resize(img, (width, height)) # 调整负样本图像
23      imgname =  "notcar" + str(index)
24      fullpath = dstDir + "\\" + imgname + ".jpg"
25      cv2.imwrite(fullpath, img_resize)
26  print("在 notCar 文件夹将图像转为灰度成功,同时存入notCarGray文件夹")
```

执行结果

```
================= RESTART: D:\OpenCV_Python\ch30\ch30_4.py =================
在 notCar 文件夹将图像转为灰度成功,同时存入notCarGray文件夹
```

下列是原先的 ch30/notCar 文件夹中的内容。

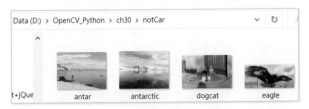

下列是执行后 ch30/notCarGray 文件夹中的内容。

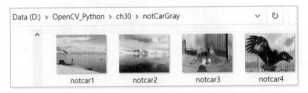

30-4 建立识别车牌的哈尔特征分类器

30-4-1 下载哈尔特征分类器工具

进入下图所示网址，单击 Code 内的 Download ZIP 按钮，可以下载 Haar-Training-master.zip 文件。解压文件后可以得到 Haar-Training-master 文件夹，该文件夹的资源可以建立哈尔特征分类器。本书所附程序资源文件 (获取方法见前言) 已经有这个文件夹了，读者也可以直接使用。由于目前是要建立车牌识别，所以笔者将文件夹名称改为 Haar-Training-car-plate。

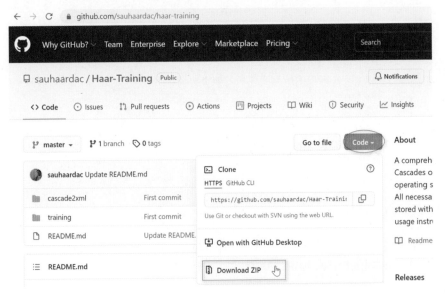

30-4-2 存储正样本图像

正样本图像必须存储在如下文件夹：ch30/Haar-Training-car-plate/training/positive/rawdata。

请先将上述文件夹所有文件删除，然后将原先 ch30/bmpCar 文件夹中的所有 bmp 图像复制至此文件夹，下列是执行结果。

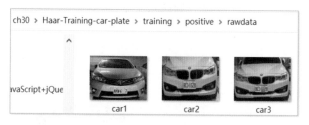

30-4-3 存储负样本图像

负样本图像存储在如下文件夹：ch30/Haar-Training-car-plate/training/negative。

请执行下列步骤：

1. 先将上述文件夹中的所有图像文件和 bg.txt 文件删除。

2. 只保留 create_list.bat。

3. 将程序实例 ch30_4.py 所建立的 ch30/notCarGray 文件夹内所有灰度图像复制至此文件夹。

create_list.bat 是批处理文件，主要是建立 bg.txt，双击可以建立此 bg.txt 文件，下列是执行结果。

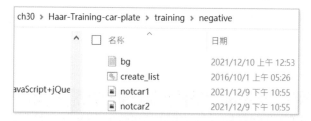

bg.txt 则是记录这个文件夹内的所有文件名，如下所示。

```
notcar1.jpg
notcar10.jpg
notcar100.jpg
notcar101.jpg
notcar102.jpg
notcar103.jpg
```

30-4-4 为正样本加上标记

为了告诉分类器所要检测的对象，需要为正样本加上标记，将分类器要识别的对象标记出来，本例中使用的标记方式是框选汽车图像的车牌。

打开 Haar-Training-car-plate/training/positive 文件夹内的 objectmarker.exe 文件，双击打开汽车正

样本图像，然后为每部车子的车牌加上外框，这个加外框的动作也称为标记，标记方式如下：

1. 将鼠标光标移至车牌左上角，拖曳至车牌右下角，可以建立车牌框。

2. 同时按空格键和 Enter 键，可以自动出现下一辆车的图像。

重复执行上述操作直到所有正样本图像框选结束，如下是框选某块车牌的实例。

上述框选完车牌后请同时按空格键和 Enter 键，可以看到所框选的左上角坐标和 width 与 height，同时显示下一部车供框选。

标记完成后，在相同的文件夹可以看到 info.txt 文件，这个文件记录了正样本图像的路径与文件名、标记数量、标记坐标、宽与高。

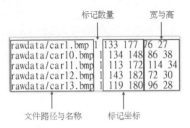

30-4-5　设计程序显示标记

30-4-4 节为每个正样本图像建立了标记，现在可以使用程序了解所建立的正样本图像标记，如果感觉位置有偏差可以修订 info.txt 的内容。

注：如果重新执行 objectmarker.exe 会造成原先的标记消失。

程序实例 ch30_5.py：显示以及绘制车牌框线，读者可以在 ch30/plate-mark 文件夹看到所有框选的结果。

```
1   # ch30_5.py
2   # 标记检查
3   import cv2
4   import os
5   import shutil
6   import time
7
8   dstDir = "plate-mark"
9   path = "Haar-Training-car-plate/training/positive/"
10
11  if os.path.isdir(dstDir):                           # 检查是否存在
12  # 因为notCarDir文件夹可能含数据，所以使用shutil.rmtree()函数删除
13      shutil.rmtree(dstDir)                           # 先删除文件夹
14      time.sleep(3)                                   # 休息让系统处理
15  os.mkdir(dstDir)
16
17  fn = open(path + 'info.txt', 'r')
18  row = fn.readline()                                 # 读取info.txt
19  while row:
20      msg = row.split(' ')                            # 分割每一列文字
21      img = cv2.imread(path + msg[0])                 # 读文件
22      n = int(msg[1])
23      for i in range(n):
24          x = int(msg[2 + i * 4])                     # 取得左上方 x 坐标
25          y = int(msg[3 + i * 4])                     # 取得左上方 y 坐标
26          w = int(msg[4 + i * 4])                     # 取得宽度width
27          h = int(msg[5 + i * 4])                     # 取得高度height
28          cv2.rectangle(img, (x, y), (x+w, y+h), (255, 0, 0), 2)
29      imgname = msg[0].split("/")[-1]                 # 使用-1是确定最右索引
30      print(imgname)                                  # 输出处理过程
31      cv2.imwrite(dstDir + "\\" + imgname, img)       # 写入文件夹
32      row = fn.readline()
33  fn.close()
34  print("绘制车牌框完成")
```

执行结果

```
================== RESTART: D:\OpenCV_Python\ch30\ch30_5.py ==================
car1.bmp
car10.bmp
car11.bmp
car12.bmp
car13.bmp
```

打开 ch30/plate-mark 文件夹可以看到所有框选的结果，如下所示。

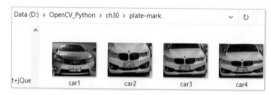

30-5　训练识别车牌的哈尔特征分类器

30-5-1　建立向量文件

正样本图像必须打包为向量文件才可以进行训练，首先编辑 ch30/Haar-Training-car-plate/training 文件夹中的 samples_creation.bat，请参考下列修改内容：

createsamples.exe -info positive/info.txt -vec vector/facevector.vec

-num 90 -w 70 -h 20

上述内容与意义如下：

- ❑ createsamples.exe：打包向量文件的程序。
- ❑ info positive/info.txt：positive/info.txt 是正样本标记的路径。
- ❑ vec vector/facevector.vec：建立向量文件的路径和文件名，相当于将向量文件建立在 vector 文件夹，使用 facevector.vec 命名。
- ❑ num：正样本图像的数量。
- ❑ w：检测标记的宽度。
- ❑ h：检测标记的高度。

双击 samples_creation.bat 可以在 vector 文件夹建立 facevector.vec 向量文件，如下是执行结果。

30-5-2　训练哈尔分类器

删除 ch30/Haar-Training-car-plate/training/cascades 文件夹内容，如下所示。

编辑 ch30/Haar-Training-car-plate/training 文件夹中的 haartraining.bat，这是批处理文件，请参考下列修改内容：

haartraining.exe -data cascades -vec vector/facevector.vec -bg negative/bg.txt

-npos 90 -nneg 295 -nstages 15 -mem 512 -mode ALL -w 70 -h 20 -nonsym

上述内容与意义如下：

- ❑ haartraining.exe：训练哈尔特征分类器的执行文件程序。
- ❑ data cascades：data 指未来要存储的训练结果，cascades 是存储结果的文件夹。
- ❑ vec vector/facevector.vec：vector/facevector.vec 是指正样本的向量文件。

❏ bg negative/bg.txt：指负样本的文件。

❏ npos 90：指正样本的数量。

❏ nneg：指负样本的数量。

❏ nstages：指训练的级数，一般训练级数越多所需时间越多，一般可以设定在 12 ~ 20。

❏ mem：哈尔特征训练数据所需的内存，内存越大所需时间越多。

❏ mode：哈尔特征的训练模式，一般常用选项有 BASIC(线性特征)、CORE(线性和核心特征)、ALL(使用所有特征)。

❏ w：检测对象的宽度 width。

❏ h：检测对象的高度 height。

❏ nonsym：检测对象使用非对称方式，如果想要使用对称方式可以设为 sym。

然后双击此批处理文件，执行此文件，当看到下列画面表示开始训练数据。

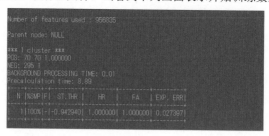

训练结束后，可以在 ch30/Haar-Training-car-plate/training/cascade 文件夹看到如下训练结果。

Haar-Training-car-plate › training › cascades ›		
名称		修改日期
0		2021/12/10 上午 12:57
1		2021/12/10 上午 12:58
2		2021/12/10 上午 01:00
3		2021/12/10 上午 01:03
4		2021/12/10 上午 01:05
5		2021/12/10 上午 01:06
6		2021/12/10 上午 01:08
7		2021/12/10 上午 01:10
8		2021/12/10 上午 01:12
9		2021/12/10 上午 01:16
10		2021/12/10 上午 01:18

30-5-3　建立哈尔特征分类器资源文件

编辑 ch30/Haar-Training-car-plate/cascade2xml 文件夹中的 convert.bat 文件，内容如下：

haarconv.exe ../training/cascades ../../haar_carplate.xml 70 20

上述 ../ 代表上一层文件夹，其他内容与意义如下：

❏ haarconv.exe：建立哈尔特征分类器资源文件所需要的可执行文件。

❏ ../training/cascades：指哈尔特征分类器的训练结果文件夹，可以参考 30-5-2 节。

❏ ../../haar_carplate.xml：要建立的哈尔特征分类器资源文件。

❏ 70 20：检测对象的宽度和高度。

30-6 车牌检测

现在使用第 27 章的概念检测车牌，在 ch30/testCar 文件夹有 3 个供测试的汽车图像，分别是 cartest1.jpg、cartest2.jpg 和 cartest3.jpg。

程序实例 ch30_6.py：检测 cartest1.jpg 车牌的实例。

```python
1   # ch30_6.py
2   import cv2
3
4   pictPath = "haar_carplate.xml"                          # 哈尔特征文件路径
5   img = cv2.imread("testCar/cartest1.jpg")               # 读识别的图像
6   car_cascade = cv2.CascadeClassifier(pictPath)          # 读哈尔特征文件
7   # 执行识别
8   plates = car_cascade.detectMultiScale(img, scaleFactor=1.05, minNeighbors=3,
9           minSize=(20,20),maxSize=(155,50))
10  if len(plates) > 0 :                                   # 检测到车牌
11      for (x, y, w, h) in plates:                        # 标记车牌
12          cv2.rectangle(img, (x, y), (x+w, y+h), (255, 0, 0), 2)
13          print(plates)
14  else:
15      print("检测车牌失败")
16
17  cv2.imshow('Car', img)                                 # 显示所读取的车辆
18  cv2.waitKey(0)
19  cv2.destroyAllWindows()
```

执行结果

```
================== RESTART: D:/OpenCV_Python/ch30/ch30_6.py ==================
[[193 338 146  42]]
```

下列两张图像分别是 ch30_6_1.py 和 ch30_6_2.py 测试 cartest2.jpg 和 cartest3.jpg 的结果。

30-7 心得报告

本章笔者讲解了建立识别车牌的哈尔特征分类器的整个步骤，经过测试其识别率仍有待加强，主要原因如下：

1. 拍摄车牌时笔者没有固定距离与高度。

2. 车牌样本数不足，建议至少 500 张不同车辆图像。

3. 负样本数量仍不够多，应该多准备一些与车辆有关的图像 (但是不含车辆)，例如，道路图像。建议有至少 500 张不同的负样本图像。

习题

请参照 30-7 节的心得修改本书的 haar_carplate.xml 哈尔特征分类器文件。

注：本题没有附解答。

第 31 章

车 牌 识 别

31-1 撷取所读取的车牌图像

在 30 章讲解了识别车牌，其实已经可以将所识别的车牌图像撷取与存储。

程序实例 ch31_1.py：在 ch31\testCar 文件夹中有 cartest1.jpg，先使用哈尔特征分类器找出车牌，然后将车牌图像撷取，以 atq9305.jpg 文件名存储，同时显示此车牌。

```python
1   # ch31_1.py
2   import cv2
3
4   pictPath = "haar_carplate.xml"                              # 哈尔特征文件路径
5   img = cv2.imread("testCar/cartest1.jpg")                    # 读识别的图像
6   car_cascade = cv2.CascadeClassifier(pictPath)              # 读哈尔特征文件
7   # 执行识别
8   plates = car_cascade.detectMultiScale(img, scaleFactor=1.05, minNeighbors=3,
9           minSize=(20,20),maxSize=(155,50))
10  if len(plates) > 0 :                                        # 检测到车牌
11      for (x, y, w, h) in plates:                             # 标记车牌
12          carplate = img[y:y+h, x:x+w]                        # 车牌图像
13  else:
14      print("检测车牌失败")
15
16  cv2.imshow('Car', carplate)                                 # 显示所读取的车牌
17  cv2.imwrite("atq9305.jpg", carplate)
18  cv2.waitKey(0)
19  cv2.destroyAllWindows()
```

执行结果

31-2 使用 Tesseract OCR 执行车牌识别

Tesseract OCR 是文字识别软件，我们可以将所存储的图像使用 Tesseract OCR 识别车牌。Tesseract OCR 的详细知识读者可以参考笔者所著的《Python 王者归来（增强版）》。

程序实例 ch31_2.py：读取 ch31_1.py 所建立的 atq9305.jpg，然后列出此图像的车牌号码。

```python
1   # ch31_2.py
2   from PIL import Image
3   import pytesseract
4
5   config = '--tessdata-dir "C:\\Program Files (x86)\\Tesseract-OCR\\tessdata"'
6   text = pytesseract.image_to_string(Image.open('atq9305.jpg'),
7                                      config=config)
8   print(f"车号是 : {text}")
```

```
================= RESTART: D:\OpenCV_Python\ch31\ch31_2.py =================
车号是 : ATQ9305
```

31-3 检测车牌与识别车牌

整合 31-1 节与 31-2 节，读取汽车图像后，同时列出车牌。

程序实例 ch31_3.py：读取汽车图像，然后列出此汽车的车牌。

```
1  # ch31_3.py
2  import cv2
3  import pytesseract
4
5  config = '--tessdata-dir "C:\\Program Files (x86)\\Tesseract-OCR\\tessdata"'
6  pictPath = "haar_carplate.xml"                          # 哈尔特征文件路径
7  img = cv2.imread("testCar/cartest1.jpg")               # 读识别的图像
8  car_cascade = cv2.CascadeClassifier(pictPath)          # 读哈尔特征文件
9  # 执行识别
10 plates = car_cascade.detectMultiScale(img, scaleFactor=1.05,
11             minNeighbors=3, minSize=(20,20), maxSize=(155,50))
12 if len(plates) > 0 :                                    # 检测到车牌
13     for (x, y, w, h) in plates:                         # 标记车牌
14         carplate = img[y:y+h, x:x+w]                    # 车牌图像
15 else:
16     print("检测车牌失败")
17
18 cv2.imshow('Car', carplate)                             # 显示所读取的车牌
19 text = pytesseract.image_to_string(carplate,config=config)  # OCR 识别
20 print(f"车号是 : {text}")
21
22 cv2.waitKey(0)
23 cv2.destroyAllWindows()
```

```
================= RESTART: D:\OpenCV_Python\ch31\ch31_3.py =================
车号是 : ATQ9305
```

上述程序获得了不错的结果，但是 OCR 识别也会失误，可以参考如下实例。

程序实例 ch31_4.py：使用 testCar/cartest3.jpg 图像识别，该程序只是修改所读取的汽车图像文件。

```
7  img = cv2.imread("testCar/cartest3.jpg")               # 读识别的图像
```

执行结果

```
================= RESTART: D:\OpenCV_Python\ch31\ch31_4.py =================
车号是 : _ATES312
```

上述程序缺点有两项，分别是 A 左边出现下画线符号 (_)，5 识别为 S。

注：上述车牌号码最右边数字是 2，笔者用模糊化处理。

31-4 二值化处理车牌

本节将尝试改良 31-3 节的缺点。

程序实例 ch31_5.py：使用二值化处理车牌，同时将车牌存入 car_plate.jpg。

```
1   # ch31_5.py
2   import cv2
3   import pytesseract
4
5   carFile = "car_plate.jpg"
6   config = '--tessdata-dir "C:\\Program Files (x86)\\Tesseract-OCR\\tessdata"'
7   pictPath = "haar_carplate.xml"                            # 哈尔特征文件路径
8   img = cv2.imread("testCar/cartest3.jpg")                 # 读识别的图像
9   car_cascade = cv2.CascadeClassifier(pictPath)            # 读哈尔特征文件
10  # 执行识别
11  plates = car_cascade.detectMultiScale(img, scaleFactor=1.05, minNeighbors=3,
12          minSize=(20,20),maxSize=(155,50))
13  if len(plates) > 0 :                                     # 检测到车牌
14      for (x, y, w, h) in plates:                          # 标记车牌
15          carplate = img[y:y+h, x:x+w]                     # 车牌图像
16  else:
17      print("检测车牌失败")
18
19  cv2.imshow('Car', carplate)                              # 显示所读取的车牌
20  ret, dst = cv2.threshold(carplate,100,255,cv2.THRESH_BINARY)  # 二值化
21  cv2.imshow('Car binary', dst)                           # 显示二值化车牌
22  text = pytesseract.image_to_string(carplate,config=config)  # OCR识别
23  print(f"车号是 : {text}")
24
25  cv2.waitKey(0)
26  cv2.destroyAllWindows()
```

执行结果

```
================= RESTART: D:/OpenCV_Python/ch31/ch31_5.py =================
车号是 : ATFS5312
```

上述程序得到 ATFS5312，字母 S 是多余的，其实这个识别是不稳定的，因为有时候得到的结果是 ATFS312，5 被识别为 S。或有时识别结果仍是 _ATES312。这表示图像仍有噪声干扰识别，下一节继续解说。

31-5　形态学的开运算处理车牌

使用形态学的开运算可以删除噪声。

程序实例 ch31_6.py：形态学的开运算处理车牌。

```
1   # ch31_6.py
2   import cv2
3   import numpy as np
4   import pytesseract
5
6   carFile = "car_plate.jpg"
7   config = '--tessdata-dir "C:\\Program Files (x86)\\Tesseract-OCR\\tessdata"'
8   pictPath = "haar_carplate.xml"                          # 哈尔特征文件路径
9   img = cv2.imread("testCar/cartest3.jpg")               # 读识别的图像
10  car_cascade = cv2.CascadeClassifier(pictPath)          # 读哈尔特征文件
11  # 执行识别
12  plates = car_cascade.detectMultiScale(img, scaleFactor=1.05, minNeighbors=3,
13          minSize=(20,20),maxSize=(155,50))
14  if len(plates) > 0 :                                   # 检测到车牌
15      for (x, y, w, h) in plates:                        # 标记车牌
16          carplate = img[y:y+h, x:x+w]                   # 车牌图像
17  else:
18      print("侦检车牌失败")
19
20  cv2.imshow('Car', carplate)                            # 显示所读取的车牌
21  ret, dst = cv2.threshold(carplate,100,255,cv2.THRESH_BINARY)  # 二值化
22
23  cv2.imshow('Car binary', dst)                          # 显示二值化车牌
24  kernel = np.ones((3,3), np.uint8)
25  dst1 = cv2.morphologyEx(dst, cv2.MORPH_OPEN, kernel)   # 执行开运算
26  text = pytesseract.image_to_string(dst1, config=config) # 执行识别
27  print(f"车号是 : {text}")
28  cv2.imwrite(carFile, dst)                              # 写入存储
29  cv2.waitKey(0)
30  cv2.destroyAllWindows()
```

执行结果

```
================= RESTART: D:\OpenCV_Python\ch31\ch31_6.py =================
车号是 : ATF5312
```

31-6 车牌识别心得

车牌要识别成功，第 30 章建立好的哈尔识别分类器仍是关键，31-5 节使用二值化处理车牌图像，然后再去除车牌噪声，对整个识别是有加分效果的。

实际上停车场的缴费机在输入车牌号码后，会要求点选车牌图像，其实就是担心识别错误，最终是靠所点选的车牌图像作为缴费的依据。

本章笔者使用 Tesseract-OCR 识别系统识别车牌字母与阿拉伯数字，如果想让结果更精确，也可以将车牌的字母与阿拉伯数字拆开，相当于将字母与数字拆成 7 个图像，然后再单独识别。

习题

读取 cartest2.jpg，如下图所示。

请识别车牌，最右侧车牌号码是 7，笔者用模糊化处理。

```
=============== RESTART: D:\OpenCV_Python\ex\ex31_1.py ===============
车号是：AKY6217
```